U0197438

中国建筑史学史丛书

中国建筑史学史丛书

中国建筑遗产保护的理念与实践

林佳 王其亨 著

中国建筑工业出版社

图书在版编目（CIP）数据

中国建筑遗产保护的理念与实践 / 林佳，王其亨著. —北京：中国建筑工业出版社，2017.12
（中国建筑史学史丛书）
ISBN 978-7-112-21345-0

Ⅰ.①中… Ⅱ.①林… ②王… Ⅲ.①建筑－文化遗产－保护－研究－中国 Ⅳ.①TU-87

中国版本图书馆CIP数据核字（2017）第252977号

本书系统、全面地总结和梳理中国建筑文化遗产保护理念和实践发展近百年来的历史脉络，对文化遗产特别是建筑文化遗产保护理念的兴起、发展并最终成为国家体制重要组成部分的发展历程做出论述，初步构筑起中国建筑文化遗产保护历史研究的框架。内容涉及国家保护机构、研究机构、保护政策及法令、保护措施、保护修缮工程制度及实例、专业人才培养、公众教育、保护理念及成果、保护思潮等方面。对重点内容，如国家保护法律法规、研究机构、人才培养及文物建筑修缮理念与实践的发展历程展开系统的论述。

丛书策划
天津大学建筑学院 王其亨
中国建筑工业出版社 王莉慧

责任编辑：李 婧
书籍设计：付金红
责任校对：焦 乐 芦欣甜

中国建筑史学史丛书
中国建筑遗产保护的理念与实践
林 佳 王其亨 著
*
中国建筑工业出版社出版、发行（北京海淀三里河路9号）
各地新华书店、建筑书店经销
北京嘉泰利德公司制版
北京中科印刷有限公司印刷
*
开本：787×1092 毫米 1/16 印张：22 字数：404千字
2017 年 12 月第一版 2017 年 12 月第一次印刷
定价：88.00元
ISBN 978-7-112-21345-0
（31073）

总序

王其亨

史学，即历史的科学，包含了人类的一切文化知识，也是这些文化知识进一步传播的重要载体。历史是现实的一面镜子，以史为鉴，能够认识现实，预见未来。在这一前瞻性的基本功能和价值背后，史学其实还蕴涵有更本质、更深刻、更重要的核心功能或价值。典型如恩格斯在《自然辩证法》中强调指出的：

> 一个民族想要站在科学的最高峰，就一刻也不能没有理论思维。而理论思维从本质上讲，则正是历史的科学：理论思维作为一种天赋的才能，在后天的发展中只有向历史上已经存在的辩证思维形态学习。
>
> 熟知人的思维的历史发展过程，熟知各个不同时代所出现的关于外在世界的普遍联系的见解，这对理论科学来说是必要的。
>
> 每一个时代的理论思维，从而我们的理论思维，都是一种历史的产物，在不同的时代具有非常不同的形式，并因而具有非常不同的内容。因为，关于思维的科学，和其他任何科学一样，是一种历史的科学，关于人的思维的历史发展的科学。

这就是说，史学更本质的核心功能或价值，就在于它是促成人们发展理论思维能力，甚而站在科学高峰，前瞻未来的必由之路！

从这一视角出发，凡是读过《梁思成全集》有关中外建筑，尤其是城市发展史的论述，就不难理解，当初梁思成能够站在时代前沿，预见首都北京的未来，正在于他比旁人更深入地洞悉中外建筑历史，进而更深刻地认识到城市发展的必然趋势。

这样看来，在当下中国城市化激剧发展的大好历史际遇中，建筑史学研究的丰硕成果也理当被我国建筑界珍重为发展理论思维的重要资源，予以借鉴和发展。更进一层，重视历史，重视建筑史学，重视其前瞻功能和对发展理论思维和创新思维的价值，也无疑应当成为我国建筑界的共识，唯此，才能促成当代中国的建筑实践、理论和人才，真正光耀世界。

事实上，这一要求更直观地反映在学术成果的评价体系中。追溯前人的研究历史和思考方式，建立鉴往知来的历史意识，是学术研究的基本之功。研究是否位于学科前沿，是否熟悉既有研究成果，在此基础上，能否在方法、理论上创新，是研究需要解决的核心问题，在评审标准当中占有极大比例的权重。就建筑学科而言，这一标准实际上彰显了建筑史学的价值和意义，并且表明，建筑史学的发展，势必需要史学史的建构——揭示史学发展的进程及其规律，为后续研究提供方法论上开拓性、前瞻性的指导。如史学大师白寿彝指出：

> 从学科结构上讲，史学只是研究历史，史学史要研究人们如何研究历史，它比一般的史学工作要高一个层次，它是从总结一般史学工作而产生的。

以中国营造学社为发轫，以梁思成、刘敦桢先生为先导，中国建筑的研究和保护已经走过近一个世纪的历程，相关方法、理论渐臻完善，成果层出不穷。今日建筑史研究保护的繁荣和多元，与百年前梁、刘二公的筚路蓝缕实难相较。然而，在疾步前行中回看过去的足迹，对把握未来的发展方向无疑是极有必要的，学术史研究的价值也正在于此。然而，由于对方法论研究之意义和价值的认识不足，学界始终缺乏系统的、学术史性质的、针对研究方法和学术思想的全面分析和归纳。长此以往，建筑史学的研究方向势必漶漫不清，难于把握。因此，亟需对中国建筑史学史进行深入梳理，审视因果，探寻得失，明晰当前存在的问题和今后可以深入的方向。

顺应这一史学发展的必然趋势和现实需求，自1990年代以来，天津大学建筑学院建筑历史研究所的师生们，在国家自然科学基金、国家社会科学基金的支持下，对建筑遗产保护在内的建筑史学各个相关领域，持续展开了系统的调查研究。为获得丰富的历史信息，相关研究人员抢救性地走访1930年代以来就投身这一事业的学者及相关人物与机构，深入挖掘并梳理有关论著，尤其是原始档案与文献，汲取并拓展此前建筑界较零散的相关成果，在此基础上形成的体系化专题研究，系统梳理了近代以来中国建筑研究、保护在各个领域的发展历程，全面考察了各个历史时期的重要事件、理论发展、技术路线等方面，总结了不同历史阶段的发展脉络。

现在，奉献在读者面前的这套得到国家出版基金资助的“中国建筑史学史丛书”，就是天津大学建筑学院建筑历史研究所的师生们多年努力的部分成果，其中包括：对中国建筑史学史的整体回溯；对《营造法式》研究历史的系统考察；对中国建筑史学文献学研究和文献利用历程的细致梳理；对中国建筑遗产保护理念和实践发展脉络的总体归纳；对中国建筑遗产测绘实践与理念发展进程的全面回顾；对清代样式雷世家及其图档研究历史的系统整理，等等。

衷心期望“中国建筑史学史丛书”的出版有助于建筑界同仁深入了解中国建筑史学和遗产保护近百年来的非凡历程，理解和明晰数代学者对继承和保护传统建筑文化付出的心血以及未实现的理想，从而自发地关注和呵护我国建筑史学的发展。更冀望有助于建筑史学发展的后备力量——硕士、博士研究生借此选择研究课题，发现并弥补已有研究成果的缺陷、误区尤其是缺环和盲区，推进建筑历史与理论的发展，服务于中国特色的建筑创作和建筑遗产保护事业的伟大实践。同时，囿于研究者自身的局限性，难免挂一漏万，尚有待进一步完善，祈望得到阅览这套丛书的读者的批评和建议。

目 录

一、为什么要研究中国建筑遗产保护的理念与实践?

“研究中国建筑可以说是逆时代的工作。”梁思成的这句名言,在当下的中国,可以有新的理解。随着国家整体实力的提升,传统文化的回归和复兴已成必然,文化遗产的整理、研究、保护和利用成为国民关注的焦点和努力的方向,研究中国建筑已成为顺时代的工作。

随着社会经济的发展,城市的拓展更新,建筑遗产已经不再被看作累赘,遗产消费正日益成为重要经济增长点,其保护体制也日益完善。2014 年,广东省广州市开始实施文化遗产评估制度,规定:“涉及文化遗产保护内容的控规在批前公示前应由区(县级市)人民政府开展‘文评’工作。控规成果(文本、说明书和图纸)中应包含历史文化保护专章内容。”[①] 换言之,所有开发片区的控制性详细规划均须有历史文化遗产保护的专门章节,即开发必须经过文化遗产摸查评估,确认区内的文化遗产情况,并制定保护规划方案,才可进行(图 0–1)。“保护优先”真正成为制度。2016 年,广州市成立了我国第一个城市更新局,与发展改革、国土规划、住房建设等部门成为同级机构。这显示出广州旧城进入保护更新的发展模式,也宣告了大拆大建时代的结束。遗产保护与经济发展已被看作同等重要的工作。

摒弃以往将旧建筑、旧城当作发展包袱,将之看成需要“输血”和照顾的“病人”、“老人”的认识,从被动保护到主动保护,从消极保护到积极保护,我国遗产保护事业逐渐进步完善。事实上,从 1980 年代开始,国家便不断增加对遗产保护事业的投入。就保护经费而言,仅 2008 年的文物保护经费就达 30 亿元,超

---

① 广州市规划局.历史文化遗产保护专章编制指导意见(试行),2014 年 8 月。广州市国土资源与规划委员会名城保护处提供。

广州市规划局

穗规办〔2014〕120号

广州市规划局关于印发《历史文化遗产保护专章编制指导意见（试行）》的通知

各处室、分局、局属事业单位：

根据《历史文化名城名镇名村保护条例》、《广州市历史建筑和历史风貌区保护办法》、《广州历史文化名城保护规划》、《广州市文化遗产普查工作方案》等相关法规和文件，为规范广州市控制性详细规划中历史文化保护专项规划的编制工作，加强历史文化遗产保护专章规划内容的技术指导，经2014年6月6日名城专题业务会审查同意，现将《历史文化遗产保护专章编制指导意见（试行）》（具体详见附件）印发给你们，请遵照执行。在实施中有何问题和建议，请及时报告。

专此函达。

2014年[illegible]月19日

（联系人：刘楚君，联系电话：83194220）

图0-1 《历史文化遗产保护专章编制指导意见（试行）》的通知（资料来源：广州市国土资源与规划委员会名城保护处提供）

过1970年至2007年共37年的总投入。[①]“十一·五”规划期间的投入增至103亿元，“十二·五”规划期间实际累计投入达1404亿。自1976年至今，国家发布的遗产保护法律法规达207条，远超中华人民共和国成立之初三十年的29条，其内容广度、深度均大大提高。《中华人民共和国文物保护法》自1982年颁布实施以来，历经1991年、2002年、2007年、2013年、2015年5次修改，以应对不断出现的保护问题，并有《中华人民共和国文物保护法实施细则》《中华人民共和国文物保护法实施条例》等辅助法规文件问世。

在国家的大力支持下，遗产保护工作全面开展：随着学术研究的深入，认识的开阔，更多的遗产被纳入保护范围，针对性的保护措施也日渐增多、逐步成熟；政策法规的健全、保护理念研究的深入、遗产管理制度的深化、修缮技术的发展、修缮工程体制的完善、遗产保护教育、宣传工作的铺开等工作齐头并进。以往仅由少数研究人员、文化工作者、传统匠师从事的文化事业，逐渐成为社会公众关注的热门行业，也是各大高校、研究机构、保护单位的探索热点。不同学科、专业的研究人员以多方法开展，多角度切入，积极探索保护理念和做法。其中包括引进国外保护思想与先进技术，并修改完善，使之适应我国遗产特点，完善已有保护体系。

在保护事业蓬勃发展的同时，其不足之处也逐渐显现。在中央保护经费不断增加、各省市配套资金与社会资本不断流入的情况下，不足之处所产生的负面影响逐渐增大。相对西方以自身遗产及文化为基础，历经多个世纪发展形成保护理念与操作体系，我国的保护事业仍处于发展阶段，对于保护工作中的若干核心问

① “笔者在‘八·五’期间曾负责过全国文物保护经费的管理，并做过相关统计：‘四·五’期间（1970—1975年）为681.1万元，‘五·五’期间（1976—1980年）为3160.2万元，‘六·五’期间（1981—1985年）13583.2万元，‘七·五’期间（1986—1990年）为25180.8万元，‘八·五’期间（1991—1995年）为54824万元，‘九·五’期间（1996—2000年）为7.33亿元，‘十·五’期间（2001—2005年）为17.3亿元。‘十一·五’期间，2007年国家文物局对国保单位文物保护的经费就达到7.2亿元，2008年的保护经费更达到30亿元，各省对文物保护的投入又远大于国家的财政投入。”引自付清远.《中国文物古迹保护准则》在文物建筑保护工程中的应用.东南文化，2009(4).

题尚存在多种意见和分歧，实践中也各行其是。典型如古建筑修缮原则的理解问题。目前，大量年代久远的古建筑的修缮工程正在进行。这些遗产经过多次维修，历史层级丰富，遗留信息量大。对此，充足的资金、完善的修缮体制、传统修造技术、手艺过硬的匠师等因素固然重要，但若无科学、统一的修缮原则，投入资金越多，修缮工程越多，涉及范围越广，所造成的文物破坏反而越大，出现“建设性破坏”的情况将大大增加。虽然梁思成在1930年代就已提出科学的修缮理念，但直至2007年，仍有专家就当时修缮理念的认识偏差和意见分歧将导致的破坏问题提出警告：

进一步明确科学的保护理念与途径，已成为时代的急迫需求和当代人刻不容缓的历史使命。如果采取了不正确的理念、准则、途径与程序，迅速而大量增加的经费和遍地开花的文物保护维修工程，这些本应是千载难逢的盛事佳举，反而会被引向大规模的灾难，大量尚存的看似残旧但真实的历史建筑，会被改变成“辉煌”的假古董。用一位著名专家的话说，“这些钱将足以摧毁现在尚存的古建筑。”理念、理论和准则的现实意义已无须多言。[①]

事实上，在我国古建筑修缮历史上，类似警告屡见不鲜。

1940年代末，梁思成就当时的修缮性破坏现象提出：

这种各行其是的修葺，假使主管人对于所修建筑缺乏认识，或计划不当，可能损害文物。[②]

1980年代初，祁英涛针对当时古建筑修缮的问题，提出：

许多重要的古建筑物……维修得并不理想。有的是属于技术不熟练而造成的，有些是属于认识问题，对维修古建筑的原则不了解，不明确维修古建筑的目的是什么。个别极为严重的，已经造成了大家时常议论的“建设性破坏”。但最突出的问题，应是主持维修负责人的思想认识问题。[③]

1990年代初，罗哲文也对相关问题感到忧虑，并大声疾呼：

由于主持工程的人对古建筑修缮原则的认识程度有限，加之其他各种原因，也产生了一些（甚至不少）因维修所造成的损失。这与因为新的建设而破坏了文物所称的“建设性破坏”对应，可称之为“保护性的破坏”……千万不要因为保护、维修反而造成破坏，把好事变成了坏事！[④]

---

① 郭旃．“东亚地区文物建筑保护理念与实践国际研讨会”和《北京文件》．中国文物报，2007-6-15（8）．
② 梁思成．北平文物必须整理与保存．见：梁思成全集（第四卷）．北京：中国建筑工业出版社，2001.
③ 祁英涛．当前古建筑维修中的几个问题．见：中国文物研究所编．祁英涛古建论文集．北京：华夏出版社，1992.
④ 罗哲文．回顾与展望．文物工作，1993（1）．

上述情况的频繁出现，固然因主事者对科学修缮理念缺乏了解，仍以自身理解或沿用“焕然一新”的传统修缮观念指导实践所致。但在科学修缮理念已广泛传播的今天，因保护界内部对修缮理念，特别是对“不改变文物原状”的修缮原则及“修旧如旧”等通俗性说法理解的莫衷一是，则是使原则的解读出现混乱的最主要的原因之一。其结果是，大多数工程主事者无所适从、无章可寻，继而无法正确指导实践。事实上，现时已有多种对“原状”的解释，“修旧如旧”也在未理解其原意的情况下被广泛使用，其中“旧”的含义多有发挥，继而形成“修旧如故”、“修旧如新”等衍生词义，引发争议颇多。虽然这些解释有其理解和实践的依据，但其讨论和争议的基础，即“原状”、“整旧如旧”的真实含义、针对对象、运用条件，更重要的是，其产生的原因及时代背景、其逾半个世纪的应用情况与相关的经验得失，却极少被讨论。换言之，相关的讨论未从其真正含义入手。事实上，在其历史发展沿革得到系统整理和研究之前，所谓真正含义本就是空中楼阁。

前述遗产保护大师们自 1940 年代至今就同一问题多次警告的事实，也反映出类似问题，即我国的遗产保护事业对自身的回顾和反思不足，对已有优秀做法和经验教训的总结不足，其发展历史有待整理、研究。我国遗产保护事业自清末开始，经过数代人的努力，已成功地将西方现代遗产保护理念和我国固有保护观念相结合，并适应我国遗产、社会、文化情况，并在不断解决问题、不断深入研究中改进、发展，成为适合我国遗产的一般做法，且累积大量经验教训，足可为今日之标杆。显然，要获得上述成果，必须开展遗产保护历史的整理和研究。

事实上，统一古建筑修缮原则的理解，并以其正确指导实践，仅仅是建筑遗产保护事业需要完善的内容之一。此外，古建筑修缮工程制度、古建筑修缮工匠传承培养及考核、古建筑保护人才培养、古建筑保护国民教育、古建筑管理与利用，均是被各方关注且有待优化的方面。要解决上述问题，我们需要理性的思维，须向历史中已存在的辩证思维与经验学习。通过对保护史的回顾，将有助于解决遗产保护事业的更多问题，并通过历史前瞻性的作用，去预见保护事业的未来。对今天而言，回顾遗产保护理念与实践的历史至少有以下帮助。

1. 有助于完善、发展遗产保护学科及行业

随着遗产保护工作在全国的铺开，遗产保护从业人员、修缮施工队伍不断增加，各研究机构及高校相继开设遗产保护课程。随之而来的是，国家保护法律法

规制度、文物保护单位制度、保护规划和修缮设计勘察的资质认定制度、修缮施工的资质认定制度、保护规划设计师和施工技术人员的考试和资格认定制度等逐步建立。文化遗产保护已成为一门学科、一个行业。

对于学科而言，其自身历史既是其构成体系不可或缺的组成部分，更是其发展思想的源泉和重要参照。虽然自 1909 年我国第一条文物保护法令《保存古迹推广办法》颁布至今，保护事业已走过逾百年历史，但保护工作真正获得学术界关注和大规模讨论、政府各部门重视、全体国民认同，已是 1990 年代之后。在目前大好的保护形势下，学科与行业均迎来发展的机遇。因此，对我国遗产保护事业的历程进行总结，整理、研究前人的学术思维、研究方法及成果，及时提升学科水平，把握学科发展方向，至为重要。对遗产保护行业而言，已有的理念与实践成果、经验教训，可为未来的实践和相关制度的改进提供支持，是影响保护实践的关键。

2. 有助于平息理论和实践中的争议

目前我国已有 52 处世界遗产，全国重点文物保护单位七批共 4296 处，不可移动文物 766722 处，国家历史文化名城 129 座，此外尚有大量历史文化街区、历史文化名镇、名街，以及不断增加的历史建筑。[①] 如此丰富的文化资源，其保护、管理、维修、利用需要大量人力、物力和资金，更需要完善的保护制度与科学的保护理念。目前，遗产保护研究与实践工作大规模展开，以往影响保护工作的客观原因如体制、经费、材料、技术等问题逐渐得到解决。在此情况下，统一保护理念与原则显然已成为工作重点和成败关键。但对于保护的关键理念与原则，目前仍存在多种说法，甚至对同一说法也有多种理解和操作方法，其分歧及争议直接影响保护工作。如对古建筑修缮理念核心原则“不改变文物原状”的理解与解读；如对大众耳熟能详、脱口而出的修缮原则“修旧如旧”的各种解读及争议；如致使《北京文件》出台的重要原因之一，便是对古建筑彩画修复重绘的对错之辩。

“不改变文物原状”的原则，本身即有多种操作方法，又有如“整旧如旧”等通俗理解，甚至“原状”也有数种不同说法。1980 年代《威尼斯宪章》传入后，“原状”含义又起了较大变化。此后，随着国外保护理念的不断传入，包括真实性、完整性等概念的出现，使其增添新的意义，变得繁琐复杂，学术成果更是蔚为大观，

---

① 截至 2017 年 9 月。

更出现了取消“原状”的意见。上述讨论与研究对该原则的原始含义缺乏深入了解，没有注意到其诞生至今 80 年间发生的变化、长期实践及其所形成的原有理论体系，也没有注意到其指导的大量实践成果。随着保护对象类型的增加，认识的深入，遗产价值及其价值表现形式更为复杂。我国地域文化丰富，若没有修缮历史作为认识基础，在缺乏统一认识的情况下，加上西方保护理念的影响，必然产生不同倾向的解读。因此，要正确理解已有的千锤百炼而来的优秀理念，则必须回到保护事业的原点，回看中国建筑遗产发展的历史，重视中国建筑遗产保护发展历程的研究。

3. 有助于指导保护实践

目前我国建筑遗产保护实践当中还存在一定的问题，且影响较大。一如当下以新建建筑制度为基础的古建筑修缮工程体制，使文物建筑修缮从文物保护事业变为基本建设式的经济行为，对修缮结果产生一定影响；又如在保护政策制定和学术研究中，控制修缮结果的工匠参与度不足，话语权不够，以致产生理念与操作的脱节；再如各地普遍出现的以《营造法式》或《清式营造则例》的做法，而非遗产现状确定原状的做法，以及不重视建造工艺地域差别而产生的南人修北庙、东人修西寺的现象，等等。回顾我国古建筑保护修缮的历史，上述问题都曾出现，或已留下较好的解决方案，或有过经验教训。但其至今仍为保护事业的障碍，足证我国建筑遗产修缮工程的发展历史缺乏整理，以致重走弯路，相同问题一再出现。

保护原则之外，遗产保护工作还需注重落实。建筑遗产是珍贵的文化资源，不可再生，每次干预都将消减或增添新的历史信息，因此操作必须有足够把握，慎之又慎。为最大限度保证“最小干预”，除科学的理念外，还要研究已有实践成果，审视过往的经验与教训。整理、总结、研究保护历史，以之为参考与借鉴，将有助于指导及解决现实的保护问题。

4. 有助于正确吸收、消化外来理念

1980 年代，遗产保护事业正处于未及系统反思、总结但又面临大量新工作的时期。在此情况下，西方保护理念、干预方法及保护制度的引入，对已有思路和做法产生了极大冲击，使其在相当长的时间内失去了话语权。如 1980 年代，在引入《威

尼斯宪章》的初期，其思想几乎被全盘吸收，其中重要者如“历程价值”，改变了自1932年以来我国对“原状”的理解；“可识别性”原则曾一度改变彩画重绘的已有做法，影响了大量建筑彩画的修缮结果。事实上，早在1930年代，西方文物考古思想的引入，就直接改变了我国的本土文物观，以古树名木与名山大川等非自然物为文物的观念、以传统风景名胜认知系统为基础的文物判别标准消失逾半个世纪。

国外遗产保护理念的引进至今仍未间断，大量介绍国际保护理念与做法的成果不断涌现。在此背景下，保护界须处变不惊，科学、正确地对待来自不同文化和地域的理念和操作方式，合适者为我所用，不适者则须修改或放弃。作出如此判断不仅需要理性的思维，更需要可供参照的坐标体系。这种坐标，必须是保护史上出现过的,或成功或失败的思维和实践。另一方面,随着保护对象范围的扩大，保护要求的提高，保护技术的提升，保护界正面临大量的新问题。如何不被眼花缭乱的困难和现状迷惑，直指保护问题的本质，继而选择正确有效的保护方法以应对新问题，其关键在于对保护理念有正确、理性的理解，对实践效果有准确的预测与掌控。这种理解和掌控能力的获得，毋庸置疑，可得自过往的保护历史。

5. 有助于建筑史学史研究及建筑设计的发展

开展遗产保护史的研究，受惠的不仅是遗产保护工作本身，其成果将有助于中国建筑史的研究与建筑设计领域的发展。遗产保护事业紧跟建筑史的发展脚步，反映着建筑史研究的成果。一如建筑遗产保护对象的变化，自清末保护事业开展以来，保护对象屡经变更，其中固然有学术研究的影响，但更多反映出建筑史研究自身的进展及其在总体文化中的地位。清末以考据学为基础划定保护对象范围，民国初期以传统文化为基础划定保护对象范围，南京国民政府以现代考古学为基础划定保护对象范围，中华人民共和国成立初期以考古学与中国营造学社成果为基础划定保护对象范围以及改革开放后以建筑史学全面成果为基础划定保护对象范围，这一步步的变化历程，忠实反映了建筑和建筑史学的发展成就及其在当时的学术地位。再如建筑遗产考察及价值评估工作的发展，从最初重视建筑外观、形制、结构，考证其历史时代，至勘察细部、材料、工艺、构造、文化等方面，全面看待建筑遗产的价值，显示出建筑史学研究的深入发展过程。另外如建筑复原研究及修缮设计,有助于了解当时建筑史研究的水平及对遗产价值的认识深度。此外，建筑遗产保护研究及修缮工程，以及保护工程中的勘察、研究、档案整理、历次文物普查工作，均是重要的研究材料，不但有助于建筑史的研究，也有助于进一步揭示古建筑的建造及设计意向，促进建筑设计理论的发展。

及时开展中国建筑遗产保护工作自身历史的研究无疑十分必要，并且刻不容缓。事实上，保护界早已开始对遗产保护历史的回顾，这些成果或偏重于法律法规，或偏重于修缮理念，或偏重于修缮技术，又或是对某一时期某一重要工作进行论述，但对我国遗产保护工作逾百年历程的总体梳理及系统论述，仍有待开展。

二、对几个关键问题的说明

1. 关于研究对象

我国遗产保护事业发展至今，保护体系较大，管理部门众多，保护对象丰富。本书谈及的保护对象，以传统认识上的古代建筑为主，不涉及近现代建筑。所涉对象以文物部门管理体系下的不可移动文物为主。

2. 关于本研究的时间范围

本书试图追溯的是，从清末近代遗产保护思想萌芽出现，并且在西方遗产保护思想影响下产生早期实践，至 2008 年左右，以《西安宣言》《北京文件》为代表的我国遗产保护思想开始影响国际保护观念的一百年间，我国遗产保护事业从萌芽至初步成熟的历程。百年遗产保护，涉及内容较多。本书希望初步构建我国建筑遗产保护体系，对其发展历史作初步回顾，并尝试总结、梳理影响建筑遗产保护事业最重要的因素。因时间与能力所限，虽已尽量考虑，但保护工作涉及面广，目前成果对其保护发展历程总体框架及重点的判断是较为初步的，是阶段性成果，其准确性有待检验，也将在日后的研究中不断完善。

3. 关于遗产保护的历史分期与本书的叙述结构

遗产保护工作包括保护思想、体制构建和保护实践，亦即“想”和“做”的问题。对近百年保护工作所面临的困境来说，做是更为重要的。做的问题非学者或研究人员可以主导，也非保护界可独力完成。正如建筑设计与施工，优秀的设计也须有科学、准确的施工图纸，并委托给负责任的施工单位，按图施工，否则一切都是纸上谈兵。建筑遗产保护工作的成功开展，有赖于完备的国家法规制度、高效的实施与管理机构、科学的保护理念、优秀的保护人才、充足的经费，更重要的是得到全体国民的理解和支持。这一系列的需求，无不受当时的社会、政治、经济、意识形态等诸多因素的影响，与时代息息相关。事实上，中国文化遗产保护工作与国家社会发展关联紧密，其发展阶段与时代变迁和国家政权更迭相对应。据此，本书将保护历程分为四个阶段：清末及民国北洋政府时期、南京国民政府时期、中华人民共和国成立至“文化大革命”结束、改革开放至今，分别对应遗产保护事业的萌芽、兴起、发展、成熟四个阶段，本书也按照上述历史分期展开论述。

4. 关于“遗产”及“文物”等名词的选用

目前，我国对保护对象的称谓已从传统的“文物”逐渐过渡至“文化遗产”。称谓的改变表示保护对象及其范围的改变。我国近年重视非物质文化遗产的保护，而“文物”二字的习惯性理解，只包括物质的保护对象，表示“物质文化遗产”。“文化遗产”则包括“物质文化遗产”和“非物质文化遗产”，涵盖面更广，故有此改变。

尽管如此，“文物”的称谓，仍是主流。我国目前的大部分保护法律法规，包括《中华人民共和国文物保护法》，仍使用“文物”作为保护对象的称谓。保护对象称谓的变化，反映对保护对象理解的变化，反映当时的保护价值观和认识深度。我国传统文化中，受保护者源于其年代久远，必须是“古”的东西才有保护价值，因此一直使用“古物”（可移动文物）、“古迹”（不可移动文物）作为保护对象的称谓。清末民初均沿用此说法，包括1909年我国第一条遗产保护法令——清《保存古迹推广办法》、1916年北洋政府《保存古物暂行办法》、1928年南京国民政府《名胜古迹古物保存条例》、1930年南京国民政府《古物保存法》。1930年代，现代遗产三大价值（历史价值、艺术价值、科学价值）虽然已经提出，但影响尚未扩大；且在当时国家社会动荡之际，保护年代久远的遗产是第一要务，因此仍以年代的久远作为保护对象的判定标准，“古物”二字也一直被沿用。民国后期，“文物”二字已经出现[①]，表明三大价值已开始影响保护界对保护对象的判断。至中华人民共和国成立，官方行文中已完全用“文物”代替“古物”。[②]这

① 当时“文化遗产”、“遗产”等词也有使用，但出现情况较少。

② 国家文物局组建之时，“文物处”一开始仍拟采用“古物处”命名。周总理认为，文物局不能只搞“古”的东西，应包括古代和现代，应包括与革命相关的对象，因此改为“文物”。

一变化表明，当时对“文物”二字已有一定认识基础，对保护对象的理解已经扩大和深化。此后，我国一直沿用“文物”二字。在文物保护单位制度建立之后，“文物”的影响已经扩大到全社会。在表示已登录为文物保护单位的古建筑时，也采用“文物建筑”的说法。学术界也多以“文物建筑”作为法定受保护建筑的称谓。至2005年12月22日，国务院颁发《关于加强文化遗产保护的通知》后，遗产保护法规中才开始出现以“文化遗产”代替“文物”的情况，但仍有大量法规采用“文物”二字，《文物保护法》也未更改。事实上，经过多年的工作，“文物”既是物质遗产的法定称谓，也已成为各界认知上涵盖所有遗产的称谓，更是保护界的惯用说法。可以预见的是，在未来，“遗产”将被更多使用，但在相当长一段时间，“文物”仍将被大量使用，其在法律行文上的修改并非一朝一夕可以完成。

本书行文，在导言及后记中将采用“遗产”的说法，以适应当下的语境，便于理解。在第二至五章，讲述遗产保护历程的主要篇章内，将使用“文物”作为保护对象的称谓，其原因如下。首先，本书的主要论述时间范围是清末至2005年，期间均涉及“古物”、“古迹”、“文物”等称谓，且大部分用“文物”作为称谓。法律法规、普查、保护单位等制度均创自该时期，也使用“文物”作为称谓。为避免混乱，以及回到当时的语境和思维中去理解历史，仍采用“文物”的说法。其次，建筑遗产保护工作至2005年左右，以建筑本体的保护工作为主，虽然自营造学社以降，仍保留对工匠做法、技艺等非物质遗产的研究和传承的传统，但总体而言所占比重不大，因此仍采用“文物”的说法。

5. 文献资料出处及说明

为了解重要历史事件背后的成因，本研究大量采用“口述历史”的方法，对重要当事人进行采访，以他们提供的线索，结合文献，尽量还原保护历程。他们为笔者提供了大量不见于文字的思考过程，真实地再现了推动这些历史事件每一步发展的内在动因。配合这些珍贵线索，笔者得以在浩瀚的文献资料中，较为有效地找到与本研究或这些历史事件相关的重要资料，并与当事人的口述相结合。

访问以现场笔记及录音的方式记录，访问后整理为文字稿件。因多种原因，许多文字整理稿未与受访人确认，虽已根据现场理解及录音尽量还原受访者的意图，但难免会有理解偏差。在此要说明的是，如本书所载文字稿内容与受访人原意有出入并造成影响，笔者将承担全部责任，在此也特别感谢接受采访的诸位专家和前辈。

第一章 近现代古建筑保护事业的兴起背景（1927年以前）

我国有尚古、存古的思想和传统。历代皇室下令保护宗庙陵寝，即我国官方保护古代建筑及古迹的实践。清代，金石学成为学术的主流，随之而来的是古物、古籍收藏之风的兴盛。清末三大考古发现及图书馆、博物馆的广泛开设，促使我国传统的金石学向现代考古学、文物学转化，也使国人更珍惜、关注古物的收集、研究及保存工作。保存国粹运动及存古学堂系统的建立，进一步推动了文物保护思想的传播及其影响，为我国现代文物保护事业奠定了良好的传统文化基础。

清朝末年，战乱、社会动荡、经济萧条及外国势力入侵导致文物流失与破坏。另一方面，国门洞开也使得西方文物、图书博物馆思想迅速传入。在此背景下，在中国部分有识之士之中，萌发了早期的文物保护意识。在保存国粹等社会思潮的影响下，初步产生了文物保护理念，并付诸实践，其中包括创建博物馆、图书馆、古器物保存机构等。这时期民间力量、学者、政府在保护事业中的角色不断变化，从学者呼吁到社会、国民关注，继而至政府主导，文物保护事业逐步进入国家体制，走上历史舞台。

1905 年，清学部成立。1906 年，清民政部成立，成为我国最早的文物保护专职机构。禁止文物破坏和外流、开展普查等工作随后陆续开展。1909 年，民政部发布我国历史上第一条文物保护法令《保存古物推广办法》，提出“调查”和“保护”两项基本工作，并详列保护对象，标志着我国文物保护法制建设工作的开始。自此，文物保护正式进入我国现代国家体制建设的框架之内。

这一时期，建筑学逐渐成为独立的概念，为国民所知晓和重视。在“保存国粹”及新史学思潮的推动下，古建筑研究开始为社会关注，传统建筑营造技术、古建筑设计及中国建筑史的研究开始萌芽并有初步成果出现。

一、近代文物保护事业兴起的背景

（一）中国传统文物保护思想与实践

1. 中国古代文物保护传统与实践

中国历来重视对先民思想、经验的记录、积累和传承，积极保护优秀文化遗产的活动早已开展并形成传统和制度。据近年的研究成果，目前找到的最早的国家遗产保护规定的记录出现在周代初年。《礼记・祭法》中记载了个人获得国家祭祀的准入标准，表明有功德的人，其事迹、经验、精神等都为后人尊崇及铭记。[①]可知，早在周朝初年，我国已有国家遗产保护的规定。

历代皇室贵族的陵寝与宗庙历来是法定的保护对象。商周时已有明文规定，并派专人看管保护祭祀的礼器。两汉、北魏时期均有保护帝陵的法律条文，北魏太和十九年（495年）的《旧墓不听垦植诏》明确规定保护旧墓，并根据墓主身份确定保护区的大小，与现今按文物价值大小划分保护等级及范围的做法类似。[②]

唐代的保护制度进一步完善，除帝王陵墓外，增加道教、佛教名胜山林的保护律例，并明确保护范围，对陵寝破坏行为的处罚力度也大大增强。《唐律疏议》规定，毁坏陵寝、宗庙、宫阙为十恶不赦中的大逆罪，处死刑。《唐律疏议·杂律》规定了出土文物的归属方式，若得地下"形制异"的古器须上交朝廷。

宋、元、明三代，文物保存意识强烈，保护活动更为活跃。北宋年间，宋哲宗创立长安碑林以保存唐开成石经及石台孝经，同时收藏历代碑石。元朝初年，官方保存南宋及金内府的文物并运至大都收藏。明朝初年，徐达攻进北京之后，曾保护古籍并运至南京保存。明成祖下令保护甘肃崆峒山全山古刹并先后两次颁布修志条例，确定志书内容共21类，寺观、祠庙、桥梁、古迹等亦名列其中，为后世保存了大量珍贵的文物资料。[③]

清代，官方积极保护陵寝宗庙、古迹遗址。由于考据、金石学的兴盛，在皇室与文人士大夫阶层，文物收集、保护之风大盛，出现了文物保护大家。乾隆年间，时任陕西巡抚的历史学、金石学大家毕沅（图1-1）踏遍关中名胜，并遍查史籍详加考证，编成《关中胜迹图志》。其书有图62幅，共70万字，广引各类书籍

① 喻学才．中国建筑遗产保护传统的研究．东南大学学报（哲学社会科学版），2012，14（1）．
②《全后魏文》，转引自：喻学才．中国建筑遗产保护传统的研究．东南大学学报（哲学社会科学版），2012，14（1）．
③ 史勇．中国近代文物事业简史．兰州：甘肃人民出版社，2009．

图 1-1 毕沅（1730—1797 年）像
（资料来源：作者摄于西安钟楼展览）

及大家之言，对当时陕西 12 个州府、77 个县的地理山川、名胜古迹做了全面的调查研究。对重点古迹的考察和记录内容包括历史沿革、地点、现状，连维修情况也详细记录，并建立碑石，以资识别。① 毕沅还整理西安碑林，编成《关中金石志》《关中中州左金石诸记》，同时组织幕宾，全面开展对陕西各府、州、县志的修编工作，完成县志 9 部共 273 卷。此外，他还督促地方完成地方志 7 部，成为研究陕西古代名胜古迹、文物状况的重要史料。

在研究考证及收集之外，毕沅对陕西古迹展开了大规模的保护、整理及修缮工作，涉及金石碑刻、古代建筑、风景名胜、帝王陵墓等。修整西安碑林的时候，他根据考证恢复了宋吕大忠的唐碑排列形式，创设保护制度和管理机构，派遣专职管理人员进行看护。对东湖景区的修整，达到“庶几昔贤遗迹，复还旧观”的效果。对唐宋灞桥的修缮，也力求恢复其唐宋原貌。毕沅为陕西重要的古陵墓树立碑石，明确其保护范围，并亲书“大清防护昭陵碑”，记录并宣传政府对昭陵的保护工作。②

毕沅任陕西巡抚期间完成的保护工作包括文物普查、造册登记、划定保护范围、树碑记识、历史考证及价值评估、建立保护档案、修复古代建筑等，几乎包括了现代保护系统当中的所有内容，并建立了较为完善的保护、管理制度。其保护修复原则“恢复旧观”的精神与今天已较为接近，表明我国古代先贤对文物保护工作已有深入思考和成熟认识，对今天也有一定的参考意义。

除官方以外，从事文物保护的更多是文人、士大夫。随着学术活动特别是考据学、金石学的发展，考古活动兴旺。历代学术大家或知识分子，多参与考古活动。

① 曹风权．毕沅及其对陕西文物的保护．文博，1989（1）．
② 高景明，袁玉生．毕沅与陕西文物．文博，1992（1）．

作为文物保护工作的基础，考古学在中国源远流长，一般认为可分为古代金石学和近代考古学两个时期。古代金石学是我国传统考据学学术分支下诞生的学问，以研究古代器物所载历史信息为主，后逐渐关注古物本身。学术界一般认为，“金石学是考古学的前身”。[①] 金石学的兴盛促使文物收集、研究活动迅速发展，成为我国传统的文物学。收集、研究古器物和古代典籍的思想和活动，初期在皇家及知识分子阶层流行，宋元明清时期逐渐扩大到富商甚至一般家庭，古物收藏和鉴赏活动随后兴起。相较官方，士大夫阶层及民间对文物的研究及收藏是社会性的，有效保护文化遗产的同时，也在一定程度上促进了文物保护思想的发展和普及，但保护对象绝大部分为可移动文物，很少涉及古建筑。

2. 清代学术活动与近现代文物保护事业的兴起

（1）考据学的复兴

考据学又称汉学、朴学，是一种治学方法，主要是对古籍进行整理、校勘、注疏、辑佚等，研究范围主要是经学，并衍生出小学、音韵、史学、天算、水地、典章制度、金石、校勘、辑佚等专项，在我国有悠久的历史。孔子删定六经，整理古代典籍，已是考据学的开始。秦始皇焚经后，汉代学者整理、校订古代经典，考据学得到初步发展。唐、宋继承前代成果，考据学得到进一步发展。至清代，考据学及其衍生的金石学成为学术的主流，在乾隆、嘉庆时期达到最高峰。因此，清代考据学派又称为“乾嘉学派”，其特点是研究和治史完全依靠实证，强调“博瞻贯通”、“无征不信”、“实事求是”，注重证据。研究方法则强调多方面取证，“不以孤证自足，必取之甚博”。[②]

乾嘉学派治学严谨，其注重证据的求真精神对近代学术产生了巨大的影响，清末民初学者如罗振玉、王国维、康有为、梁启超、章太炎、胡适等，均继承其学术精神及成果，其中王国维代表性的“二重证据法”，即在乾嘉考据学基础上发展而来。[③] 乾嘉学派的学术思想与近代考古学有许多相似之处，如同样重视实物证据的重要作用，注重收集、保存古代文物，为现代文物保护理念的引入及清

① 王世民．金石学．见：胡乔木主编．中国大百科全书・考古学．北京：中国大百科全书出版社，1986.
② “乾嘉学派对两千多年流传下来的封建文化典籍，通过训诂、校勘、注释、辑佚和辨伪等手段进行总结性的整理，在经学、小学、史地、金石、考古等方面以及工具书、丛书、类书等的研究和编纂方面，都给后人留下可资借鉴的宝贵遗产，并在整理、保存文化典籍、珍贵文物方面，作出不可磨灭的功绩。”引自王琼．乾嘉学派的成因及其评价．图书馆学研究（双月刊），1999（4）.
③ 施兴和，房列曙．乾嘉考据学派对20世纪新历史考据学的影响．史学史研究，2007（1）.

末国家保护体制的建立提供了传统文化的土壤。另一方面，清代金石学的兴盛，极大地推动了清代的文物搜集、研究、鉴赏等活动，发展了文物保护思想的同时也推动了相关保护活动。

（2）金石学、收藏学的兴盛

金石学衍生自考据学，以古青铜器与石刻碑碣为研究对象，考证其文字资料，以正经补史。清代考据之风盛行，使元明以来较为沉寂的金石学再度繁盛。[①] 乾嘉学派的考据大家大多是金石学家，他们亲身收集青铜铭文及金石碑刻等，将考察范围扩展至印章、封泥、瓦当、货币、玉器、陶瓷器等多个方面，使金石学进一步发展为古器物学，研究范围也不再限于青铜器及碑刻。金石学大师罗振玉[②]于1916年编印的《殷墟古器物图录》一书中，已用“古器物”代替“金石”。[③] 清末，西方学术思想及现代考古学理念传入，促进了传统金石学的发展。清末三大考古发现将金石学研究推到新的高峰，出现了如罗振玉、王国维等在金石学向现代考古学过渡时期的关键人物。他们的研究中体现了对现代考古理念的初步运用，预示着我国现代考古学的到来。

金石学的发展使我国由来已久的收藏、鉴赏之风再度兴盛，藏品数量及研究成果都超越前代。清代出现大批收藏家、研究者及丰富的收藏、鉴赏论著，收录和研究包括青铜器、钱币、玉器、古砚、书画等各类古物。[④] 乾隆皇帝花大力气搜求珍贵古物，历代珍品无不囊括，影响所及，殷实富户也加入收藏行列。清末此风依然不减并延至民国，曾任北大研究所国学门考古学研究室主任、故宫博物院院长、旧都文物整理委员会主任委员的马衡，营造学社创始人朱启钤，中华人民共和国第一任文物局局长郑振铎，均是收藏大家。社会收藏、鉴赏之风的影响下，不仅有大量文物得到保存，且文物研究方面也取得了丰硕成果，为近代博物馆和博物馆学的建立和发展提供了有利条件。[⑤]

考据学、金石古物收藏与鉴赏发展的同时，清代藏书事业也达到顶峰。乾隆年间建成七座藏书楼，分别名为“文渊”“文津”“文溯”“文澜”“文宗”“文

---

① 据容媛著《金石书录目》所载，北宋到乾隆年间金石学著作只有67种，乾隆后就有906种。清代以前的金石学家共360位，而仅清一代则达1058位。

② 罗振玉（1866—1940年），祖籍浙江上虞，出生于江苏淮安，字叔言、叔蕴，号雪堂，晚年更号贞松老人。清末曾任学部二等咨议官，后补参事官，兼京师大学堂农科监督。为考古学家、金石学家、敦煌学家、目录学家、校勘学家、古文字学家，是中国现代农学的开拓者和中国近代考古学的奠基人。他积极倡导保护文物，对保护内阁大库文档、敦煌文物、殷墟甲骨文物等作出巨大贡献，是中国文物保护的先驱。

③ 陈星灿．中国古代金石学及其向近代考古学的过渡．河南师范大学学报（哲学社会科学版），1992（3）．

④ 王宏钧主编．中国博物馆学基础．上海古籍出版社，1990.

⑤ 王宏钧主编．中国博物馆学基础．上海古籍出版社，1990.

汇”“文源”。除收藏《四库全书》七部外，更广藏古籍善本。民间尚有天一阁、绛云楼、清海源阁、铁琴铜剑楼等著名藏书楼。天一阁更是上述皇家《四库全书》七阁的设计原型。清代藏书楼的鼎盛发展，为近代图书馆事业的出现和发展提供了传统的文化基因和丰富的经验。

（3）金石学与近代文物保护事业

金石学对文物的收集和保存的高要求，促进了文物保护意识的产生与提高。金石学者的学术背景及价值取向，使得这时期出现文物保护大家并不偶然。如前文所述，毕沅研究金石学起步，开始收集古代珍贵器物，进而发展至对其他类型文物的保护，并利用手中的行政职权整修西安城墙、唐宋灞桥，为古代陵墓确定保护范围，其保护工作已从金石、古器物等可移动文物发展至古建筑、古迹、风景名胜等不可移动文物及自然景观。

清末民初，在引进西方文物保护理念、建立国家文物保护体系的过程中，金石学家和考古学家均是主要推动力量。如康有为在提出维新主张的同时，也提出建立博物馆体制并获光绪皇帝采纳。[①] 维新运动失败之后，康有为周游列国，目睹欧洲特别是意大利的保护工作，随即较为系统地提出保护古建筑、建立博物馆、保护文物等方面的建议，表明他对文物保护问题已有长时间的思考并达到一定深度。大学者如罗振玉、王国维、章太炎等，均提出文物保护主张且身体力行。民国后，国家保护机构人员多为金石学家或考古学家，显示出古代金石学对文物保护事业的影响。我国古代虽然没有系统提出文物保护的观点，但固有学术传统使学者深深明白文物的价值和意义，加之西方文物保护理念的传入及清末珍贵文物遭受破坏并大量外流的局面，建立国家文物保护体制是自然而然，思想上也是水到渠成。

3. 中国传统文物保护工作的特点

中国源远流长的考据传统，特别是清代以来金石学的发达，为现代考古学的引入做了充足的准备，为近现代博物馆、图书馆学的引入及我国图书博物馆事业的开展提供了深厚的文化土壤和发展动力。现代文物保护体系的四大支柱——文物、考古、博物馆、图书馆，在古代中国均有相当程度的发展。但综合来看，我国古代对于文物保护尚未形成一个独立的概念，未成为全社会的共识，也未成为

① 王宏钧主编．中国博物馆学基础．上海：上海古籍出版社，1990.

一项公共事业，更不用提进入国家体制。于政府而言，为政治、皇家服务是保护的主要出发点，保护对象多为国家重要建筑、皇室宗庙财产。于文人士大夫而言，保护则与学术相关，对保护对象有选择性，对文物的理解也与今天有异。由于受保护对象多是皇室财产或学术研究材料，其价值认同仅是对少部分人而言，与大部分国民无关，颇有“阳春白雪”的味道。虽然宋代收藏之风开始向大众、商贾蔓延，但民间的收集保护多带有附庸风雅或经济交易等因素。另一方面，绝大部分文物藏于国家（皇室）、文人、商贾手中，其研究、欣赏、流转始终在较小范围之内。因此，大部分国民既不清楚其存在，也不清楚其价值。加之缺乏图书馆、博物馆一类的公共展示、教育场所，优秀文物无法进入公众视野。

对古建筑保护而言，“建筑”在我国古代未成为一个独立概念，更未被认定为文物。建筑的保护多因其与政治、皇室或公共功能相关，非因认识到其文化、历史、美术等方面的价值。事实上，我国古代建筑也未与文学、书法、诗词歌赋、绘画等一样，被认为是文化的一部，而更多属于“被服舆马”，或在“道器分途”的传统思维下归于匠作等“器”之一类。

（二）西方文物保护思想的传入与保存国粹运动

晚清西学的传入，推动了我国的现代化进程并影响至今。西学的引入对当时的社会政治经济产生了重大影响，光绪皇帝研读西方书籍，朝廷重臣也多倡导西学。考古学、图书博物馆思想及文物保护思想同时传入中国，随着有识之士的思考和实践，博物馆、图书馆陆续出现。得益于维新运动、保护国粹运动等的推动，文物保护逐渐成为社会共识，并逐渐进入近现代国家体系的建设当中。

1. 图书馆、博物馆思想的引入及相关实践

我国有设立藏宝楼、藏书楼的传统，虽绝大多数属私人所有，不向公众开放，但其概念和近代博物馆颇为相似。因此，当博物馆理念传入后，很容易为知识分子和大众所接受。事实上，晚清知识分子也多以传统认识去理解博物馆。如清代官员参观欧洲博物馆时，除“博物馆”一词外，也多使用“集宝楼”“积骨楼”“古器库”等称谓。[①] 1841 年，魏源《海国图志》初步提及博物馆问题，此后 40 年

① 史勇 . 中国近代文物事业简史 . 兰州：甘肃人民出版社，2009.

间，清政府不断派出外交官员、学者等考察西方，带回许多关于博物馆的信息。至1890年代，博物馆概念逐渐为国人知晓并付诸实践。进入20世纪，我国对博物馆已从感性认识演进至理性研究，关于博物馆理论的书籍大量出现。至1905年第一所近代意义上博物馆的成立，我国对博物馆思想的引进和思考实践超过半个世纪。

我国带有博物馆性质的陈列或展览所，早期多为传教士或外国人建立。维新运动兴起后，博物馆思想被广为传播，中国人开始自行创立博物馆。1898年，湖南郴州学会创办郴州学会博物院，规定："借公所庙宇先行陈列中国土产，凡花卉、虫鱼，凡有可考察者，无不可入"[①]。该院因维新运动夭折只存在一年。1904年，湖南再次筹划创建博物馆，《创办湖南图书馆兼教育博物馆募捐启》中提到："教育不一途而范围莫广于社会教育，改良社会不一术而效果莫捷于博物馆。"[②]后来，此馆撤销博物馆内容，只保留图书馆部分。同年，广东省学务处开办图书及教育品陈列馆。

1905年，清末状元、实业家和教育家张謇，在其家乡南通创立了中国第一所具有近代意义的博物馆——南通博物苑。南通博物苑于1905年初建，1912年正式建成迎客。博物苑分南、中、北三馆。南馆分天产、历史、美术及教育品等部，中馆为测候所，北馆陈列动物标本、名人书画、金石拓本等。此后，博物苑逐年添建，加入自然及人文历史藏品。博物苑藏品颇丰，至1914年，展品已有2973号，其中历史文物1103件。在亲自筹划博物院之外，张謇也形成了他的博物馆思想体系：（1）建立国家博物馆体系，规定各省均设博物图书馆。先由皇家设立，陈列内库所藏，同时广征文物，以此作为模范，令各省效仿。[③]（2）博物馆应作为国家重要的社会教育机构、重要的学术部门及学校教育系统的重要组成，还可作为学校的辅助教学场所。（3）向社会征集文物，并破格奖励，征集范围应顾及古今中外，类别广泛。（4）博物馆的展览陈列，应配合文物价值和保护宣传，并重视博物馆的建筑设计和管理。

晚清中国博物馆事业是以开启民智、拓展公共意识为核心的清末启蒙运动的重要组成部分，顺应了近代民主、自由、科学思想的潮流，并在一定程度上推动

① 转引自：史勇．中国近代文物事业简史．兰州：甘肃人民出版社，2009.
② 转引自：史勇．中国近代文物事业简史．兰州：甘肃人民出版社，2009.
③ "今为我国计，不如采用博物图书二馆之制，合为博览馆，饬下各行省一律筹建。更请于北京先行奏请建设帝室博览馆一区，为行省之模范。盖赐出内藏，诏征进献。则足以垂一代之典谟，震万方之观听……窃思此举，上可以保存国学，下可以嘉惠士林，若荷施行，天下幸甚。"引自李万万．中国近代博物馆的出现与制度的创建．中国美术馆，2012（2）.

其发展。这时期，随着博物馆思想的传入，中国传统私人收藏所逐渐走向对普罗大众开放的公众教育机构，文物也在观念上从私人赏玩之物转化为国家、民族的共同遗产。这时期文物严重流失的事实在一定程度上促进了我国博物馆事业的发展，而文物保护理念也借此为国人所熟知，促进了国家保护体系的建立。

2. 早期文物保护思想及保存国粹运动

晚清强烈的西学之风使部分知识分子较早接触西方文物保护思想，其中许多人更有海外考察的经历，他们惊讶于西方文物保护事业发达的同时，也深憾我国在此方面的缺失，随后迅速开始了对本国文物保护工作的思考，并积极宣传，开展保护工作。同时，面对国内摒弃中学、全面西化的压力，学界掀起了保存国粹运动，认为应以国学为本，以西学完善中学。事实上，在内忧外患下，在凝聚本国人民、增强民族自信、重铸国魂的关键时期，优秀传统文化遗产对于重振国民信心尤为重要。国粹运动影响所及，不仅包括学术界、广大国民，也包括官方机构。存古学堂在全国的开设、学部的古物调查、民政部设立保护部门并进行文物保护立法，以及民国的国粹保存之风，均与之相关。

（1）清末文物保护思想

较早系统提出国粹保存及文物保护的是维新派，代表人物有康有为、梁启超等。梁启超较早提出保存传统文化的精神，他与康有为一道，在维新运动中介绍包括文物保护理念在内的西方先进思想。梁启超在流亡日本期间创办报刊，以保存传统文化为宗旨。1901 年，梁启超提出“国粹”问题，认为应以“保存国粹为主义”，“养成国民，当以保国粹为主，取旧学磨洗而光大之”。他关注传统文化的保存改良，重视文化遗产对国民的教育意义。在其对中国历史的研究中，就特别关注“文物专史”的研究。[①]

康有为作为维新运动的领袖，通过设立讲堂，创办刊物，宣扬维新思想及其文物保护理念，影响了皇帝、朝廷重臣及广大知识分子，有效地促进了文物保护思想的普及。

康有为也是最早关注文物博物馆问题并提出兴办的学者之一。康有为早期接受传统教育，在考据及金石学具一定造诣，其旧学基础使康有为早已认识到古籍、

① 喻学才. 梁启超的遗产保护思想. 华中建筑，2008（7）.

古器物的价值并开始收集、收藏。在其1884年开始撰写的《大同书》中，康有为提出各地方政府均应设立博物馆、美术馆等公共文化设施。此后，又多次提出兴办博物馆“以开民智而悦民心”。1895年，康有为在上海创办强学会，其章程之一就是办博物院，以“合万国之器物以启心思”。1898年，康有为上书《请励工艺奖创新折》获光绪皇帝批准并令其起草奖励章程。其中规定，积极兴办博物馆、藏书楼，款逾20万外者，赏与世职。这是清政府对建立博物馆系统最早的一次表态，由于变法失败，并未落实。康有为的博物馆思想，随着维新运动在全国各地传播，使国人认识到博物馆的重要作用，影响了包括我国博物馆事业先驱张謇等在内的一批知识分子。

维新运动失败后，康有为周游列国，通过对西方社会的实地观察，其文物保护理念进一步完善。他认为，为增进、彰显本国文明，必须向西方学习，保护本国文物。优秀文物有激励民众、促进学术研究、开民智等作用：“古物存，可令国增文明。古物存，可知民敬贤英。古物存，能令民心感兴。”[①]“盖十年穷乡之读书，不及一日之游博物馆，感动尤深也。”[②]他同时认为，文物的多寡及保存的意识是判别文明高低的依据，提出：“观古董之多寡，而文明之野可判矣……观室庐古物之多少，而其人民文野之高下可判矣。”[③]在其游记中，康有为在我国文物保护史上第一次较为系统地提出了近现代文物保护的理念。他认为必须首先从国家体制建设入手，学习西方，由政府出面建立专职文物保护机构，倘若官家不理，地方也需自行设法成立。“考之各国风俗，皆有古物保存会。士大夫好古者，皆列名其中，而有官监焉……今官虽不理，各省府州县士大夫，宜处处开一保存古物会。”[④]第二，必须建立文物登录和管理制度，各地方亦应开设博物馆以聚集和保存文物，并对国民开放。“凡一国之古物，大之土木，小之什器，皆有司存。部录之，监视之，以时示人而启闭之。郡邑皆有博物馆……凡志书所已著之古物，宜如上法公共部录而令人守护之。凡志乘未著录者，使学者查考之。”[⑤]康有为强调发掘文物价值并广做宣传，发挥其教化作用，增进民智，“有游观者，则引视指告其原委，莫不尽周悉焉。”[⑥]此外，康有为还系统地提出古建筑保护的思想，并给出落实的方法。

① 康有为．欧洲十一国游记．北京：社会科学文献出版社，2007.
② 康有为．欧洲十一国游记．北京：社会科学文献出版社，2007.
③ 康有为．欧洲十一国游记．北京：社会科学文献出版社，2007.
④ 康有为．欧洲十一国游记．北京：社会科学文献出版社，2007.
⑤ 康有为．欧洲十一国游记．北京：社会科学文献出版社，2007.
⑥ 康有为．欧洲十一国游记．北京：社会科学文献出版社，2007.

康有为的文物保护思想包括了以下方面的内容：研究国粹，加强文物价值的挖掘和理解；保护可移动和不可移动文物；建立国家保护体制、保护组织；文物调查、登记及保护；建立国家博物馆系统；文物教育宣传。

古迹及古建筑保护方面的内容包括：提倡建筑用石；建立保护机构；及时修葺及日常维护；开放参观或开辟为博物馆，旅游利用与保护相结合。

上述设想虽不算周全，关于建筑用石材等认识也可再商榷，但已初步形成系统，并包括现时古建筑保护工作的大部分内容，许多理念与方法在今天看来仍不落后。1913年，康有为发表《保存中国名迹古器说》一文，其保护思想又有改进和完善，标志着其保护思想体系的正式确立。

（2）保存国粹运动和国学保存会

"庚子之变"后，引进西学成为全国共识。一时间，学习西方之风尘嚣日上，甚至有舆论认为应抛弃中学，全盘欧化。部分学者深恐中华文明的衰退、灭失，兴起一场保存国粹、整理国故的运动，他们专注古代文化的整理重现，保护优秀文物，兴办专业报刊，开设公共图书馆、博物馆，创建文物保护国家体制。其主要人物包括邓实、刘师培、黄节、章太炎、康有为、梁启超、罗振玉、王国维、张之洞等，被后世称为"国粹派"。

事实上，康有为、梁启超及其领导的维新派所作的努力，已是国粹运动的先导。1905年，邓实、黄节、刘师培等以"研究国学、保存国粹"为宗旨，组织成立国学保存会，开设国粹学堂，创办《国粹学报》，成为国粹运动的推动力量。国粹学派影响很大，罗振玉、王国维、章太炎等大学者均是其撰稿人，中国建筑史学第一部开山著作《中国建筑史》的作者乐嘉藻，也经常出入其会址。

邓实是保存会的创始人，也是国粹运动的主将之一。邓实较为理性地看待当时的西方国家，认为其强大之余也有许多问题，不能一概肯定，应该将中国优秀传统与西方成功之处结合。他将亚洲特别是中国在20世纪的复兴与文艺复兴相比，称其为"古学复兴"。他于1902年创办的《政艺通报》，宣扬引入西方先进理念，1905年创办的《国粹学报》，则是整理国故、保存国粹的阵地。除理论研究外，邓实注重国粹振兴的落实工作。组织保存会、兴办杂志、组织讲学、建立图书博物馆等工作，均由他主导操办。此外，邓实倡导新史学，主张从过去的正史、政治史转向民史，记述国民生活的方方面面。清末民国众多专项史，包括中国建筑史的出现，即是该思潮的产物。

章太炎是该会的精神导师。章太炎是在旧学体系中成长起来的国学大师，他认为“上天以国粹付余”，以保存国粹、重振传统文化为己任。章太炎批评全盘欧化的思想，提出“用国粹激动种姓，增进爱国热肠”，并以文艺复兴为例子，力陈国粹复兴的种种好处。他积极参与国学保存会的建立，与邓实、黄节等人共同创办《国粹学报》，并担任主要撰稿人。他提出“整理国故”，出版国学整理成果，发起国学会讲授国学。其受教弟子中包括鲁迅、周作人、钱玄同、许寿裳等人，对后世影响较大。

国学保存会诸人有感于“古贤真迹流之海外不可数计”的现状，认为“为人子孙不能保其先人遗物，至嗜利不惜畀之外人，此真狗彘不食”，致力于文物史籍的搜求与保护。他们认识到：“我国若不定古物保存律，恐不数十年古物荡尽矣，可不惧哉”[①]，提出建立国家文物保护体系。国学保存会同时创办《国粹学报》《国学保存会报告》《神州国光集》等刊物，在学术界影响较大。其中，《神州国光集》专注于文物介绍，共发行14期，选择经严格鉴定的书画、金石珍品，依原本精印[②]，是我国较早的文物杂志。保存会设有藏书楼，保存收集而来的文物古籍并对外开放。保存会还编订教材，设立讲习会，进一步传播和宣传传统文化。

国粹运动不仅播于士林，更影响了政府。其思想为当时改革派如张之洞等接受。张之洞在执掌清廷学部期间，大力推进存古学堂制度建设，在学校教育中增加国学内容，使强调保存国粹成为官方教育思想的重要组成。

（三）严峻的文物形势

清末战乱频发，社会动荡不安，大量皇家建筑、陵寝、园林和寺庙因无人管理和维护，遭到劫掠和破坏。外国学者从我国掠走大量文物，文物保护工作面临严峻形势。这是知识分子竭力推动文物保护事业发展的直接动因之一。建立遗产保护体制，广泛开展文物保护宣传教育，成为有识之士关注的焦点，也是文物保护事业发展的迫切需要。

① 邓实．史学通论（三）．光绪壬寅政艺丛书，光绪年版．
② 王东杰．欧风美雨中的国学保存会．档案与史学，1999（5）．

1. 战争对遗产的破坏

1840 年，英国发动第一次鸦片战争。至 1911 年，国内共爆发太平天国运动、捻军起义、义和团运动等三次较大规模的战争及许多零星的起义。战争所及，大量文物古迹被毁。太平天国运动中，大量珍贵书籍及古建筑遭到破坏，道观佛寺尤甚。“佛寺道院，城隍社坛，无庙不焚，无像不灭”，“虽未坑儒，业已焚书……东南藏书之家，荡然无存”。东南三部《四库全书》中，两部被毁，一部散失严重。多家珍藏及江南一带私家园林被毁，“太平天国时，毁园数千”。[①] 更为严重的文物损毁发生在侵华战争中，其中涉及大面积文物破坏及劫掠的有 1860 年第二次鸦片战争、1900 年八国联军侵华、1903 年至 1904 年英国侵藏战争等。1860 年第二次鸦片战争期间，英法联军火烧圆明园，劫掠珍贵文物艺术品无数，不能带走的便连同古建筑及园林一起烧毁，造成世界艺术史上的巨大灾难。八国联军侵华，《永乐大典》等珍贵古籍善本的散失破坏，各类文物损失无法清点，连八国联军统帅瓦德西也供认：“所有中国此次受毁损及抢劫之损失，其详数将永远不能查出，但为数必极重大无疑。”[②] 英国侵藏战争中，侵略军所到之处，珍贵文物被抢劫一空，寺庙佛像被毁无数。

2. 外国学者及探险家对文物的掠取

清末，中国国门洞开，外国人在中国畅行无阻。俄、英、德、法、瑞（典）、日等国的学者兼探险家相继进入我国并带走大量珍贵文物。新疆、内蒙古、甘肃等地成为重灾区，涉及宗教史、语言、艺术、当地生活方式等内容的写本、雕塑、壁画及珍贵艺术品损失严重，无法估量。[③] 晚清三大考古发现中均有文物外流的情况，敦煌文物通过掠夺者的展示才被世人知晓。[④]

---

① 童寯 . 中国园林 . 天津：百花文艺出版社，2006.
② 刘兰青 . 八国联军劫掠中南海 . 紫禁城，2005（6）.
③ 史勇 . 中国近代文物事业简史 . 兰州：甘肃人民出版社，2009.
④ 1899 年甲骨文被发现之后，随即有外国人进行收购汇集，加拿大牧师明义士个人收藏超过 50000 件，许多甲骨被非法运至国外。1900 年至 1916 年间，考古学家斯坦因于敦煌发现汉简，并将其带出中国。1901 年，瑞典人斯文赫定在罗布泊发现了楼兰古城遗址，并在其中取得大量汉文文书。这些发现直到 1908 年才为中国学者得知。1907 年与 1908 年，斯坦因与伯希和买通王道士，从敦煌藏经洞内带走大量文物，之后又多次掠走珍贵文物。1909 年，罗振玉、王国维等学者在京见到伯希和及其所得的敦煌文书写本，国人才得知敦煌文物，但期间经历多国考古学家的光顾，精华部分多已被偷运出境。

3. 本国民众对文物的破坏

社会秩序混乱，文物保护意识淡薄的国人也伺机盗取珍宝，成为破坏文物的帮凶。敦煌文书发现之后，甘肃省官员便私自挑选精华部分以丰私人藏品，甚至在清廷下令送京保护后，部分官员仍以各种恶劣手段窃取，以致相当数量的敦煌文物流失、损毁。1860年英法联军洗劫圆明园，无数土匪、游民、普通百姓及守园太监参与，许多被英法匪帮遗弃的宝物被中国人盗走。当时甚至出现以在尘土中搜寻宝物的“筛土贼”，并有“筛土，筛土，一辈子不受苦”的民谚出现。民国初期，圆明园成为“建筑材料厂”，大量的石料、木料、方砖、屋瓦都被拆下运走，给予圆明园最后一击。避暑山庄行宫归热河都统管辖，历任都统和管理人员均顺手牵羊，盗卖山庄中的古玩。古玩商也纷纷加入其中，民国初期买卖山庄文物竟成为古玩行内人尽皆知的热门生意，直至民国政府将行宫宝物运至北京，成立古物陈列所加以保护，才告结束。清朝覆灭之后，军阀及地方土匪、民众公然破坏古迹，盗取文物。以清东陵为例，由于民国政府给守陵人支付的粮饷不到位，守陵人开始盗取地面金银器、青铜器等，通过蓟县运到北平销赃。1928年，军阀孙殿英公然盗掘东陵。此后东陵又遭当地土匪和地痞组织的大规模盗掘。1945年后，附近居民也参与盗墓，清东陵除顺治孝陵外，所有陵寝均被盗掘一空。这股破坏之风直至中华人民共和国成立初期仍然未减。

二、国家文物保护体系的初创

（一）清末国家文物保护体系的创建与保护工作

20世纪初，清政府推出新政，借鉴西方发达国家及日本的架构及经验，向现代国家体制迈进，开始了国家体制的改革过程。这次改革的重点在官制，焦点在中央机构。至1911年止，原军机处及六部或被撤销，或被改造，代之以责任内阁加外务、民政、度支、学、陆军、海军、司法、农工商、邮传、理藩等十部的格局，同时设有类似西方议会形式的资政院。官制改革使国家机构的设置趋于合理，更好地适应当时的国家要求，也反映出西学影响下国人对国家政治、经济、社会、文化作出的思考，其中就包括文物保护机构的初创。文物保护作为文化建设的一部分，在此次改革中进入国家体制的框架，其中学部与民政部均具有相关的保护职能。1909 年，民政部发布《保存古迹推广办法》，成为我国历史上第一项文物保护法令，标志着中国近现代文物保护事业的开端。

1. 文物保护机构的建立及其工作

（1）学部

学部的成立

随着西式教育思想的广泛传播，各地纷纷成立学堂，涉及教育职能的原国家机构（如国子监、礼部、兵部）的架构已不能满足形势发展的需要，设立专职的教育管理部门是大势所趋。1905 年 11 月，清廷正式设立学部，统辖全国教育文化相关事务。学部设五司一厅，其中专门司下设专门庶务课，“掌保护奖励各种学术技艺，考察各种专门学会，考察耆德宿学研精专门者应否赐予学位及学堂与地方行政财政之关系，又凡关于图书馆天文台气象台等事均归办理并掌海外游学生功课程度及派遣奖励事等”①。普通司下设师范教育科，“凡通俗教育家庭教育及教育博物馆等事务均隶之”②。学部掌国家图书馆博物馆事务，成为国家最早成立的涉及文物保护工作的机构。

文物普查及抢救保护

学部成立后开展的工作包括文物调查和抢救保护两个方面。1910 年，学部下令各省调查文物，要求地方对辖内文物进行调查并拟定保护方法报部备案。③学部要求“将碑碣、石幢、石磬、石刻、古画、摩崖字迹等项先行搜求速为报部”。④可以看出，受金石学传统、学部职能及其关注热点影响，这次工作的重点对象仍是传统金石学家喜好的金石碑刻之类，古器物、古建筑等属于次要考虑范围。饬令发出之后，只有少量地方将古籍或拓片送部保存。

保护工作方面，两项最大的工作是收集、抢救和整理内阁大库档案文书和敦煌文物。⑤ 1909 年，管理官员意欲销毁内阁大库档案，学部参事官罗振玉推测里面有珍贵典籍因而设法抢救，最后保存下来 8000 袋珍贵藏书及档案。另外，得悉敦煌文物及其被外国学者掠走一事后，学部官员率先开始了保护活动。他们尽力收集、抄录，要求伯希和将已运走部分拍照寄回，并将已得部分编辑出版，同

① 大清光绪新法令（第五版）. 上海：商务印书馆，1910.
② 大清光绪新法令（第五版）. 上海：商务印书馆，1910.
③ 1910 年之前学部曾经令各省调查，无奈效果不佳，只能再次发令。
④ 通饬查报保存古迹 . 大公报，1910-12-17.
⑤ 关晓红 . 晚清学部与近代文化事业 . 中山大学学报（社会科学版），2000（2）.

时以中央政府的名义下令保护残存者并运送至学部。

图书馆、博物馆体制建设

学部推行国家图书馆体制建设。关于该体制的设立，维新派在1898年已经提出并获光绪皇帝同意，后因变法失败告吹，但其思想得到保留。1905年，张謇上书学部要求设立博物馆、图书馆未获采纳。随后，罗振玉建议学部设立图书馆制度并提出创设办法，认为“保固有之国粹，而进以世界之知识，一举而二善备者，莫如设图书馆。……鄙意此事亟应由学部倡率，先规划京师之图书馆，而推之各省会。”[①] 1909年，学部拟设立京师图书馆并附设古物保存会，往地方征集古籍并送优秀文物入京。1910年，学部上《拟定京师及各省图书馆通行章程折》获批。《章程》规定京师图书馆及各省图书馆创设章程。[②] 此后，各地纷纷设立图书馆，至1910年，共有直隶、江苏、河南、湖南、湖北、奉天、山东、山西、浙江、广西、云南、贵州等地设立省级图书馆，形成全国性的图书馆系统。值得一提的是，山东省还于图书馆附设金石保存所，负责文物调查、收集和保护工作，是最早创设的地方文物保护机构之一。

存古学堂制度的创设

在保存国粹运动的推动下，学部设立存古学堂制，在中国推行国粹运动。1902年，赴日考察教育的罗振玉，深服日本议员“东西国情不同，宜以东方道德为基础，而以西方物质文明补其不足。……新知固当启迪，国粹务宜保存”的思想，于次年提出“重国文以保国粹”。这种观念为当时改革派如张之洞等人接受。1903年的《学务纲要》就反复强调“西国最重保存古学”，“外国学堂最重保存国粹”，以为基本教育政策。[③]1907年，学部主持张之洞上《创立存古学堂疏》，并率先将湖北经心书院改为存古学堂。1909年，学部规定各省一律设立存古学堂，教授国学及传统文化，引发十多个省份响应，“存古”成为影响全国官学的思潮。存古学堂制度的建设，对文物保护事业有很大的推动作用。直至民国，“国粹”一词已为多个文物保护法令采用，亦成为社会熟悉的通用词语。

（2）民政部

民政部的成立

1906年，清廷以“巡警为民政之一端，拟正名为民政部”，将巡警部改为民

① 罗振玉．京师创设图书馆私议．见：李希泌主编．中国古代藏书与近代图书馆史料．北京：中华书局，1982.
② “京师及各直省省治，应先设图书馆一所。各府、厅、州、县治应各依筹备年限以次设立。”引自学部奏拟定京师及各省图书馆通行章程折．见：李希泌主编．中国古代藏书与近代图书馆史料．北京：中华书局，1982.
③ 王东杰．欧风美雨中的国学保存会．档案与史学，1999（5）.

政部，除原巡警部职能外，并入户、礼、工、吏四部部分职能。新民政部为全国公安、内务、民政的最高行政机关。[①]

民政部管辖范围较广，其中营缮司“掌督理本部直辖土木工程，稽核京外官办土木工程及经费报销并保存古迹调查祠庙各事项……所有原设之警保司工筑科所掌事务即归并该司办理”[②]，职掌遗产保护事宜。其下共设三科：

建筑科“掌京内城垣、衙廨、仓之土木工程及其经费报销，京外公园、市场和官办土木工程及其经费报销，管理琉璃窑、木仓，本部直辖土木工程及其报销事”。

道路科“掌京城道路、沟渠修缮、改良，各省经营之道路工程，京外路工报销事”。

古迹科“掌古建筑物调查、保存、管理博物馆、神祠、佛寺、道观等建置、修缮事”。原工部新建工程及京城修建事务由建筑科及道路科接管，修葺、保护古建筑事务由古迹科负责。古迹科还负责原礼部职掌的宗教、民俗建筑等管理和保护问题，并增文物调查、保护、修缮等内容。民政部的成立，标志着我国第一个官方文物保护机构的诞生。

民政部的保护工作

民政部最重要工作的是颁布保护法令、开展全国文物调查以及在地方自治中加入保护内容。1909 年，民政部上《民政部奏保存古迹推广办法另行酌拟章程》（下文简称《办法》）并获光绪皇帝批准，成为我国第一条文物保护专门法令。《办法》详细阐明文物意义及当时的保护状况，提出文物调查及较为详细的保护规定，并通令全国施行，迈出了文物保护法制建设的第一步。同时，民政部在 1908 年的《城镇乡地方自治章程》中，将“保存古迹”列入“本城乡镇之善举”[③]，对民众进行文物保护教育，鼓励民众保护地方文物古迹。

在制定保护法规的同时，民政部要求各省城创立博物馆，对公众开放，并鼓励民众捐献古物，藏于其中。同时，下令在全国范围内进行文物普查，调查范围包括金石碑刻、古庙壁画或构件、地方陵寝、先贤祠墓、地方古迹等。[④] 在当时的社会条件下，只有极少数省份完成。山东省于 1910 年将调查所得汇编成《山东调查局保存古迹统计表》（以下简称《统计表》）上报。《统计表》（图 1–2）将调查对象分成“历代陵墓祠墓”、“名人遗迹”、“金石美术”、“其他”四类，每类

① 李鹏年，朱先华等．清代中央国家机构概述．哈尔滨：黑龙江人民出版社，1989.
② 大清光绪新法令（第五版）．上海：商务印书馆，1910.
③ 城镇乡地方自治章程．大清光绪新法令（第五版）．上海：商务印书馆，1910.
④ 清民政部．民政部奏保存古迹推广办法另行酌拟章程．见：大清宣统新法令（第四版）．上海：商务印书馆，1910.

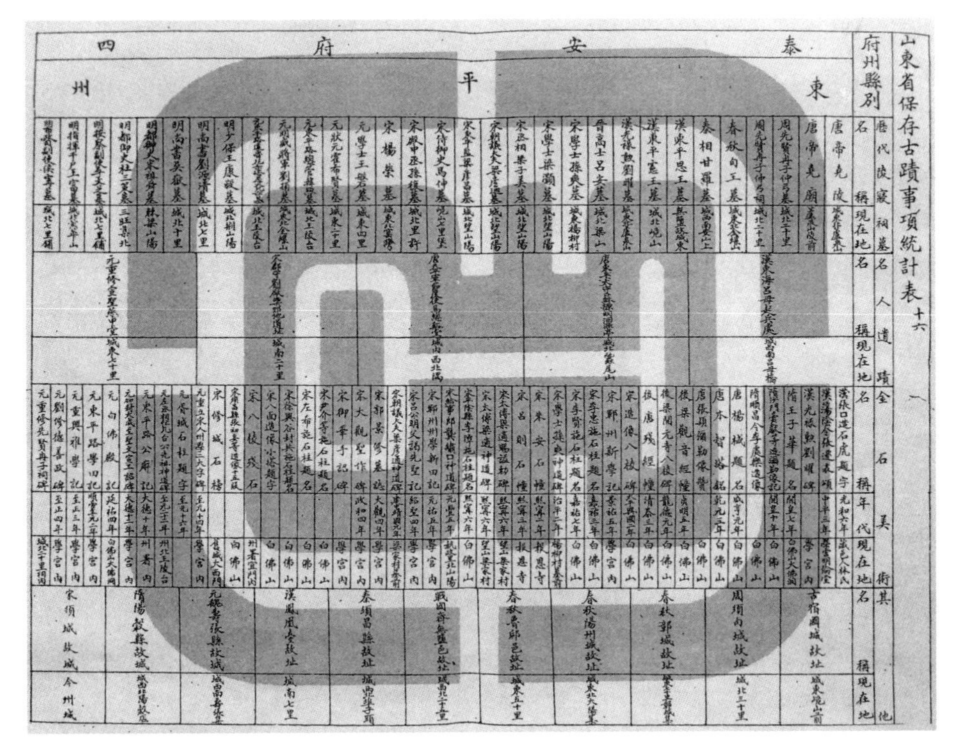

山東省保存古蹟事項統計表 十六

府州縣別：泰安府 東平州

歷代陵寢祠墓：名稱、現在地
名人遺蹟：名稱、現在地
金石美術：名稱、年代、現在地
其他：名稱、現在地

图 1-2 山东调查局保存古迹统计表（资料来源：高裕瑞，刘作霖．山东调查局保存古迹统计表，1910. 中国国家图书馆藏）

均包括名称和现在地两种信息。[①] 其中名人遗迹包括古迹、古建筑、历史事件发生地等，其他项则以故城遗址为主。统计表同时附有山东巡抚孙宝琦所作的序及备考等说明，足见重视。

清末官制改革，是国家迈向现代体制的重要一步。学部与民政部的成立，标志着文物保护工作正式进入国家体制。民政部虽为主管文物保护的机关，但学部也兼顾部分职能，且在开展工作方面早于民政部。由于学部聚集了众多金石专家，其研究重心均在铭文碑刻等文物，保护古物之心比民政部更为急切，而当时学术机关在全国的分布远多于新成立的民政部门，因而民政部也不得不和学部商议合作。[②] 该情形一直延续到民国，至独立的国家文物保护委员会成立方结束。学部与民政部在保护职权方面的交叉现象，显示出清末民初保护事业仍在探索阶段。

① 高裕瑞，刘作霖．山东调查局保存古迹统计表，1910.
② 关晓红．晚清学部研究．广州：中山大学，1999.

2. 第一部文物保护法令——《保存古迹推广办法》

1909 年 9 月 20 日，民政部拟《奏保存古迹推广办法另行酌拟章程》获批，成为我国第一部近现代意义上的文物保护法令。此后，我国开始了文物保护的法制建设并颁布一系列落实措施。《保存古迹推广办法》(以下简称《办法》) 的发布有多方面的原因。

第一,《办法》提出“窃臣部职掌原有保存古迹事项，……唯是奉行日久，已成具文。”[①] 因此必须延续以往的古迹保护工作，重树各省疏忽已久的调查编目保护工作制度。

第二,《办法》认为“查各国民政应行保存古迹事项，范围颇广，如埃及金字塔之古文，希腊古庙之雕刻，罗马万里古道，邦俾发掘之古城，下至先贤一草一木，故庐遗物，或关于历史，或关于美术，虽至织悉亦无不什袭珍藏。”[②] 在西学影响下，保护对象的认识比以往扩大，已不限于金石或传统陵寝等范围，因此必须重新拟定保护办法。

第三,《办法》认为各国均有相关保护制度和精神，政府与国民共同遵守，国与国之间也有公法。另有博物馆的设置,以昭本国文明,成为制度。“上自皇家，下迄草野，广如通都，僻在乡壤，咸有博物馆储藏品物以为文明之观耀，而其保存通例，凡兵燹时他国不得毁坏，毁坏者可责赔偿，着为万国公法，故其馆历时至久，聚物至伙。”[③] 中国要融入国际社会，建设现代化国家，这种制度和认识必不可少，因此须建立国家文物保护法律法规制度，使之成为全民族的共识。

第四,《办法》认为我国文化先开，但文物古迹数量反不如西方，皆因保护力度不够，以致文物流失破坏严重，有辱国体。“我中国文化之开先于列国……至今而求数千年之遗迹反不如泰西之多者，则以调查不勤保存不力故也”。[④] 因此须在原有制度上，加强保护措施。

(1)《办法》内容简述

《办法》共有两部分，分别是“调查事项”及“保存事项”，规定了调查内容、调查标准、保护办法、惩罚措施等。

① 清民政部 . 民政部奏保存古迹推广办法另行酌拟章程 . 见：大清宣统新法令（第四版）. 上海：商务印书馆，1910.
② 清民政部 . 民政部奏保存古迹推广办法另行酌拟章程 . 见：大清宣统新法令（第四版）. 上海：商务印书馆，1910.
③ 清民政部 . 民政部奏保存古迹推广办法另行酌拟章程 . 见：大清宣统新法令（第四版）. 上海：商务印书馆，1910.
④ 清民政部 . 民政部奏保存古迹推广办法另行酌拟章程 . 见：大清宣统新法令（第四版）. 上海：商务印书馆，1910.

调查事项包括：

“周秦以来碑碣石幢石磬造像及石刻古画摩崖字迹之类”，须了解该类遗产所在地址、数量、内容、现状，查明报部；

“石质古物”，此类古物屡被盗卖，因而命督抚下令严禁，如有卖于外人者，必须重罚，同时追责州县官以失察之罪；

“古庙名人画壁或雕塑像精巧之件”，此类古物有关美术，比字迹尤为珍贵，命督抚考察其年份并报部；

“古代帝王陵寝先贤祠墓”，其中部分遗迹日久淹没，部分名人祠墓有数处，不知何者为真，命督抚查明报部；

“名人祠庙或非祠庙而为古迹者”，查明报部；“金石诸物”，一有出土，督抚必须详查登记报部。

保存事项包括：

“碑碣石幢造像之属”，该类遗产遭日晒雨淋，容易风化或遭人为损坏，非经批准不许印塌，室外碑碣应该设盖顶或移至室内保存；

“古人金石书画并陶瓷各项什物，或宋元精印书籍石塌版之属”，该类历来多是私人收藏，一般士子民众难得观看，因此应首先在省城设立博物馆来收集、保存、展览，并鼓励民众捐献藏于其中，以开启民智并宣传遗产保护；

“古代地方陵寝先贤祠墓”，必须树立碑记并报部，完好者须设法保护，倾圮者须设法修缮；

“古庙名人画壁并雕刻塑像精巧之件”，如有模糊者，不许再行油饰；

“非陵寝祠墓而为古迹者”，必须种树或立碑记，确定保护范围，使有可寻的标志。

（2）《办法》体现的遗产保护思想

保护对象范围的扩大

官制改革前，官方古迹保护对象仅是“古昔陵寝先贤祠墓”，原由工部负责。民政部接管该项工作后，增加了可移动文物，如金石碑刻、古玩字画。同时，受西方保护思想影响，增加了古迹、古庙及其附属壁画、造像等不可移动文物，保护对象范围大为扩大。虽然如此，《办法》对保护对象的甄别，仍是基于金石学的学术传统及传统保护对象，如历代皇帝陵寝、名人祠墓等，显示出对我国保护传统的延续。尽管《办法》涉及古建筑的保护，但未将建筑作为独立的遗产类型，而是与遗址、碑刻、自然纪念物等同属古迹类别。这表明，当时的保护先驱们虽然大量借鉴西方的保护理念和方法，但其核心价值观仍然是中国的。另外，这时期对文物价值的判定已从原有的历史价值扩展至历史、美术价值并影响后世，已较为接近今天提出的文物具有历史、艺术、科学三大价值的说法。

《办法》对文物价值的认识

对于文物的作用，《办法》首先继承了传统理念。如对于陵寝先贤祠墓等，《办法》认为是“所以景行前哲贤人观感也”，又指出名人祠庙等的作用：“名人祠庙或非祠庙而为古迹者，临履其地在，在生历史之感情”，认为古迹及古建筑是历史及感情所依凭的物质，其重要性在于其所承载的精神和历史本身。

相对传统补史、证史的价值，《办法》对文物作用的认识有了较大的发展，开始关注其社会作用。首先，《办法》认为文物是彰显民族文明、展示国家文化实力的重要实证，是“文明之观耀”。其次，任由文物破坏或外流，有辱国体，文明不继，“我自有之而不自宝之，视同瓦砾，任其外流，不惟于古代之精神不能浃洽，而于国体之观瞻，实多违碍”。第三，文物作为学术研究的材料，应从传统私人秘藏转为公开展览，让学人士子有机会研究学习，以保存国粹，延续文脉。也可让国民参观，借此教育民众，增加其爱惜之心。《办法》对文物社会性的认识表明，在晚清启蒙思想的影响下，民主、进步的气息已经渗透国家体制之中，在文化及价值观方面的认识已向国际社会靠近和接轨。

《办法》的保护政策、措施及保护理念

《办法》总结其时文物形势与问题根源，认为需在重新确立我国原有的陵寝、先贤、祠墓保护政策外，推广调查、保存两项办法。《办法》首先提出进行全国文物调查，以摸清家底及保存情况，同时规定地方必须每年上报，显示出政府将调查制度化、常规化的思路。其次，《办法》针对各类型文物特性制定保护措施，勒令全国督抚一体遵行，明确责任主体。再者，建立博物馆制度，形成全国博物馆体系，在保护的同时促进文物观念的普及。另外，规定古迹、古建筑造册登记，确定保护范围并树立标志，责令地方督抚对其进行日常保护及修葺抢救，显示出类似于今天文物保护单位制度的做法。《办法》还提出对户外文物，特别是石幢碑刻等添加遮蔽或移至室内管理，非经允许不可进行印拓，体现了异地保护的思路。

值得一提的是，我国历代修缮神佛等各类造像，均奉行“重塑金身”“焕然一新”的做法。《办法》却特别规定，对于名人壁画及精美雕刻塑像之类，不允许重新油饰，以免损害其历史、美术价值。“古庙名人画壁并雕刻塑像精巧之件，务加意保存，不得任其毁坏，亦不得因形迹模糊重行涂饰，致失本来面目，于古人美术反无所窥寻。"[①] 可以看出，我国早期的保护工作者已对文物修缮原则作出初步思考，并提出类似"保持现状""保存历史信息"的先进理念。此类保护原则虽零星见于金石学的保护活动中，但将之延伸至其他类型文物并上升至法律层面，以指导全国的文物保护及修葺，则是第一次，在我国文物保护修缮理念发展史上具有重大的进步意义。

（3）《办法》的意义及其影响

1909 年民政部拟定的《保存古迹推广办法》是我国第一部具有近现代意义的文物保护法令。其主要保护思想及措施包括：确定保护对象、进行文物调查、确定修缮原则、设立博物馆制度、实行文物登录、划定保护范围、进行文物教育、禁止文物盗卖等，这些内容均在后世的文物保护法规中，或直接延续，或有所体现，说明《办法》在当时已初步形成保护体系。作为文物保护法规的雏形，它对北洋政府、南京国民政府时期的文物保护法令影响极深，许多思想及做法一直沿用至今。《办法》的出台是我国文物保护事业向法制化迈出的第一步，标志着文物保护工作上升到国家体制及法律制度层面，具有划时代的重要意义。

（二）北洋政府时期的文物保护工作

1. 北洋政府时期的保护机构

（1）民国初期教育部的保护活动

民国肇始，教育部全面接管前清学部，仍保留近半数学部官员。据 1912 年教育部官制记录，教育部共设参事、承政厅及三司（普通教育司、专门教育司、社会教育司）。其中的社会教育司第二科接管原学部专门司及普通司的部分职能，管理科学、博物院、动植物园、图书馆、美术馆、美术展览会、音乐会、演艺会等相关事宜。该司第三科负责通俗教育、讲演会、通俗图书馆、巡回文库方面。此后教育部官制虽经两次修改，但总体格局基本未变。[②]

北洋政府时期，教育部总管图书馆博物馆工作，监管全国图书馆、博物馆，并管辖全国美术品的调查和收集，同时分管全国范围的展览事业，是学部文物保护工作的继承者。该时期，学部调查了中国古代美术品的存佚情况，尤其是盛京

① 清民政部．民政部奏保存古迹推广办法另行酌拟章程．大清宣统新法令（第四版）．上海：商务印书馆，1910.
② 王艳芝．民初教育部研究 1912—1916. 西安：陕西师范大学，2010.

的文物保存情况。所管辖学校也多设考古、国学机构或研究所，承担着文物考察、收集与研究工作。

（2）内务部官制及其保护工作

1912 年，内务部接收清民政部的工作，分为民治、职方、警政、土木、礼俗、卫生五司。其中礼俗司第四科职掌“关于保存古物事项”。[①] 随后，内务部官制有较大调整，将礼俗司并入民治司，宗教及古迹保存事务随之交由民治司负责。[②]

内务部是北洋政府负责文物保护的部门。内务部成立后，首先开始文物保护事业的法制化工作。1912 年至 1927 年间，北洋政府颁布包括《保存古物暂行办法》在内的一系列政策法规，在一定程度上阻止了文物破坏现象。1916 年，内务部发布调查政令，明确文物范围、调查内容与调查样式表等，开始了民国时期第一次文物普查。同时，内务部与税务处合作，遏止了文物外流及非法买卖等情况。内务部积极发展博物馆事业，为保护避暑山庄及在各省收集的珍贵文物，在故宫开办了我国第一个官方文物保存和展览机构——古物保存所。针对各地寺庙、道观的财产和建筑遭受破坏的情况，内务部颁布了一系列旨在保护庙产的专门性法规，同时成立北京坛庙管理所，保护、管理重要庙宇。针对破坏严重、影响较大的破坏事件，内务部则下专令保护，如保护云冈石窟和龙门石窟造像、查办热河盗宝案、禁止外国商人盗运古物等。

这一时期，内务部逐步开展我国城市的公共空间改造活动，以“西人均以办建公共游览之地为文明象征”的思路，开放名胜及官家禁地、皇家园林等。1913 年，朱启钤任内务总长，他亲自主持北京正阳门城楼的改造，并致力推动天坛、北海、颐和园等皇家园林的开放。[③] 将皇家园林及名胜古迹对公众开放，使神秘的禁宫成为开放的公共博物馆及游赏之地，既展示了我国光辉的文明，也加深了国民对其价值的了解和认同，增强了保护意识。另外，内务部还通过《政府公报》及自办的《内务公报》等媒介，向国民公开内务工作，有助于保护文物工作的开展及保护思想的传播。

（3）民国初期教育、内务两部保护职能的关系

内务部、教育部的保护职能互有交叉，保护力量未能完全整合。例如，在开

---

① 政府公报，1912-8-9.
② 内务部总务厅统计科编 . 修正内务官制案 . 内务公报，1914（1）.
③ 王炜，阎虹 . 北京公园开放记 . 北京观察，2006（11）.

展文物调查方面，教育部也开展了关于美术品的调查，其管辖下遍布全国的教育和学术机构均独立开展调查工作，就其实际调查范围、深度和持续时间来看，均超过内务部。教育部集中了众多的专家，保护意识更强烈，思想也更领先。1920年，大总统顾问叶恭绰上陈条，要求保护文物。从各部答复看，教育部的答复比内务部更详细，对各国保护法规和措施更了解，考虑深度和广度均优于内务部。此外，教育部因主管图书馆博物馆工作，也承担了大量的保护工作。总体看来，由于当时国家机构改革和发展还在起步阶段，保护理念尚未成熟，保护力量仍比较分散，未能形成强有力的中央保护机构。

2. 文物保护法令的颁布及文物普查

（1）北洋政府的文物法制建设

北洋政府时期，文物保护工作的重点是保护法令的颁布。1912年至1927年间，北洋政府发布多项文物保护法规，主要涉及禁止文物外流及买卖、开展文物保护及文物调查等方面，对遏止文物破坏、树立国民保护意识等方面有一定的效果。受国家政治形势影响，许多法规未能真正发挥作用，但当时保护工作者们对于文物工作的思考以及根据当时形势做出的应对措施和保护办法，为南京国民政府时期文物法制工作的进一步发展打下坚实的基础。

1914年，北洋政府发布《大总统发布限制古物出口令》，禁止文物对外出口及内部私售。1927年，发布《大总统令税务处妥订禁止古物出口办法令》，饬令海关切实稽查，禁止古物出口和买卖，驳回京师古玩商会鼓励盗卖、出口文物的主张，在一定程度上遏止了文物盗运的现象。

1916年，内务部发布《内务部拟定保存古物暂行办法致各省长、都统饬属遵行咨》《保存古物暂行办法》及《内务部为调查古物列表报部致各省长、都统咨》三项律令，较为详细地制定文物保护的方法并开展全国文物普查。《保存古物暂行办法》是北洋政府期间文物保护的最高法律，其总体架构延续了清《保存古迹推广办法》，但在保护内容上有所增加。《内务部为调查古物列表报部致各省长、都统咨》为内务部开展全国文物普查所附带的说明及调查内容，共分十二类古物，附有古物调查表及填写说明。相较清末展开的调查，这次普查的分类详细得多。这时期的保护者还参考国外经验，如英、德、法、意等国家的保护法令。如参考意大利的文物分类，将文物分为“动品”与“不动品”，类似现今的“可移动文物”与“不可移动文物”。[①] 同时，欲借鉴法国的不动品保护制度，对文物进行分类登记，并明确“登记后不得损毁其全部或一部，非经教育总长许可，不得施工修理改作”[②]，使之成为法定保护对象，同时也有利于保护包括古建筑在内的不可移动文物。值得一提的是，其规定明确公产必须列入，使用单位及管理者不得抗拒，而私产则必须征得产权人同意方可登记列入。

北洋政府还针对专项文物发布专门保护政令。1912 年，北洋政府发布《清室优待条件》，规定："大清皇帝辞位之后，其宗庙陵寝，永远奉祀，由中华民国酌设卫兵，妥慎保护。”1914 年，发布《保护皇室宗庙陵寝令》，要求原清室守护皇家陵寝的都统、总兵等官员照常供职，确保文物安全。当时，全国各地的寺庙成为混乱局势下破坏的目标，大量文物被劫掠。为此，北洋政府制定多项针对庙产保护的法规并进行调查登记，较为有效地保护了寺庙古建筑及其文物。另一方面，在极力推行尊孔的政策下，自 1913 年起，北洋政府发布保护孔庙及其财产政令，饬令祭祀官掌管“关于所管祠庙古物古迹保存事项”，极力恢复祭祀典礼，提倡孔学研究，对保护孔庙古建筑及其附属、典藏文物，延续祭祀礼仪、乐章等非物质文化遗产有较大的推动作用。

1916 年，内务部发布《内务部为切实保存前代文物古迹致各省民政长训令》，令各省民政长设法保护文物，对破坏文物者一律法办严惩。针对各地频发的文物破坏事件，特别是价值较高、破坏情况严重、影响较为恶劣的，内务部则特事特办，将之定为专项保护案，派专人主持，完成如保护龙门古迹、禁止挖掘北邙山古物、打击盗售山东四面刻佛古石、保护云冈、龙门石窟造像、查办热河盗宝案、制止清室售宝、禁止外国商人盗运古物等案件，在一定程度上遏止了文物破坏现象。

（2）北洋政府时期的文物普查

1916 年 10 月，北洋政府内务部发布《内务部为调查古物列表报部致各省长、都统咨》，饬令各省开展文物调查。这次调查是配合《保存古物暂行办法》而实施的，由于各地文物分布、保存情况不明，普查是为摸清家底，为进一步的保护

① 傅岳棻 . 教育总长傅岳棻致大总统呈 . 见：中国第二历史档案馆编 . 中华民国史档案资料汇编 . 南京：江苏古籍出版社，1991.

② “法国法规中关于此项之规定，为凡古物之不动品（如古建筑类），由历史或艺术上之观察与一国有关系者，由教育部为之登记；其虽为国有，而属于他机关管辖者，其长官应承许其登记；其属于省区或宗教团体及公共机关者，亦应承许其登记；属于私人者，则应先得其同意登记。后不得损毁其全部或一部，非经教育总长许可，不得施工修理改作。”引自傅岳棻 . 教育总长傅岳棻致大总统呈 . 见：中国第二历史档案馆编 . 中华民国史档案资料汇编 . 南京：江苏古籍出版社，1991.

活动作准备。教育部也相应指出，“查中国古物至为繁伙，整理之方固以调查为入手办法，尤以保管为现时急务。”[①]“将以谋全国古物之保存，自当以分类调查为起点。”[②]同时，也使各省官员清楚管辖文物情况，提高其保护意识，明确保护责任。这次调查是清末文物调查的延续，但恰好碰上革命将起、政权交替的时期，只有极少省份复命，最终不了了之，未留下可掌握宏观情况的材料。[③]因此，进行全国文物调查是保护的首要基础工作。更重要的是，内务部明确了调查是常规工作，各省如有新发现，须随时报告。

调查将文物分为：建筑、遗迹、碑碣、金石、陶器、植物、文献、武装、服饰、雕刻、礼器、杂物等12类。建筑类包括：古代城郭、关塞、堤堰、桥梁、湖渠、坛庙、园囿、寺观、楼台、亭塔及一切古建筑之属；遗迹类包括：古代陵墓、壁垒、池沼、岩洞、矶石、井泉及一切古名胜之属；与清末文物范围相比可清楚看到，建筑概念已经独立出来，建筑及风景名胜均被列出，古建筑及风景名胜作为文物得到官方认可。调查要求各省先将国有或公有文物按等级造册，如仍有能力，再将私人保有古物进行调查。调查工作制定了标准的调查表（表1–1）。填注内容包括古物名称、时代、地点、保管情况、备考等几项。须关注的是，建筑、遗址排在调查内容的第一、二位，植物也作为一个大类被列入。

民国北洋政府内务部调查古物列表样式　　表1–1

__________县古物调查表　第____类

名称	时代	地址	保管	备考

（资料来源：作者根据相关资料自绘）

调查令发出后，只有北京、山西、山东、河南等地交回报告。对于文物的认识和定义明显不同（表1–2）。其中，金石、陵墓、祠宇为四地均调查的内容，但北京、河南调查的文物只含人造物，山东则增加植物、杂物项。植物类为古建

① 傅岳棻.教育总长傅岳棻致大总统呈.见：中国第二历史档案馆编.中华民国史档案资料汇编.南京：江苏古籍出版社，1991.

② 北洋政府内务部.内务部为调查古物列表报部致各省长、都统咨.见：中国第二历史档案馆编.中华民国史档案资料汇编.南京：江苏古籍出版社，1991.

③“且查有清季年，前民政部曾咨行各省调查古迹有案，中更事变，册报尚稀。”引自北洋政府内务部.内务部为调查古物列表报部致各省长、都统咨.见：中国第二历史档案馆编.中华民国史档案资料汇编.南京：江苏古籍出版社，1991.

筑内年代久远的植株，或与名人、著名历史事件、传说有关，具有精神价值与纪念意义。山西省的调查表为“名胜古迹古物调查表”（图 1-3），强调名胜古迹，将自然物作为古迹进行调查，说明我国重视自然风景的传统价值观对文物的判定仍有影响。

民国京鲁晋豫古物调查内容　　表 1-2

调查地区	调查内容
京兆	祠宇、陵墓、金石
山东	遗迹、祠宇、陵墓、金石、植物、杂物
山西	湖山、名城、城寨、桥梁、祠庙、寺观、陵墓、金石、植物
河南	遗迹、陵墓、祠宇、金石

（资料来源：作者自绘）

内务部同时开展针对寺庙的调查，制定针对寺庙的调查办法和表格。1913 年 10 月，内务部发布《内务部为调查寺院及其财产致各省长、都统咨》，制定调查表两种，令各地省长、都统按章调查辖下寺庙，并填写细要，详加说明。调查表（一）包括：所在地、历史、供像、住守者、常住人数、现状、附设事业、备考。调查表（二）包括：房屋、地亩、庙产来源、收益、用途、管理者，等等。1921 年 11 月，内务部发布《著名寺庙特别保护通则》，饬令地方按要求查明需要保护的寺庙，并将寺庙主持履历、寺庙历史沿革、宗教派别及院宇地界图样查明报部。同时要求寺庙主持每年上报所辖寺庙僧众的详细情况、寺庙财产及全年收入支出、寺庙及所属的文物古迹及一切建筑物、年中重要事项等。① 对寺庙的调查一直延续至南京国民政府。此外，作为主管学术的行政机关，教育部也以调查美术品的名义开始了文物调查，为国内博物馆的美术部、美术馆及美术展览做基础准备工作。

（3）北洋政府时期的文物范围及保护思想

与清代民政部相比，北洋政府认定的文物范围大大拓展，不再限于传统陵寝祠墓及金石，分类也更为详细。相较于清代《保存古迹推广办法》,《保存古物暂行办法》增加了植物类、武装类、服饰类、杂物类四类。武器类、服饰类和杂物类的加入，证明当时的史学研究已突破传统史学的范围。

① 北洋政府内务部 . 著名寺庙特别保护通则 . 见：中国第二历史档案馆编 . 中华民国史档案资料汇编 . 南京：江苏古籍出版社，1991.

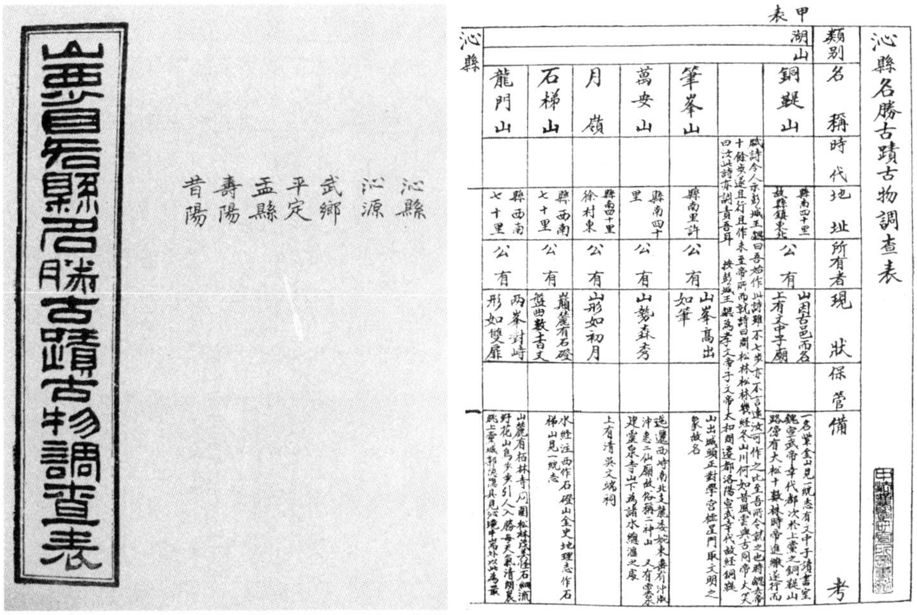

图 1-3 山西省各县名胜古迹古物调查表（资料来源：民国北京政府内务部．民国京鲁晋豫古器物调查名录．北京：北京图书馆出版社，2004）

值得注意的是这一时期建筑类的独立和细化。我国向无独立的建筑概念。城郭、桥梁、亭塔等甚至一直属于风景名胜的内容，与山川河流等自然景观共同组成风景的一部分。保护传统也强调帝王陵墓、名人祠墓等国家礼制相关的房屋，未强调“建筑”。虽然清末时官方已明确提出建筑的概念，大学教育章程也有建筑学的设置，但在保护系统内，建筑作为文物的认识仍未清晰。经过民国初年的发展，建筑的概念逐渐清晰并得以普及，古建筑也被认为是文物。1916年《保存古物暂行办法》将建筑独立成项并放于首位，同时清晰罗列各类建筑，其目标明确，分类详细。同时期发布的寺庙保护律令中，也将建筑作为重要的保护和调查对象。这些变化反映出建筑作为研究、认识对象的日渐成形。

民国初期尽管受西方文物思想的影响，但中国传统文化根深蒂固，仍有强大生命力，突出表现为该时期保护法令对古植物、自然物和遗迹类遗产的重视以及对其保护意义的认识。第一，北洋政府的保护法规强调对古植物及池沼、井泉等自然物的保护，在文物类别中专门加入“植物类：如秦松汉柏及一切古植物之属……壁垒、池沼、岩洞、矶石、井泉及一切古名胜之属”。[1] 将自然物定为文物，

① 北洋政府内务部．内务部为调查古物列表报部致各省长、都统咨．见：中国第二历史档案馆编．中华民国史档案资料汇编．南京：江苏古籍出版社，1991.

在今天看来仍不失先进。当时对文物的认识还不成熟，许多重要类别仍未被认定为文物，而自然物竟然出现在保护内容中，还排在第二的位置，不得不说是一个引人思考的问题。事实上，我国一直有保护古树的传统。古树出现在近代文物保护法令中，实际上反映了中国传统文化对人与自然关系的思考在文物保护问题上的重现和延续。《保存古物暂行办法》于1916年10月发布，正值朱启钤①任内务总长、管辖文物保护事业的时期。朱启钤作为传统文人，一直关注古树名木的保护，不但将之看作风景的构成要素，也将之作为文物看待。他主持开放皇家园林期间，就特别注意保护古树，在内务部的保护法规及相关往来文件中均有所体现。另外，朱启钤当时已经对古代建筑特别留心，并开始研究。因此，《保存古物暂行办法》中对建筑、遗址及古树的重视，与朱启钤应不无关系。

第二，传统文化更多将古树及自然物看作完整风景的构成部分，具有与建筑物、遗址等类似的作用，体现出中国人看待自然与建筑的传统观念。在传统观念中，“风景”多与“名胜”连用，与“胜景”“胜迹”“形胜”等词相近，其内容包括人工建筑物和自然物，或是建筑，或是自然，更多的是结合两者的景观。民国初期的保护法规中，对这类思想多有阐述。“故国乔木，风景所关，例如秦槐汉柏，所在多有，应与碑碣造象同一办法，责成所在地加意防护，禁止翦伐。”②从当时保护寺庙的律令中也可以看出，寺庙列入保护的条件是——与名胜古迹有关系：“著名寺庙关系古迹名胜续为重要”③。因此，“凡著名丛林及有关名胜或形胜之寺庙，由该管地方官特别保护”④，保护寺庙等古建筑的重要性在于保护整个风景名胜区的完整性。朱启钤也认为：“（建筑设计）必使建筑物足以为风景之点缀”⑤，明确点出自然与人工建筑的主从关系。实际上，直至1972年的《保护世界

---

① 朱启钤（1872—1964年），贵州紫江人，字桂辛，号蠖园（著有《蠖园文存》），室名存素堂（辑有《存素堂丝秀录》）。清末由举人纳资为曹郎。历任京师大学堂监督、京师外城警察总厅厅丞、内城警察总监，东三省蒙务局督办、津浦铁路北段总办等职。入民国后，先后出任中华民国内阁交通总长、内务部总长、代理国务总理等职。后于1919年南北议和时出任北方总代表。之后，在津沪经办中兴煤矿公司、中兴轮船公司等企业。1930年，在北平创办中国营造学社，以整理国故、发扬民族建筑传统为宗旨，从事中国古建筑研究，是中国创办最早的建筑文化遗产的研究机构。朱启钤对中国古代建筑研究很有造诣，对早期北京的市政建设作出过积极贡献，是将北京从封建都城改建为现代化城市的先驱者。自1935年起，兼任旧都文物整理委员会技术顾问，并于1947年1月，兼任行政院北平文物整理委员会委员。1949年中华人民共和国成立后，曾任中央文史馆馆员及全国政协委员，并兼任北京文物整理委员会及古代建筑修整所顾问。编著有《李明仲营造法式》《岐阳世家文物图传》《东三省蒙务公牍汇编》及《朱氏家乘》等。引自：温玉清．二十世纪中国建筑史学研究的历史、观念与方法——中国建筑史学史初探．天津：天津大学，2006.

② 北洋政府内务部．保存古物暂行办法．见：中国第二历史档案馆编．中华民国史档案资料汇编．南京：江苏古籍出版，1991.

③ 北洋政府内务部．内务部制定著名寺庙特别保护通则致国务院法制局公函．见：中国第二历史档案馆编．中华民国史档案资料汇编．南京：江苏古籍出版社，1991.

④ 北洋政府内务部．管理寺庙条例．见：中国第二历史档案馆编．中华民国史档案资料汇编．南京：江苏古籍出版社，1991.

⑤ 杨炳田．朱启钤与公益会开发北戴河海滨．见：朱启钤．营造论．天津：天津大学出版社，2009.

文化和自然遗产公约》，西方保护界仍将文化遗产和自然遗产分离，自然遗产的定义和保护仍基于生物和科学研究的考虑。直到1982年的《佛罗伦萨宪章》，才明确因人类历史或情感因素而保护以自然物为主的园林或风景。此前，人工建筑与自然的关系仍是泾渭分明。

第三，中国传统文化对待保护自然物和遗迹类，主要重视其所包含的非物质性的历史、感情、精神等方面，而非艺术、技术等方面。对此，清末的《保存古迹推广办法》已有论述：

> 各省每于年终造具古昔陵寝先贤祠墓防护无误，册结报部，原所以景行前哲贤人观感也。
>
> 古代帝王陵寝先贤祠墓，日久漂没，踪迹模糊，一人而数处有墓者有之，此其故由于真墓毁失，不知处所，好事者遂从而作伪，英光浩气，失所凭依，观览兴起，遂难亲切，拟由督抚确查审定，咨部立案。
>
> 名人祠庙或非祠庙而为古迹者，临履其地在，在生慼史之感情，拟由督抚确查，咨部备核。①

民国初年的保护法令中，将这种观念作为保护文物古迹的主要原因做多次强调：

> 为咨行事：粤维吉光片羽，足征古代之文明，断碣残碑，辄动后人之观感，对盘铭而起敬，抚石鼓以兴歌，胜迹名山，资历史之考证，衣冠文物睹制作之精英。几古代品物之遗留，实一国文化之先导，固不仅摩杪石刻，发思古之幽情，想望铜际，切前贤之景仰已也。②

朱启钤也认为：“夫禁中嘉树，盘礴郁积，几经鼎革无所毁伤，历数百年，吾人竟获栖息其下，而一旦复睹明社之旧，古国兴亡，益感怀于乔木。”③这种认识与现今作为国际保护界“新事物”的文化景观的概念十分相似，在我国却是传统，加之内务部官员多为传统文人，此观念自然在初期的文物保护法令中有所体现。此后由于进一步西化，这种思想在南京国民政府时期逐渐式微，未能发扬光大。

北洋政府时期的文物保护对象包括大量名胜古迹、人文景观的内容，所占比重甚至超过了古代建筑、金石碑刻。时人对自然及人文景观的重视，反映出我国风景名胜思想的深远影响。这也提醒我们，在西方保护界热衷于发掘、研究文化

① 清民政部．民政部奏保存古迹推广办法另行酌拟章程．见：大清宣统新法令（第四版）．上海：商务印书馆，1910.

② 北洋政府内务部．内务部为调查古物列表报部致各省长、都统咨．见：中国第二历史档案馆编．中华民国史档案资料汇编．南京：江苏古籍出版社，1991.

③ 朱启钤．中央公园记．见：朱启钤．营造论．天津：天津大学出版社，2009.

景观理念，我国亦步亦趋、大力引入的今天，整理、研究我国传统建筑文化思想及早期文物保护理念，实有重大的意义。

（三）图书馆博物馆事业与文物教育

博物馆在展示文明和国民教育等方面的重要作用被进一步认识。民国之初，图书馆博物馆事业便被纳入国家体制。教育部成立后，立即开始了对全国图书馆的调查，并拟定《图书馆规程》及《通俗图书馆规程》，以规范全国图书馆建设。同时，在北京建立历史博物馆，在全国建立博物馆体系，出版博物馆相关刊物，并陆续开放故宫及其他皇家坛庙、园林。博物馆事业在此时期有了很大发展。

北洋政府期间，共创立国家级博物馆三处，包括 1912 年始建的历史博物馆、1914 年设立的古物陈列所和 1925 年开放的故宫博物院。同时颁布《教育部历史博物馆规程》，作为地方效法的对象。至北洋政府结束前，全国共有博物馆 21 所[①]，地方博物馆普遍建立，全国初步形成图书馆博物馆体制及图书馆博物馆体系。展览事业也蓬勃发展，其中大多涉及文物及其保护，从而扩展了公众教育的手段，成为当时文物保护事业的另一重要形式。

1912 年，教育部在国子监成立国立历史博物馆筹备处，接收太学礼器，更广泛征集文物。1918 年，筹备处迁往故宫，以午门城楼及两翼为展览室，继续收集文物。至 1925 年，已收藏品共计 26 类 215177 件。[②]除保存和展出文物外，历史博物馆还兼顾着调查、挖掘和征集文物的工作。对自身藏品则主要进行保存、摹拓、制作文物模型、摄影存档，并开展相关研究。同时，开展一系列的展览，并邀请专家配合演讲，出版相关刊物，以更好地发挥公众教育的功能。[③]历史博物馆是我国第一个由政府成立和运作的博物馆，其成立一方面指引着中国博物馆事业的发展和相关制度的确立，另一方面则促进了文物保护事业的发展，为文物保护和展示提供支持，发挥其公共教育的作用。其他博物馆也被赋予类似职能。

与博物馆建设热潮相应，各地纷纷举办展览，传播先进思想，展示传统文明。许多城市更将展览定为制度，如广州市规定每年举办展览会两次。展览类别中不乏与文物保护相关的内容。1924 年 4 月，全国美术展览会在上海开幕；1926 年

① 王宏钧．中国博物馆学基础．上海：上海古籍出版社，1990.

② 北洋政府内务部．中华民国国立历史博物馆概略（1925 年）．见：中国第二历史档案馆编．中华民国史档案资料汇编．南京：江苏古籍出版社，1991.

③ 梁吉生．近代中国第一座国立博物馆——国立历史博物馆．中国文化遗产，2005（4）.

10月，厦门大学举办文物考古展览会。历史博物馆、古物陈列所、故宫博物院则常设展览，并以官方推广的方式，配合保护法规和制度建设，普及文物保护思想。

三、建筑概念的独立和古建筑研究、保护的开始

1. 中国传统的建筑观念和建筑修缮做法

金石、古器物等可移动文物，因其历史与艺术价值得到充分挖掘和重视，且保存较易，一般能得到比较好的维护。但对于不可移动的建筑来说，由于我国传统文化未对古建筑如金石古物般重视，也未将之列入如雕塑、绘画、书法等艺术之类，而是归于匠作，因而未登大雅之堂。我国涉及古代建筑记录的几部著作，如《洛阳伽蓝记》等，其叙述的主要内容，非建筑设计原理、技术、构造、样式等，而更多是文化、礼制、历史、精神、外观等方面。而坊间及工匠使用的著作，如《鲁班经》、《营造法式》、清工部《工程做法》、《牌楼算例》等，未被文人、士大夫重视。《营造法式》和清工部《工程做法》的编写目的主要是估工算料，是实用的建筑工程定额。对于我国古代对待建筑的态度，梁思成曾经评论道：

> （我国古代）视建筑且如被服舆马，时得而换之；未尝患原物之久暂，无使其永不残破之野心。[①]
>
> 中国金石书画素得士大夫之重视。各朝代对它们的爱护欣赏，并不在于文章诗词之下，实为吾国文化精神悠久不断之原因。独是建筑，数千年来，完全在技工匠师之手。其艺术表现大多数是不自觉的师承及演变之结果。[②]

建筑并不像金石碑刻、书法绘画等，作为文化的一部被重视，其分类也多属舆服，记录于《舆服志》中，与衣服、车马等同列。

基于上述观念，古人对于旧有建筑，大多喜欢按其时流行手法重新修整，或毁去旧建，焕然一新，绝少保留原有做法和美术。梁思成认为：“（古人）重修古建，均以本时代手法，擅易其形式内容，不为古物原来面目着想。寺观均在名义上，保留其创始时代，其中殿宇实物，则多任意改观。这倾向与书画仿古之风大不相同，实足注意。”[③] 我国现存较古老的木构建筑，如五台山的唐代建筑南禅寺大殿、

---

① 梁思成. 中国建筑史序. 中华人民共和国高等教育部教材编审处，1955年.
② 梁思成. 中国建筑史序. 中华人民共和国高等教育部教材编审处，1955年.
③ 梁思成. 中国建筑史序. 中华人民共和国高等教育部教材编审处，1955年.

图 1-4　经过清代修缮的正定隆兴寺山门
（资料来源：作者自摄）

佛光寺大殿，蓟县的辽代建筑独乐寺观音阁与山门，正定隆兴寺的多座宋代建筑，在后代重修时均加入当时做法，其中隆兴寺山门更在原宋代构架上加入清式斗栱，造成风格混合的效果（图 1-4）。[1] 上述价值判断，加上我国古代欠缺文物保护意识，以是否工坚料实、外观完整、流行风格、焕然一新判断修缮成效，是我国古建筑未能得到妥善保护的重要原因。

另外，我国文化重视历史、文化、精神的传承，但较少寄托于建筑，在自然与建筑共同构成的环境和场所当中寄情山水。自然名胜、山川胜景都获得了超越建筑的地位和感情寄托。传统文化中，对于风景名胜的保护意识尤为强烈，其重要性在建筑之上。古人认为精神永存，物质载体有时限，只要精神能够传承，载体形式便可以变化。如黄鹤楼、岳阳楼、滕王阁等名楼，虽经过多次改建和重修，但其历史文化意义和所承载的精神并未因为建筑载体的变化而被忽视。基于上述认识，建筑修缮时不顾原物或拆除重建成为常态，是古建筑未能获得保护的另一重要原因。

2. 清末民初建筑概念的独立

（1）建筑学的引入及其发展

建筑学的概念自清末开始传入中国。1902 年的《钦定京师大学堂章程》中已设有建筑学科。随后修订的《奏定学堂章程》中，《大学堂章程》将工科大学科目分为 9 门，其中就包括“建筑学门”。[2] 其课程包括建筑历史、建筑意匠、测

---

① “山门宋式斗栱之间，还夹有清式平身科（补间铺作），想为清代匠人重修时蛇足的增加，可谓极端愚蠢的表现。”引自梁思成 . 正定古建筑调查记略 . 见：梁思成全集（第一卷）. 北京：中国建筑工业出版社，2001.

② 徐苏斌 . 近代中国建筑学的诞生 . 天津：天津大学出版社，2010.

图 1-5 《建筑新法》书影（资料来源：赖德霖．中国近代建筑史研究．北京：清华大学出版社，2007）

量实习方面的内容。另外，《奏定学堂章程》中的《高等农工商实业学堂章程》及《艺徒学堂章程》也包含建筑科的内容。清末还出现了我国最早的建筑教科书——张锳绪的《建筑新法》（图 1-5）。[①]

这时期的学制引自日本并根据国情作了修改，在保留传统"经学"的同时，引入日本消化了的西方科学技术。[②] 在清末的学制改革中，建筑学以一门独立学科的姿态出现，为日后建筑作为独立概念、古建筑成为单独的文物类别奠定了基础。

民国初年，蔡元培任教育总长，推行新学制。新学制中的《大学规程》延续了清末的建筑教育设置，但内容有所增加，其中突出者为中国建筑构造法的增设。因目前未找到此科目相关内容，未知当时对于传统建筑研究和认识的深浅。虽然建筑学的独立是西学影响下的结果，早期甚至全盘照搬国外学制，但由于民族思潮的影响，对本国文化的整理和复兴仍然是教育体制改革的重要内容，中国古代建筑的独立也是在此思想下被提出的，这次学制改革中增加中国建筑构造法的课程正是其体现。

1923 年，苏州工业专门学校开设建筑课程，成为我国最早开展实际建筑教育的机构。在中国古建筑方面，其最大特点是聘请香山帮优秀工匠姚承祖讲授江南古建筑营造方法，首开工匠进入高校之先河。中国古建筑作为专门学科也首次进入我国的教育体制。此后，又有中央大学、东北大学、北平大学艺术学院（后

① 徐苏斌．近代中国建筑学的诞生．天津：天津大学出版社，2010.
② 徐苏斌．近代中国建筑学的诞生．天津：天津大学出版社，2010.

改名为“北大工学院”）等设置建筑学专业的高等院校成立。[①] 与苏州工业专门学校创始人的留日背景相比，这些学校建筑系的创办人员或授课教师更多留学于美国或者欧洲，因而形成不同的教学特色和风格。我国建筑教育事业从此蓬勃发展。

（2）建筑概念的独立与早期的古建筑保护思想

民国初年，各类西式建筑拔地而起，国民在惊异之余也开始了对建筑的思考。建筑师的地位比起过去有了很大的提升，与传统认识中的匠人已不可同日而语。20 世纪留洋学习建筑的众多中国学生中，官宦子弟所占比重相当大。据陈植言：“当时早有西洋建筑，即以北京而言，如宣武门外的天主教堂、灯市口的公里会、清末年的大理院……1920 协和医院及已由 Murphy & Dana 设计兴建，清华‘四大建筑’亦由这位美国建筑师设计施工。在上海更不必说，怎能不令人欣羡。那时建筑师早已不被看作是匠人了。”[②]

现代建筑教育的引进和建筑的被广泛讨论使建筑概念迅速普及，中国传统建筑作为独立认识个体也很快被认可。同时，各地皇家、私家园林的开放使民众更进一步接触到古代优秀建筑。随着文物意识的普及，将古建筑作为文物的认识逐渐清晰，加上当时高涨的民族主义和保存国粹等思潮，古建筑很快便独立于金石古物，成为文物的一大类型。1909 年清朝所拟的文物法令中，建筑概念模糊不清，不同类型建筑分属于不同文物类别，所占分量也不重。但 1916 年内务部发布的调查表中，已将建筑独立列为 12 类文物之一。事实上，1912 年至 1921 年北洋政府发布的保护寺庙律令中，除寺庙文物财产外，古建筑也是重要的保护对象，还有专为名胜古迹、古建筑制定的《胜迹保管规条》等政令。在改朝换代、社会动荡之际，文物保护范围呈现如此大的变化，究其原因，虽有西方保护理念的影响，但建筑概念的独立和其地位的提升更是不可或缺的重要因素。

虽然“建筑”概念在民国初年才明确独立，但古建筑保护的思想早已萌芽，康有为在 1890 年即系统提出古建筑保护的理念。维新运动失败后，康有为游历欧洲 13 国，惊讶于欧洲各国古建筑的雄伟、华丽及其所展现的历史、文化和美学价值。在金石碑刻、古代器物、典籍等可移动文物之外，他更多地开始考虑风景名胜与古代建筑的保护和管理。康有为热情地赞美当时欧洲国家所普遍拥有的，较为健全的国家文物保护制度及良好的群众保护意识和基础，认为“夫不知西人

---

① 赖德霖 . 中国近代建筑史研究 . 北京：清华大学出版社，2007.
② 赖德霖 . 中国近代建筑史研究 . 北京：清华大学出版社，2007.

者，以为西人专讲应用之学者也，而不知其好古人而重遗物，遍及小民，乃百倍于我国。”他在赞叹之余亦痛心国内不知保护古建筑的现状，深以为耻，认为“不知崇敬英雄，不知保存古物，则真野蛮人之行，而我国人乃不幸有之。”并发出“吁嗟印（度）、埃（及）、雅（典）、罗（马）之能存古物兮，中国乃扫荡而尽平。甚哉，吾民负文化之名！”的感慨。基于此，他提出：“今吾为国人文明计，盖有二者：一曰保存古物……一曰建筑用石。”①

康有为认为我国古代建筑辉煌显赫，比起西方建筑有过之而无不及，未得到保存的原因，固然是缺少保护文物的传统，另一方面也是由于建筑使用木材，不能持久。②他认为，必须改变我国以木结构为主的做法，转用石材作为建筑的主要材质，以达到持久的目的。其次，必须加强古代建筑的管理及日常维护，建立妥善的保护机制。③再者，康有为提出促进文物古迹的利用和开放，精选其中一部分，开辟为博物馆，通过旅游事业增加国民收入及文物保护经费并宣传其价值、传播中国文化。康有为对于古迹及古建筑保护问题的思考，是目前已知较早的由我国学者提出的古建筑保护思想。

（3）公共公园的兴起及皇家建筑的开放

随着国家的现代化进程，现代生活方式进入民众生活，原有城市格局已不适应新的生活方式，市民对公共空间有更多需求，要求城市进一步开放。同时，西方公共空间、公园等民主设施的思想和做法传入，引起我国城市格局的改变。1868年，上海的租界出现了公园性质的“公家花园”。1907年，北京西直门外的万牲园开放。④民国之后，现代化步伐加速，民主意识进一步加强。随着公园概念的普及，皇家宫殿、坛庙、园林、私家名园等陆续开放。1913年，内务总长朱启钤主持草拟《京都市政条例》，设立京都市政公所并任督办，开始了北京近代城市化的改造。除管理架构及基础设施的建设和改造外，还促进了皇家宫苑、坛庙及园林的开放，以及公共公园的建设。

1914年，朱启钤上书袁世凯，要求开放北京皇家名胜园林。1914年至1925

---

① 康有为．欧洲十一国游记．北京：社会科学文献出版社，2007.

② “今中国明以前宫室绝少，令古匠建筑之美术不传，国体寒陋，皆由用木不用石之故。”引自康有为．康有为遗稿·列国游记．上海：上海人民出版社，1995.
“中国昔者古物之不存，因非石筑故”，“木构之义不去，不久必付之于一烬，必不能以垂长远。令我国一无文明实据，令我国大失光明，皆木构之义误之。”引自康有为．欧洲十一国游记．北京：社会科学文献出版社，2007.

③ “巨石丰屋不可移者则守护之，过坏者则扶持之，畏风雨之剥蚀者则屋盖之，洁扫之……凡其有关文明，足感动人心，或增益民智，如所言潘、卢、伍、叶屋园之例，有事者皆宜归之公会，不得擅卖折毁。”引自康有为．欧洲十一国游记．北京：社会科学文献出版社，2007.

④ 王亚男，赵永革．把古都改建为近代化城市的先驱者——民国朱启钤与北京城．现代城市研究，2007（2）.

图 1-6　民国北京政府时期的皇家园林（资料来源：王炜，闫虹．老北京公园开放记．北京：学苑出版社，2008）

年间，皇家园林陆续开放的有：1914 年改名为中央公园的社稷坛、1915 年改名为城南公园的先农坛、1918 年改名为天坛公园的天坛、1924 年改名为和平公园的太庙、1925 年改名为北海公园的北海、1925 年改名为京兆公园的地坛。此后，皇家园林辟为公园的风气不断，至南京国民政府时期，又有颐和园、景山公园、中南海公园等陆续开放（图 1-6）。①

皇家宫苑园林的开放，改变了北京的城市格局，是其迈向现代化城市的重要举措。禁地宫苑如文物般展示，以公园的形式向社会开放，打破以往少数人独享的情况，是博物馆思想的延续，体现了民主、进步的气氛。更为重要的是，古建筑作为文物，其见证历史、彰显国光、感化民众的作用被充分认识。朱启钤在给袁世凯的陈条《请开放京畿名胜酌订章程缮单请示》中对此已有充分说明。②其次，皇家禁地辟为公共公园开放也更有利于其保护。事实上，民众历来对皇家胜地仰慕已久，即使有禁令，也多私下游览，造成诸多管理问题，同时也有伤政

① 王炜．近代北京公园开放与公共空间的拓展．北京社会科学，2008（2）．
② “胜迹留遗因物可以观感是以文教之邦，于国内名区必交相崇饰，侈为国光，熙皞同游，兼资考镜。泰西各国，如罗马古迹、瑞士名山，林泉多恣其登临，寺塔或传于图画……布诸令甲，缮治无烦于国币，见闻弥益于旅行。我国建邦最古，名迹尤多。山川胜概，每存圣哲之遗迹，宫阙钜观，实号神明之隩宅。望古遥集，先民是程。兴其严樵苏之禁，积习相仍；何如纵台沼之观，与民同乐？”引自王亚男，赵永革．把古都改建为近代化城市的先驱者——民国朱启钤与北京城．现代城市研究，2007（2）．

府体面。[①]开放既响应民众要求，也可就势设立保护及管理机构，并以相关旅游收入保护古建筑。1914年，朱启钤开放社稷坛的时候，就成立中央公园管理局，以公益自治团体的方式进行管理，同时拟定《京畿游览场所章程》《胜迹保管规条》等政令法规。再者，公共公园作为公共财物，可得到民众爱护，人人可参与游玩，对古建筑及名胜古迹的感情自然日渐增加，在传播文化的同时也宣传了文物保护的思想。同时也可以看出，朱启钤开放公园的另一个目的是保护古建筑。从保护结果看来，此举是卓有成效的。朱启钤自述其市政成果时，就认为“京都市政稍是称述者，若街道之展览，古建筑之利用与保存”。[②]

3. 中国古建筑研究的开始

（1）西方、日本学者对中国建筑的研究

18世纪以来，随着资本主义的扩展，西方文化、经济可经略的地域空前扩大。以中国、印度为代表的东方文明越来越受到西方文化界的关注。稍晚，为全面研究本国文化源流，日本文化界也将目光投向中国。作为文化艺术的重要一部，中国建筑成为外国学者考察研究的重点对象之一，其研究及成果发表远早于我国学者。

西方人对我国建筑的研究可追溯至1750年至1752年，英国建筑家威廉·哈尔夫彭尼（William Halfpenny）和约翰·哈尔夫彭尼（John Halfpenny）父子以汇集的铜版出版《中国式庙宇、凯旋门、花园座椅、栅栏等的新设计》一书。其后计有钱伯斯、詹姆斯·法古孙、鲍希曼、斯文赫定、斯坦因、伯希和、沙畹、喜仁龙等著名学者，对中国建筑开展深入研究，成果显著。其中英国人钱伯斯据其在广州的经历，撰写出版《中国建筑与家具等设计》一书，将中国园林艺术带到欧洲，引起“中国风”的园林设计思潮，影响欧洲园林设计实践至深。[③]德国人鲍希曼穿越中国12行省，历数万里，以测绘、摄影、绘图、文字（甚至用中文）等方法，考察记录包括皇家建筑、宗教建筑、各地民居在内的各类建筑，出版《中国的建筑和宗教文化》《中国建筑》《中国的建筑与景观》《中国的建筑陶器》等

---

① “凡外人之觇来游与夫都人士乡风怀慕者，罔不及其闲暇，冀得览观。故名虽禁地，不乏游人，具有空文，实无限制。若竟拘牵自囿，殊非政体之宜。及今启闭以时，倘亦群情所附。”引自王亚男，赵永革．把古都改建为近代化城市的先驱者——民国朱启钤与北京城．现代城市研究，2007（2）．

② 王亚男．北洋政府时期北京城市发展与管理体制变革（1912—1928）——京都市政公所的成立与运行．北京规划建设，2008（4）．

③ 温玉清．二十世纪中国建筑史学研究的历史、观念与方法——中国建筑史学史初探．天津：天津大学，2006.

论著。瑞典人喜仁龙，曾在溥仪陪同下，考察北京城市、城墙、故宫及其他皇家建筑，并广泛涉猎雕塑、绘画等文化艺术。

20世纪初，伊东忠太、关野贞、常盘大定、竹岛卓一、鸟居龙藏等日本著名学者，以及东亚考古学会等学术团体在中国进行考察。其中，伊东忠太历数十年时间深入考察我国各地建筑，在吸收和批判西方学者成果的基础上，于1925年编撰出版《中国建筑史》，成为日本学者研究中国建筑的标志性著作。关野贞在1918年至1924年间，对我国佛教古迹进行重点调查，出版《中国佛教史迹踏查》《中国佛教史迹》《中国文化史迹》三本著作，不但详细记录各佛寺及其附属艺术、历史、人物资料，更对艺术风格有独到见解。[①] 东亚考古学会则以考古学方式对我国重要遗址进行考古发掘，部分考察也有中国学者的参与。

日本学者对我国文化遗产的考察晚于西方学者，也借鉴了后者的成果，但考察范围与成果的深度广度则超过了后者。日本与中国在文化上同源，其研究有先天优势。就古建筑而言，日本学者的研究对象较为明确，且对古建筑的文化、附属艺术、历史等方面的研究更深入。西方和日本学者的考察是中国建筑研究的先导，其成果深刻影响了我国古代建筑研究。包括中国营造学社成员在内的研究者，在研究材料、思路、方法等方面均从其成果中获益。[②] 外国学者所做的考察记录是研究我国城市、建筑、景观的珍贵材料，其所记录的遗产大多已经不存，又或经后世改易。因此，这批记录于一个世纪前的档案，实是中国建筑研究及保护工作的重要依据。另一方面，其研究也为我国文物保护工作带来先进经验和做法，如梁思成在《蓟县独乐寺观音阁山门考》中关于古建筑保护工作的系统性论述，受关野贞《日本古建筑物之保护》一文启发甚多。[③]

（2）姚承祖与《营造法原》

在西方建筑理念传入、西式建筑大行其道之时，中国人也开始了对传统建筑技术的研究和整理。首开先河的是匠师姚承祖（1866—1939年）。他于同治五年生于木匠世家，11岁师从叔父姚开盛，学习营造技术。1912年，姚承祖倡导成立“苏州鲁班协会”并任会长。他组织工匠相互切磋技艺，互补不足，力图传承营造技术，提高工匠整体素质。姚承祖在苏州成立梓义小学和墅峰小学，招

① 温玉清．二十世纪中国建筑史学研究的历史、观念与方法——中国建筑史学史初探．天津：天津大学，2006.

② 例如，鲍希曼后来加入营造学社，两者往来密切。梁思成也认可喜仁龙的研究成果，并在讲授《中国雕塑史》时引用其资料。参见温玉清．二十世纪中国建筑史学研究的历史、观念与方法——中国建筑史学史初探．天津：天津大学，2006.

③ 梁思成．蓟县独乐寺观音阁山门考．中国营造学社汇刊，1932，3（2）.

收建筑工匠子弟，培养哲匠。他率先整理营造技艺，起到承前启后的作用，成为一代宗匠，在建筑界广有名气。

此后，姚承祖受苏州工业专科学校（以下称“苏工专”）校长邓邦逖之邀，入校担任教员，讲授“中国营造法”，成为工匠进入高等院校任教的第一人，亦充分证明中国传统营造法其时已得到社会及学界的重视。

进入苏州工专之后，姚承祖以其祖父留下的《梓业遗书》（五卷）手稿及其他家传秘籍、施工图册为基础，配合自身实践经验和理解，在原“营造原图”基础上，编写了一套教学讲义。有学者认为，这是“迄今为止发现的近代教育中最早的有关中国营造法的教材”。[①] 在苏工专任教期间，姚承祖结识同校任教的刘敦桢，二人互相钦佩。在刘敦桢的建议下，经过6年的努力，姚承祖将讲义整理成《营造法原》的初稿，并嘱咐刘敦桢代为整理出版。此书获得朱启钤的高度评价，认为其真实记录了南方地区的营造技艺，上承北宋、下逮明清，可于其中找到明清二代建筑变化的痕迹。后由张至刚[②]整理，以现代建筑绘图方式重新绘制插图，经刘敦桢校阅，于1959年出版（图1-7~图1-9）。

相对于此后的中国营造学社，苏州工专更早地开始了以匠为师、沟通儒匠的教育方式，并第一次将中国传统营造技艺引入学术研究及专业教学，是我国整理传统营造技艺的最早尝试。

（3）朱启钤与《营造法式》、营造学会

1919年2月，朱启钤（图1-10）作为北方总代表赴上海出席“南北议和会议”，在南京江南图书馆发现宋《营造法式》的抄本，如获至宝。朱启钤遂与时任江苏省省长商议，于1920年由商务印书馆石印出版《营造法式》，是为《营造法式》之“丁本”。嗣后，朱启玲认为《营造法式》经辗转流传，版本众多，各有缺漏。于是委托藏书家陶湘，多方收集《营造法式》各种版本遗存，细心校核，存精去芜。至1923年，校核工作完成。1925年，以书名《仿宋重刊本李明仲营造法式》出版，史称“陶本”，为“著书之集大成者”。《营造法式》一经推出，在学术界引起极大反响，甚至远涉重洋，为欧美建筑界所重视。其时正在美国学习建筑的梁思成也获其父梁启超邮寄一本，他在兴奋之余也因无法看懂而深感遗憾，并立志研究解读。另一方面，朱启钤得书后，开始着手解读，在初步明白所载内容的同时也

① 徐苏斌．近代中国建筑学的诞生．天津：天津大学出版社，2010.
② 张至刚（张镛森）（1909—1983年），江苏苏州人。1931年毕业于中央大学建筑系，后历任中央大学副教授、南京大学教授、南京工学院教授。

图 1-7 《营造法原》书影（资料来源：姚承祖．营造法原．北京：建筑工程出版社，1959）

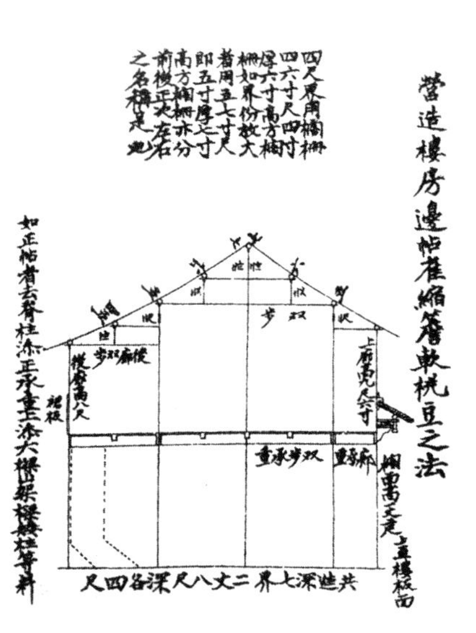

图 1-8 《营造法原》初稿配图（资料来源：徐苏斌．近代中国建筑学的诞生．天津：天津大学出版社，2010）

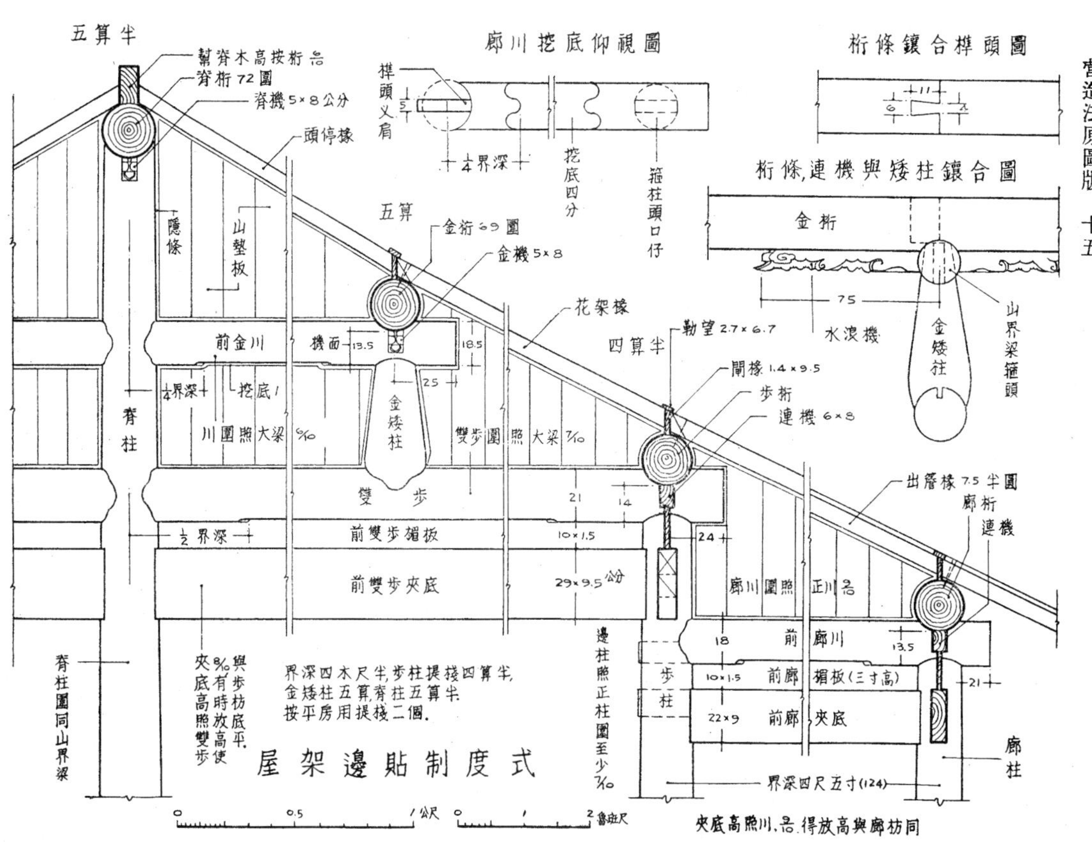

图 1-9 《营造法原》插图（资料来源：姚承祖．营造法原．北京：建筑工程出版社，1959）

图1-10 朱启钤（1872—1964年）像［资料来源：中国营造学社汇刊，1930，3（1）］

开拓了研究视野，增进了研究古代建筑的兴趣。[①] 他辞掉了政界的职务，专心研读《营造法式》，开展中国古代建筑的研究。1925年，朱启钤以己之力成立“营造学会”，与阚铎、翟兑之等收集、整理中国古代建筑典籍，组织同仁制作古建筑模型，开始编撰《哲匠录》《漆书》等论著，同时召集工匠开展对《营造法式》的“补图”[②]，开始了对中国古代建筑的系统研究。营造学社此后的学术活动，均以解读《营造法式》为主要目标而展开。朱启钤曾经指出：“自刊行宋李明仲营造法式，而海内同志始有致力之途辙。”[③] 以《营造法式》的发现和刊行为契机，中国人系统研究古代建筑的序幕徐徐拉开。

（4）乐嘉藻与第一部《中国建筑史》

编写背景

当建筑学作为独立概念被社会接受，国人对中国传统建筑的研究工作也逐渐开始，乐嘉藻（图1-11）即为其中的先驱。

乐嘉藻（1867—1944年）为光绪年间举人，自小喜欢建筑，留心“建筑上之得失”，常思“所以改善之道”。1912年到京津后，乐嘉藻接触到西方建筑理论及西式建筑，才发现建筑可成为一独立的学问。1915年，乐嘉藻至旧金山参加巴拿马赛会，由于当时政府未能详细策划，又无专门的建筑人才计划，以致代

① “自得李氏此书，而启钤治营造学之趣味乃愈增，希望乃愈大，发见亦渐多。”引自朱启钤．中国营造学社开会演词．中国营造学社汇刊，1930，1（1）．
② 崔勇．中国营造学社研究．南京：东南大学出版社，2004.
③ 朱启钤．中国营造学社缘起．中国营造学社汇刊，1930，1（1）．

图 1-11　乐嘉藻像 [资料来源：王尧礼 . 乐嘉藻晚年照片 . 贵州文史丛刊，2014（01）]

表中国的建筑“未能发挥其固有之精神，而潦草颓败之处，又时招外人之讥笑”①。他遂觉中国传统建筑的整理为急不容缓之事，回国后便立即开始收集资料，进行实地研究、摄影、绘图、测绘，并考察欧美、日本建筑等工作，将资料以自创的体系整理成册。此后，乐嘉藻受徐悲鸿之邀，至北平大学艺术学院教授中国建筑史。1929 年，乐嘉藻将其讲稿整理成《中国建筑史》初稿，于 1933 年正式出版。事实上，即使在《中国建筑史》出版之后，乐嘉藻也未停止研究，其后又陆续发表研究成果。乐嘉藻的《中国建筑史》是我国第一部建筑史著作，该书是在建筑学观念逐渐独立的背景下，中国人独立开展本国建筑整理和研究的可贵成果，具有开创性意义。

乐氏《中国建筑史》于 1933 年出版，但其相关研究早在清末民初就已经展开。乐嘉藻生于 1867 年（清同治七年），深受儒家经典思想及其治学方式的影响，研究思路也深受中国学术传统的影响，于当时盛行的考据、金石、收藏等学问上有深厚造诣。乐嘉藻同时也是积极的社会活动家，倡导经世之学与西学。在此背景下，其对中国建筑的研究明显兼具东西方思路。

乐嘉藻认为，研究须同时考察实物及查阅文献资料，他重视实物与文献的互证，不囿于传统只重文献考证的研究法。他重视照片、图画等资料的收集，亲身考察实物并测量绘图，体现出西学的研究思路。在文献的收集、整理、研究上，则沿用其熟悉的传统考据之法，于经史子集等传统文献中，考察建筑名称的由来及变化，用训诂的方法对其进行解释。乐嘉藻将中国建筑置于东西方建筑比较之

① 乐嘉藻 . 中国建筑史 . 上海：上海三联书店，2014.

下进行研究。在《中国建筑史》中，他既按中国建筑形式进行解释，也按西方用途进行分类阐述。他结合文献资料，对每类建筑进行形式分析、名词沿革考证、功能分析、列举典型实例等，同时配以图像说明。图纸包括平面图、立面图、透视图、轴测图，绘图方式明显受到西方的影响。

《中国建筑史》中，宫殿、礼制建筑与园林篇幅较大。其中，园林篇幅近50%，研究成果最多也最全面，该部分内容对后学研究影响较大。中国园林被古代知识分子视为心居，是其退而思考国家、社会、人生的场所。园林的设计者多为传统士人，所涉及的元素如山、石、水、湖、花木、建筑等，均与中国传统学术、美术（包括中国哲学，山水诗画，音乐，文学、书法等）全面关联，更直接参与、融入文人的日常生活。作为传统文化培育的文人，乐嘉藻对园林的感情无疑更为深厚，理解更为透彻。由于园林为历代文人所歌颂、描写、研究，在古代文献中的直接记载远多于其他建筑，间接研究材料也多于他类建筑。事实上，乐嘉藻对宫殿及园林的重视，直接体现在其保护对象中，在其第三篇附文《北平旧建筑保存意见书》中，乐嘉藻对园林建筑极为重视，许多在规模、体制、装饰等方面远不及他类者被列为一等，其保护强度也高于他类。该部分以有别于西学的认识方式，体现出中国传统学者以传统思维方法对本国传统文化作出的思考，应予以足够重视。

《中国建筑史》一书共分5个部分[绪论、第一编、第二编（上）、第二编（下）、第三编]，其中第三编为研究文章，包括《中国建筑上之美》《中国今日建筑之改良宜经过一仿古时期》《北平旧建筑保存意见书》，分别论述中国建筑美学、新建筑创作理论、古建筑保护三个方面，体现了乐嘉藻的研究心得及实用性建议，是其重视经世之学的表现。其中，《北平旧建筑保存意见书》一文介绍了乐嘉藻在古建筑保护方面的思想和方法。乐嘉藻早年已有整理国故、保护文物的愿望，他曾参与公车上书，后提倡新学，创办学堂、科学研究会、图书馆等，与倡导“保存国粹”的国学保存会要人如邓实等均有交往，并将所收藏的文物赠予国学保存会所设立的图书馆，以俾公众参观查阅。[①] 事实上，至古玩市场寻宝以丰富收藏，至国学保存会交流，阅读《国粹学报》等，均是乐嘉藻的主要日常活动。因此，对心中已奉为国粹的古代建筑，乐嘉藻早已开始了相关思考，“留心此事，已近十年”，成果则集于《北平旧建筑保存意见书》一文。其中提及的保护对象虽然仅是北平的重要建筑，但其结合中国建筑价值分析和西方保护方法所提出的自成

① 乐嘉藻，李芳，庞思纯．乐嘉藻日记·庚戌旅行日记（之四）．贵州：贵州文史丛刊，2015（1）．

系统的保护的策略，却是我国古建筑保护的开创性研究成果。许多保护要旨，在之后的保护工作中都得到体现和完善，与中国营造学社等专门机构所提出的方法也颇多相同之处。

《北平旧建筑保存意见书》共分6个部分，包括前言；(一)保护之法；(二)假定之次第；(三)建筑中附有之古物；(四)急待修理及宜先绘图之各建筑；结论。以下简述之。

在前言中，乐嘉藻指出，研究中国建筑刻不容缓，其中北平皇家建筑为仅存可供研究的对象，必须刻意保存。他认为，保存应该包括“物质上之保存”和“学问上之保存”。“物质上之保存”即建筑物本体的修缮，应“修补残破，形式彩色仍复旧观”。“复旧观”原则与今天“不改变文物原状”思想相似，已脱离“焕然一新”的传统思路。建筑本体的保护之外，乐嘉藻认为还应注意“学问上之保护”，即测量、摄影、绘图、制作模型，并制作成书册，公之于世。测绘应建档保存并备学术研究，进行古建筑保护宣传和公众教育。乐嘉藻同时认为，古建筑保护及研究应该是政府的职责，但学者有推动的责任，其设想与今天已十分接近。事实上，该文很有可能是乐嘉藻以学者身份，向当时的官方文物保护机构“古物保管委员会”的建言。[①]

在“保存之法”中，乐嘉藻详列保护的方法。首先，绘制建筑总平面图，然后按图并依据其给出的标准对建筑物进行评定。该方法与今天在地形图中确定建筑组群和本体，然后分级标识保护建筑的方法非常类似。第二，按建筑在历史、美术、工程、材料四方面价值之大小进行评分，将保护对象分为三等。可以看出，乐嘉藻对中国建筑价值的认识与忽略本体的传统评判方式不同，注重建筑在历史、精神、物质各方面的价值，更为全面和深入。用分值、量化等科学方法进行价值评估，则更具理性精神。乐嘉藻在此给出了一套基于理性价值评估的古建筑登录标准。第三，确定各等级的保护原则和保护做法：

> 一等：如有损坏，尽先修理装饰然后由建筑学专家，图绘其全部及各部，更用照相法留影，必要时改良其背景。
>
> 二等：如有损坏，循序修理，全部或一部分斟酌绘图，更用照相法留影。
>
> 三等：或听其废存，或迳行撤去，视其有无妨害而定。

① “此事(古建筑保护工作)宏大，自属政府之权，但无学者之建议，则当此百废待兴之时，亦将无暇过问，藻留心此事，已近十年，远之，怵于汉唐制度之毁灭，近之，鉴于欧美此学之发达，深恐再蹈覆辙，贻讥世界，仅就各国先例，拟出办法，并将全部建筑，略加评次，上呈贵会，以备择采纳。”引自乐嘉藻．中国建筑史．上海：上海三联书店，2014.

分级保护的思想，与今日各级文物保护单位制度相似。而按等级、情形的缓急轻重配以不同保护强度的做法，则类似今天文物保护单位保护规划的思路。保护工作包括环境整治、保护修缮、测绘建档等，亦是今天古建筑保护的主要内容。第四，详列保护的具体做法：

（子）修整装饰。

（丑）改良其背景，如陈列品之有装饰，（举例）如黄寺班禅塔，须稍远观之，乃能得其全体配合之美，然四面皆柏树及环廊，不容远观也，故须移去柏树，撤去破屋，各方各留出十余丈之空地，种成草地，其外始栽植树木，如此，则似以白玉雕刻品，置于绿色绒毡之上，其精彩自必加倍，又如午门亦宜远观，始能将其伟大之气象，发挥尽致，而其前后左右，皆为建筑物所蔽，亦美中之不足也，但此无改良之法，因其附近建筑物皆不可动者也。

（寅）测绘其全部或一部之详图，是惟习过美术建筑学者始能胜任。

（卯）照相，绘图之外又须照相者，绘图能得实际，照相则与目睹者相近，故两者不可偏废，且照相亦较便。

（辰）制成小模型，以便颁发各省博物院陈列。

乐嘉藻将建筑装饰，即美术的部分单列，并倡导改良建筑周边环境，使古建筑展示“如陈列品之有装饰”。这表明，他虽重视古建筑多方面价值的保护，然而总体上更倾向于外观、美术方面的保护，与之后营造学社及其时社会、学界的侧重点一致。对建筑进行整体性考虑，非止着眼于建筑本体，而是强调建筑与自然环境需相互配合，正是中国整体环境观、整体建筑观的体现。与我国建筑史研究的另一位先驱朱启钤相比，思路不谋而合。然而乐嘉藻更倾向于自然、环境衬托建筑，以建筑为主体，朱启钤则是以建筑“为风景之点缀”。总之，在乐嘉藻、朱启钤等传统学者身上均可看出传统文化强调整体性及自然、人文合一的思想。

乐嘉藻的另一重要保护思路是对建筑物进行测绘、摄影及制作模型，即其“学问上之保存”的主要体现。他主张对古建筑进行科学测绘与摄影，以备研究及保留资料，表现出测绘建档的思想，是早期建筑家对文物记录方法的初步思考。他进一步指出，科学制图保留真实数据，摄影表达主观感受及记录建筑实况、精神，简便并具可操作性；并强调“唯习过美术建筑学者始能胜任”，认为专业人才方可从事文物保护工作。更可贵的是，他提出文物保护教育的思想，希望用测绘、摄影所得之数据制成模型，在博物馆陈列，以开民智，促进国民对古建筑价值的认同。

在“假定之次第”部分，乐嘉藻将北京古建筑划分为6个区域，包括：

（甲）宫殿，包括紫禁城内各殿宇；

（乙）宫城，包括紫禁城城门、城楼及城墙等；

（丙）皇城，包括紫禁城外围如天安门、三海、景山各处；

（丁）大城，北京城（正阳门以北）内各公共建筑。如城门楼、钟鼓楼等；

（戊）南城，北京城（正阳门以南）内各公共建筑，如城门楼、天坛等；

（己）附郭及四郊，北京城外之园林及其他建筑，如颐和园等。

在每个区域，依上述四个标准（历史、美术、工程、材料）评定建筑价值大小并分等级，共三等：一等者基本为该区域内最重要的建筑，如紫禁城内外宫殿，颐和园佛香阁等，数量非常少；二等为较次要建筑，数量较一等为多但仍在可数范围；三等则是除上述二等之外的建筑，多不胜数。上述标准不但是乐嘉藻所拟的北京古建筑的登录标准，部分更直接指定保护对象，使文章该部分内容成为兼具文物保护名录及登录标准双重功能的文本。

除上述评价标准外，乐嘉藻的建筑分级还考虑下列因素：一是以交通为重，凡有碍交通者尽数列为三等或建议直接撤去。这表明，在乐嘉藻看来，城市的现代化、更新更为重要。二是类型相似、数量较多者，择其典型，其他可撤去。以现时眼光看，许多建议撤去的建筑仍存重大价值，毁去可惜，但事实上，列为三等的建筑此后被毁者不计其数。三是偏重园林，乐嘉藻在《中国建筑史》中对园林介绍篇幅之多，及研究广度、深度，也非其他类型可比，体现传统文化基因而致的类型偏好。

除建筑环境、建筑本体外，乐嘉藻还重视建筑附属文物的保护，将之视为建筑的一部分。在“建筑中附有之古物”部分，他列出六项保存内容，作为举例，并嘱咐进行详细调查，包括：

甲：圣庙之祭器，大成门之石鼓，国子监之石经；

乙：雍和宫之古物全部；

丙：团城之玉瓮，团城玉佛，质地非玉，乃大理石也，为南洋印度等处雕刻品；

丁：北海西天梵境正殿之铜塔；

戊：觉生寺之华严经大钟，华严钟为我国古今第一大铜器（铜像铜亭塔等有更大者，但非器也）经文为沈文度所书，尤当设法拓下付印，以广流传；

己：颐和园之铜制四方亭（即宝云阁）；

上述绝大部分为金石之物，可见传统学术对乐嘉藻建筑价值观影响之深。

对于“急待修理及宜先绘图之各建筑”部分详列重要（一等）建筑中有危险

者，乐嘉藻认为有特殊的结构，是学习、研究中国建筑的范品，同时由于其属危房，应首先测绘，保存数据。

在结论部分，乐嘉藻对其时的古建筑保护工作作出建议，认为在国家困难时期，测绘编书等“学问上之保存”较为容易，且可兼具“传播之力”，进行国民教育。他认为，在当时建筑学渐为社会接受、国内外研究逐渐发展的时候，建筑资料变得非常重要，这些资料的供给，则是政府的责任。

乐嘉藻《北平旧建筑保存意见书》提出的，是一套初具体系的保护方法，与康有为所提的以管理为主的保护方法相比，更具建筑学方面的思考，也更有可操作性。其中一系列关键词，包括政府主导、专家参与、量化的价值评估、分级保护、明确保护对象、明确保护内容、学术研究、保护修缮、测绘摄影、整体保护、附属文物保护、恢复旧观、国民教育、紧迫工作优先等，既具备保护前瞻性，也兼具可操作性。在今天看来，部分做法仍可修改完善，但在当时以及对于保护史而言，可称得上有价值的开创性工作。

乐嘉藻的古建筑保护思路，诚如他自己所言，得益于世界各国先例，与其后中国营造学社等相关保护团体所倡导的保护方法，有较多相似之处。其古建筑登录标准及分级方法，则体现了较为传统的价值观念，表现出传统中国人、中国学者对本国建筑的思考与理解，也反映了西风东渐过程中，中国人对本国文物的保护与取舍态度，实足注意。

第二章

南京国民政府时期的古建筑保护事业（1928—1949年）

南京国民政府成立后，迎来一段高速发展期。该时期文物保护工作得到长足发展，在保存国粹、整理国故等思想的影响下，逐渐为政府、社会和公众所重视。政府开展的保护工作，包括制定保护法规、开展文物普查、禁止文物外流、发展文物保护专业及公众教育[①]等。在中央古物保管委员会的文件中，有多项由政府高层下达的保护政令，几项重要古建筑修缮工作也由政府首脑亲自过问，以示重视。1930年，南京国民政府发布了我国第一部文物保护法律——《古物保存法》，其后陆续颁布多项落实细则及补充法规，以保证《古物保存法》的顺利实施，初步完成了国家文物保护法规体系的构建。1928年，国家文物保护机构——大学院古物保管委员会（1930年改为“中央古物保管委员会”）成立，随后地方保护机构纷纷成立或改组，国家保护机构体系已具雏形。[②]

1930年，中国营造学社成立，以现代治学方法研究中国传统营造技术，以往受关注较少、被认为是匠人之术的古建筑及其价值开始得到挖掘。中国营造学社参考西方保护理念及日本木结构建筑保护经验，结合中国传统文化和建筑特点，形成适合我国古建筑特点的保护修缮理念，并通过修缮工程付诸实践，初步构筑起我国古建筑保护理念和实践体系。与研究保护工作同步，中国营造学社积极开展公众及专业教育，展示古建筑价值和保护理念，中国古建筑作为文物的观念逐渐被国民接受并初步得到国际认可。

1935年，南京国民政府开始制订“北平文物整理计划”，成立旧都文物整理

---

① 1938年出版的《中国教育行政四讲》（一册）一书中，将古物保存定为“值得注目的几项中央社会教育行政”，介绍了南京民国政府所制定的古物保护法令及文物保护对象。参见马宗荣．最近中国教育行政四讲（一册）．上海：商务印书馆，1938.
1936—1937年，顾颉刚在燕京大学开设了《古迹与古物调查实习》课程，规定每两三个星期就要利用周末的时间进行一次现场实习，如参观古建筑、古园林和考古发现、古迹古物等。参见顾潮．顾颉刚年谱．北京：中华书局，2011.

② 地方陆续组建文物保护机构，包括：北平特别市古迹古物评鉴委员会、山东省名胜古迹古物保存委员会、闽侯县名胜古迹古物保存会、昆阳县名胜古迹、古物保存会、云南省易门县名胜古迹保存会、洛阳县古物保存委员会等。另外，各省市也开始制定地方文物保护法令，包括北京、河北、山东、山西、河南、江苏、贵州等地区都有地方保护法令产生。

委员会，首次将古建筑的保护修缮工作列入国家文化事业，并依托中国营造学社等专业学术机构为顾问，使古建筑修缮摆脱以翻新加固为目的的传统，真正成为近现代意义上的文物保护工作，并通过整理计划影响国民，增进其保护意识。抗日战争结束后，政府恢复旧都文物整理委员会并继续支持其工作，逐步将之改组为保护、管理全国古建筑的国家机构。

经过民国时期的努力和实践，古建筑保护工作逐渐发展为国民认可的社会文化事业并被纳入国家体制，为中华人民共和国保护工作的开展打下了坚实的基础。

一、现代文物保护事业的兴起

（一）南京国民政府时期的国家保护机构

1. 内政部及教育部

（1）内政部官制及其工作

1928年，南京国民政府成立。内政部正式接管北洋政府的内务部，成为总管内政的国家机构。内政部初期共分五司，其中警政司第三科职掌："一、关于釐定通礼事项；二、关于义烈褒扬事项；三、关于改良风俗事项；四、关于寺庙管理及等级事项；五、关于教会立案事项；六、关于布教及演讲取缔事项；七、关于实施改良戏曲事项；八、关于调查及保存名胜古迹事项；九、关于保存古物及考核古物陈列所保存所事项。"[①] 此为南京国民政府国家文物保护机构的最初设置。1931年，官制修改，内政部增加礼俗司，接受原警政司第三科所辖事务但减去古迹调查事项。此后，保护工作虽交由中央古物保管委员会负责，但内政部仍是名义上发布文物保护法规的国家机关，内政部也根据当时形势制定了一系列的法律法规并开展了保护工作。

（2）教育部及清理战时文物损失委员会

北洋政府结束后，其教育部不久即为南京国民政府教育部取代，图书馆博物馆事业也由其掌管。至抗日战争爆发前，教育部所做工作多为管理图书馆博

① 国民政府内政部．国民政府内政部分科规则．内政公报，1928-05-01（1）．

物馆，但由于图书馆博物馆仍有部分文物保护职能，教育部仍承担部分文物保护工作。抗战开始后，教育部逐渐成为文物事业的主要管理机构，组织包括重要图书馆博物馆文物南迁、文物调查、考古发掘、古迹修缮、博物馆及展览事业等工作。

1945年4月，为保存战区文物，调查、清点文物，南京国民政府教育部成立了“战区文物保存委员会”，时任教育部次长的杭立武任主任委员，著名学者马衡、梁思成、李济任副主任委员，委员会成为抗战时期文物保护工作的实际管理部门。

1945年12月26日，南京国民政府行政院指示将“战区文物保存委员会”改名为“教育部清理战时文物损失委员会”。仍以教育部次长杭立武任主任委员，马衡、梁思成、李济任副主任委员。委员会分建筑、美术、古迹、古物四组，各组设主任一人。随后确定委员共26人，其中包括军政、外交、内政各部官员及各文化机构负责人、大学教授等。① 委员会在各省区设立办事处（包括京沪区、平津、粤港、武汉、东北五区）。为详尽了解、登记战时文物损失情况，该会设计有《战时文物损失报告表》，细目包括文物类别、数量、损失时间、损失地点及情形、损失时敌伪负责人或机关部队名称、证件、损失时估计总价值、现时估计之价值，等等。委员会经过艰苦卓绝的工作，最终形成《中国展示文物损失数量及估价总目》，记录了17个省市在抗战时期的文物损失数据。②1946年，委员会京沪区办事处组织编成《中国甲午以后流入日本之文物目录》③，翔实记录了近代我国流入日本的文物数量和情况。

① 包括：1. 教育部常务次长兼该会主任委员杭立武；2. 考试院考选委员兼该会副主任委员陈训慈；3. 北平故宫博物院院长兼该会副主任委员马衡；4. 中央博物院筹备处主任兼该会副主任委员李济；5. 中央研究院研究员兼该会副主任委员梁思成；6. 军政部刘真；7. 外交部鲍扬廷；8. 内政部闻钧天；9. 教育部长、中央研究院兼院长朱家骅；10. 中央文化运动委员会主任张道藩；11. 北平研究院院长李书华；12. 国史馆馆长张继；13. 中央图书馆馆长（教育部京沪区特派员）蒋复璁；14. 北平图书馆馆长袁同礼；15. 外交部部长王世杰；16. 中央研究院历史语言研究所所长、北京大学代理校长傅斯年；17. 军政部次长、兵工署长俞大维；18. 教育部京沪区教育复员辅导委员、该会京沪区代表徐鸿宝；19. 故宫博物院古物馆馆长、教育部平津区特派员兼该会平津区代表沈兼士；20. 监察委员、中央大学文学系教授、该会东北区代表金毓黻；21. 教育部国民司司长顾树森；22. 中央大学工学院建筑系主任刘敦桢；23. 中央大学史学系教授贺昌群；24. 中央研究院历史语言研究所研究员张星烺；25. 中央博物馆筹备处曾昭燏;26. 版本鉴定家张凤举。参见胡昌健．国民政府教育部“清理战时文物损失委员会”．北京：中国文物报.2007-08-22（6）.

② 根据目录显示，战争期间损失可移动文物3607074件又1870箱，历史古迹741处。参见胡昌健．国民政府教育部“清理战时文物损失委员会”．北京：中国文物报.2007-08-22（6）.

③ 由京沪区代表徐森玉主编，上海合众图书馆馆长顾廷龙具体负责组织实施，编纂者包括吴静安、程天赋、徐森玉、顾廷龙、谢辰生等。

2. 中央古物保管委员会

（1）委员会的成立及组织制度

中央古物保管委员会是1928年至1937年间掌管全国文物保护事业的专门机构。[①] 1929年3月，南京国民政府撤销大学院制，其职能改隶教育部，大学院古物保管委员会也改由教育部领导，称为“古物保管委员会”。因北平为旧都，古物众多，1929年，古物保管委员会迁至北平，以北平分会会址团城为办公地点[②]，因此又称“北平古物保管委员会”。1930年，行政院公布《古物保存法》，提出创建“中央古物保管委员会”。1932年6月，通过《中央古物保管委员会组织条例并委员名单》，规定“中央古物保管委员会直隶于行政院，计划全国古物古迹之保管、研究及发掘事宜”，并明确其组织与各科职能。1933年1月10日，行政院第82次会议决案：聘任张继、戴传贤、蔡元培、吴敬垣、李煜瀛、张仁杰、陈寅恪、翁文灏、李济、袁复礼、马衡，内政、教育两部各派代表二人，国立各研究院、国立各博物院各派代表一人，会同组织中央古物保管委员会委员。[③]1934年2月8日，行政院发布《中央古物保管委员会工作纲要》，聘李济、叶恭绰、黄文弼、傅斯年、朱希祖、蒋复璁、董作宾、滕固、舒楚石、傅汝霖、卢锡荣、马衡、徐炳昶为委员，并指定傅汝霖、滕固、李济、叶恭绰、蒋复璁为常务委员，傅汝霖为主席，设立中央古物保管委员会。[④]1934年7月12日，中央古物保管委员会在行政院正式成立。委员会“依照中央古物保存法之规定，为全国保管古物法定主管机关以后，全国关于保管古物古迹事宜，应由本会遵照古物保存法及施行细则逐条进行”并详列十条纲要。[⑤] 1934年12月，中央古物保管委员会接收北平古物保管委员会，将其保留并改组为中央古物保管委员会北平分会。同时设立南京、西安分会，分别管辖南京及西安、西北地区古物事宜。1937年，因经费问题，中央古物保管委员会撤销，其职能由内政部礼俗司负责。

中央古物保管委员会（下称“委员会”）是当时掌管文物保护工作的最高国

---

① 其前身是教育行政委员蔡元培在1928年倡导成立的大学院古物保管委员会，隶属于南京国民政府大学院，以张继为主任委员，委员共22人，分别为：张继、高鲁、顾颉刚、蔡元培、徐炳昶、马衡、张静江、林风眠、刘复、易培基、易韦齐、袁复礼、胡适、傅斯年、翁文灏、李四光、沈兼士、徐悲鸿、李宗侗、陈寅恪、李石曾、朱家骅。会址设在上海，设有北平、江苏、浙江三个分会。

② 张继．古物保管委员会工作汇报·序．见：古物保管委员会．古物保管委员会工作汇报．大学出版社，1935.

③ 国民政府行政院．中央古物保管委员会组织条例并委员名单．见：中国第二历史档案馆．中华民国史档案资料汇编．南京：江苏古籍出版社，1994.

④ 国民政府行政院．中央古物保管委员会工作纲要．见：中国第二历史档案馆．中华民国史档案资料汇编．南京：江苏古籍出版社，1994.

⑤ 国民政府行政院．中央古物保管委员会工作纲要．见：中国第二历史档案馆．中华民国史档案资料汇编．南京：江苏古籍出版社，1994.

家机关，直属行政院。委员会由专家组成，实行集体负责制，大政方针、讨论、决议均由集体决定，政府官员多负责落实工作。在较短的存在期间内，完成了多部保护法规的制定，包括我国第一部法律层级的保护法规——《古物保存法》及其相关体系，成为后世保护法令的基础和重要参考对象。另外，委员会组织的文物调查和修缮，与中央研究院、中国营造学社等学术团体的通力合作，都为此后国家文物保护机构的设置、组织及业务开展提供了绝好的经验。

（2）委员会开展的保护工作

委员会成立后，随即开始保护法规的编制。首先制定的《古物保存法》于1930年6月由南京国民政府颁发，是国家文物保护的总纲及根本大法。依据《古物保存法》，又于1931年7月颁发《古物保存法实施细则》。之后，委员会根据当时的保护形势陆续制定、公布多项针对性保护法令。委员会的法制建设工作十分高效，至其撤销时，仍有大量已编成但因国家形势变化未能颁布的法规。

综合来看，这时期委员会制定的法规，除《古物保存法》及其实施细则等国家根本保护大法外，更多是为应对当时保护中最为紧迫的问题，包括禁止文物出境、制定古物采掘规则、制定文物调查法则、确定保护对象、文物等级造册等。除考虑本国情况外，委员会还参考了意大利、法国、比利时、英国等国的文物立法概论，以及法国、瑞士、埃及、日本、苏俄、菲律宾等国的文物法规及经验。其后汇集各国法规，编订出版《各国古物保管法规汇编》一书，为提高我国保护法规编辑水平，促进我国保护体制的完善提供了有益的参考，并为保护工作的有志之士提供了可资借鉴的经验支持。上述工作虽属文物保护发展基础阶段的工作，但对我国文物保护法制建设而言，已迈出重要的一步。

另一方面，委员会切实履行保护文物古迹的职责。相继查办多起文物盗窃、毁坏或盗卖事件，最大程度地压制了外国探险者及文物贩子走私、偷运珍贵文物出境的风气。1928年开始，委员会查办多起文物案件①，有效地保护了我国的珍贵文物。委员会还发动社会公众加入保护工作，对保护有功人员给予奖励，并发布《古物奖励规则》以规范其事，同时将施行保护法令的成果与态度列入官员的考绩，奖罚分明，以保证国家文物保护事业的顺利推进。

在不可移动文物的保护方面，委员会开展了对北平昌平西山麓车儿营石佛寺

① 包括：扣留美国人安德思在蒙古私采古物案、追究盗卖山西天龙山北齐石刻案、扣留外商亚尔伯特私运古石刻案、扣留假借谭墓名义夹运石器案、山西浑源县出土古铜器遭偷运案、扣留莽权古物案、制止安阳盗掘古物案等。

及北魏石造像、北平天庆寺、北平西郊五塔寺、北平法源寺、故宫文渊阁、河南登封周公测景台等的保护修缮，并拟开展对云冈石窟、蓟县独乐寺、赵县大石桥的修缮工作。委员会西安分会还对西安碑林进行了修葺，对其中的全部房屋进行了整理，并勘清陵界、修筑围墙，对碑刻进行了重新分类，基本形成了现今的格局。

（3）委员会的古物调查及研究工作

积极开展文物调查及研究工作是委员会工作的另一个重要方面。委员会绝大部分委员是著名的学者，半数以上为考古学家，如李济、董作宾、傅斯年、朱希祖、马衡等。许多委员同时也是各大学术机构（包括中央研究院、博物馆、高校、保护机构等）的负责人，通晓田野调查及保护知识，文物调查及学术研究正是他们的本职工作。委员们清楚保护是什么，怎么保护，也乐于结合保护工作开展研究工作。当时的时局较为混乱，以政府行政机构的名义开展调查及研究，也可获得许多的便利，确保调查顺利进行。委员会与其他组织如中国营造学社、基泰工程司等合作，从更广阔的角度审视保护工作，同时也获得更多学术及技术力量支持。这时期委员会所取得的学术成果极为丰富，学术与行政结合的方法极为高效，可以说委员会本身已经成为一个实力强大的学术机构。委员会得到了当时的政府首脑及行政院的大力支持，许多保护措施及保护工作均直接向行政院汇报并由其颁令施行，显示出对文物工作的重视。

这时期，委员会开展了多次结合研究的调查，均有高水平的调查报告面世。仅在古物保管委员会期间（即在1934年中央古物保管委员会成立前）的调查报告就有数十例。[①]

中央古物委员会成立后，调查力度丝毫不减，各分会也积极开展所辖地区的文物调查并完成报告。1934年11月，由委员会发起，中央研究院、中央博物院筹备处、南京市社会局、南京古物陈列所等单位组成“南京古迹调查委员会”，对南京附近的栖霞山、青龙山及江苏丹阳等处的六朝陵墓进行了详细调查，以测绘、摄影、摹拓等技术忠实记录遗产数据，编撰成《六朝陵墓调查报告》一书，公开出版。委员会西安办事处也开展了西北地区的文物调查，同时对陕北彬县大

① 包括：《黄寺调查报告》《柏林寺藏经版调查报告》《点查柏林寺所藏经版数目报告》《报国寺调查报告》《善果寺调查报告》《西山石佛殿调查报告》《大宫调查报告》《山西大同云冈调查报告》《中国大学发现唐墓调查报告》《香山慈幼院发现辽碑调查报告》《涿县石佛石狮等调查报告》《怀柔县法藏寺调查报告》《北平五坛调查报告》《静意庵调查报告》《保明寺调查报告》《明陵长城调查报告》《刘瑾坟墓调查报告》《长陵园调查报告》《延寿寺佛像调查报告》《宝塔寺调查报告》《天龙山石窟佛像调查报告》《隆平县唐祖陵调查报告》《行唐县古墓调查报告》《内政部坛庙管理所锯所伐古柏调查报告》《蔚县张家庄古墓调查报告》等。

佛寺、延安清凉山石佛等古代建筑及造像进行了详细调查。

委员会的调查保护中不乏对古建筑的调查，许多调查报告里都包含保护方案。其中，鉴于河南登封周公测景台的重要性，委员会在调查后随即委托中国营造学社刘敦桢和基泰工程司杨廷宝代为修缮，后与中央研究院董作宾共同出版修缮工程纪要，以宣传保护理念。在调查西安碑林后，也开展了相关的保护修缮工作。

3. 旧都文物整理委员会

1934 年，因北平坛庙及古迹年久失修，南京国民政府决定改变北平坛庙管理体制，命北平市市长袁良接收原内政部坛庙管理所并制定修缮整理办法，由北平市政府统一管理并开展修缮工作。袁良早已设想，将北平建设成为旅游、文化都市，增强国际影响力。借此机会，他在 1934 年 11 月主持拟定《文物整理计划书》，连同《旧都文物整理委员会规则草案》提交行政院并获通过。1935 年 1 月，旧都文物整理委员会（以下简称“文整会”）正式在北平成立。文整会随后制定两期文物整理工作，开始实施规模宏大的古建筑修缮整理工程。日伪期间，文整会及其实施事务处被伪公务总署接收，仍坚持小规模的维修工作。抗战胜利后，文整会改组为北京文物整理委员会，继续古建筑的修缮工作，并于中华人民共和国成立后归入文化部文物局，成为研究、保护古建筑的国家专门机构。

文整会直隶行政院，行政级别高，按委员会方式组建，是国家机构的重要组成部分。文整会委员包括各实权部门的代表及文化界的学者等，足显国家对古建筑保护事业的重视。文整会的出现标志着古建筑保护作为一项独立的社会事业登上历史舞台，在我国古建筑保护历史上有着里程碑式的意义。

（二）南京国民政府时期的文物保护法令和政策

1. 南京国民政府时期的文物法制建设

（1）南京国民政府时期的保护法令

南京国民政府期间，法律法规的建设是文物保护工作的重点。1931 年 5 月颁布的具有宪法性质的《中华民国训政时期约法》第 5 章第 58 条规定：“有关历史文化及艺术之古迹古物国家应予以保护或保存。”1930 年，南京国民政府发布我国第一部文物保护法律《古物保存法》。此外，肩负保护职责的内政部及中央古物保管委员会，则根据当时的保护问题颁布针对性法规、守则。

内政部管辖各级名胜古迹管理机构、各级市政及工务机构、坛庙管理机构等，古建筑保护的法规均由其制定公布。事实上，内政部的保护重点也是包括古建筑在内的不可移动文物。其公布的相关法规包括《名胜古迹古物保存条例》《内政部北平古物陈列所规则》《内政部北平坛庙管理所规则》《清理部管地产修复坛庙古迹章程》《保存城垣办法》《保管古迹古物工作纲要》等。地方政府自行颁布的保护法规也属内政部体系。

中央古物保护委员会制定的法规偏向可移动文物，且具考古、研究的性质。其工作重点在于文物的定义和保护对象范围的界定，以及文物调查、记录工作的规范化。这时期由委员会编制但未发布的法规守则包括：《采掘古物规则》《外国学术团体或私人参加采掘古物规则》《古物出国护照规则》《古物之范围及种类大纲》等法规，以及《采取古物申请事项表》《采掘古物检查事项表》《古物出国申请事项表》《出国古物种类表》《古迹古物调查表》《古物保存机构调查表》等调查样式辅助调查工作。另外还有《私有重要古物登记规则草案》《私有重要古物之标准草案》《古物奖励规则草案》《古物交换规则草案》《古物保护规则草案》《中央古物保管委员会图书馆规则草案》《中央古物保管委员会图书馆借书规则草案》《古物之范围及种类初稿及修正意见书既说明书》。[①]

南京国民政府时期，文物立法工作得到重视，初步形成了相对完整的法律体系，法规门类较为齐全，法律层级初步成型，为保护事业的进一步发展提供法律保障，并为中华人民共和国的文物法制体系建设打下坚实的基础。由于时局原因，这些法规在实践中并没有得到充分的贯彻落实，但也在一定程度上保障和促进了保护工作的进行。

（2）《名胜古迹古物保存条例》

1928年，南京国民政府内政部发布《名胜古迹古物保存条例》（以下简称《条例》）。《条例》是南京国民政府前期颁布的较为重要的文物保护法规，分为古物分类、古物调查、保护办法三大部分，同时附有调查表及填写办法。

《条例》涵盖文物范围较为全面，其特点是将湖山类：如名山名湖及一切山林池有关地方风景之属列为甲等保护对象，突出了自然物的优先保护地位，将自然环境作为文物看待，这是后来以人造物为范围的保护法律中所没有的，

① 中央古物保管委员会．中央古物保管委员会议事录，1935.

体现出我国传统文化的一贯观念及其在保护对象界定中的影响。《条例》在保护要求中特别强调了对自然物的保护，明确湖山风景之属非于必要时，不得任意变更，致损本来面目；古代植物之属，应责成所在地适当团体或个人加意防护，严禁剪伐。建筑类、遗址类、古植物类文物得到重视，与金石类文物已处于同一地位。

《条例》较为全面地拟定各类保护方法，包括建立保护范围和明显的范围标识、建立管理机构、建立文物调查及登记制度、开展全面的调查等，与现行保护制度已相去不远。

《条例》鼓励地方在不违背中央保护法律文件的同时，根据自身特点制定地方保护法规和保护机构，形成地方保护法规行政系统。《条例》要求建立保护问责制，在局势混乱、地方文化和政治制度差异较大的当时，这无疑是保护文物的有效手段。

《条例》于 1928 年出台，虽然由南京国民政府内政部发布，但当时政府初立，并无时间及能力制定如此全面的保护律令。另外，《条例》以名胜古迹作为首要保护对象，延续了北洋政府的保护精神，与后来中央古物保管委员会制定的法律所显示出的精神差别较大。可见，《条例》在北洋政府时期编制，沿袭了 1916 年内务部《保存古物暂行办法》的思路，反映的是北洋政府文物保护工作者的集体理念及其 10 多年保护经验的总结。鉴于北洋政府中传统文化出身官员所占比重较大，以及《条例》所定义的文物范围与后来法规所定义文物范围的巨大差别，可以看出，《条例》是中国传统文化占主导因素影响下的最后一部文物保护法规，其中包含了较多后来因西学影响、意识形态和认识方式转变而缺失了的传统观念，意义重大，对其包含的思想应有更深入的研究。

（3）《古物保存法》

1930 年，南京国民政府颁布我国第一部现代文物保护法律——《古物保存法》。为确保其顺利实施，规范各项落实工作，中央古物保管委员会又公布了《古物保存法实施细则》及包括调查法规、禁运法规、保护法规、保护机构组织法规、管理法规在内的法令及规范文件，初步形成国家文物保护法规体系。除管理和保护规定外，《古物保存法》提出设立地方文物保护机构并令地方根据自身特点自行颁布法令，以形成国家文物保护机构体系。

《古物保存法》共 14 条，主要规定下列 5 项。一是文物范围，规定文物为与考古学、历史学、古生物学及其他文化有关之一切古物，范围及种类由中央古物保管委员会制定。二是中央古物保管委员会的工作及职权范围。三是文物管理规则，包括禁止文物外流、建立文物档案、私人文物管理。四是文物考察发掘规则，包括可发掘的单位、中外合作考察规则、监察机构等。五是地下文物的归属权。《古物保存法》对可移动文物的管理、保护、建档、买卖、展览及权属关系都做出具备可行性的细化规定，同时确立了中央古物保管委员会作为中央管理部门及学术研究机构的地位，有效地保护了我国的优秀文物。

《古物保存法》按国家文物保护根本大法的高度编写，但其只有“古物”的部分，无“古迹”的保护内容。事实上，从后来制定的古物种类大纲，都可看出其重心是可移动文物，更多带有保护学术研究及考古发掘工作的规定及守则的性质。这种倾向与当时的文物形势以及法律制定者的身份和学术背景有极大关系。首先，当时保护工作的最大问题是文物外流，必须首先解决。外国研究者及本国古董商人盗卖文物、偷运出境，以及大面积无序发掘带来的文物损失，其对象几乎都是可移动文物。其次，《古物保存法》由中央古物保管委员会制定，其会员由各重要部门官员及专家学者组成，具体落实多由官员负责，文物方针基本由学者制定。学者委员多为历史文化大家及具有西方学术背景的考古学者，有其学术偏向性。以委员会作为平台进行考察、记录、研究，既是保护工作，又为学术研究带来便利，同时增进社会认同，一举数得。事实上，当时地方并无太多专家，无法开展科学考察、研究及考古发掘、文物保护等工作，由中央古物保管委员会总理、监督其事，也是自然。因此，这时期中央古物保管委员会除了编制与《古物保存法》相关的配套文件，以及查处一系列文物破坏案件外，另一重要成果就是大量的文物调查与研究报告。另外，委员会也关注古迹、古建筑问题，与梁思成、刘敦桢、杨廷宝等建筑学家关系密切，也常与相关团体（中国营造学社、基泰工程司）合作调研、管理、修缮古建筑。但古建筑的研究和保护仍在起步阶段，古建筑未作为委员会工作重点，委员中也没有古建筑专家，《古物保存法》中也无关于古迹、古建筑的内容。

相较《古物保存法》，《名胜古迹古物保存条例》所涉及的保护范围更大，但保护对象的重点为属于不可移动文物的“古迹”。中央古物保管委员会初立，在地方无分支机构，无行政管理体系，自然无法执行包括古建筑在内的古迹的管理职责。因此，在南京国民政府时期，管理文物古迹特别是古迹的法规，是《名胜古迹古物保存条例》，执行者为内政部及地方内政系统。可移动文物的管理法规是《古物保存法》及其附属法规，执行者则是中央古物保管委员会、教育部及遍布全国的教学、学术、图书馆博物馆系统。这种状况也是清末学部、民政部与北洋政府教育部、内务部分管可移动文物和不可移动文物状况的延续。

尽管如此，作为我国历史上第一部现代文物保护法律，《古物保存法》对我国其后的保护法规的编写及体制的建立有着深远的影响。其中最显著的方面是，作为参考基础，《古物保存法》影响了中华人民共和国成立初期文物法规的制定。[①]《古物保存法》及其实施细则是我国文物保护事业发展初级阶段的重要成果，作为我国文物保护法规建设的基础，深刻地影响了其后的保护工作，对我国文物保护法规事业的开展起到不可忽视的开拓性贡献。

2. 南京国民政府开展的文物调查

1928年，《名胜古迹古物保存条例》颁布。《条例》明确保护对象及保护措施，同时要求各级政府开展文物调查，并制定通用文物调查表及其填写方法。同年9月，南京国民政府内政部因“名胜古迹古物，关系民族文化至为重要”，开展了继清廷和北洋政府后的第三次全国文物普查。

由于各省情况不同，调查进展总体较为缓慢。1933年12月底，共25个省(市)将调查结果上报，共查得名胜古迹10615处，文物5352件。[②]通过这次大规模的调查，南京国民政府第一次较为宏观地掌握了当时的文物情况，为正确规划保护方案、制定保护措施提供了基础数据。另一方面，各省市通过这次调查，初步掌握了自身的文物数量及分布情况，并培养出一批从事保护的新人，使原有工作队伍得到一定的锻炼。

值得关注的是，各省市上报的数据均显示，不可移动文物数量大于可移动文物数量。调查根据《名胜古迹古物保存条例》所规定的文物范围展开，包括风景、名胜、古迹、古物等内容。其范围之广，为之前法规所不及。众多调查对象之中，“名胜古迹”包括：[③]

---

① 关于《古物保存法》的影响，中华人民共和国成立初期文物保护法规主要起草人谢辰生指出：“(参考的法规)主要是国民党政府的《古物保存法》以及一些法国的资料。当时我对这些方面比较陌生，思想主要是由郑先生(笔者注：即郑振铎，当时的文物局局长)提出，参考一些资料后由我执笔写出来，然后再配合外国的思想，从我国的实际出发修改而形成的。修改期间王冶秋先生、裴文中先生共同讨论，如何结合我国实际，包括用词，去掉民国、外国的用词方式，改为共和国自己的法律行文。”
根据笔者对中华人民共和国文物保护法规主要起草人、文物保护专家谢辰生的采访记录(未刊稿)。采访时间：2009年8月3日。采访及整理人：林佳。
“我们还有一个重要依据就是《古物保存法》，国民党时期的，那个是我们主要继承的，原来就有的。”
根据笔者对《文物保护管理暂行条例》主要起草人谢辰生的采访记录(未刊稿)。采访时间：2012年6月12日。采访及整理人：林佳。

② 史勇. 中国近代文物事业简史. 兰州：甘肃人民出版社，2009.

③ 南京国民政府内政部. 名胜古迹古物保存条例，1928.

湖山类：如名山、名湖，及一切山林、池沼、有关地方风景之属；

建筑类：如古代名城、关塞、堤堰、桥梁、坛庙、园囿、寺观、楼台、亭塔，及一切古建设之属；

遗迹类：如古代陵墓、壁垒、岩洞、矶石、井泉及一切古胜迹之属。

碑碣类、植物类等"古物"则包括：[①]

碑碣类：如碑碣、坊表、摩崖造像，及一切古石刻板片之属；

植物类：如秦松、汉柏，及一切古植物之属。

前文已经提及，基于我国传统文化的特点，山林风景、古植物、岩洞、泉井等自然物均被灌注深厚的人文精神，与西方及我国后来以人造物、非自然物为文物的理解不同，这些自然物在传统文化下被理所当然地视为文物。另外，我国传统观念中，对名胜古迹的定义相当宽泛，在重视历史及精神甚于其承载物的认识下，对碑碣、名人遗迹、古树等的重视甚至还在建筑之上[②]，从《名胜古迹古物保存条例》将此类文物列为第一位便可看出。在当时的认识下，碑碣等古迹更多被划分为"名胜古迹"一类。

中央古物保管委员会成立后，于1934年请南京国民政府行政院通令各省市政府，对所辖区域内的公私文物、未登记文物和新出土（发现）的文物，按照统一格式填报。随后委员会制定多项调查表，包括地方保护机关的情况均在调查之列。由于抗日战争爆发，只有少数省市提交调查结果。[③] 另外，中央古物保管委员会多次开展重要地区文物的考察及发掘，并撰有大量调查报告，其调查内容、深度和学术内涵则非政府部门的普查所可比。同时期的一些民间组织也开展了相关的文物普查工作，如山西省有关机构对省内寺庙进行了普查，登记寺庙1万余座。[④]

---

① 南京国民政府内政部. 名胜古迹古物保存条例，1928.

② "在20世纪30年代，梁思成第一次以现代文明的眼光发现并整理中国古代建筑史的时候，每每会遭遇这样的尴尬：当来到一个地方，向当地人打听这里的名胜古迹是什么的时候，他总是会被带到一处寺庙。当他已为寺庙的建筑而深深陶醉时，当地人却无动于衷，他们只会指着一块石碑说：这就是名胜。当地人对建筑不大感兴趣，他们感兴趣的只是碑帖。"引自王军. 作为建筑史学者的梁思成[EB/OL]. [2011-09-10].http://blog.sina.com.cn/s/indexlist_1192246774_4.html.

③ 1935年1月，中央古物保管委员会制订下发了"古迹古物调查表"。同时鉴于全国各省市古物保存机关众多，隶属于内政、教育等不同系统，政出多门，不利于文物保护和中央之政令统一，行政院通令各地古物保存机关暂停活动，听候中央古物保管委员会整理裁撤。为掌握确切情况，中央古物保管委员会还制定"古物保存机关调查表"，随同"古迹古物调查表"一并下发。截至1936年6月，有14个省市提交调查结果，后因抗日战争全面爆发，此项工作遂告终止，其已有调查结果为中央古物保管委员会的工作开展提供了一定参考。此外，中央古物保管委员会还拟定了"流出国外名贵古物调查表"，着手会同驻外机构和学术机关调查历年来中国流失海外之珍贵文物，为日后追索做好准备，亦因全面抗日战争爆发而无果。参见史勇. 中国近代文物事业简史. 兰州：甘肃人民出版社，2009.

④ 史勇. 中国近代文物事业简史. 兰州：甘肃人民出版社，2009.

3. 保护对象的变化及其发展

（1）南京国民政府时期的文物范围

南京国民政府时期的保护对象有几个重要特点。第一，侧重于人造物，原有风景名胜古迹类在法规中消失。较为明显的例子是，1916 年的《保存古物暂行办法》与 1928 年的《名胜古迹古物保存条例》均将自然与风景名胜列为甲等保护对象。而 1935 年由中央古物保管委员会制定的《暂定古物之范围及种类大纲》（以下称《大纲》）中，已找不到风景名胜的内容，植物类文物也已不见。究其原因，第一，《大纲》规定的保护对象限于与考古学、历史学、古生物学有关的古物，其对象判定标准已非常西化。第二，建筑的保护已经成为一种共识。第三，绘画、雕塑等艺术性强的人造物得到重视和强调。

上述改变明显反映出西方学术及其价值观对我国保护对象的认定所产生的影响，致使传统价值观消失，代之以西方的价值取向。事实上，南京国民政府时期政府官员的教育背景相对北洋政府有较大变化，拥有留学背景的官员和学者占大多数，文物保护领域尤是如此。中央古物保管委员会委员当中，绝大部分是曾留学西方国家的考古学家和历史学家。学缘的转变必然引起价值观的更改，以致保护范围的改变。

南京国民政府时期，中央古物保管委员会对文物价值有了更深入的探讨。首先，肯定了文物的历史价值——年代的久远决定了其作为文物的资格，并以 300 年作为文物年代的下限。①

在此基础上，委员会对文物价值有进一步的考虑，认为光凭年代无法定义文物，其价值应更为全面。②

① “古物二字之意义。凡世间一切有形质可指者皆曰物，如天然物之动植矿等，人造物之建筑、绘画、雕塑、铭刻、图书、货币、舆服以及一切器具等，其范围至为广泛。至于古物，其范围虽较缩小，然吾国字谊（义），十口相传谓之古，十口乃十人之谓。缔言之，即十世相传谓之古。吾因以三十年为一世。则三百年以上方谓之古，是三百年以上之天然物、人造物，皆可谓之古物。”引自朱希祖，滕固.古物之范围及种类草案说明书.见:中央古物保管委员会.中央古物保管委员会议事录，1935.

② “古物普通原则，自以时代愈远为愈贵重，例如古生物，大部在有史以前，而商周彝器，周秦刻石，自较近代者尤为宝贵。然有时尚须以物品之多少、艺术之精粗判其价值，例如史前之石器，数量既多，艺术亦劣，反不如周秦汉魏以下数量少而艺术精者之可贵。如王莽之货泉货币，反不如明代之正德绍武等制钱之可贵，以其流传少也。又如元明普通画家之作品，反不如清代四王恽吴之可贵，以其艺术精也。故三种标准，不可缺一。虽然尚有历史的科学的二种物品，亦有保存之价值者。如清初后全国汗皇父摄政王之衔名，近代袁世凯盗国，张勋复辟之证据，自文书案卷以及物品题识，其类甚多，此皆历史上有价值之物也。又如搜集全国动植矿物中某一类之全部标本，全国衣服器具中集一类之全部样式，既费搜集访求之力，又加部勒比较之功。此皆科学上有价值之物也。以上二类，以言乎时代，则未必久，以言乎数量，则未必皆少，以言乎艺术，则未必皆精（其中当然有一部分较少较精者）”。引自朱希祖，滕固.古物之范围及种类草案说明书.见：中央古物保管委员会.中央古物保管委员会议事录，1935.

在此认识上，委员会提出文物的判断标准：①

①古物之时代久远者；

②古物之数量寡少者；

③古物本身有科学的历史的艺术的价值者。

第一、二点已成为对文物的基本认识，而第三点的提出则具有里程碑式的意义。这是我国历史上首次对文物价值进行全面的总结，确定了文物需具有的科学、历史、艺术方面的三大价值。此后，三大价值标准一直为我国文物保护界所继承与沿用，成为判断文物价值的标准。

（2）古建筑保护原则在法律中的出现

南京国民政府时期，我国文物保护法规体系初步建立。对古建筑而言，除肯定其作为文物而加以保护之外，另一重要进步即保护法令中出现对古建筑修缮原则的规定。

1930年，《古物保存法施行细则》提出，“采掘古物不得损毁古代建筑物、雕刻、塑像、碑文及其他附属地面上之古物、遗物，或减少其价值”②，明确规定对建筑的变更须经中央古物保管委员会批准，而且不得减少其价值，提出保护古建筑历史信息的理念。

1932年6月27日，内政部公布《各机关租借北平坛庙办法》，其中第四条明确提出对古建筑应“保持原状”，维持其原有历史信息。③ 此观点与营造学社梁思成所提的保护理念，以及今天《文物保护法》所提出的保护理念已经非常接近。据笔者所知，我国文保法例中，这是首次提出“保持”、“原状”等核心理念，也是我国官方首次提出“不改变文物原状”的理念。

其后，中央古物保管委员会在讨论《古物保护规则草案》时，已明确提到古

① “古物普通原则，自以时代愈远为愈贵重，例如古生物，大部在有史以前，而商周彝器，周秦刻石，自较近代者尤为宝贵。然有时尚须以物品之多少、艺术之精粗判其价值，例如史前之石器，数量既多，艺术亦劣，反不如周秦汉魏以下数量少而艺术精者之可贵。如王莽之货泉货币，反不如明代之正德绍武等制钱之可贵，以其流传少也。又如元明普通画家之作品，反不如清代四王恽吴之可贵，以其艺术精也。故三种标准，不可缺一。虽然尚有历史的科学的二种物品，亦有保存之价值者。如清初后金国汗皇父摄政王之衔名，近代袁世凯盗国，张勋复辟之证据，自文书案卷以及物品题识，其类甚多，此皆历史上有价值之物也。又如搜集全国动植矿物中某一类之全部标本，全国衣服器具中集一类之全部祥式，既费搜集访求之力，又加部勒比较之功。此皆科学上有价值之物也。以上二类，以言乎时代，则未必久，以言乎数量，则未必皆少，以言乎艺术，则未必皆精（其中当然有一部分较少较精者）。”引自朱希祖，滕固．古物之范围及种类草案说明书．见：中央古物保管委员会．中央古物保管委员会议事录，1935.

② 国民政府．古物保存法实施细则．见：中国第二历史档案馆．中华民国史档案资料汇编．南京：江苏古籍出版社，1994.

③ “各机关各学校租借坛庙后即负有善良保管责任，对于有关名胜古迹之建筑物应绝对保持原状，不得变动或改造。”引自内政部．各机关租借北平坛庙办法．见：内政部．内政法规汇编，1934.

迹遗址的保护修缮原则：

> 已经残损之古物应诸专家设法修整，但整修时不得改变其原状。地下发现之古物建筑不得拆毁，应就其原状严加保护伴供学者研究。[①]

可以看出，在1930年代，古建筑修缮原则中不改变文物原状的理念已经获得关注，传统“焕然一新”的思想逐渐被现代文物修缮理念取代。

二、中国营造学社的保护理念与实践

（一）中国古代建筑的研究与考察

19世纪末20世纪初，西方和日本学者相继开始了对中国建筑的考察研究。他们实地调查中国优秀建筑遗构，以文献进行互证，成果颇丰。其中西方建筑学者多以收集资料的方式开展，从类型和形态入手，初步了解中国建筑，后逐渐拓展，成果也以中国建筑资料汇集及分类的著作为主。日本学者有着与我国相近的文化背景，加之地域优势，其考察和研究更为详尽深入。其中伊东忠太在1925年编成《中国建筑史》。中国人对建筑的研究开展较晚，因此西方和日本学者的研究是开创性的，其成果为我国的调查和研究的开展提供了思路和基础资料。

1930年，朱启钤在“营造学会的基础上，创办了我国第一个研究古代建筑的学术机构——中国营造学社”（以下简称“学社”）。学社成立后，开始收集、整理、出版古代建筑文献，解读包括《营造法式》、《工程做法》在内的古代建筑经典著述，以文献和实物相结合的研究方法，科学测绘、记录、研究我国古代建筑。1932年至1937年间，学社在系统的文献整理和研究的基础上展开大规模调研，调查对象总计2700余处，测绘重要古建筑206组，完成测绘图纸2000余张（不包括抗战时期在西南地区所绘图纸），并附有大量调查报告、现场照片及调查日记。[②]通过实物调查，基本摸清了我国北方大部分地区的古建筑数量及分布状况，也了解到在战乱频繁的情况下古建筑的保存问题，促使他们在研究的同时积极开展保护工作。在调查的过程中，学社成员在获取古建筑各方面材料的同时，也与当地人或使用者进行接触，宣传古建筑的价值和意义，引导他们保护古建筑并授以简单的维护常识。

---

① 中央古物保管委员会．中央古物保管委员会议事录，1935.

② 温玉清，王其亨．中国营造学社学术成就与历史贡献述评．建筑创作，2007（6）：126-133.

通过研究与实地调研，学社进一步认识了我国古代优秀建筑，为正确地评价古建筑的价值打下良好的基础，使古建筑保护工作有科学依据和明确目的。[①]此外，摸清古建筑的基本情况，能使保护部门较为全面地制定保护政策和策略。在社会动荡、战乱不断、财政困难、物资短缺的时代，分主次、科学合理的保护计划对保护事业实有重大的意义。

调查测绘的另一重要意义是较全面地获取了大量的古建筑资料，除用于研究外，这些资料更可作为建筑档案，当古建筑面临修缮甚至重建的时候，这些材料作为历史的佐证，便越显珍贵。[②]另外，以大规模的测绘调研为基础，学社得以掌握我国北方及西南大部分有价值的古代建筑的基本情况，帮助其在抗战期间编撰《战区文物保护目录》，为在战争中保护文物提供了根据。中华人民共和国成立之后，文物部门也是凭借着这些材料开展古建筑的复查，为全国文物普查及建立文物保护单位制度打下了基础。

（二）中国营造学社的古建筑保护理念与实践

1932年，学社提出了较为完整的古建筑保护思想体系，涉及保护管理、科学修缮、修缮设计与施工、专业及公众教育等方面，几乎已涵盖古建筑保护的所有方面。营造学社在成立之初就已开始保护工作，包括古建筑研究、考察、文献资料收集及古建筑修缮设计等。至抗战爆发前，学社共完成修缮设计13项，作为文整会顾问，参与包括天坛大修在内的多项文整工程，累积经验的同时也形成了适合我国古代建筑的保护理念，并在不断的保护实践中日趋成熟。相关理念也在指导、协助国家保护机构的工作中固化其内，成为我国古建筑保护机构组织和工作理论的源头。

1. 初期的保护修缮实践

1930年代初，学社受各方之邀主持了多个古建筑的修缮项目。先经现状勘察、测绘，明确病害及原因，再以文本配以现代建筑图纸的方式，完成修缮设计并指导施工。全过程由经过建筑学专业训练的建筑师主导，建筑历史方面由学社同仁

① 梁思成在每一次调研之后，向当地有关部门提出书面的保护措施及长远的保护计划。参见林洙．叩开鲁班的大门——中国营造学社史略．天津：百花文艺出版社，2008.

② 事实上，新中国成立初期，天津宝坻三大士殿、山西榆次永寿宫和华严下寺海会殿等珍贵建筑被拆毁，仅有的记录便是学社时期的测绘图纸和摄影照片。

负责，建筑结构、材料等则请该方面的专才策划，改变了以往由营造厂商或工匠实地查勘现场并估工算料的做法。

故宫文渊阁楼面修理工程（1932年）及故宫景山万春亭修理工程（1934年）是学社最初参与的两项保护工程。学社拟定的修缮原则如下：“修理旧建筑物之原则，在美术方面，应以保存原有外观为第一要义。在结构方面，当求不损伤修理范围外之部分，以免引起意外危险。”① 文渊阁楼面凹陷，经反复检查并以现代力学计算，发现问题出在大梁承载力不足。基于上述原则，在内部以钢筋混凝土梁代替原有木梁，保持外貌不变。在故宫景山万春亭修缮工程中，学社首先简述其历史沿革，然后分析病害及成因。保护原则与文渊阁工程无异：“修理古物之原则，在美术上，以保存外观为第一要义。”② 同时，支持破坏彩画更新，但要求必须按原样式补画。此外，也支持在古建筑修缮中运用新技术、新材料，包括以水泥加强、补固基础，以防腐剂处理木材等措施。

学社初期的修缮原则可归纳为：（1）严格保持外立面；（2）结构上最小干预；（3）破旧彩画可按原状重绘；（4）可用现代科学方法、材料补原建筑的不足。学社摒弃传统“焕然一新”的做法，严格保持外观，即承认建筑本体的艺术、工艺价值，将之作为艺术品、文物对待，一改因重精神、轻本体以致随意改动的传统做法。而在结构方面，采取最小干预原则，尽量保留原结构，必要时可用钢筋混凝土及其他新材料进行结构加强与防水、防腐。可以看到，学社对西式新建筑技术方法相当推崇，以西学之长补中学不足的时代观点的印迹十分明显。此外，对于外观美术与内部结构，保护方向有所不同。在学社看来，外观美术更具价值，须刻意保存。对结构则重视其安全性方面，对其文物性的认同较弱。

上述修缮原则及具体做法，在随后的曲阜孔庙修缮项目中被综合运用，体现在《曲阜孔庙之建筑及其修葺计划》一文中，成为学社的核心保护理念及方法，并在1935年开始的北京文物整理计划及1949年以后的修缮工程中被广泛运用，沿袭至今。

2. 古建筑保护思想体系的提出

1932年，梁思成（图2-1）与学社同仁全面考察、测绘蓟县（今属天津市）独乐寺观音阁和山门，同年6月发表《蓟县独乐寺观音阁山门考》（以下简称《独

---

① 蔡方荫，刘敦桢，梁思成．闲话文物建筑的重修与维护．见：梁思成．梁思成全集（第五卷）．北京：中国建筑工业出版社，2001.

② 梁思成，刘敦桢．修理故宫景山万春亭计划．见：梁思成．梁思成全集（第二卷）．北京：中国建筑工业出版社，2001.

图 2-1 梁思成（1902—1972年）像［资料来源：梁思成．梁思成全集（第一卷）．北京：中国建筑工业出版社，2001］

乐寺》）一文，全面回顾了独乐寺的历史沿革，对观音阁与山门进行了详尽的分析。在文章最后一节“今后之保护”中，他提出古建筑保护思想和具体做法，涉及古建筑保护的各个方面，形成了体系，在我国具有开创性意义，其内容包括：

①以保护教育唤起政府和社会的关注；

②制定古建筑保护法规；

③使用科学的修缮理念；

④培养能主持修缮工程的专业人才；

⑤重视建筑防灾及日常管理。

（1）全民保护及文物教育

梁思成首先提出全民保护的思想。他认为，要保护好古建筑，必须获得国民的认同和参与：“保护之法，首须引起社会注意，使知建筑在文化上之价值；使知阁门在中国文化史上及中国建筑史上之价值，是为保护之治本办法。”[①] 要达至这一目的，必须让公众与政府了解、认同古建筑的价值，继而自觉重视和共同保护。他进一步提出：“而此种之认识及觉悟，固非朝夕所能奏效，其根本乃在人民教育程度之提高，此是另一问题，非营造师一人所能为力。”[②] 梁思成开篇便提出保护的根本性问题，即公众的文物保护意识。事实上，公众的保护意识及教育问题在近现代文物保护理念传入阶段已被有识人士关注，康有为、张謇、罗振玉等保护先驱的呼吁，清末的保存国粹运动及发展迅速的图书馆博物馆事业，即为基于此思想的实践。几乎在梁思成提出这一问题的同一时间通过的《关于历史性纪念物修复的雅典宪章》（1931 年），其第七条第二项“教育在保护过程中的作用”中明确指出：“保护纪念物和艺术品最可靠的保证是人民大众对它们的珍重和爱

① 梁思成．蓟县独乐寺观音阁山门考．中国营造学社汇刊，1932，3（2）．
② 梁思成．蓟县独乐寺观音阁山门考．中国营造学社汇刊，1932，3（2）．

惜；公共当局通过恰当的举措可以在很大程度上提升这一感情。”①

（2）建立古建筑法规体制

南京国民政府初期，古建筑虽然被列入文物范围，但无专门保护法规，更无管理细则与惩罚措施。因当时民众对古建筑价值认识不足，加上政府保护不力与社会动荡，古建筑破坏事件层出不穷。对此，制定专门古建筑保护法规，突出古建筑受保护的法律地位是最直接的方法。梁思成于《独乐寺》中提出古建筑保护的法制化问题："在社会方面，则政府法律之保护，为绝不可少者。军队之大规模破坏，游人题壁窃砖，皆须同样禁止。而古建筑保护法，尤须从速制定，颁布，施行。”② 此后，学社借助与当时政府机构的良好关系，将古建筑保护法制理念广为宣传。在之后颁布的文物保护律令中，古建筑的地位也有所提高。如1932年6月内政部公布《各机关租借北平坛庙办法》，明确规定与名胜古迹相关的建筑物“应绝对保持原状不得变动或改造”，是我国第一部明确提到“原状”的保护法规，也显示出政府对古建筑保护加强了力度。

（3）科学的古建筑修缮理念

在《独乐寺》一文中，梁思成系统地提出科学的古建筑修缮原则，我国现时古建筑保护领域中的关键词如“现状”“原状”“保持现状”“恢复原状”等，皆源于此。现行的《文物保护法》中“不改变文物原状”原则，也是上述原则的完善和发展。梁思成虽以独乐寺问题展开修缮原则的叙述，但这些原则对东方木结构建筑无疑具有通用性。梁思成提出，修缮原则有两条，即“保持现状”和“恢复原状”，两者应不同情况施行。“现状”是建筑物现行状态，但不是破损状态，而是健康状态。“保持现状”即在严格保存现有建筑样式结构的前提下，清除建筑病害，使之恢复健康。对于“原状”，梁思成认为是“原物”，即现存建筑主体建成时的状态，现存建筑在建成后增加的部分，均不是“原状”。“恢复原状”即在有真实可靠的资料文献的情况下，经过科学研究，获得可靠、充足的证据支持，将建筑恢复至建成时状态的修缮方法。对“保持现状”与“恢复原状”的选择，梁思成认为，“有失原状者，须恢复之”；“复原问题较为复杂，必须主其事者对于原物形制有绝对根据，方可施行；否则仍非原形，不如保存

① 引自关于历史性纪念物修复的雅典宪章．发表于第一届历史纪念物建筑师及技师国际会议．见：张松编．城市文化遗产保护国际宪章与国内法规选编．上海：同济大学出版社，2007.
② 梁思成．蓟县独乐寺观音阁山门考．中国营造学社汇刊，1932，3（2）.

现有部分……古建筑复原问题，已成建筑考古学中一大争点，在意大利教育部中，至今尚为悬案；而愚见则以保存现状为保存古建筑之最良方法，复原部分，非有绝对把握，不宜轻易施行。”[①] 梁思成认为“恢复原状”是修缮的最高目标，但是必须对原状有绝对把握，才可以恢复。如无把握，不可以臆测，否则“仍非原形”。若是无充分证据，就应该“保持现状”，“以志建筑所受每时代影响之为愈”。梁思成深恐无充分证据的复原会破坏原有建筑，提出较为谨慎的意见，即：“保持现状”应是最先采用的方法。[②] 但若有实据，应恢复原状。

相较传统焕然一新的做法，梁思成所提的修缮原则无疑是革命性的，其出现表明我国古建筑的修缮从以工坚料实的努力方向，向保存古建筑的历史价值的方向迈进，古建筑在修缮中正式具有了文物属性。自 1932 年提出，该修缮理念被广泛接受，一直作为我国古代建筑修缮原则，并由古建筑保护工作者忠实继承达半个世纪。直至 1980 年代初期引入《威尼斯宪章》，才在原状认定的认识上有所变化，但其核心原则未有实质改变。

（4）古建筑保护专业人才教育

梁思成所提出的古建筑保护体系的重要一环，是修缮工程主持人的选择标准问题，也是古建筑保护专业人才的培养问题。梁思成认为古建筑修缮工程“所用主其事者，尤须有专门智识，在美术，历史，工程各方面皆精通博学，方可胜任”。[③] 古建筑既是文物，又是建筑。既要考虑保存历史信息与美术外观，又须兼顾建筑在工料坚实、结构稳定等方面的要求。古建筑保护工程，首先是文化和研究项目，需要对建筑物进行历史、美术方面的研究考证，确定保护策略和做法；同时也是建筑工程，需考虑其最基本的需求，包括结构、材料、施工及经济等实际问题。因此主持者必须掌握古建筑历史及美术的专门知识，具备实际工程经验。此外，负责古建筑保护工程的建筑师必须与对保护知识了解较少的多个团体合作，因此需要一定的组织能力，以统筹安排各方力量。让工程严格按照设计方案进行，是考验主持者的另一项难题。梁思成认为，工程主持者须是在美术、历史、工程方面均有造诣的通才，这无疑是十分全面的考虑，该标准也一直指导着我国的古建筑专业人才培养工作的方向。

---

① 梁思成．蓟县独乐寺观音阁山门考．中国营造学社汇刊，1932，3（2）.
② “而愚见则以保存现状为保存古建筑之最良方法。”引自梁思成．蓟县独乐寺观音阁山门考．中国营造学社汇刊，1932，3（2）.
③ 梁思成．蓟县独乐寺观音阁山门考．中国营造学社汇刊，1932，3（2）.

（5）古建筑的日常管理维护

《独乐寺》一文重点谈到古建筑的日常管理和防护问题。梁思成认为："木架建筑法劲敌有二，水火是也。水使木朽，其破坏率缓；火则无情，一炬即成焦土。"① 对于木结构古建筑来说，防止其继续毁坏的重点在于椽瓦的保护。梁思成指出："今阁及山门顶瓦已多处破裂，浸漏殊甚，椽檩已有多处呈开始腐朽状态。不数年间，则椽檩将折，大厦将颓。故目前第一急务，即在屋瓦之翻盖。他部可以缓修，而瓦则刻不容缓，此保持现状最要之第一步也。"② 他敏锐地看到东方木构保护的关键是屋顶的保护。事实上，我国大部分保存下来的古建筑，屋顶都经过多次更换和维修。在古建筑保护经费和意识不足的情况下，该思想具有重要的现实意义，影响深远。中华人民共和国成立初期也提出"不塌不漏"，作为古建筑修缮目标。直到现在，全国仍有较多古建筑因经费等问题无法开展全面的修缮，维持"不塌不漏"状态仍将是保护要项之一。

另一重要问题是防火。梁思成认为："防火问题，亦极重要。水朽犹可补救，火焰不可响尔。然犹可备太平桶水枪等，以备万一之需……同时脊上装置避雷针，以免落雷。"③ 他提出设置防火设施及防雷设施，并由此延伸至建筑物的日常管理和保护工作。该项工作在抗战后由旧都文物整理委员会主持试行。

（6）学社的古建筑保护思想及其影响

《独乐寺》及其所反映的保护思想，除受到欧洲的影响外，也大量借鉴了日本的保护观念。1929 年，关野贞在万国工业会议上发表《日本古代建筑物之保存》（以下称"关文"）一文，后由吴鲁强译出，载于 1932 年 6 月的《中国营造学社汇刊》。对该文翻译进行校核的刘敦桢也曾总结其观点，并推荐给保护人士。关文内容包括：日本古建筑的保护历史及保护思想；日本的国家保护制度及法规；古建筑的分级及建档制度；古建筑的修缮原则；修缮责任制度和资金来源；古建筑防灾实践等。与《独乐寺》一文相较，可知《独乐寺》绝大多数理念与之相似，梁思成也在文中提到："关野贞博士提出《日本古建筑物之保护》一文，实研究中国建筑保护问题之绝好参考资料。"④

---

① 梁思成．蓟县独乐寺观音阁山门考．中国营造学社汇刊，1932，3（2）．
② 梁思成．蓟县独乐寺观音阁山门考．中国营造学社汇刊，1932，3（2）．
③ 梁思成．蓟县独乐寺观音阁山门考．中国营造学社汇刊，1932，3（2）．
④ 梁思成．蓟县独乐寺观音阁山门考．中国营造学社汇刊，1932，3（2）．

对于古建筑的保护问题，清末康有为曾提出几点原则做法，包括：社会关注、保护法规、日常防护、建立管理模式等，考虑已颇为周全。但康有为并非建筑学者，只能从文化及管理的角度考虑保护问题。对于建筑本体保护修缮等专业性问题，难以提出相应的对策。事实上，我国的文物保护事业经过清末的发展，虽已初步形成保护制度和思想体系，但侧重于可移动文物方面，对于古建筑这一新生事物仍属空白。《独乐寺》提出的保护理念是兼顾我国古建筑特点与国情作出的开创性思考，作为保护事业原典性的指导思想，在我国古建筑保护历史上具有至关重要的意义。

3. 古建筑修缮理念与实践体系

在1932年发表的《独乐寺》一文中，梁思成提出了科学的古建筑修缮理念并作出初步解释，提出了“保持现状”与“恢复原状”的原则。对于二者如何选择，就《独乐寺》一文看，未有较大偏向，既不是完全不修缮，也不是完全按风格恢复，如恢复则需铁证。对此问题，当时西方保护界以法国派主张的“风格性修复”[①]思想和英国派倡导的“反修复”[②]观念正争论不休、各执一词，随后意大利派也以“历史性修复”[③]理念加入战团。梁思成曾经考察欧洲各国，了解其修复观念，但当时各派讨论未有结果，未产生如《威尼斯宪章》等各国公认的、较为权威的保护宪章。[④]梁思成在《独乐寺》中给出的是他综合考虑西欧及日本理念与经验，结合中国建筑特点形成的答案。

梁思成提出：“而愚见则以保存现状为保存古建筑之最良方法，复原部分，非有绝对把握，不宜轻易施行。”他力主以保持现状为先。言虽如此，但梁思成重视建筑艺术与风格的统一，更倾向于法国派“风格性修复”，即恢复原状的做法；

---

① “风格性修复”理论主张对古建筑进行修缮时应尽力恢复原状，统一风格。其代表人物维欧勒·勒·杜克（Viollet-le-Duc，1814—1879年）认为建筑的修复不仅是维护和修理，也不是照样重建，而是要把它复原到一种完整的状态，即使这种状态可能从未在任何时间存在过。他认为修缮的最终目的是让古建筑风格变得更好、更统一，功能更为合理。这种思想影响极大，成为当时的主流思想，这一学派也被称为“法国派”。

② “反修复运动”是为反对“风格性修复”而兴起，主张停止一切修缮与改动，认为一切改动都会破坏历史真实性，他们倡导废墟式的保护，宁愿建筑物“富有诗意的死亡”，也不愿意进行修复。代表人物是约翰·拉斯金（John Ruskin，1819—1900年）和威廉·莫里斯（William Morris，1834—1896年），其学派也被称为“英国派”。

③ 与法国派重点强调复原、统一风格的“过度修缮”和英国派强调禁止一切修缮的观念不同，“历史性修复”理念强调重视文物新旧部分的历史价值，主张修复需建立在考虑各方因素的价值评估之上，不仅以艺术、风格作为评判标准，并允许现代材料的使用。其代表人物是波依多（Camilo Boito，1836—1914年）和切沙雷·布兰迪（Cesare Brandi，1906—1988年），该学派又被称为“意大利派”。

④ “古建筑复原问题，已成建筑考古学中一大争点，在意大利教育部中，至今尚为悬案。”引自梁思成．蓟县独乐寺观音阁山门考．中国营造学社汇刊，1932，3（2）．

为谨慎行事，他又部分同意英国派的“反修复”观点；“不如保存现有部分，以志建筑所受每时代影响之力愈”，却又表明他对意大利派保护原则的肯定。但总体而言，梁思成认为恢复原状是最高选择，是高于保持现状的修缮方法，他在日后对待风格混合的古建筑的修缮态度也可以证实这一点。如在1935年六和塔修缮中，梁思成力主恢复原状；在1955年正定转轮藏殿修缮中，他积极支持拆去清式腰檐，恢复宋式。但梁思成并没有完全照搬法国派的一套，而是认为复原必须尊重历史，不可臆造，须有证据和把握，必须以研究和历史信息为基础，这显然和法国派的浪漫式修复有所不同。可以看出，梁思成对待修复问题既是感性的，又是理性的，更是谨慎的。

事实上，学社初期完成的修缮工程，其对象都是北京城内的清式建筑，保存状况较好，后世改易小，风格统一，且具备传统技艺的工匠较多，修复基本依据保持现状的原则，未产生太多问题。独乐寺观音阁与山门是辽代建筑，年代久远，历代均有修缮，风格糅杂，历史层级较多，修缮势必涉及对后加部分的考察和处理，涉及对“保持现状”和“恢复原状”问题的探讨以及“原状”的释义。但受篇幅和关注重点所限，梁思成未就关键问题“恢复原状”及其具体实操作深入探讨。

1934年10月，梁思成应时任浙江省建设厅厅长曾宪浩的邀请，主持六和塔的修缮。10天的实地勘查后，梁思成返回北京，完成六和塔的修缮设计。1935年，详细记录该设计方案的《杭州六和塔复原状计划》（以下简称《六和塔》）一文发表于《中国营造学社汇刊》，同时出版单行本以增大影响力。《六和塔》一文系统论述了古建筑修缮原则“恢复原状”，包括选择复原的依据、复原的意义、原状的定义、原状的推求方法等，成为“恢复原状”原则的思想来源，以及“原状”定义和推求方法的源本。

（1）恢复原状的选择

《六和塔》一文中，梁思成首先描述了他对六和塔现状的总体感受：“六和塔的现状，实在是名塔莫大的委曲；使塔而有知，能不自惭形秽？”“远远就可以望见肥矮十三层檐全部木身的六和塔。”[①] 他对清代重修六和塔的结果非常不满，认为必须恢复六和塔初建的状态才能匹配六和塔的名气及其装点杭州风景的作用：“将来过江来杭的旅客，到这岸所得第一个印象，就是这塔，其关系杭州风

① 梁思成．杭州六和塔复原状计划．中国营造学社汇刊，1935，5（3）．

景古迹至为重要。所以我以为不修六和塔则已，若修则必须恢复塔初建时的原状，方对得住这钱塘江上的名迹。”[①] 明显地，对梁思成来说，古建筑的外观效果、风格上的统一是至为重要的，他选择恢复原状更多是出于美术方面的考虑。

对形式问题的关注，他自己也承认：“20年代美国的建筑教育，完全是沿袭巴黎美院的折中主义的那一套。因此‘形式主义’在我的脑中也是扎下根的。”[②] 从他参与的修缮方案中都可以清楚地看到这一倾向，其著作中也充分表现他对建筑形式、风格的关注。梁思成求学的宾夕法尼亚大学建筑学院主要承继巴黎美术学院的课程，强调建筑史研究及建筑美术方面的强化训练，通过研究将遗迹或古建筑缺失的部分恢复原状更是学习的重点。此阶段的学习对他的影响是深远的。[③]

值得注意的还有以下方面。第一，统一风格是中国传统的修缮观点，对建筑物完整性的追求既是历次重修的目标也是民众的期待，这与梁思成所受的教育在方向上是一致的。第二，学社当时对早期建筑有较明显的偏好，他们以结构合理性的标准，高度评价宋辽时期的建筑，同时认为清式建筑结构渐趋不合理，代表着中国建筑的衰落。[④] 随着对《营造法式》研究的日渐深入，他们似乎强化了这种想法。梁思成正是这一理念的提出和推动者。在他看来，六和塔外层清式部分的价值无疑远不及内部的宋式构架，其存在影响了六和塔结构的纯净性，致其风格无法统一。其差劲的美术表现力损害了宝塔优美外观的同时，也破坏了杭州的风景，这是他不能容忍的。第三，梁思成认为，通过对现存古建筑及《营造法式》的研究，可以准确推断建筑“原形”。“以我们现在对于古代建筑的智识，要推测六和塔的原形，尚不算是很难的事。”[⑤] 并且能够准确把握建筑发展的趋势并作出

---

① 梁思成．杭州六和塔复原状计划．中国营造学社汇刊，1935，5（3）．

② 林洙．梁思成、林徽因与我．北京：清华大学出版社，2004.

③ “几乎所有关于梁思成的研究都会集中到他在宾夕法尼亚大学所受到的教育。宾大的课程继承了巴黎美术学院的传统，要求学生钻研希腊、罗马的古典建筑柱式以及欧洲中世纪和文艺复兴时期的著名建筑。也常以绘制古代遗址的复原图或为某未完成的大教堂作设计图为题测验学生的能力。”引自［美］费慰梅．梁思成传略．见：梁思成，费慰梅．图像中国建筑史．梁从诫译．天津：百花文艺出版社，2001.
“思成自己就提到过一些对于他以后在中国工作非常有用的宾大给建筑史学生出的习题的例子。典型的习作是根据适当的风格完成一座未完成的教堂的设计、重新设计一座凯旋门而在创意上不能背离当时环境，或是修复毁坏了的建筑物……思成在宾大就读的最后一年中，他对意大利文艺复兴时代的建筑进行了广泛的研究。从比较草图、正面图以及其他建筑特色入手，他追溯了整个时期建筑的发展道路。这种训练的重要性是怎样强调也不会过分的。我们手头没有他绘制的文艺复兴时期的建筑图纸可资参考，但我们却有他今后十五年间制作的、表明他对于中国建筑演化历史的理解的一批重要的摹拟图。”引自［美］费慰梅．梁思成与林徽因——一对探索中国建筑史的伴侣．曲莹璞，关超等译．北京：中国文联出版公司，1997.

④ “根据结构表现的效果，梁、林把中国建筑的发展分为豪劲的隋唐时期，醇和的宋辽金时期和羁直的明清时期。他们认为，由于在明清建筑中，原先其结构作用的斗栱等构件已蜕变成不具结构功能的装饰品，中国建筑在这一时期已经衰落。”引自赖德霖．中国近代建筑史研究．北京：清华大学出版社，2007.

⑤ 梁思成．杭州六和塔复原状计划．中国营造学社汇刊，1935，5（3）．

孰优孰劣的评价[1]，去掉不合理的部分，去掉“毫无智识”的后代干预的痕迹。这似乎也受到当时普遍的，以西方现代科学思想修正、改造我国传统文化的潮流的影响。在通过研究逐步深入、逐渐掌握中国古代建筑秘密的时候，他们也希望通过实际工程展示研究成果。综合上述三点，就不难理解梁思成以“恢复原状”为修缮古建筑最高要求的原因了。

（2）原状的定义与推求

梁思成在《六和塔》一文中详细阐述了恢复原状的方法。他首先整理了六和塔所属开化寺的历史沿革，对历代重修记录进行了解并作仔细考证，得出现存的遗构“就是清光绪二十六年朱智重修的结果”。他认为，六和塔砖身是南宋遗构，保护得很好，其艺术效果突出，形制雄伟。但清代重修后的外檐，完全不尊重原南宋形制，致使塔身呈现肥矮的效果，因此这次重修是失败的。[2] 他进一步分析现状并提出六和塔的原状：“我们可以断定现存的塔身乃绍兴重建的七级，吴越王的九级塔已于宣和间毁了。《志》虽谓雍正十三年重‘建’，但内部斗栱却完全是宋式，绝非清代所能做，故为绍兴重建无疑。我们所要恢复的，就是绍兴二十三年重修的原状。”[3] 明显地，梁思成认为原状不一定是指建筑初建时候的状态，应是指现存遗构建成时的状态。

对六和塔而言，塔身建于宋代，外檐建于清代，整体并非原状。因此，必须拆去清代外檐，通过已有的古建筑知识，推求其宋代外檐样式，使整座塔完全恢复原状。对于推求原状这一关键问题，梁思成非常谨慎，认为每一步都必须有充分依据，他在《六和塔》中提出推断原状的三大依据：①建筑现状；②年代和地域相近的同类建筑；③《营造法式》。（图 2-2）[4]

第一步，以现存建筑物本身作为最重要的依据。他强调以现状的考察和评估为基础，以现存建筑的年代和风格、做法特征，配以文献佐证，推断遗构的始建年代和原状。在六和塔中，他首先考察塔身内部，以斗栱等构件为重点，分析其

---

① “以我们今日的智识及技能对于上述之点，加以补救，实在是一件轻而易举的事。”引自梁思成．杭州六和塔复原状计划．中国营造学社汇刊，1935，5（3）．
“在设计上，我以为根本的要点，在将今日我们所有对于力学及新材料的知识，尽量地用来，补救孔庙现存建筑在结构上的缺点。”“所以在结构上，徒然将前人的错误（例如太肥太扁的额枋，其原尺寸根本不足以承许多补间斗栱之重量者），照样地再袭做一次，是我这计划中所不做的。”引自梁思成．曲阜孔庙之建筑及修葺计划．中国营造学社汇刊，1935，6（1）．

② “国人所习见的六和塔竟是个里外不符的虚拟品，尤其委屈冤枉的是内部雄伟的形制，为光绪年间无智识的重修所蒙蔽。”引自梁思成．杭州六和塔复原状计划．中国营造学社汇刊，1935，5（3）．

③ 梁思成．杭州六和塔复原状计划．中国营造学社汇刊，1935，5（3）．

④ “我以为以六和塔本身内部的斗栱柱额为根据，再按照法式去推求，更参以与六和塔同时类似的实物为考证，则六和塔原形之恢复，并不是很难的问题。”引自梁思成．杭州六和塔复原状计划．中国营造学社汇刊，1935，5（3）．

图 2-2 杭州六和塔 1935 年照片及修缮设计图 [资料来源：梁思成 . 杭州六和塔复原计划 . 中国营造学社汇刊，1935，5（3）]

特征与风格，以《营造法式》印证其是否符合宋代建筑特点，证明现存物是否南宋原状，以之作为原状推求的基础。

第二步，以年代、地域相近的同类建筑来推求六和塔的原形。第一类是现状相似者，如外檐已毁但塔身尚存的雷峰塔和保俶塔，以及绍兴、宁波等地类似的塔，他认为这些塔“虽较六和塔规模小得多，但在形制上极相似，而且年代地域都相近，都是极可贵的参考资料。”① 第二类是与六和塔同地、约略同时、外观相似的石塔。石制建筑保存较好，其建造几乎完全模仿木结构，因此是理想的参照对象。② 第三类是地域稍远但年代相近的辽宋木塔。因为六和塔“以砖仿木”，因此上述纯木构塔是六和塔“作者原先所根据的蓝本”。

第三步，以梁思成最信赖的依据——《营造法式》来推求六和塔的原形。他深信，通过对《营造法式》的研究以及与实物的对照，可以准确知道宋辽金时代建筑的情况。“除上述诸实物而外，使我对于六和塔原形最有把握的，厥唯宋李诫《营造法式》一书。”③ 他认为，《营造法式》是宋代“官式”建筑的范本，六和塔是敕建的建筑，通过《营造法式》来推断属于官造的六和塔的原状，无风格、地区差异的问题。“今存之六和塔身……是一座‘官式’建筑。根据‘营造法式’来重修六和塔，是再合适没有的了。”④

---

① 梁思成 . 杭州六和塔复原状计划 . 中国营造学社汇刊，1935，5（3）.

② “它们对每个建筑的部分，都极忠实地表现出来，而且许多部分都与六和塔内部现存的各部完全符合；要找六和塔外表的模特儿，没有比这三座塔再适合的了。”引自梁思成 . 杭州六和塔复原状计划 . 中国营造学社汇刊，1935，5（3）.

③ 梁思成 . 杭州六和塔复原状计划 . 中国营造学社汇刊，1935，5（3）.

④ 梁思成 . 杭州六和塔复原状计划 . 中国营造学社汇刊，1935，5（3）.

梁思成的修复思路与操作方法与法国“风格性修复”学派实如出一辙。该派代表人物维欧勒·勒·杜克（Viollet-le-Duc）是巴黎美术学院的教授，而梁思成就读的宾夕法尼亚大学与巴黎美院有着极深厚的传承关系。梁思成的古建筑修复理念或许正是源自勒·杜克及“风格性修复”的法国派。事实上，对完善建筑形式、统一建筑风格的严格训练，正是宾大的重要课程，也是梁思成的兴趣所在。

（3）恢复原状修缮思想的影响

《六和塔》重视文献和实物证据，重视保护修缮程序的精神和做法与《威尼斯宪章》《中国文物古迹保护准则》没有本质的不同。其间区别在于对原状的认定标准，即是否重视、认可“历程价值”，以及历史信息与艺术风格孰轻孰重。在具体工程中，则表现为可否去除后代添加或更改部分以统一风格。六和塔修复设计是我国以现代修缮理念应用于含多个时期干预结果的早期建筑的第一次尝试，所提出的原状定义及推求方法，迅速成为我国古建筑修缮的主导思想。如以《营造法式》推求原状的做法，一直为学社所坚持，并为保护界所继承。中华人民共和国成立后，几座重要的早期建筑如正定隆兴寺转轮藏阁、慈氏阁、南禅寺大殿、摩尼殿等的修缮，都以《营造法式》作为原状推测的重要依据。此后发展到了，在附近地区找不到相应实物参照时，就直接使用《营造法式》作为复原依据的地步。作为复原问题思想和做法的原点，《六和塔》提出的原状定义与推求方法对我国古建筑修缮工作的影响极为深远，自 1930 年代提出至今，保护界一直沿用这套理念与方法，虽然自《威尼斯宪章》传入后，原状定义有所修正，但就推求方法而言，至今未变。

4. 古建筑修缮工程体系的提出

1935 年，梁思成应教育、内政两部之命，赴曲阜勘查孔庙建筑，为开展修缮工程做准备。同年 7 月，梁思成拟就《曲阜孔庙之建筑及其修葺计划》（以下简称《孔庙》）呈报政府审批。他在《孔庙》中提出现代古建筑修缮工程的核心精神和目标，做出了完整的修缮设计和施工做法，形成了完整的古代建筑修缮工程设计体系。

（1）古建筑修缮工程的精神和目标

《孔庙》开始即以较多篇幅强调以现代文物保护理念指导建筑修缮工程，改变我国以“焕然一新”做法重修古建筑的传统，力主以保护代替新建。梁思成认为：

“在设计人的立脚点上看，我们今日所处的地位，与二千年以来每次重修时匠师所处地位，有一个根本不同之点。以往的重修，其唯一的目标，在将已破敝的庙庭，恢复为富丽堂皇，工坚料实的殿宇，若能拆去旧屋，另建新殿，在当时更是颂为无上的功业或美德。但是今天我们的工作却不同了，我们须对于各个时代之古建筑，负保存或恢复原状的责任……不能像古人拆旧建新。”[①] 他提出了修缮工程的最终目标：“须尽我们的理智，应用到这座建筑物本身上去，以求现存构物寿命最大限度的延长。”[②] 孔庙修缮计划是南京国民政府委托的项目。在崇尚工坚料实、焕然一新的传统观念下，灌输科学的古建筑保护理念，以免造成修缮性破坏，无疑十分必要。梁思成希望影响的不只是实施此项目的设计师及工匠，还有政府的官员，后以专刊的形式在《中国营造学社汇刊》中发表，希望影响整个社会。因此，《孔庙》不单是一份修缮设计方案，更是改变我国古建筑修缮观念的宣言。

（2）古建筑修缮工程的文化性

梁思成在《孔庙》中提出从保存文化的高度上看待古建筑及其修缮工程，而不像以往只由匠师执行，以将建筑物恢复至坚实为目的。修缮最终目标的变化必须有相应的制度与之匹配，因此，他提出将设计制度引入古建筑修缮工程，并强调修缮设计的先决及重要位置。由受过现代建筑教育的建筑师拟定修缮设计方案，使专家学者与工程师成为工程的掌控者，打破了中国传统修缮工程由匠师控制的局面，使现代修缮理念得以更好地实施。这也是梁思成强调古建筑修缮应是文化建设工程而不是普通建设工程的思想体现。对上述问题，熟悉中国古代建筑、曾多次主持古建筑修缮工作的杨廷宝持同样的意见：“古建筑是工匠长期劳动积累的文化，有些建筑，艺术性很高。我们如把它当作一般工程来修，只能是‘四不像’。你到南京瞻园去看看，刘老（刘敦桢）在世时和工匠师傅一起修整，就大不一样，很不错。”[③] 杨廷宝重视古建筑的文化和艺术价值，指出古建筑修缮非一般工程的性质，成功的修缮工程应是学者、建筑师、工匠共同努力的结果。

值得注意的是梁思成在《孔庙》绪言的最后一段话：“本文下篇计划书部分只是一部最初的初稿。拆卸之后，我们不免要发现意外的情形，所以不唯施工以前计划要有不可避免的变更，就是开工以后，工作一半之中，恐怕也不免有临时

① 梁思成．曲阜孔庙之建筑及修葺计划．中国营造学社汇刊，1935，6（1）．
② 梁思成．曲阜孔庙之建筑及修葺计划．中国营造学社汇刊，1935，6（1）．
③ 齐康．杨廷宝谈建筑．北京：中国建筑工业出版社，1991.

改变的。"[①] 这段话虽短，却是关于古建筑保护修缮工程的重要提示。梁思成认为，修缮工程开始前的勘测不可能全面和完善，设计方案也只能反映表面问题。随着施工的开展，古建筑拆开后，往往有诸多意想不到的问题出现。古建筑修缮既以保护为出发点，其设计和施工计划必须因应问题而变化。古建筑修缮不能照一般工程只按初设图纸施工，必须以研究贯穿工程的全过程，依照新发现问题及研究结果及时变更设计方案，并指导下一步施工。经费与工期也要相应调整，不可像一般工程那样，在招标时即确定。此观点清楚显示出，梁思成以文化建设项目的立足点看待古建筑的修缮。上述思想在南京国民政府期间的少量重要工程中得到体现，在中华人民共和国成立后的计划经济时代得以较好地落实。1980 年末重新引入招投标制度后，古建筑修缮工程大多遵从新建工程的规范，种种问题相继出现。可见，1935 年《孔庙》的提示极具远见。

（3）古建筑修缮设计体例的创建

《孔庙》创制了完整的古建筑修缮工程设计体例，迅速成为科学修缮古建筑的参照蓝本。《孔庙》共四部分，分别是绪言、上篇、下篇、附录。绪言集中陈述孔庙修缮工程缘起及经过、古建筑修缮原则及各步工作的精神与意义。上篇为孔庙各建筑研究成果，包括各建筑历史沿革、年谱及法式。下篇是修缮设计，首先论述了通常的破坏情形、原因及修缮原则，以建筑构件分类叙述；然后是各建筑详细的修缮方案及施工说明书；接下来是孔庙以外的问题，包括相邻古迹及旅游硬件设施的考虑。附录部分则是孔庙的相关史料、营造尺与公尺的比较及工程预算。此外，还附有大量的设计图纸和现场照片。《孔庙》内容包括修缮工程概述、保护思想说明、历史沿革、现状勘测、工程做法、施工说明、施工图、工程预算、历史资料及简单的管理、利用规划，其体例之完备、考虑之周详，至今仍不失先进，是一部"带范例性质的划时代著作"。[②]

对比中华人民共和国成立后两部法规对古建筑勘查及设计内容的规定，可以看出《孔庙》的体例设置已相当完备，对历史沿革及研究的重视甚至超过现今（表 2-1）。作为我国第一份现代古建筑保护修缮工程勘查与设计文本，《孔庙》的理念、做法和体例被北京文物整理工作采用，继而经文整会传至全国，并在 80 多年的古建筑保护研究和实践中不断完善，承袭至今。

---

① 梁思成．曲阜孔庙之建筑及修葺计划．中国营造学社汇刊，1935，6（1）.

② 徐伯安．巨匠的足迹——梁思成"中国古代建筑历史和文物建筑保护研究"侧记．见：高亦兰．梁思成学术思想研究论文集．北京：中国建筑工业出版社，1996.

文物建筑保护工程勘察和修缮设计要求的历史变迁　　表 2-1

	1935 年《曲阜孔庙之建筑及修葺计划》	1963 年《革命纪念建筑、历史纪念建筑、古建筑、石窟寺修缮暂行管理办法》[①]	2003 年《文物保护工程管理办法》[②]
工程缘起及大事记	√		
保护理念及思想	√	√	√
历史沿革	√		√
现状勘查	√	√	√
设计做法	√	√	√
施工说明	√	√	√
施工图	√	√	√
工程预算	√	√	√
历史资料	√		
初步旅游规划	√		

（资料来源：作者自绘）

（4）历史研究及新材料的运用原则

梁思成在《孔庙》中强调了研究建筑物的历史对修缮工程的意义："我本来没有预备将孔庙建筑做历史的研究，但是在设计修葺计划工作中，为要知道各殿宇的年代，以便恢复其原形，搜集了不少的材料；竟能差不多把每座殿宇的年代都考察了出来。"[③] 历史研究，既是判定建筑物价值的依据，也是确定原状的依据，更是修缮设计的依据，对修缮工作至关重要。梁思成重点提出历史研究，即是针对当时修缮中普遍存在的，不做设计而仅由有经验工匠进行统筹操作，表面是保护、实际是破坏的现象。另一方面，研究可促使作为修缮工程实施主体的工程师和工匠清楚认识古建筑价值，从而自发地以保护为工作原则，在施工中就不会轻易损毁旧建。

延续在故宫文渊阁与万春亭修缮工程中的理念，梁思成在《孔庙》中做了多处以新技术或材料解决古建筑结构安全问题的设计。对新材料和技术的运用，他认为是必要的："在设计上，我以为根本的要点，在将今日我们所有对于力学及新材料的知识，尽量地用来补救孔庙现存建筑在结构上的缺点。"[④] 梁思成认为，

① 文化部．革命纪念建筑、历史纪念建筑、古建筑、石窟寺修缮暂行管理办法．见：国家文物局．中国文化遗产事业法规文件汇编．北京：文物出版社，2009.
② 文化部．文物保护工程管理办法．见：国家文物局．中国文化遗产事业法规文件汇编．北京：文物出版社，2009.
③ 梁思成．曲阜孔庙之建筑及修葺计划．中国营造学社汇刊，1935，6（1）.
④ 梁思成．曲阜孔庙之建筑及修葺计划．中国营造学社汇刊，1935，6（1）.

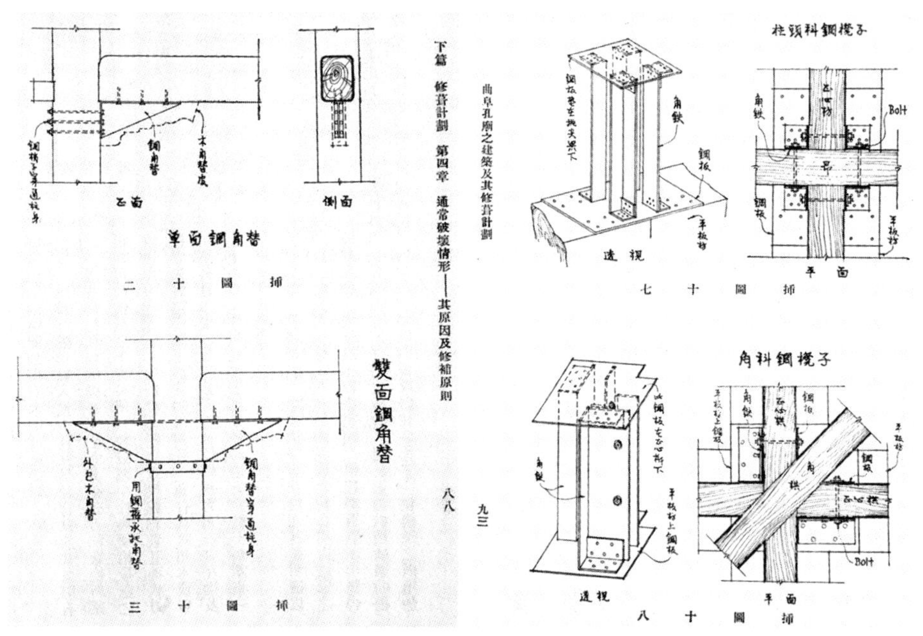

图 2-3 曲阜孔庙建筑结构加强方法 [资料来源 : 梁思成 . 曲阜孔庙之建筑及修葺计划 . 中国营造学社汇刊, 1935, 6 (1)]

新技术只能用于建筑内部，绝对不能改变建筑物的外形。[①]《孔庙》多以钢材做结构加强，并在其外包裹相应构件，以达到新材料补强结构但不影响建筑物外观及艺术表现的目的，这套思路后来被广泛采用 (图 2–3)。

(三) 古建筑保护教育

南京国民政府时期，图书馆博物馆事业发展迅速，包括大型展览、专题展览在内的公众教育和展示手段逐渐丰富。其中，涉及文物保护的大型展览在中央和地方相继举办，展出各类出土文物及古代珍品。建筑市场的兴盛，使建筑的概念越发清晰，在民众心中的地位也大大提高。在如上海等建筑业发达的大城市，建筑师已经走向媒体聚焦的中心，与建筑相关的展览、刊物层出不穷。上海建筑界举办宣传建筑行业、提高建筑师地位的各类展览，各大报刊如《东方杂志》《良友》《申报》等，均对建筑行业有所报道，建筑专业刊物也相继出现。1929 年的“教育部第一次全国美术展览”即特设建筑部分。另一方面，当时全国各大高校纷纷开设建筑学及相关专业教育，在营造学社的倡导下，建筑史课程陆续进入建筑学专业教育，旧都文物整理项目也成为古建筑保护教育的窗口。南京国民政府期间，一系列公众及专业教育工作的开展，对建筑、古建筑及文物保护概念走近大众起到巨大的推动作用。

---

① “在不露明的地方，凡有需要之处，必尽量地用新方法、新材料，如钢梁、螺丝销子、防腐剂、隔潮油毡、水泥钢筋等等，以补救旧材料古方法之不足；但是我们非万万不得已，绝不让这些东西改换了各殿宇原来的外形。”引自梁思成 . 曲阜孔庙之建筑及修葺计划 . 中国营造学社汇刊，1935，6 (1) .

1. 公众古建筑保护教育的开展

（1）学社的公众教育理念及展览

在上述背景之下，学社组织了一系列宣传和展览，积极展示古建筑研究成果。公众教育作为文物保护的基础工作，东西方保护界均十分重视。《关于历史性纪念物修复的雅典宪章》第七条第二项“教育在保护过程中的作用”中明确指出：“大会坚信，保护纪念物和艺术品最可靠的保证是人民大众对它们的珍重和爱惜；公共当局通过恰当的举措可以在很大程度上提升这一感情。”[①] 1932年，梁思成在《蓟县独乐寺观音阁山门考》中，提出了公众保护和国民教育的思想，明确了宣传及公众教育对文物保护事业的重要意义。事实上，学社成员中，朱启钤历任政府要员，官至民国代总理，对公共宣传的力量自然了解。而作为梁启超的儿子，梁思成对公众教育的作用及影响力也深有体会，可说是家学渊源。

学社的宣传工作，在朱启钤担任北洋政府要员时已经开始。1919年，朱启钤在江南发现《营造法式》，随即整理出版，公之于众。之后朱启钤成立“营造学会”，积极出版《哲匠录》《漆书》等著作，希望借此引起公众及学界对中国古代营造技艺的关注。1929年，为扩大“营造学会”的影响，朱启钤于中山公园举办我国第一次关于古建筑的专门展览，展出历年收集、制作的书籍、图纸、古建筑模型等，得到社会各界的普遍关注。对此，中华教育基金会给予高度重视，并答应拨款支持。凭此资助，朱启钤成立“中国营造学社”。学社成立后，成员积极实践这一理念，在有限的资源下，不断举办针对社会大众及官员的宣传教育，并力主在建筑学教育中加入中国建筑史及古建筑保护的内容（表2–2）。

（2）中国建筑展览会

众多展览中，1936年在上海市博物馆举办的“中国建筑展览会”规模最大，影响最为深远。展览由学社发起，展品以学社的成果为主。同时，基泰工程司由于正在主持多项北京的古建筑修缮项目，也展出了清代建筑模型及保护工程资料。展览会上同时举办多场学术演讲，研究中国未来建筑的走向，例如梁思成发表的题为“我国木结构之变迁”的演讲。会议原定主题为中国建筑的发展，以现代建筑师与现代建筑理念为主，但在学社的影响下，中国传统建筑在其中占据了重要的分量。会议结束后，展览委员会发表共同声明，在其5项要点中，中国古建筑

① 张松．城市文化遗产保护国际宪章与国内法规选编．上海：同济大学出版社，2007.

南京国民政府期间举办的古建筑展览　　表 2-2

时间	宣传及教育事件	内容及说明
1929 年春	朱启钤于北平中山公园，展览图籍	“民国十八年春……并于三月下旬，在北平中山公园董事会，展览图籍及营造学之参考品。固应同志之要求……且一经披露，中外朋好，声应气求，更各出所藏，或以所致所见相助，裨益亦多。”①
1931 年 3 月	营造学社组织有关圆明园的展览	展览极为成功，学界要求展览延长，两日之内，参观者便达到万人以上。展览过后即行发表刊物，加大影响，可以说是中国建筑文化遗产保护事业上成功的公众教育的典型案例。展览也汇集了诸多中外收藏家考古学家的收藏和籍本，有效的推进了研究的发展
1933 年	营造学社参加 1933 年芝加哥博览会	“参加芝加哥博览会科学组赛品征集委员会北平分会，函邀本社参加出品，原拟送陈各项模型，发扬吾国文化美术”②学社积极的参加国际展览，向国际社会展示中国辉煌的建筑成就
1932 年 10 月	营造学社组织北平学术团体联合展览会	
1936 年 4 月	营造学社组织参加中国建筑展览会	展出历代建筑图片 300 余幅，及观音阁模型，历代斗栱模型 10 余座，古建实测图 60 余张，并由梁思成出席讲演，题为《我国历代木建筑之变迁》③
1937 年 2 月	营造学社参加北平万国美术会	“今春二月本社北平万国美术会陈列室举行中国建筑展览。计陈列汉魏迄清照片二百幅，各附以简明说明，模型十余件，实测图复古图及工程做法补图工十余幅，并本社全部出版物。为时一周，观众数千人”④
1944 年春	第二届全国美展为营造学社专设以古建筑展览室	抗日战争时期唯一的一次较大规模的古建筑展出。学社成员为此展览几乎投入了全部人马，期间梁思成还带病画图。⑤学社对于古建筑的宣传及保护教育在抗战期间仍然坚持
1948 年	北平文物建筑展览会	由北平文物整理委员会主办，在台湾展出 1942 年至 1945 年由基泰工程司主持的北京故宫中轴线测绘

（资料来源：作者自绘）

的保护问题成为建筑界的共识。声明被呈交给当时的政府首脑，以敦促政府重视。展览对于中国古代建筑的价值及其保护理念的传播起到重大的作用，影响了其时政府的最高决策层、建筑界及普通国民在内的各个社会阶层。国内主要报刊、均有持续的长篇报道，其中《申报》更为其设置专刊（图 2-4）。

① 本社纪事．中国营造学社汇刊，1930，1（1）．
② 本社纪事．中国营造学社汇刊，1932，3（4）．
③ 林洙．叩开鲁班的大门——中国营造学社史略．北京：中国建筑工业出版社，1995.
④ 本社纪事．中国营造学社汇刊，1937，6（4）．
⑤ 吴良镛．发扬光大中国营造学社所开创的中国建筑研究事业．见：朱启钤．营造论．天津：天津大学出版社，2009.

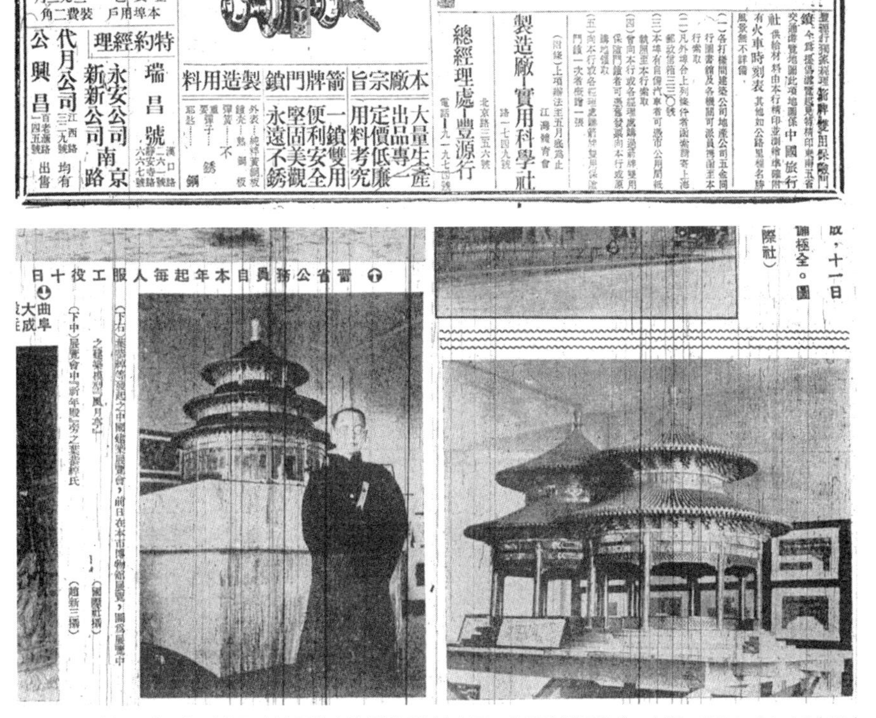

申報中國建築展覽會特刊

馥記營造廠最近完工之工程攝影

導淮部泊舶閘　貴溪大鐵橋　中央黨史史料陳列館

本埠工程　外埠工程

時代化　馥記營造廠　藝術化

發刊詞

中國建築展覽會會刊序

中國營造學社概況

贈送 東南五省遊覽地圖

箭牌雙用保險門鎖

價目	
克羅米色	三元四角
古銅色	三元二角
金黃色	三元二角
本埠用戶	裝費二角

特約經理：瑞昌號　永安公司　新新公司　代月公司　公興昌

本廠宗旨：大量生產　出品專一　定價低廉　用料考究

箭牌門鎖：一鎖雙用　便利安全　堅固美觀　永遠不銹

製造用料

製造廠 實用科學社

總經理處 豐源行

晉省公務員自本年起每人每年服工役十日

（下中）展覽會中"祈年殿"之模型

图 2-4　申报及大公报对中国建筑展览会的报道 [资料来源：中国建筑展览会 . 申报，1936-04-12（17）（上图）；中国建筑展览会，大公报，1936-04-13（9）（下图）]

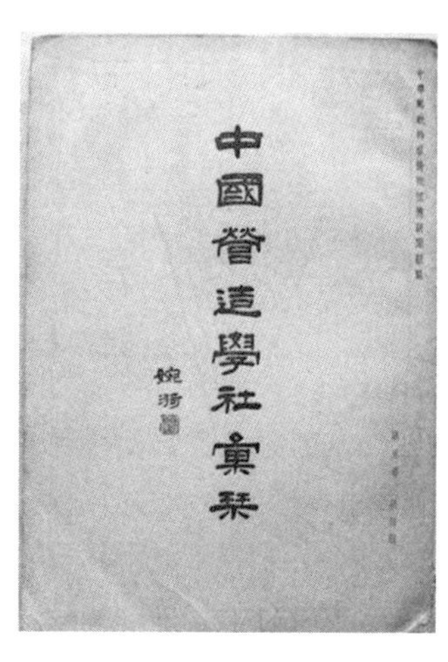

图 2-5 《中国营造学社汇刊》书影 [资料来源：中国营造学社汇刊 .1932，2（1）]

（3）报刊及《中国营造学社汇刊》的发行

除专业展览外，学社公众教育工作中较有影响力的方式是发行报刊及学术专刊。学社与当时的媒体有较好的关系，一些重要的工作或者成果都及时经过媒体发布，以增强影响力，并及时向公众通报古建筑研究的进展情况。如学社在中山公园展览明岐阳王世家文物一事，北平《晨报》有详细报道。梁思成发现独乐寺和三大士殿，《晨报》即时跟进报道。① 另外，学社成员也专门撰稿，宣传古建筑价值及保护原则，如《艺术周刊》多次与梁思成、林徽因约稿，以游记的方式讲述其周末游历古建筑的行程，摆脱了学术论文的刻板模式，以轻松的方式讲解古建筑的价值、趣味以及古建筑保护的重要性。梁思成也针对当时文物破坏事件及有关学者反对古建筑修缮的问题，于 1945 年撰文《北平文物必须整理与保存》，发表在重庆《大公报》，重申古建筑保护的意义和工作情况。此文后又录入国民政府内政部所编《公共工程专刊》第一集。而从 1930 年开始出版，至 1944 年止，共 7 卷 22 期的《中国营造学社汇刊》（图 2–5），除了作为学社的学术刊物，展示古建筑研究成果之外，也登载中外研究进展、古建筑相关事宜及学社活动等，是学社进行公众和专业教育最有影响力的途径。学社常以专刊、专号形式在《汇刊》内刊登重要的学术成果及事件，如《独乐寺专号》《曲阜孔庙之建筑及修葺计划》等。个别除在《汇刊》内印发外，还出版单行本，以增加社会影响力。如对于当时社会关注度较高的六和塔修缮设计，梁思成在完成《杭州六和塔复原状计划》一文后，即另行出版单行本，广为宣传（图 2–6）。

① “中国营造学社梁思成氏，最近调查，在蓟县发现古木建筑物独乐寺观音阁及山门，皆辽圣宗统和二年（即宋太宗雍熙元年，公元 984 年）原物，较之东西建筑考古学者，前次所发现山西大同之下华严寺最古木构，尚早五十余年，阁为三层，巍阁立于石坛之上，距城十余里已可遥见，阁檐出挑颇远，斗栱尤为雄大云。”“梁氏又在宝坻发现广济寺木建筑之三大士殿，亦辽建，年代较独乐寺后四十年，但其内部构造，特异寻常云。”原载北平《晨报》，引自卫聚贤 . 中国考古学史 . 北京：团结出版社，2005.

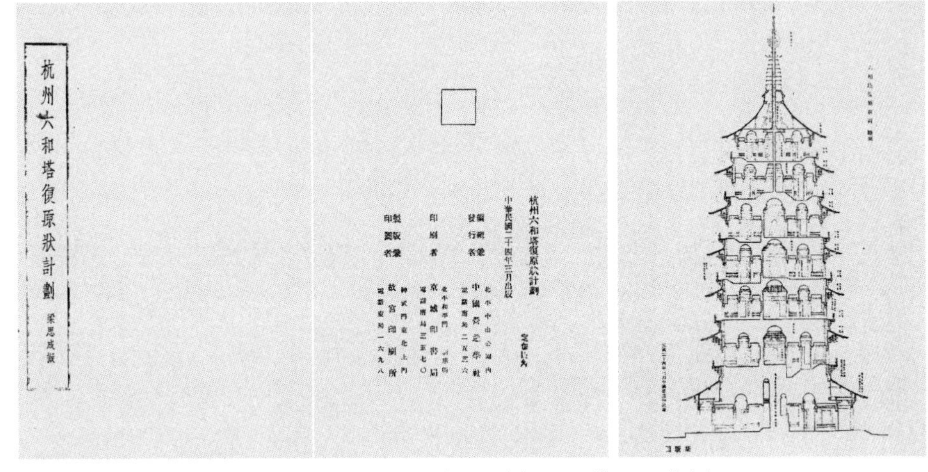

图 2-6 《杭州六和塔复原状计划》单行本书影（资料来源：作者摄于六和塔公园展览室）

（4）学社的社会关系及其影响

除广大国民外，学社以政府要员、各大学术机构及建筑、营造系统的主事者为重要宣传对象，并积极参与上述机构事务。朱启钤组建学社时，通过私人关系，积极邀请政商名流、学者加入。社员如叶恭绰、朱家骅、杭立武、钱永铭等，都在政府中担任要职。杭立武为教育部次长兼战区文物保存委员会主任，李济、叶恭绰、马衡等是中央古物保管委员会委员。在此背景下，学社的理念很快为政府及高端学术团体认可，从而对法规及政策的走向产生影响。如学社倡导的“保持原状”的古建筑修缮原则，便为中央古物保管委员会所接受，并尝试写进保护法令：“已经残损之古物应诸专家设法修整，但整修时不得改变其原状。地下发现之古物建筑不得拆毁，应就其原状严加保护并供学者研究。”[①] 1935 年 4 月，梁思成拟请中央古物保管委员会重修河北安济桥、独乐寺观音阁和山西云冈石窟三处遗址，即由社员兼中央古物保管委员会委员李济代为提出。梁思成拟定了修缮计划，详细讲述三处古迹的价值和修缮原则，中央古物保管委员会很快就采纳了他的建议，并委托学社调查和估算具体经费。对于其他重要古建筑，中央古物保管委员会也多委托学社办理。如河南登封周公测景台，经中央古物保管委员会考察研究后，认为有紧迫的维修需要，随即委托学社代为拟定修缮计划。后经学社刘敦桢、基泰工程司杨廷宝通力合作完成，并与委员会委员董作宾合写相关著作并出版。

学社成员广泛担任文物保护组织的职务，直接参与保护事务。文整会成立时，梁思成任建筑专门委员，文整会实施事务处成立后，朱启钤、梁思成、刘敦桢任顾问。文整会委员长陶履谦拟定的《关于旧都文物整理的计划实施之意见》提出的专业意见与学社理念几无差别，应来自学社成员的手笔。学社还吸收建筑界人

① 中央古物保管委员会 . 中央古物保管委员会议事录，1935.

士，著名建筑师如鲍鼎、庄俊、华南圭、关颂声、杨廷宝、赵深、陈植、彭济群、汪申、徐敬直、夏昌世、林志可、卢树森、关祖章等均为学社社员。此外，学社还吸收陆根泉、钱馨如、赵雪访、马辉堂、宋华卿等传统营造厂商加入，以在修缮施工体系中宣传古建筑及其保护思想。

2. 专业教育及人才培养

在公众教育之外，为延续、扩大中国古代建筑的研究及保护力量，学社积极进行专业人才培养。当时局势未稳，古建筑研究、测绘、记录最为迫切，也是学社工作的主要方面。但学社还是高度重视专业人才的培养工作，通过出版专著、指导工程实践、编制古建筑教材、制作模型及其他教学设备、在高校授课等方式，传授古建筑及其保护的相关知识。学社内部自然是专才培养的基地，培养出中国建筑史学研究和文物保护事业的一代开山大师：梁思成、林徽因、刘敦桢、单士元、邵力工、刘致平、莫宗江、陈明达、王璧文、赵正之、卢绳、罗哲文，等等。

（1）面向高等院校的古建筑教育

学社积极推动建筑史教育进入高等学府，其中最重要的工作是为高等院校制作古建筑模型和图纸。早在营造学会期间，朱启钤就聘请工匠制作古建筑模型，作为研究及展览之用。学社成立后，古建筑研究水平与日俱增，资料日益丰富，逐渐具备制作完整的、具有历史延续性的模型与图纸的条件。学社为各大高校、科研机构或国内著名建筑事务所制作古建模型，作为教学及研究工具，完成工作如下：①

1932 年 3 月为中央大学建筑系代制模型四种，彩画、图案 100 余幅，供教学使用。

1932 年 6 月为交通大学唐山工程学院代制古建筑模型五种，供教学用。

1934 年 6 月为国立北洋工学院，制作中国建筑模型，供教学用。

1934 年为上海华盖建筑事务所代制清代之“官式”、“苏式”梁坊、天花等彩画 30 余幅，供设计参考。

1934 年为丹麦加尔斯堡研究院制中国建筑模型多种。

① 参见林洙. 叩开鲁班的大门——中国营造学社史略. 天津：百花文艺出版社，2008.

1934年为天津中国工程公司代制清式建筑模型，计七檩重檐庑殿一座、八角亭一座。

1934年为普及营造知识，特制作蓟县独乐寺观音阁模型及辽金典型斗栱模型。

此外，学社成员直接参与人才培养，为保护事业输送血液。社员赵正之1940年代曾任教于北京大学工学院，其学生包括杜仙洲、余鸣谦等后来的古建筑保护泰斗。根据余鸣谦回忆，其时大学中并无建筑史教材，学生更多是通过《中国营造学社汇刊》获取古建筑知识。余鸣谦正是受赵正之的建议和推荐而进入文整会[①]，开始其一生的保护事业。在抗战期间，由于担心高校缺少传统建筑设计训练，学社设立桂辛奖学金，并于1942年、1944年举办建筑设计竞赛，要求设计传统风格的建筑，郑孝燮等著名建筑学者均是此奖学金的获得者。

上述模型和彩画小样，对推动当时中国古建筑的研究和高等教育起到重要的作用。学社做模型和绘制彩画小样的专业教育方式，后被文整会继承。在1950年代初期，文整会为全国多所拥有建筑教育力量的高校制作了一批手工精良、画工精美的古建筑模型及彩画小样以供教学之用，是延续学社这一传统的结果。

（2）面向建筑界的古建筑教育

南京国民政府时期，民族经济、文化开始复兴，政府鼓励建筑师以中国传统样式、风格进行设计。以中山陵与中山纪念堂为代表，"固有式"建筑之风兴盛一时，各地均以此样式建造公共建筑。当时建筑师以留洋学生为主体，设计理念、手法、风格均源自西方建筑体系，对本国传统建筑了解不深。各地"固有式"建筑因此呈现出与传统法式、构图、风格相异之处。对此，梁思成深以为憾。1934年，他决定编制一套《中国建筑设计参考图集》，以期为建筑界增添中国传统建筑的智识，并作为"固有式"建筑设计的参考。[②]

1936年，梁思成、刘致平完成《中国建筑设计参考图集》。该书作为我国第一本以古建筑为内容的设计参考图集，为当时以欧洲建筑体系为主导的中国建筑

---

① 根据笔者对古建筑保护专家余鸣谦先生的采访记录（未刊稿）。采访时间：2012年6月12日。采访人：林佳、刘瑜、李婧。录音整理：林佳。

② 梁思成认为："创造新的既须要对于旧的有认识；他们需要参考资料，犹如航海人需要地图一样，而近几年来中国营造学社搜集的建筑照片已有数千，我觉得我们这许多材料，好比是测量好的海道地图，可以帮助创造的建筑师们，定他们的航线，可以帮助他们对于中国古建筑得一个较真切较亲密的认识。我们除去将数年来我们所调查过的各处古建筑，整个的分析解释，陆续地于《中国营造学社汇刊》发表外，现在更将其中的详部（detail）照片，按它们在建筑物上之部位，分门别类——如台基，栏杆，斗栱，……等——辑为图集，每集冠以简略的说明，并加以必要的插图，专供国式建筑图案设计参考之助。"引自梁思成．中国建筑设计参考图集·序．见：梁思成．梁思成全集（第六卷）．北京：中国建筑工业出版社，2001.

界注入了传统建筑的知识和动力。

（3）修缮工程中的古建筑教育

接触修缮工程，为学社提供了另一个传授古建筑及其保护知识的机会。抗战前，主要针对负责建筑修缮的基泰工程司的设计师，抗战后则是新加入文整会的建筑学毕业生。我国著名建筑师杨廷宝正是在工程实践中受学社影响，进而掌握了中国古代建筑知识及保护理念与经验。杨廷宝在回国之初，对中国传统建筑认识不深，因其任职的基泰工程司要做两套清式建筑模型，由此开始接触古代建筑。①1935 年天坛大修开始，文整会指定基泰工程司为承办单位，杨廷宝任总负责人，学社朱启钤、梁思成、刘敦桢则任工程顾问。天坛修缮的过程，即是杨廷宝学习中国传统建筑的过程，其中就受到了营造学社学术成果的影响。他曾回忆“我是一点一滴地向工匠师傅、刘敦桢、梁思成等先生，以及我后来在民族形式建筑的设计中学中国古建筑的。”② 天坛修缮开始后，杨廷宝随即加入营造学社，并在 1936 年第二卷第三期的《中国营造学社汇刊》中发表《汴郑古建筑游览记录》等文章。我国早期文物建筑保护专才的培养，无论是新中国成立前的文整会，还是新中国成立后文物系统举办的古建筑培训班，或是基于工程开展的培训计划，如永乐宫、摩尼殿工程的培训等，都是在实际工程中展开的，与学社一脉相承。

（四）保护理念的进一步拓展和深化

1. 战时学社的保护活动及相关理念

（1）古建筑资料的收集与保存

“九・一八”事变后，有感于战事的步步逼近，学社开始加紧调查和测绘华北的古建筑。抗日战争开始后，学社移师昆明，开始了西南地区的古建筑调查研究工作。1940 年，学社随中央研究院迁至四川南溪李庄。战争的威胁下，学社在力所能及的情况下，尽力加快考察、测绘、记录西南地区的古代建筑的速度。自 1938 开始的三年时间内，学社的足迹遍及云南省的 16 个县市和四川省的 37

① “我在国外学的是外国的一套。中国古建筑我是一无所知。当时‘基泰事务所’要做两套清式模型——紫禁城角楼和天坛的祈年殿，完全按清式做法（包括彩画）。我在绘图房里画图，休息时就看师傅们做，并且边谈边记。这就是我学习中国古建筑的开始，可以说做模型的工匠是我的启蒙老师。”引自齐康．杨廷宝谈建筑．北京：中国建筑工业出版社，1991.

② 齐康．杨廷宝谈建筑．北京：中国建筑工业出版社，1991.

图 2-7 应县木塔模型
（资料来源：作者自摄）

个县市。[①] 为日后建立全国古建筑档案资料、全国文物普查的开展及文物建筑保护单位制度打下了坚实的基础。

抗战之前，学社已经以测绘资料为基础，广泛制作模型，既作为展品进行公众教育与宣传，也为各大建筑院校做教学之用。学社南迁之后，为解决经费问题，遂加入中央博物院编制。其时中央博物院正积极开展文物展览，希望通过共同的遗产团结人民，加强其保护意识，需要制作一批古建筑模型，作展览之用。绘制古建筑模型的图纸便成为学社此时期的一个主要任务。卢绳即承担了清式建筑的模型图绘制，计逾百张。莫宗江、陈明达绘制的应县木塔图纸随后成为中华人民共和国成立后北京文物整理委员会制作木塔模型的依据。木塔模型后借予中国历史博物馆作展览之用，至今已是该馆的重点藏品（图 2-7）。

（2）古建筑保护名单的建立及保护单位思想的萌芽

1944 年，为在全面反攻中保护文物古迹，国民政府成立"战区文物保存委员会"，梁思成任副主任委员。为了让中国及美国军队知道文物古迹的价值及分布，尽量减少破坏，梁思成决定编订一份文物古迹目录，这就是《战区文物保存委员

---

① 林洙．叩开鲁班的大门——中国营造学社史略．天津：百花文艺出版社，2008.

会文物目录》(下文简称《目录》)。[①]《目录》以中英文对照，按地域编写，共八册，详细列明学社曾经考察或已知的建筑、古迹及所在位置。《目录》所列古建筑均有编号，其中重要者配以照片，并有“木建筑鉴别总原则”“砖石塔鉴别总原则”“砖石建筑(砖石塔以外)鉴别总原则”三个识别原则。《目录》同时以“*”号多寡代表建筑的重要性。但梁思成深恐无“*”者会被漠视，因而特地加上“无星之建筑仍为重要建筑物，否则不列本录之内”的说明。特别重要者如佛光寺大殿，则特别加上“为我国古建筑中第一瑰宝”的字样。之后，费慰梅将此文献交给了当时在重庆的周恩来，使参战各方均清楚保护对象及其位置。

1949年，为了在解放战争中保护文物，梁思成应解放军代表要求，以《战区文物保存委员会文物目录》为底本，以“清华大学私立中国营造学社合办建筑研究所”的名义，编写了《全国重要建筑文物简目》(下文简称《简目》)(图2-8)，并印发300份。同年6月，当时的华北高等教育委员会图书文物处又将《简目》重新印发。重印时，梁思成以“北平文物整理委员会”的名义，增加了一份名为《古建筑保护须知》的目录，详列古建筑日常保养的11种办法。[②]

《简目》继承了《目录》的编写方式又有所变化，以在保护对象后加注的方式编写，其加注内容为:所在地点、文物类别(如佛寺、道观、陵墓、桥梁之类)、初建或重修年代、特殊意义及价值。《简目》同时附带古建筑价值和年代的鉴别方法，分为：木建筑总原则、砖石塔鉴别总原则、砖石建筑(砖石塔以外)鉴定总原则。

《简目》除了在战争中起到保护和指引作用外，也为中华人民共和国成立初期的文物调查提供了帮助，使普查人员能快速掌握古建筑的特点和普查要点。其体例影响了后来的第一次全国文物普查，各省市文物汇编的内容和编写方式均和《简目》类似。另外,《简目》编写按照省市县的顺序排列,并在项目前以圈数“○”的多寡表示建筑的重要性——四圈为最重要者，普通者无圈，使普查工作有的放矢，切中要害。同时，编写体现出“分地分级”的保护思想，是我国文物保护单

---

① “此部中国华北及沿海各省文物建筑简目，称为《战区文物保存委员会(ChineseCommission for the Preservation of Cultural Objects In War Area 文物目录 List of Monuments)》。这套目录共8册，中英文对照，分省市编写，除当时非沦陷区的贵州、云南、四川、西康、陕西、甘肃、新疆、蒙古、西藏诸省外，计有北平、河北、河南、山东、山西、江苏、浙江、江西、福建、湖南、湖北、辽宁、热河、吉林、绥远等十五个省市;其中江西、福建、湖南、湖北合一册，辽宁、热河、吉林、绥远合一册。这份资料不仅是从梁思成及中国营造学社多年实地调查工作中提炼出来的精华，也成为四年之后《全国重要建筑文物简目》之重要蓝本，是中国古建筑保护及研究的一份重要文献。”引自林洙.梁思成与全国重要文物建筑简目.见：张复合.建筑史论文集(第12辑).北京：清华大学出版社，2000.

② “1949年6月，由于那300份油印本已实在不敷使用，因此由华北高等教育委员会图书文物处，将3月的《简目》又用铅字版排印。思成在这次重印时，以‘北平文物整理委员会’的名义补充了一份附录‘古建筑保养须知’。”引自林洙.梁思成与全国重要文物建筑简目.见：张复合.建筑史论文集(第12辑).北京：清华大学出版社，2000.

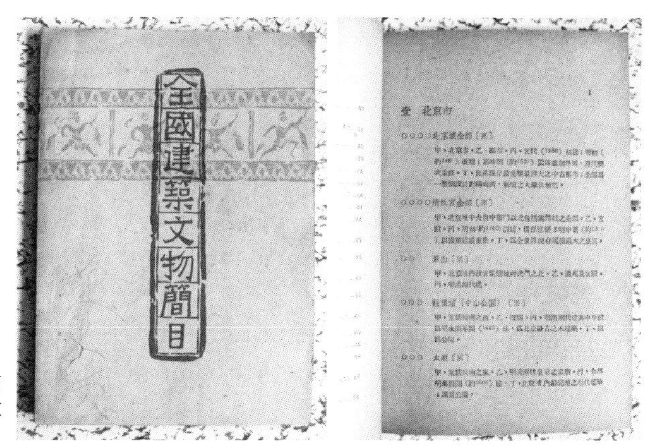

图 2-8 《全国重要建筑文物简目》书影[①](资料来源:天津大学刘瑜博士提供)

位建立的重要思想来源之一。

值得一提的是《简目》中保护对象的变化。其中第一个保护对象即北京全城,梁思成评价其为“世界现存最完整的最伟大之中古都市;全部为一整体设计,对称均齐,气魄之大举世无比”[②],已明显体现出历史文化名城的整体保护思想。另外,保护名录中也包括北京西什库教堂、上海徐家汇天主堂、南京中山陵等近代优秀建筑,体现了梁思成作为杰出的建筑史学家和建筑师的广阔视野。与之后的调查名录相比,《简目》更多地考虑到城市及整体保护问题,也体现了保护需兼顾发展和更新的理念。

《简目》所附《古建筑保养须知》,则是目前所知我国第一篇系统论述古建筑日常管理及保养维护的指南。民国末期,北京的古建筑保护情况已经不容乐观,大量构件被肆意更改或拆除。北京如此,各地情况更甚。当时国家没有足够的实力进行全面修缮,地方也只有少部分地区拥有文物保护机构,其古建筑保护的专业能力严重不足。因此,当时的古建筑保护必须以日常维护为主,并制定管理守则,防止破坏。从中华人民共和国成立后国家文物局提出“不塌不漏”的保护方针,也可以看出这一点。另一方面,营造学社根据多年的保护经验,深知对古建筑进行经常性的保养才是使其“延年益寿”的最好方法。[③]《古建筑保养须知》正

① 《简目》封面缺少“重要”二字,内文标题为“全国重要建筑文物简目”,特此说明。
② 清华大学,私立中国营造学社合设建筑研究所.全国重要建筑文物简目,1950.
③ “但是看一看现在本市文物建筑情形怎样呢?除了故宫、北海、颐和园等处大体上还较完整外,其余各处多因保管机关夙常只注重实物行政,往往忽略保养建筑,所以各坛庙寺观公园里面,屋顶生草,门窗残破,墙倒屋塌,呈现一种荒凉的气象。过去倘能经常注意管理,每年施以岁修,何至荒废到这般地步。”引自北平文物整理委员会.古建筑保养须知.转引自林洙.梁思成与全国重要文物简目.见:张复合.建筑史论文集(第12辑).北京:清华大学出版社,2000.

是基于上述情况提出的，共分为两个部分：一是保养的重要性，二是保养的办法。办法共11条，分别为："（1）瓦顶拔草扫陇；（2）天沟排水；（3）地面排水；（4）修剪花木；（5）防止鸟害；（6）禁止粘贴涂抹；（7）整理茶座；（8）厕所设备；（9）严禁盗毁；（10）防火设备；（11）通风事项。"中华人民共和国成立后，该文被《北京文物建筑等级初评表》引用，又增加了两条："（12）整理庙会；（13）其他事项。"第12条是针对借用古建筑举办不定期活动的管理办法，第13条则增加了对古树古碑等附属文物的管理规定。这13条办法中，第1、2、3、4、5、11条为日常保养办法，余下者为日常管理要求。对其作用，罗哲文曾经指出：

> 匆匆60年过去了，这本在战争中保护文物的重要历史文献《全国重要建筑文物简目》除了它所起过的历史作用不可磨灭之外，在建国之初，文化部文物局在其所重印的文本中，还专门将其时北京文物整理委员会（今中国文化遗产研究院的前身）所撰《古建筑保养须知》附在目录里面。这一须知，对于今天来说，仍然具有很大的现实意义。据我所知，多年来仍有不少重大修、轻保养、忽略日常保护维修工程的倾向。殊不知平时如果保养好了，不仅可以节约大规模修缮重建等的经费，而且可大大保存古建筑的原真性，这恰恰符合古建筑保护的真实性原则。①

在国家未形成文物管理、保护和使用的具体制度时，作为学社多年保护经验的总结，《古建筑保护须知》对当时的古建筑保护和管理起到了一定的引导和规范作用，成为中国古建筑保护事业的原典性文件之一。它的作用已不仅限于重要古建筑资料的保存、研究和提供战时文物保护的依据等方面，更产生了两点重要和深远的影响：第一，重申了文物调查、勘测的重要性。第二，提供了将古建筑按地域、分重点排列的思路。《简目》对我国古建筑保护的影响是多方面的，其所载保护名录、古建筑鉴定原则、分地分级的保护思想、编写体例及古建筑管理、保护须知等内容，影响了中华人民共和国成立后我国古建筑保护工作的开展，成为全国文物普查和保护单位制度的建立的重要参考。

2. 整体保护理念的发展及深化

抗战结束后，学社同仁返回北京。梁思成认为，在战后的全面恢复建设中，城市发展规划问题将首先被提上日程。在新时代、新生活模式、经济建设的大潮下，

---

① 罗哲文．向新中国献上的一份厚礼——记保护古都北平和《全国重要建筑文物简目》的编写．建筑学报，2010（1）．

如何继承传统精神，创造新的建筑艺术，在新的建设浪潮中研究、整理、保护古代文物，都是即将碰到的重要问题，且与城市规划直接关联。当时中国大城市中的日常生活已趋近西化，富商及中产阶层无不标新立异，以西为美，同时对旧建筑大加改造，许多数百年的建筑也被拆毁。城市在这种社会氛围中被拆改，秀美或壮伟的市容被破坏无遗，整个城市“充满非艺术之建筑”。然而这种现象并没有为国人所知觉和重视，梁思成为此叹息道：“纯中国式之秀美或壮伟的旧市容，或破坏无遗，或仅余大略，市民毫不觉可惜。雄峙已数百年的古建筑，充满艺术特殊趣味的街市，为一民族文化之显著表现者，亦常在‘改善’的旗帜下完全牺牲……这与在战争炮火下被毁者同样令人伤心，国人多熟视无睹。”[①] 他认为原因有三点：（1）因经济问题无力保护；（2）国人无艺术鉴赏的标准，旧有建筑因为西方式样入侵而被轻视、拆毁；（3）缺少将建筑视为文物的认识，官民都缺乏爱护之心。

抗战胜利后，国家经济逐渐恢复，城市建设更新亦逐渐展开。当时国民并未普遍明白古建筑的价值，对于古建筑整理工程，许多人认为不值，继而引起争论。[②] 梁思成认为，要改变这一局面，必须让国民知道古建筑的艺术、文化价值以及在民族复兴中的意义。他认为，我国历来没有保护古建筑的传统，西方亦然。西方对古建筑进行保护是在19世纪，艺术考古风气盛行后，人民才开始对艺术作客观的探讨，才产生保护文物的觉悟。同样地，他认为我国也必须通过研究和宣传唤醒国民，纠正其时国人在审美观上的偏差。“我国现时尚在毁弃旧物动态中，自然还未到他们冷静回顾的阶段。保护国内建筑及其附艺，如雕刻壁画均需萌芽于社会人士客观的鉴赏，所以艺术研究是必不可少的。”[③] 为此，他力主更全面地开展古建筑的调查和研究。

此外，他强调以研究和保护促进民族建筑创造力的提高，抵制西洋古典建筑的大量移植所导致的城市面貌混乱的局面。他认为：“一个东方老国的城市，在建筑上，如果完全失掉自己的艺术特征，在文化表现及观瞻方面都是大可痛心的。因这事实明显的代表着我们文化衰落，至于消灭的现象……这种建筑当然不含有

① 梁思成.为什么研究中国建筑.见：梁思成.梁思成全集（第三卷）.北京：中国建筑工业出版社，2001.

② “北平文物整理的工作近来颇受社会注意，尤其因为在经济凋敝的境况下，毁誉的论说，各有所见……朱自清先生最近在《文物·旧书·毛笔》一文里提到北平文物整理。对于古建筑的修葺，他虽‘赞成保存古物’，而认为‘若分别轻重’，则‘这种是该缓办的’，他没有‘抢救的意思’。他又说‘保存只是保存而止，让这些东西像化石一样。’朱先生所谓保存它们到‘像化石一样’，不知是否说听其自然之意。”引自梁思成.北平文物必须整理与保存.见：梁思成.梁思成全集（第四卷）.北京：中国建筑工业出版社，2001.

③ 梁思成.为什么研究中国建筑.见：梁思成.梁思成全集（第三卷）.北京：中国建筑工业出版社，2001.

丝毫中国复兴精神之迹象。”[①] 他提倡保护我国城市原有古迹和公共建筑，以保存城市整体面貌和风格，并在古建筑及相关美术品上寻找灵感，用本民族的传统艺术，创造具本国精神的建筑。他进一步提出动态保护的理念，认为文物古迹既是保护的对象，又是正在使用的工具，必须加入城市发展的总体考虑，同时必须不断对文物古迹进行修葺，以满足人民的各项需求。[②]

相对之前以建筑为主要对象的保护策略，梁思成的保护理念已进一步发展和深化。其古建筑保护思想不是片面和静态的，保护内容也不仅是针对单体建筑或所在组群，而是开始从城市总体形态、动态的现实生活和国家社会发展的高度看待保护问题，体现出历史文化名城保护的思想。

三、旧都文物整理委员会

（一）旧都文物整理委员会的成立及其在民国时期的历程

1. 旧都文物整理委员会在民国时期的历程

（1）旧都文物整理委员会的成立

1934 年，南京国民政府要员巡视北平（今北京）并参观著名风景名胜，亲身目睹天坛因年久失修而呈现的惨状后，“至深惋惜”，决定改变北平坛庙管理体制，交由北平市政府统一管理，遂电令时任北平市市长袁良接收原内政部坛庙管理所并制定修缮整理办法。袁良早已有将北平建设成为国际都市的设想，并已制定《北平市游览区建设计划》《北平市沟渠建设计划》《北平市河道整理计划》等建设计划。[③] 借此机会，他在 1934 年 11 月拟定《文物整理计划书》，连同“行政院驻平政务整理委员会”（下称“政整会”）制定的《旧都文物整理

---

① 梁思成 . 为什么研究中国建筑 . 见：梁思成 . 梁思成全集（第三卷）. 北京：中国建筑工业出版社，2001.

② “虽然北平是现存世界上中古大都市之‘孤本’，它却不仅是历史或艺术的‘遗迹’，它同时也还是今日仍然活着的一个大都市，它尚有一个活着的都市问题需要继续不断的解决。今日之北平仍有庞大数目的市民在里面经常生活着，所以北平市仍是这许多市民每日生活的体形环境，它仍在执行着一个活的城市的任务，无论该市——乃至全国——近来经济状况如何凋落，它仍须继续的给予市民正常的居住、交通、工作、娱乐及休息等的种种便利，也就是说它要适应市民日常生活环境所需要的精神或物质的条件，同其他没有文物古迹的都市并无多大分别……所不同的是北平市内年代久远而有纪念性的建筑物多……故此北平在市政方面比一个通常都市却多了一重责任。”引自梁思成 . 北平文物必须整理与保存 . 见：梁思成 . 梁思成全集（第四卷）. 北京：中国建筑工业出版社，2001.

③ 中国文物研究所 . 中国文物研究所 70 年 . 北京：文物出版社，2005.

委员会规则草案》提交南京国民政府行政院并获通过。1935年1月，依据行政院批准的《旧都文物整理委员会组织规程》，旧都文物整理委员会（下称“文整会”）在北平正式成立。

文整会隶属政整会，主席由政整会委员长担任，委员包括冀、察两省政府、北平市政府、内政、财政、教育、交通、铁路各部及中央古物保管委员会、国立北平故宫博物院的代表。主席先后由黄郛、陶履谦兼任，委员计有吴承湜、王冷斋、曲建章、梁思成、马衡、李诵琛、富保衡等。①

为落实文整工作，1935年1月，文整会致函北平市政府，依据文整计划，由北平市政府负责具体工作，但事前须拟具计划书经文整会核定，竣工时报请派员验收。北平市政府于1935年1月16日成立北平文物整理实施事务处（下称“文整处”），隶属北平市政府，正、副处长分别由北平市市长袁良和工务局局长谭炳训担任，同时拟具《北平文物整理实施事务处组织规程》12条规范②，确定文整处组织方案，规定文整处处长、副处长各1人，秘书2人，技正1人，技士2人至4人，事务员5人至7人，为常设机构。③

（2）旧都文物整理委员会的改组及其在抗战前的工作

文整会及文整处成立不久，南京国民政府撤销政整会并对文整会的机构设置进行调整。1935年12月，行政院通过新《旧都文物整理委员会组织规程》，规定文整会直接隶属于南京国民政府行政院，行政级别更高，其委员构成也作相应的调整。④文整处由原隶属北平市政府改为隶属文整会，正副处长仍由北平市市长与北平市工务局局长担任。同时，厘定新的人员编制及工作范围。⑤

文整处为确保工程顺利实施，将大多数项目委托北平市工务局、著名工程司（即建筑事务所，如基泰工程司）代为办理。同时聘请基泰工程司杨廷宝负责修

① 中国文物研究所. 中国文物研究所70年. 北京：文物出版社，2005.

② 规程陈明实施事务处工作为“北平市政府为执行旧都文物整理事宜而置，负责办理关于市内文物整理之各项工程。并其他关系文物之编辑宣传事宜”。引自北平文物整理实施事务处组织规程. 转引自蔡鸿源. 民国法规集成. 合肥：黄山书社，1999.

③ 北平文物整理实施事务处组织规程. 见：蔡鸿源. 民国法规集成. 合肥：黄山书社，1999.

④ 以内政、财政、教育、交通、铁道五部、蒙藏委员会及国立北平故宫博物院代表各一人，以及河北、察哈尔两省政府及北平市政府代表各一人组成，此前中央古物保管委员会的代表为蒙藏委员会代表所代替。

⑤ 处长由时任北平市长的秦德纯兼任，副处长则由时任北平市工务局长的富保衡兼任，但均不支薪；按照编制，处长、副处长以下设置秘书1人，负责办理文书总务及特派事项；设置技正2至3人、技士6至10人、技佐8至12人等，负责文物整理的技术事务；设置事务员4至8人、会计员1人办理会计出纳庶务；还根据事务繁简酌用增设编译员、书记员等职。至1937年末，旧都文物整理实施事务处人员计有20余人，技正为林是镇，技士有陈捷、樊际麟、查良铭、齐昌复，助理员为杜佐臣，事务员有杨希雄、刘祚新，测目有刘恩绶、范宗彝、刘畔池，测丁有冯世卿、余少文、金子岩、林玉、顾文森、管连升、李子敬、石学勤、伊克敬、赵连等10人，庶务有崔兴久、薛锡成等。参见中国文物研究所. 中国文物研究所70年. 北京：文物出版社，2005.

缮工程技术，以及营造学社朱启钤、梁思成、刘敦桢作为技术顾问直接参与工程。

文整会及文整处改组后，即着手制定文整计划。1935 年，文整会根据北平市政府拟具的《文物整理计划书》，决定修缮北平城内大批古建筑，并将全部工程以两年为限，分两期进行，由文整处根据具体情况分别委托工务处或工程司进行[①]，也有部分为直营工程。第一期工程完成之后，第二期即行展开。1938 年，因日军侵华，第二期工程在未完成的情况下被迫结束。

(3) 旧都文物整理委员会抗战时期的工作及复员后的重组

1937 年卢沟桥事变后，北平沦陷。1938 年 4 月底，文整会的工作基本结束。其后伪临时政府行政委员会及后来的伪华北政务委员会下设的建设总署（后改为“工务总署”）接收文整会。庆幸的是，文整工作在日伪时期未有中断，但只限于规模较小的保养工程，范围也限于故宫、颐和园、中南海、大高殿牌楼、天坛、北海等处。[②]

抗战结束后，1946 年 10 月，行政院仿照前例令，恢复组建文整会。1947 年 1 月，文整会重新成立，仍直接隶属行政院。由主任委员 1 人与委员 9 人组成，著名学者、故宫博物院院长马衡兼任主任委员，9 位委员包括古建筑研究及保护工程的代表朱启钤、梁思成、关颂声、谭炳训，著名学者胡适、袁同礼、谷钟秀，以及军政要员熊斌、何思源。其日常管理工作由秘书俞同奎及事务专员刘南策具体办理。[③] 随后，文整会通过决议，接收北平市政府工务局文物整理工程处，成立文整会文物整理工程处，正副处长仍由北平市市长与工务局局长担任。文整处为文整会的执行机构，以北海团城为办公地点，下设工务、总务两科，其人员班底为北平市工务局文物整理工程处原有技术员。[④] 与战前不同，新文整会的工程由工程处负责具体实施，每项工程计划须交由文整会中对于中

---

① 北平第一期文物整理工程自 1935 年 5 月开工，至 1936 年 11 月告竣，此间修缮整理北平重要古建筑计有明长陵、内外城垣、城内各牌楼、东南角楼、西安门、地安门、天坛圜丘、皇穹宇、祈年殿及殿基台面、祈年门、祈年殿配殿及围墙、祈年殿南砖门及成贞门、皇乾殿、北坛门及西天门、外坛西墙。此后，第二期文物整理工程于 1936 年 10 月开始进行。旧都文物整理实施事务处聘任审查委员，组织审查会议，将所有文物整理计划及重要事项交审查会议核准。至 1938 年 1 月，第二期工程中修缮的主要古建筑有：天坛祈年殿迄东长廊等、香山碧云寺中路佛殿、文丞相祠、故宫午门、协和门朝房及南熏殿、大高玄殿牌坊、隆福寺毗卢殿等二十余项。北平沦陷后，至 1938 年 4 月底，旧都文物整理实施事务处的工作基本宣告结束，第二期工程未能全部完成。参见陈天成 . 文整会修缮个案研究 . 天津：天津大学，2007.

② 中国文物研究所 . 中国文物研究所 70 年 . 北京：文物出版社，2005.

③ 中国文物研究所 . 中国文物研究所 70 年 . 北京：文物出版社，2005.

④ 至 1947 年末，行政院北平文物整理委员会工程处聘用员工 32 人，其中工程技术人员计有雍正华、曾权、杜仙洲、陈效先、祁英涛、余鸣谦、陈继宗、李方岚、于倬云、赵小彭、曾和霖等 10 余人。参见中国文物研究所 . 中国文物研究所 70 年 . 北京：文物出版社，2005.

国建筑有专门研究者作最后审核。至1948年6月，包括故宫、北海、颐和园等处的文整工程相继完成。[①]

2. 旧都文物整理委员会的运作机制

(1)旧都文物整理委员会的组织架构

文整会是隶属南京国民政府行政院、管辖北京地区古建筑保护修缮工作的专职政府机构。其主要工作在于“指挥监督关于旧都文物整理之各项事宜、审核关于整理旧都文物之设计、筹划保管关于整理旧都文物之款项。”[②] 文整会采取委员会的方式，每月开会一次，并不直接参与具体工作事务，为文整工作的第一级机构，总理文物整理工作宏观事务。

文整工作的具体管理由文整处负责。文整处由北平市政府组建，直接对文整会负责。其决策机构为审查会议，由审查委员3至5人组成，凡文物整理重要事项均由委员会决定。[③] 文整处职能包括参与工程勘察、审核和指导方案设计，监察文整工程全程，管理工程经费等，为文整工作的第二级机构。

文整工程的具体实施机构由文整处选定，一般为北平市工务局和基泰工程司。北平市工务局掌管所有工程的勘查、设计、招标、监察、验收、经费发放等内容，是保护工程的落实机构。基泰工程司则负责所属工程的勘查、设计、工程监督、验收等方面，其所负责工程的招标仍由工务局管理。以上两机构为文整工作的第三级机构。

此外还有若干直营工程，即由古建筑所在管理单位自行实施。如古物陈列所、颐和园等规模较大且自身拥有施工队伍的单位。

(2)旧都文物整理委员会组织制度的优势

文整会改隶行政院后，为正部级，高级别的领导机构确保工作畅通无阻，实施单位认真负责。从文整会组成来看，既有专管北平地区的行政领导、中央各部

---

① 至1948年6月，行政院北平文物整理委员会及其工程处完成的北平古建筑修缮整理项目计有故宫东路乐寿堂、故宫午门东雁翅楼、故宫西路寿安宫西南转角楼、故宫保和殿左右崇楼、天安门、钟鼓楼、北海阐福寺、北海蚕坛、北海小西天、智化寺东西配殿、安定门箭楼、颐和园北宫门正座、颐和园香海真源、颐和园画中游、卧佛寺、大慧寺大悲殿、八里庄万寿塔、雍和宫法轮殿、静宜园见心斋等工程。参见中国文物研究所.中国文物研究所70年.北京：文物出版社，2005.

② 旧都文物整理委员会组织规程.见：蔡鸿源.民国法规集成.合肥：黄山书社，1999.

③ “本处得聘任审查委员三人至五人组织审查会议，概不支薪，凡关于文物整理之计划及其他重要事项得由处长交会审查。”引自旧都文物整理委员会组织规程.见：蔡鸿源.民国法规集成.合肥：黄山书社，1999.

代表，也有中央古物保管委员会、故宫博物院、营造学社等高端学术团体的代表，还有包括梁思成、刘敦桢、杨廷宝在内的古建筑专才，技术力量雄厚。另外，文整会以委员会的形式组成，来自不同团体的专家与官员有同等的发言权利，绝非官僚机构。修缮工程所涉及的行政、管理、资金、研究、技术、材料等各个方面均有相关负责官员与专家，既可宏观考虑和决策，又可确保具体落实。实施机构领导为北平市市长及北平市工务局局长，均来自掌握实权且对口的部门。重要的是，文整会有来自当时掌握财政大权及资金充裕的交通、铁道两部的委员，且得到了北平市政府的支持。在国家动乱、国民经济体系未完全建立的当时，这已经是最大限度获取保护经费的配置。特别是财政部与铁道部，在后来的文整工程中，这两部所拨经费占总数的绝大部分。

（3）旧都文物整理委员会与营造学社

文整工作开始前，文整会委员长陶履谦拟定了《关于旧都文物整理的计划实施之意见》（下称《意见》），成为指导文整工作的大纲。《意见》提出，须确保保护工程的现代化、规范化，积极引入古建筑专家及学术研究团体，严格审核施工厂商资质，使文整工作有章可循。文整会委员除梁思成外，其余均非建筑学教育背景。另外，《意见》涉及的文整工程管理及保护理念，与学社提倡的理念高度一致。可以推断，此《意见》是在学社成员帮助下完成的，此后影响了整个文整工程的开展。

在文整会的实施机构当中，以学社的影响最为深远，体现在保护理念、研究成果、技术人员等多个方面。甚至设计机构也由学社直接推荐。《意见》当中言及：

> 最近又有聘请刘南策君担任本局技正，该员曾仕营造学社技华信建筑公司任工程师等职有年，对于古代建筑研究有素。为营造法式编纂人之一。现本局关于古建工程之事均由该员负责计划。至于委托设计之工程，则有天坛等九处系由文物整理实施事务处直接委托基泰工程司，不仅设计，且任监修。基泰为华北著名之建筑公司担任修缮工程，游刃有余。[1]

《意见》虽短，却明确了古建筑修缮工程的重点以及营造学社在文整会系统中的作用。首先，施工的主体是工匠，施工过程中必须有掌握传统工艺的工

[1] “北平市政府陶履谦专员关于旧都文物整理计划实施之意见和工务局数月代办文物整理情形的呈及市政府代的指令”，北京市档案馆藏，J017-001-01075。

匠从旁指导甚至直接参与。这也是学社“以匠为师、沟通儒匠”精神的延续。工务局根据学社推荐，将曾经参与学社组织的清代建筑研究的著名彩画匠师刘醒民[①]、大木匠师路鉴堂[②]招至麾下，为文整工程的顺利进行打下坚实的基础。其次，工务局聘请刘南策担任技术总指导（技正）。刘南策早在营造学会之时，已参与朱启钤组织的学术研究，其在营造学社和现代建筑事务所的经历可使文整工作得到技术上的保证。第三，基泰工程司作为文整会主要委托方，主持如天坛修缮等主要工程。基泰工程司的加入，也经由学社的推荐。曾任职于基泰并主持多项文整工程设计的杨廷宝在谈及文整会工程时，曾回忆受聘原因：“当时北平市文物整理委员会开展了这项工作，通过梁思成、刘敦桢找到了我。”[③]此外，几大营造厂商与材料商也是学社会员。工匠、公务人员、设计机构、学社促成了研究和设计、施工团体的结合。文整工作决策和实施在内的各级机构中，文整会有梁思成，文整处有林是镇，工务局有刘南策，基泰工程司有杨廷宝，四处负责人均是学社社员，此外还有朱启钤、梁思成、刘敦桢担任文整会的技术顾问。可以说，学社的保护理念和实施方法已多方渗透文整会，在许多方面更是起引导和决定作用。

1947年，学社已经解散。朱启钤、梁思成仍作为文整会的委员，直接指导保护计划、学术研究、管理及其他保护工作等，促成了文整会的转型。民国后期，文整会已经兼顾古建筑管理的工作，并向国家文物管理机构的方向发展，其职能包括文物调查、日常管理、人才培养、公众教育、保护工程、学术研究等多方面内容，其保护思想与学社一脉相承。很多计划和对外公布的保护办法更直接出自学社同仁之手，在一定意义上可以认为文整会即是学社的后续发展。

---

① 刘醒民（文瑞，别号惺民），山东历城人，生于1881年，家住安定门内菊儿胡同23号。1929年至1935年任北平市政府工务局技术雇员，担任文整计划工程相关事务；1935年至1936年任工务局技佐；1936年至1937年，任旧都文物整理实施事务处技佐，负责绘图监工。1939年起在伪华北政务委员会建设总署都市局营造科任技佐。1945年至1947年任北平市政府工务局文物整理工程处技佐，1947年9月后任行政院北平文物整理委员会工程处办事员。参见刘瑜．清代官式建筑技术的传承与延续，天津：天津大学，2013.

② 路鉴堂，生于1880年，河北武强县人，路俊茂之子，20岁开始在北京崇文门内钓饵胡同艺和木厂学徒，师从戴俊茂。曾在崇陵工程中担任木作副头目，修建燕京大学辅仁大学担任木科头目，修建北平图书馆时担任木科总头目。1935年至1936年任北平市工务局测绘员，承担计划工程事务。1936年至1937年任旧都文物整理实施事务处技术员助理，负责绘图监工 。1938年起，受雇于伪华北政务委员会建设总署都市局营造科任雇员。1945年起先后于北平市政府工务局文物整理工程处与行政院北平文物整理委员会工程处任办事员，仍负责绘图监工。1949年在文整会景山材料库任材料保管员。参见刘瑜．清代官式建筑技术的传承与延续，天津：天津大学，2013.

③ 齐康．杨廷宝建筑论述与作品集．北京：中国建筑工业出版社，1997.

（二）旧都文物整理委员会的修缮工程体制及其发展

1. 旧都文物整理委员会的修缮工程及其制度

1935 年，文整会制定文整计划和落实计划所需的各项工程材料及工具。委员长陶履谦拟定《关于旧都文物整理计划实施之意见》，重要内容包括确定工程筹备、施工流程、材料运输等，还包括聘请学术机构和专家指导现场、现状勘查、设计方案、施工，从严审查施工方资质等工作。从《意见》来看，当时文整会已开始用现代文物修缮工程去定位文整工程，同时强调工程开始前的勘查与研究，强调工程指导者须是专家学者和受过现代教育的建筑师，而非传统工匠：

> 设计维修各古建筑之人才及施工方法，均较为困难，而非易事。且需有充分时间，从事研究及详细勘查工作，故在施工前宜多聘请国内研究古建筑之专家，担任此项工作，或委托设计，给以设计费，则进行上自必顺利。[①]

从开展的文整工程可以看出，此《意见》已成为文整计划的纲领性文件，也逐步演变成文整会的修缮工程体系，影响我国的古建筑修缮工程体制。

之后，文整处相继出台《事务处委托工务局代办工程报销办法》《事务处委托工务局代办工程购料办法》《事务处委托工务局代办工程施工办法》，规定工程报销、采办工料及施工招标等方面的程序和标准。[②] 其中《事务处委托工务局代办工程施工办法》将文整工程分为“招商承揽”“招工自做”“工程队代办”三类，显示出文整处已开始根据工程大小及重要性，确定其性质，并按性质决定工程的流程及报销办法。如天坛等比较重要的工程，就采取“工程队代办”的方式，由基泰工程司自行决定施工厂商，工料费实报实销。

文整处根据工程性质，委托不同机构代理实施工程。主要受托方为北平市工务局或基泰工程司，也有少量工程交由主管或使用单位自办。1935 年，文整会第一期文整工程开始，共 16 处。其中包括天坛在内的 6 处古建筑组群由基泰工程司负责，8 处由北平市工务局负责，其余 2 处由颐和园及古物陈列所自行开展。1936 年，文整会第二期工程开始，共 15 处。基泰工程司负责其中 4 处，工务局负责 5 处，颐和园自营 1 处，另 5 处为其他形式。[③] 可以看出，基泰工程司与北

---

① “北平市政府陶履谦专员关于旧都文物整理计划实施之意见和工务局数月代办文物整理情形的呈及市政府代的指令”，北京市档案馆藏，J017-001-01075。
② 陈天成 . 文整会修缮个案研究 . 天津：天津大学，2007.
③ 陈天成 . 文整会修缮个案研究 . 天津：天津大学，2007.

平市工务局主导了北平文物整理的计划。

虽然主持单位不同，但是在文整工程制度的情况下，各家均较为严格地遵守，保证了文整工程的质量。其工程制度如下：（1）前期勘查，现状调研，考证文献，梳理建筑物的历史沿革，制定勘查报告书及图纸；（2）根据勘查情况制定修缮设计方案及预算册，上报文整会审批；（3）根据审批意见确定工程做法及招标文件，公开招标并请文整会鉴标；（4）考察参与投标厂商的资质，在综合考虑其信誉、经验、技术人员、实力、价格、工期后，选定中标厂商，签订合同实施。

2. 古建筑修缮工程体制的变化

文整工作正式开始前，北平市工务局作为北京地区大量皇家建筑、名胜古迹的主管和修缮机构，已经完成一定的古建筑修缮工程并形成自有体系。文整会工作开始后，以营造学社和相关学术团体为指导，引入现代建筑工程制度，使文整工作的修缮理念和体制较以往有较大改变。作为文整处实施机构，北平市工务局遵从文整会的修缮制度，对自有体系做了调整和修正，修缮理念也逐渐变化。以下以文整会成立前北平市公务局所主持的长陵修缮工程（以下简称“长陵工程”）、文整会成立后独自完成的东西四牌楼工程（以下简称“牌楼工程”），以及学社和基泰主导的天坛修缮工程（以下简称“天坛工程”）三项工程的对比，分析在营造学社保护思想影响下文整工程的变化以及对文整会和对我国古建筑修缮工程制度的影响。长陵工程代表了以工匠为主导的传统修缮工程；牌楼工程代表了现代修缮工程体系引入后的修缮工程；天坛工程则代表了基于现代修缮工程体系及学术研究的保护修缮工程。

（1）长陵工程

1933年，黄郛担任行政院驻北平政务整理委员会委员长。上任第二年，他认为“北平为五朝帝王宅都所在，凡举文物，均关史迹，竭力设法整理维护。明诸陵籍籍入口，长陵又为诸陵领袖，年久失修，大半颓废，若不及时缮完，实有渐沦榛莽之惧”[①]，遂下令修缮长陵，以北平市工务局总管其事。长陵工程开始于1934年，即文整计划之前，其工程体制延续了工务局的一贯做法。由于长陵的历史地位、价值极高，北平市工务局对这项工程倾力而为，我们也可从中一窥当

① 袁良．序二．见：北平市政府工务局．明长陵修缮工程纪要．怀英制版局，1936.

时的古建筑修缮体制及保护理念。

长陵工程分为勘查、评估设计、厂商勘估、招标、施工几个阶段，其中并无由古建筑专家、学者审核或监督的程序。勘查由工务局技士负责，历 11 日，最后提交“平面草图、各建筑之照片，及有关估计之材料而已”。这次工程勘察仅限于大体情况的了解及初步的工料估计，并未涉及详细测绘图、历史沿革及做法考证等内容，现状调研也未及详细。

设计方面，工务局根据勘察情况提供两种方案——从简修缮与恢复旧观。从简办法为节省经费而制定，采用的是“拆东墙补西墙”“必要处新造”的办法。恢复旧观办法则是将全组建筑修缮至完整状态。虽说是恢复旧观，但设计并未对现时的结构做法及历史沿革进行分析，仍采用以往“焕然一新”的做法。长陵工程纪要中，记录了保护原则：“明长陵为供人瞻仰凭吊的古迹，修缮的主要原则自然是‘加固基干’，以延续建筑物的寿命，其次才能顾到‘粉饰油漆’，以增加建筑物的华美。”① 由此可见，长陵工程的本质仍然是传统修缮概念中的加固和翻新。此外，长陵修缮工程纪要中还记录了另一种修缮原则，即：作为日常使用的坛庙、牌坊、城楼等具有“继续时间性”的古迹，则应该采取“焕然一新”的方法；而长陵这类为人凭吊、不被继续使用的古迹，则应采取“重实际而不尚华丽的修缮原则”。如何对待仍在使用和已经废弃的文物古迹？这时的保护工作者给出了对此问题的最初答案。

在工程做法方面，工务局拟定的设计方案中，并无工程做法说明，也无必须依照的施工做法，只是笼统地描述修缮要求，决定总体方向后交由厂商派员勘查，根据自身理解和技术手段制定方案和预算，进行投标。其结果自然是不同厂商拟就不同的修缮方案和报价。从标书结果也可以看出，各厂商报价及所定工期差别较大，这显然是没有固定工程设计做法带来的结果。

最后，长陵工程中，也绘制了测绘图纸，但并非供修缮设计或施工使用，而是为记录文物信息，作保留和宣传的用途。其测绘和记录对象也只限于规模宏大的祾恩殿，其他建筑并未涉及。

（2）东西四牌楼工程

1935 年 7 月开始的东西四牌楼工程，则是文整计划实施后工务局最早开展的工程之一，反映出文整会制定的修缮体制对工务局原有做法的影响。牌楼工程

---

① 谭炳训．序三．见：北平市政府工务局．明长陵修缮工程纪要．怀英制版局，1936.

分为现场勘查、制定方案和预算、方案审批、编制施工规范与标书、招标、施工几个阶段。

现场勘查部分，工务局会同文整处人员共同进行。其成果包括现状测绘图纸及建筑现状描述，但无历史沿革和建筑形制方面的研究。相对长陵工程，已有测绘图纸上必须准确标示出病害问题的规定。

随后，工务局根据现状制定保护方案，在综合考虑修缮问题及交通因素之后，做出了将原有建筑按比例放大、改用混凝土构筑的设计方案。可以看出，虽然工务局当时已有受学社影响的专业人员，但这次工程对牌楼“文物性”的理解不深，只是保留牌楼的作用，未保护其本体。工务局最终拟定的计划书包括现状调查、修缮计划以及工程预算三部分。

方案获批后，工务局着手编制施工图纸和招标文件。其施工图包括详细的做法说明，如牌楼改成混凝土后，其配筋如何等，和今天的施工图几乎没有区别。显然，在此制度下，修缮设计及工程做法完全由工务局确定，厂商只有按图施工的权力。因而无论哪个厂商中标，其结果都差别不远——必须按照工程设计人员指定的方案进行。牌楼工程实现了修缮工程由工匠主导到由专家、工程师主导的制度性的转变。在确定施工做法的前提下，工务局可以较为准确地编制出工程预算，也因此可以对做法、材料、时间做出较为详细的规定，有效地保证了工程质量。

各木厂随即根据施工图和招标文件制定了标书。从标书中的报价和工期可见，在施工做法相同的情况下，各木厂的报价和工期都较为接近，与长陵工程各厂家报价相差悬殊的现象已大为不同。

对比上述两项由工务局主持的工程可以看出，在文整工程制度建立后，工务局的修缮工程制度产生了显著的变化。首先，修缮计划必须通过由专家组成的文整会的审查，确保了保护理念在实践中的落实。其次，现状勘查、方案设计、施工方法均有了规范化的设定和流程。最后，施工方案的明确使修缮工程得以细化，从而能够对做法、材料、工程质量实行有效监管。

文整会修缮工程制度的确定，在我国古建筑保护工程史上第一次将以往由工匠掌控的修缮决定权转交到文物保护专家或现代工程师手中，使古建筑修缮工程的性质从翻新加固的建筑工程转变为以保护遗产为目的的文化建设项目。

工程制度是保护理念、原则得以主导修缮工程的重要保障。文整会修缮工程制度的确立是我国古建筑保护工程史上的里程碑。

值得指出的是，虽然牌楼工程因制度的变化而使专家拥有设计方案的决定权，但由于牌楼工程没有类似学社这类学术团体的参与，其修缮原则仍旧是传统意义上的。因此，相较于长陵工程，只有制度上的转变，没有修缮原则上的不同。这一点，在学社和基泰工程司主导的天坛工程中得到改变。

（3）天坛工程

天坛工程的详细情况可参考本章相关内容，与牌楼工程相比，其在制度上的最大不同在于学术研究团体的参与及实报实销的工程结算方式。

天坛工程是文整工作中最为特别的工程，由营造学社全程参与，因此有着不一样的修缮原则和理念。天坛工程忠实运用了学社倡导的“保持现状”或“恢复原状”的原则，通过修缮前的调查、测绘、资料文献收集，考证历史、分析形制、找出病害，推断缺失、残损部分的原状，依此作出修缮复原设计以指导施工。如基泰工程司就根据学社成员单士元的考证，将民国期间错误拆除的两座望灯复原，同时将袁世凯称帝时乱修的铺地形式改正、复原。[①] 梁思成与杨廷宝也因彩画修复问题进行多次讨论，最后采用了按原样重绘的方式。杨廷宝更亲自与工匠一起调配颜料，使彩画与旧有者一致，以最大限度地保留文物的历史信息。天坛工程的程序和制度虽和牌楼工程总体上类似，但因有专业人才和团体的介入，其目的和做法与长陵、牌楼工程以稳固为主的工程差别较大，保护效果明显不同。

天坛工程由文整会直接委托基泰工程司完成，施工机构由基泰选定，不采用招标制。工程费则采用实报实销的方式。实报实销结算制度的引入可充分保证施工时间和建材的质量，避免了招标制当中，因总体价格确定，营造厂为了增加利润而采取偷工减料、缩减工期等手段。足够的经费和工期保证工程忠实地按照设计方案进行，并随时因应新问题追加经费和延长工期，使研究贯穿整个保护工程。然而事实上，在所有文整工程中，只有天坛工程采用实报实销的办法，其他即使由基泰主持，也采用招标制。

学术团体参与和实报实销制度使天坛工程显著区别于其他文整工程，作为完整、完善的修缮工程，天坛工程及其制度有重要的示范和初创意义，足以成为后

---

① 修缮圜丘时，对于内外壝之间的西南角之望灯存在数量上的疑问——究竟是一座还是三座。单士元根据文献考证得出结论：“圜丘西南之望杆明代为一座，清代为三座（《雍正会典》）。”修缮时，坛庙管理所以为“一座”并希望修复。基泰工程司根据单士元的文章在回函中指出“该项灯杆原有三根，当年已拆除二，余下一根，该项灯杆装置，不过为悬灯用，无历史关系，自无重修之必要。惟即系旧有之建筑乃将保存其原基，拟将余朽木拆除，整修底座，以保旧迹。”此外文章中指出圜丘铺墁石块以“九边”之形式。因袁世凯祭天修缮过于粗鄙导致石块众多出现偏差。修缮计划中指出“参差不齐，线路紊乱，失去原有九边之意义”。故而修缮时“将坛面每层石块，按原来九区划分……将原有石块中位置错乱者归安于原处……此墁石工作每完成一区后，再做另一区，防止错乱，每两区接缝处须做笔直石块完全墁铺妥善后。”参见陈天成．文整会修缮个案研究．天津：天津大学，2007.

世修缮工程的仿效对象，其出现标志着我国古建筑保护工程制度实现了从传统修缮向现代保护工程的转变。

（三）古建筑修缮工程的典范——天坛修缮工程

1. 天坛工程的成功及其原因

1934年，南京国民政府要员抵达北平视察，在亲睹天坛众多古迹的破败现状后，下令北平市政府接收坛庙管理所，管理天坛并制定整理办法。[①] 时任市长袁良即借此契机制定《文物整理计划书》，将天坛列为第一期整理工程。坛庙管理所随即对天坛建筑、古物、古树及占用情况等进行调查，为文整工作开展做准备。文整会随后将天坛修缮工程交由基泰工程司。1935年5月，天坛工程正式开始。1936年10月第一期工程完毕，完成天坛、圜丘坛、皇穹宇、祈年正殿及殿基台面、祈年门、祈年殿配殿及其围墙、南砖门及成贞门、皇乾殿、外坛西墙等建筑的修缮。在第二期工程欲展开之际，抗日战争的爆发致使文整计划全部停止，天坛修缮结束。天坛修缮工程，从政府重视、制度设定、人员配置、经费配给、修缮理念等方面来看，均堪称我国古建筑修缮工程的典范。

（1）政府及社会的重视

天坛修缮至为成功，首先源于政府及社会的鼎力支持。北京坛庙由于此前疏于管理、资金缺乏而至破败不堪，在得到政府要员的重视后，随即受到各方关注和支持。各级行政单位均将文整工作视为大事，积极参与，对文整工作也大开绿灯，使得人力、物力、财力及时到位，高质量地完成了保护工程。另外，当时民族主义思潮高涨，整理国故、保护民族遗产之风炽热，文整工作也为社会所认可。如当时颇受关注的长陵修缮，其修缮工程记录就由政整会委员长及文整会主席黄郛、北平市市长袁良、北平工务局局长谭炳训三人分别作序。就内容来说，也非面上的泛泛之谈，而是深明文整意义及相关整理原则的用心之作。工务局就修缮成果收集社会反馈，表示关注并提意见者颇多，可见当时社会对文整工作的重视。[②]

---

① “查北平各坛庙均属历史悠久之伟大建筑，足代表东方文化。此次抵平，就闻见所及，此项建筑多失旧观，长此以往，恐将沦为榛莽，至深惋惜，现各坛庙系由内政部属北平坛庙管理所保管，考其以往情形，腐败不堪，殊未周妥，而地方政府不负管理之责，诚属非计……所有北平市坛庙及天然博物院以拨归北平市政府负责管理为妥。”引自东乙秘平电，转引自陈天成．文整会修缮个案研究．天津：天津大学，2007.

② 北平市政府工务局．明长陵修缮工程纪要．怀英制版局，1936.

由于文整会委员由政府机要、财政等部门的代表以及专家组成，修缮工程涉及的行政、管理、资金、研究、技术、材料等各个方面均有相关负责官员与专家。包括文整会主任陶履谦在内的要员也多次视察修缮工地，以示支持（图 2-9）。天坛修缮的成功，正是梁思成所提思想的最好验证："保护之法，首须引起社会注意，使知建筑在文化上之价值；使知阁门在中国文化史上及中国建筑史上之价值，是为保护之治本办法。"[①]

（2）学术研究及优秀工程团队的介入

天坛修缮的第二个优势，是优秀学术团体和工程团队的参与（图 2-10）。早在文整会成立之前，营造学社已经协助北平市相关单位进行古建筑的维修工作，其社员也多为政府要员、社会知名人士、学者以及优秀建筑师。可以说在当时，至少在社会上流层面，学社及其工作成果已具备一定认可度，其广为宣传的古建筑价值及其保护理念也为相关政要和重要学者所熟知。因此，文整会成立之初，已邀请梁思成为委员，并聘请学社担任文整工作的顾问。学社在全面评估北平古建筑之后，为文整会选择修缮对象并确定修缮的先后次序与经费安排，同时也为文整设施计划提供研究与技术上的支持。对其中重要者如天坛工程，学社骨干朱启钤、梁思成、刘敦桢、林徽因更直接参与其中，并选定现代修缮工程机构——基泰工程司以及委托当时杰出的建筑及工程技术人才杨廷宝（图 2-11）总理修缮事宜。恒茂木厂则被选定为施工厂商，除了其雄厚的技术实力以及光绪年间修缮天坛的经验之外，其与学社、基泰的紧密联系也是中选的原因之一。

除宏观指导和设计外，学社也为天坛工程提供具体的修缮设计思想及研究方面的协助。首先，学社倡导的历史研究及现状勘查、测量等方法被引入修缮工程。基泰上报文整会的文件即包括天坛勘查报告等传统修缮工程所不具备的内容。其次，根据研究确定修缮方案的方法在工程中得到应用。如 1935 年社员单士元完成的《明代营造史料·天坛》一文，即为天坛原状研究提供了有力支持。学社的学术成果如《清式营造则例》等同样给予工程以帮助。此外，最重要的是现代文物修缮理念，包括通过研究历史及形制变迁以确定原状及修缮方法等。在天坛修缮中，除外檐彩画按原状重绘之外，其他部分普遍采用保存现状的修缮方法。[②]

① 梁思成．蓟县独乐寺观音阁山门考．中国营造学社汇刊，1932，3（2）．
② "杨廷宝先生特别重视这一建筑珍品的艺术效果，对梁柱、墙面原有装饰彩绘，亲自与工匠师傅们调配色彩，把柱子沥扮贴金，墙面花边纹样，按原样补齐，采用'修旧如旧'的手法，尊重历史艺术成就。"引自崔勇．1935 年天坛修缮纪闻．建筑创作，2006（4）．

图 2-9　文整会负责人及学社专家考察天坛工地 [资料来源：崔勇 .1935 年天坛修缮纪闻 . 建筑创作 .2006（4）]

图 2-10　天坛修缮工程主要技术人员合影（资料来源：陈天成 . 文整会修缮个案研究 . 天津：天津大学，2007）

图 2-11　杨廷宝（1901—1982 年）在天坛修缮工程中（资料来源：中国文物研究所 . 中国文物研究所 70 年 . 北京：文物出版社，2005）

不露明处也采用现代技术和材料，尽量保持原物原状。通过天坛修缮工程，学社的理念不但影响了现代建筑和传统的工匠，更通过文整计划向政府和大众广为宣传，促进了保护理念的传播和发展。

事实上，学社已在政府和学界打下良好的人际关系基础，与之有着千丝万缕的关系，其成果和理念也获得了了解与认可。学社与建筑界及传统营造系统的关系更是紧密。因而，学社具备全盘驾驭现代化修缮工程所需的各种社会关系及相关学术、技术力量的支持。自 1931 年维修故宫南面角楼开始，学社参与多个修缮项目的设计，积累了丰富的实际修缮工程经验。1932 年，梁思成发表《蓟县独乐寺观音阁山门考》，系统提出科学修缮原则。1934 年，梁思成制定的《杭州六和塔复原状计划》则系统地提出古建筑修缮原则、研究及落实办法。1935 年梁思成发表的《曲阜孔庙之建筑及修葺计划》则是体例完备、考虑周详的建筑保护设计方案。至此，学社关于古建筑保护相关理念与研究已完全成熟，相关的政府、社会、学术、技术力量等资源均已到位，所欠缺的只是一个施展的机会。因此天坛修缮工程可说是一个契机，让学社多年的累积及准备在这次工程中全部释放。

另一方面，作为工程的组织和管理者，基泰工程司的作用也是至关重要的。作为学者与工匠的中介，他们消化学术研究成果，制定修缮设计方案，然后忠实地转达给匠师。在这方面，基泰工程司无疑是合适的选择。首先，基泰与承办工程的恒茂木厂有着密切的关系。① 这种关系可使基泰的修缮方案得以顺利实施。此外，杨廷宝拥有建筑学背景及工程经验，既是学者又是工程师，既可与学者讨论古建筑历史、构造和保护方法，也可熟悉工程细节，与工匠打成一片，确保研究成果与设计方案贯彻落实②，完全符合梁思成提出的“而所用主其事者，尤须有专门智识，在美术，历史，工程各方面皆精通博学，方可胜任”的标准。纵观后来文整会几位泰斗级工程师，以及中华人民共和国成立后历届古建筑培训班的培训目标，均是这类兼顾研究与工程的全才。有鉴于目前古建筑人才培养或重于学术，或偏于工程的现状，天坛修缮的经验仍是值得我们思考和继承的。

（3）传统营造体系的支持

作为修缮工程的实施主体，工匠在古建筑修缮工程中的地位及作用尤为关键。其技术的高低，直接关系到整个工程的优劣。天坛的施工方——恒茂木厂旗下有

① 基泰建筑师马增新是恒茂厂主马增祺之弟，马增祺也是基泰顾问，恒茂厂前身兴隆木厂掌柜马辉堂是营造学社社员。基泰工程师张镈、董伯川曾担任恒茂副经理。

② 引自崔勇 .1935 年天坛修缮纪闻 . 建筑创作，2006（4）.

一批曾参加清代皇家营造工程、掌握传统技艺的老匠师。天坛工程即由他们操刀。恒茂木厂前身——兴隆木厂曾参与清末天坛祈年殿的重修工程，记录俱在。其掌柜马辉堂即参与此次大修，又是学社会员，对研究及工程实有不可估量的作用。当时传统营造业尚未瓦解，相关建材供应链仍在。例如，为皇家烧制琉璃制品的"琉璃窑赵"仍在经营。场主赵雪访为营造学社会员。因此，拥有传统营造体系支持，是天坛工程成功的主要因素。这种巨大的优势有其时代性，如今的修缮工程无法比拟，也无法复制。然而，传统营造体系在修缮工程中的巨大作用却值得我们深思，保护及忠实传承传统营造技术正是保护界应该努力的重要方向。

（4）以文化项目的性质开展的修缮工程

天坛工程有别于普通的文整修缮项目，是我国第一个以文化项目的性质开展的修缮项目。它首先是一个文化项目，其次才是建筑工程。这是天坛修缮的成功在认识和制度上最重要的保障，也是天坛工程和其他文整工程的根本不同之处。其工程的性质决定了体制及流程，决定了修缮工程的目标，这是在以往研究天坛工程乃至我国古建筑修缮工程的相关成果基础上可再深究的。

天坛工程是以保护为首要目标的建筑项目，注定须以历史学家、建筑学家等专家的研究成果为修缮的主导，工程师与匠师合作，以保护遗产价值为出发点而决定修缮计划和方案。相比而言，当时一般的建筑工程往往以工坚料实为目的，起决定作用的是工程师与工匠。专家、学者的参与对工程成果至关重要。

遗产保护项目的这种性质决定了研究须贯穿工程全过程，每一步工作的开展都要以研究成果为依据。然而，由于古建筑残损问题的不可预见性，必须拆开一步、研究一步，修缮设计也须应情况变化而随时变更。在此，再次引述梁思成在《曲阜孔庙之建筑及修葺计划》的观点：

> 本文下篇计划书部分只是一部最初的初稿。修葺古建筑与创建新房子不同，拆卸之后，我们不免要发现意外的情形，所以不唯施工以前计划要有不可避免的变更，就是开工以后，工作一半之中，恐怕也不免有临时改变的。[①]

修缮问题的不确定会导致设计方案的不确定。因此，修缮工期及经费必须能够随时变更，以配合研究工作及工程的开展，保障研究成果成功落实。这是实现保护目标的根本保证，也是保护工程制度的必然要求。为达到此目标，工程必须

① 梁思成．曲阜孔庙之建筑及修葺计划．中国营造学社汇刊，1935，6（1）．

由政府或相关专业委员会主导，配以足够的行政支持和充裕的经费，将之作为文化项目而不是寻常的建筑工程看待。简而言之，真正的遗产保护工程在工程制度上应具有以下六个特点：

国家主导的文化事业；

以研究成果为指导而开展；

随着问题的发现而不断修改修缮设计；

工期不可固定不变，必须根据工程情况而随时增加；

工程费用不可固定，必须根据工程情况随时增加或实报实销；

全过程的记录。

天坛工程具备了以上所有特点。第一，天坛工程由政府首脑提出，官方机构主管，在“文整”项目下进行；第二，天坛工程由营造学社做基础研究，基泰工程司根据研究成果制定修缮设计方案和工程制度；第三，学者（梁思成）和建筑师（杨廷宝）与营造匠师在修缮中不断沟通，因应情况改变设计方案；第四，作为政府重点关注的工程，经费充裕。基泰采取自行选择施工方，实报实销[①]，完全由修缮工程机构根据保护需要灵活变通。这种方式不同于一般文整工程的招标制，是其他初期文整工程所没有的“待遇”（图 2-12）。

2. 天坛修缮工程的先进经验

（1）重视工匠在研究、保护事业中的作用及其传承

作为修缮工程的主体，传统营造体系所发挥的作用与影响是巨大的。工匠是修缮计划的执行者，他们掌握的传统技艺是保存古建筑原状的重要保证，对工程质量有决定性的作用。“以匠为师，沟通儒匠”的治学思路于学社成立之前已然确立。早在 1914 年，朱启钤已经致力于皇家园林的开放与相关古建筑的修理，并因此结识营造界的同仁及一批技术优异的知名工匠。他在交往中发现了工匠体系所蕴含的重大学术价值以及在古建筑修缮中的主导作用。他首先将工匠引入研究系统。在《营造法式》刊行之后，朱启钤邀请工匠为《营造法式》补图。同时，积极要求工匠为营造学会制作模型，以作研究和展览之用。他认为，“营造学之精要。几有不能求之书册。而必须求之口耳相传之技术者。”[②]学

① “第一至九项工程由文整处委托基泰工程司（简称基泰）自组工程队所用工料实报实销。”引自北平特别市市政公报编辑处．旧都文物整理实施事务处第一期工程进程一览表（民国二十四年一月至民国二十五年十一月底）。

② 朱启钤．中国营造学社开会演词．中国营造学社汇刊，1930，1（1）．

图 2-12 修缮后的天坛（资料来源：温玉清 . 二十世纪中国建筑史学研究的历史、观念与方法——中国建筑史学史初探 . 天津：天津大学，2006）

社成立后，开始有计划地、不遗余力地对工匠及其技艺进行整理、研究与发掘，并出版多部相关著作。梁思成在研究清式建筑时，也是拜工匠为师，一点一滴地记录匠师们的口诀和做法，才得以开展研究："我得感谢两位老法的匠师，大木作内栱昂嘴等部的做法乃匠师杨文起所指示，彩画作的规矩全亏匠师祖鹤洲为我详细解释。"[①] 对工匠知识的发掘，使学社更加深入了解古代建筑，对于修缮工程的前期勘查、历史研究、价值评估以及做出适当的修缮设计方案，无疑有关键性的影响。

另一方面，工匠手艺的优劣及其对保护理念的理解决定了修缮工程的成败。研究机构往往缺少实际工程经验，因此在制定修缮计划时，必须与施工部门、工匠共同商议，共同拟定。事实上，在古建筑修缮工程当中，除了由学术机构制定的总体计划与修缮原则之外，关系到工程实施的估工算料等实际运作环节，几乎完全由工匠完成。因此，更应和匠师商定修缮计划，以确保其可行性。在施工过程中，工匠更是起到举足轻重的作用，工匠技术的好坏直接决定了修缮工程的成败。杨廷宝回忆："当年修缮天坛皇穹宇就是个例子，几根柱子大体保留原样，

① 梁思成 . 清式营造则例 . 北京：清华大学出版社，2006.

柱子上的沥粉贴金修旧如旧，墙上的花纹按原样拓下来也修旧如旧。这都是师傅们亲自动手，工程质量当然高了”。[①]

事实上，早在学社及文整会成立前，将著名匠师引进古建筑保护系统的想法，已然在朱启钤的胸中成形。1914 年 6 月，朱启钤发起成立京都市政公所，并自任第一任督办。公所致力于北京城市的现代化建设并主导皇家园林、坛庙等风景名胜及古建筑的开放，主管古建筑的修缮工作。

在此期间，朱启钤清楚地认识到工匠在古建筑修缮当中的主体作用。1929 年，工务局成立不久，著名彩画匠师刘醒民获聘进入工务局以指导古建筑修缮工程。鉴于其与学社的密切交往及参与研究的情况，以及朱启钤与工务局的密切关系，刘醒民进入工务局应是源自朱启钤的推荐。1935 年文整会成立之后，委员长陶履谦拟定《关于旧都文物整理计划实施意见》，其中即包括聘请工匠进入工务局，以发挥其在保护整理文物中的作用的思路：

> 本局在着手之初，即已注意到聘用对于油绘瓦木等活具有多年经验之劳工匠数人，入局供职，以备随时咨询，遇事差委。概中有仕营造学社，参与编撰《清式营造则例》等书，大都经验宏富，堪资臂助。[②]

我们有理由相信，此条款出自文整会委员中唯一懂得古建筑及工匠价值的梁思成之手。[③] 此时聘任的匠师是曾参与营造学社《清式营造则例》研究，同时也曾被梁思成拜为师父的路鉴堂。路鉴堂于 1935 年，即文整会成立的当年进入北平市工务局，指导和参与北平市工务局主导的古建筑修缮工作。

刘醒民与路鉴堂均由工务局加入文整会，为北京文整工作作出了巨大贡献。1940 年代后期，文整会开始转型，转向古建筑及其保护方面的研究。刘醒民随即带领弟子进行彩画小样的绘制，以保留传统工艺并为古建筑研究提供材料。1953 年和 1958 年，由其编著的《中国建筑彩图案·清代彩画》及《中国建筑彩图案·明代彩画》相继出版。1950 年开始，路鉴堂带领弟子制作古代建筑模

---

① 杨廷宝回忆："修缮古建筑必须和匠人们一起研究。工匠中当时最主要是木工，旧社会称大师兄，瓦工称二师兄，石工称三师兄，木工掌控全局。我经常请教几位老师傅，在工地上，在木工房里，今天请这个师傅看看，明天又请另一个谈谈，记录他们的口诀、顺口溜、代代相传……要拟定修缮计划，最好和施工部门、工匠师傅共同拟定，向他们请教，估算工料"。引自齐康．杨廷宝建筑论述与作品集．北京：中国建筑工业出版社，1997.

② "北平市政府陶履谦专员关于旧都文物整理计划实施之意见和工务局数月代办文物整理情形的呈及市政府代的指令"，北京市档案馆藏，J017-001-01075。

③ 委员包括"政整会"委员长、冀、察两省政府、北平市政府、内政、财政、教育、交通、铁路各部及中央古物保管委员会、国立北平故宫博物院的代表，主席则由"政整会"的委员长黄郛、陶履谦先后兼任，委员计有吴承湜、王冷斋、曲建章、梁思成、马衡、李诵琛、富保衡等。参见中国文物研究所．中国文物研究所 70 年．北京：文物出版社，2005.

型10多座[①]，并将其所学编撰成文，以保存传统古建筑营造技艺。从协助古建筑保护修缮至著书立说以保护传统营造手艺，两位老匠师充分发挥了其优秀技艺，而这一切均得益于学社对工匠价值的重视和保存。

工匠对学术研究和文物建筑保护具有重要作用，这一认识作为一种学术传统，也为保护界所继承和发扬。1950年代，学社成员、后为故宫博物院副院长的单士元吸纳市面上技艺高超的工匠，成立“故宫工程队”[②]，正是这种思想的延续。

（2）彩画保护的难题及其延续

天坛工程是学社“十年磨一剑”式的工程，各项准备和考虑均已非常成熟。但天坛作为第一个现代保护意义上的修缮工程，前期准备不可能面面俱到。另一方面，天坛本身规模之大、涉及保护问题之多，也绝非前期计划可以概括。学社倡导的保护理念无疑来自西方考古界和建筑界，但在中国的运用过程中，却与东方文化下产生的木构古建筑产生了实际操作上的矛盾。如何解决这些矛盾，成为学社在天坛修缮中必须面对和解决的问题。其中的许多问题一直延续至今，典型如彩画保护的问题。虽然天坛修缮中采用重绘彩画的方式，然而在梁思成、杨廷宝心中，此问题并未得到完美的解决。梁思成回忆道：“修葺的原则最着重的在结构之加强；但当时工作伊始，因市民对于文整工作有等着看‘金碧辉煌，焕然一新’的传统式期待；而且油漆的基本功用本来就是木料之保护，所以当时修葺的建筑，在这双重需要之下，大多数施以油漆彩画。”[③]这番话表明，当时采用焕然一新的解决方法出于多方面原因。理想和现实的矛盾使他们只能解决问题的主要方面，同时考虑社会传统审美观念的影响。这种方式一直未能让梁思成满意，多年后他仍然在思索解决的方法，但始终没有满意的结果：“‘七·七事变’以前，我曾跟随杨廷宝先生在北京试做过少量的修缮工作，当时就琢磨过这问题，最后还是采取了‘焕然一新’的老办法。这已是将近三十年前的事了，但直到今天，我还是认为把一座古文物建筑修的焕然一新，犹如把一些周鼎汉镜用擦铜油擦得

① 先后制作有北京西安门、山西应县木塔、山西五台佛光寺大殿、河北赵县安济桥等中国著名古建筑模型，作为保存古建筑的副本，模型用旧金丝楠木制作，比例精准，做工细腻，包括斗栱等所有构件都是按照1:10的比例做成后拼装起来的。此后又陆续完成了诸如北京智化寺万佛阁、河北蓟县独乐寺观音之阁、山西大同善化寺普贤阁、山西芮城永乐宫重阳殿、山西五台山南禅寺大殿、清代楼阁建筑结构模型、敦煌莫高窟第431窟木构建筑、山西五台山佛光寺文殊殿、河北新城开善寺正殿等中国古建筑模型。参见温玉清．二十世纪中国建筑史学研究的历史、观念与方法——中国建筑史学史初探．天津：天津大学，2006.

② 故宫修缮中心已经承担中华人民共和国成立后故宫的3次大规模维修，其前身是1952年成立的“故宫工程队”。工程队的主要力量，是木厂解体时的那批工匠，其中有著名匠师杜国堂、马进考等，既作为文物修缮的常规力量，也为了保存工匠技术和传统。

③ 梁思成．北平文物必须整理与保存．见：梁思成．梁思成全集（第四卷）．北京：中国建筑工业出版社，2001.

油光晶亮一样，将严重损害到它的历史、艺术价值。”[①]

中国古建筑彩画不同于西方壁画，既起保护木骨架的作用，也是装饰性构件。其聚集众多价值于一身的情况，使得修缮成为难题。要保留艺术、历史信息等方面的价值，就必须保留原有彩画，但保护建筑结构及展示建筑文化等方面的价值将无法保证。如果揭去旧有彩画重新绘制，原来彩画所承载的历史信息就会消失。上述两种做法都只能保留彩画的部分价值，而且相互排斥。因此，必须对彩画的价值进行评估，选取其中最重要的价值加以保护。但如何看待彩画所拥有的多方面价值，哪些是重要的，哪些是次要的？梁思成、杨廷宝和他们的继承者都选择了传统观念中以保护木骨架为先的观念，即选择重绘彩画。尽管他们知道这样将毁坏旧有彩画，原建筑也会因此而“焕然一新”，失去相当部分的美学及历史价值，但一直没有找到更好的解决方案。然而他们并未料到的是，这一解决方法成了中国文物保护史上对此问题的主流答案。虽然学社的继承者们对此一直争论不休，但他们和梁思成一样，均接受保护木结构为彩画最重要功能的思想，因此普遍采用重绘作为修缮方法。至 1990 年代，伴随着文化多样性理念的传播和《奈良文献》的出现，必须在自身文化底下看待自身遗产价值和修缮方法的观念不断发酵。在这种认识下，彩画重绘的修缮方式被认为是以东方文化为根基、符合东方文化精神的修缮方式，被写入《北京文件》并最终得到国内外保护界的认可，解决了长期存在的保护方法和修缮理念不完全吻合的问题。彩画重绘的方式与现代保护理念的矛盾自 1935 年天坛修缮出现，最后因认识的变化和价值观的转变而得到解决，期间虽存在争议，但其操作方式一直未曾改变。

（四）文整会的转型

1. 抗战时期及抗战胜利后的文整工作概况

1937 年卢沟桥事变之后，北平沦陷。1938 年 4 月底，文整会的工作基本结束。文整处的工作也被伪临时政府行政委员会及后来的伪华北政务委员会下设的建设总署（后改工务总署）接收。这一时期营造学社因时局关系撤至西南地区，文整会因而失去了专业的学术顾问。然而，自 1935 年至 1938 年，在学社的引导甚至直接指导下，文整工程已经开展三年。文整处已基本上熟悉学社提出的保护理念，

① 梁思成 . 闲话文物建筑的重修与维护 . 见：梁思成 . 梁思成全集（第五卷）. 北京：中国建筑工业出版社，2001.

积累了丰富的保护工程经验，培养了一批优秀的保护人才，形成了行之有效的保护工程制度。学社撤离之后，文整处（当时已经撤销此称谓，人员及档案悉归工务总署，为方便理解，在此仍称文整处）已能独立开展保护工作，从而继承学社的保护事业，担负了更多的职能。除基本的文整工程之外，还开始着手其他保护工作。以文整处为平台，留守北平的其他学社成员组织了一些古建筑保护活动，成为文整会从修缮机构向研究、管理机构转变的先导，其中主要为对古建筑的记录测绘、绘图留影。抗战胜利后，文整会重新成立，并开始担任官方古建筑管理机构的角色，完成了公布古建筑保护使用守则、开展古建筑调查及相关管理等工作，并有计划地开展古建筑的研究工作，逐步向国家文物建筑管理机构转变。

2. 文整会的古建筑研究、保护活动

（1）文物建筑信息记录及测绘工作

日伪时期，文整工作虽未停顿，但工程项目大为减少。此时战乱仍然威胁着古建筑，尤其在北平这座拥有大量优秀古代遗产，又是兵家必争的城市，古建筑受到的威胁尤为严重。1941年6月至1944年底，当时的伪建设总署与北平都市计划局委托基泰工程司对故宫中轴线及周边重要古建筑进行了测绘。在此之前，故宫一直未有完整的档案资料。留在北京的朱启钤，深恐日军撤退时对故宫造成破坏，决心对故宫的重要建筑进行全面的记录，以保存这一优秀遗产的信息。[①] 营造学社社员林是镇（图2-13）时任伪都市计划局局长，伪建设总署署长殷同与朱启钤也是旧识，二人均全力支持此次测绘。项目由基泰工程司建筑师张镈（图2-14）（为免失节之嫌，以“张叔农”之名签约）负责，以天津工商学院建筑系、土木系的师生作为主力。其后，北大工学院教授朱兆雪聘请邵力工与冯建逵带领北大工学院学生，也承担了部分工作。为全面、精确记录故宫的重要建筑，此次测绘要求“既详且细，不放过细节”[②]，同时聘请专业摄影师进行拍照，留取了大

① 张镈回忆：“营造学社社长朱桂辛老先生嘱人找我面谈。他认为，历代古都的伟大文物建筑群，几乎超不过500年要受一次兵火的大劫。明朝1403年开始在北京建都，1420年建成故宫，到1940年已有537年。清室入关未毁明末宫室，并有增补。故宫是闻名世界的瑰宝，不能不考虑反攻复国时被敌伪从内部破坏，而遭覆顶之灾。他十分忧心。”引自张镈.我的回忆.北京日报·副刊，2005-2-28.

② 此次大规模古建筑测绘计划将每座建筑“一一施以测量，举凡平面之配置，梁架斗栱之结构及内外檐之装修等部，均予以详细丈量尺寸，描取真实形状，用现代化之制图标准及适当之比例尺，绘成平面、立面、剖面，及细部等图。同时为表示建筑物之轮廓美及色彩美之特征起见，每一主要皆绘制彩色透视图（或鸟瞰图）一张，以资完备。”引自1948年11月《北平文物建筑展览会》展览说明，中国文物研究所文物资料信息中心藏。

图 2-13 林是镇（1893—1962 年）像（资料来源：中国文物研究所. 中国文物研究所 70 年. 北京：文物出版社，2005）（左）
图 2-14 张镈（1911—1999 年）像（资料来源：中国文物研究所. 中国文物研究所 70 年. 北京：文物出版社，2005）（右）

量珍贵的资料。[①] 成果包括图纸 660 多张以及测稿、照片等档案，是忠实记录 20 世纪初故宫状况的材料。

这次测绘虽然是伪工务总署与北平都市计划局主持，但此二处人员均为原北平市工务局及文整处原班人马，只是名称有所更改，因此可看作文整会文整工作的延续。值得注意的是，这次测绘并不像学社以往的测绘活动那样以研究为目的，而是以忠实记录我国优秀文化遗产为首要出发点。测绘由政府部门发起，涉及政府与私人建筑机构、高校之间的合作，并拟定详细合同，具有制度化的特点。其合同内容共十一条如下：[②]

第一条　测绘范围

第二条　测绘期限

第三条　乙方担任之事务

一、测量

二、绘图

三、摄影

第四条　甲方应付乙方之公费及其他

一、薪津杂费

① “在此次古建筑测绘完成之后，各建筑的平、立、剖面及构造详图均按不小于 1 / 50 的比例尺用防水墨线或上等彩色绘制在 60 英寸 ×42 英寸（相当 1.524 米 ×1.067 米）的进口高级硬厚橡皮纸（以市面能得到质料最佳者为准）之上。这批测绘图纸‘以求美观总以能充分表现各建筑物之情形为原则，力求完善精确整洁’，因此图纸绘制极其认真精细，功底深厚，测量资料翔实，其中彩色的大幅透视渲染图更是难能可贵，尤为精彩。而测绘过程中所拍摄的各建筑物内外各种角度照片也编制相应的编号和标题，以臻资料之更加完备。”引自温玉清. 二十世纪中国建筑史学史研究的历史、观念与方法——中国建筑史学史初探. 天津：天津大学，2006.

② 1944 年 3 月《工务总署都市计划局委托基泰工程司测绘北京古建筑物合同》，中国文化遗产研究院藏。

二、文具

三、搭架费

四、办事处

五、摄影费

六、放大摄影

七、遣散费

第五条　交件及版权

第六条　逾期及早交

一、逾期

二、早交

第七条　样子及报告

一、订立样图

二、甲方考核及乙方汇报

第八条　图样之变更

第九条　工作地之通知

第十条　合约关系

第十一条　附则

合同（图 2-15）规定十分详细，对于测绘范围、测绘成果及经费开支等项目，无不详细罗列，甚至包括摄影照片的底片号数及标题的编写方式，从而有效地保证了测绘 活动的有序进行。

可以清楚看到，这次测绘由政府主导，是政府保护体制之下的文化事业活动，和以往私人学术机构的研究性测绘有所不同。抗战胜利之后，文整会重新成立。以此次测绘为契机，文整会陆续开展相关的测绘活动，包括测绘故宫东路建筑物等[①]，测绘活动以文整会本部添置职员或委托建筑师成立测绘班的方式办理。此后，北京中轴线建筑测绘中委托建筑事务所代行的制度被继承，表明遗产记录、测绘问题已初步成为官方保护机构的基本工作。

以测绘方式记录古代优秀建筑文化遗产，是营造学社一贯的保护理念。这次中轴线建筑测绘项目由营造学社发起，获各方认可，通过官方机构完成，并因而确立相关制度的雏形，对我国文物建筑信息记录的体制化发展起到巨大的推动作

① “三十六年，奉院令本会成立并请拨工款计划施工中计划范围 北平文物包罗甚广，亟待整理者至众，但以工款有限按缓急轻重情形择要施工，保养工程与修缮相辅而行，计保养工程七处，修缮工程十处，又测绘故宫东路建筑物二十所以保存国粹。”引自“三十七年度修缮北平文物整理委员会工作计划”，北京市档案馆藏。

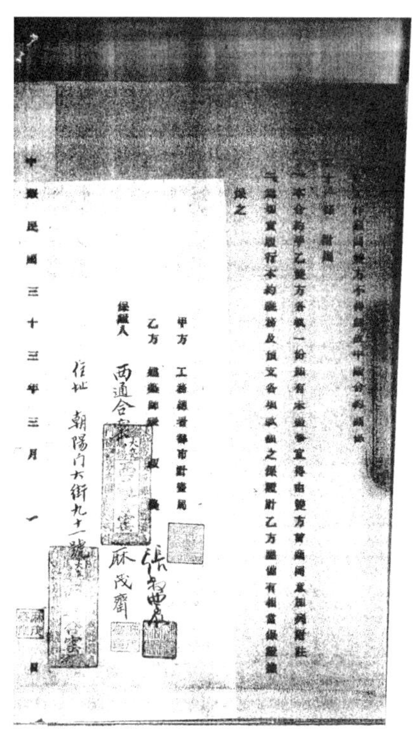

[illegible]雙方不得[illegible]合約[illegible]
第十[illegible]條 附則
本合約甲乙雙方各執一份如有未盡事宜得由雙方商同意加以附註
[illegible]保證實履行本約條款及附文各項承做之保證對乙方應當有相當保證責任之
甲方 工務總署都市計劃局
乙方 [illegible]
保證人 西通合[illegible]
住址 朝陽门大街九十一號
中華民國三十三年三月一日

測繪圖件數[illegible]

建築物名稱 \ 張數目 \ 圖樣名稱	平面圖	屋頂平面圖	屋架平面圖	天花平面圖	正立面圖	[illegible]立面圖	側立面圖	縱剖面圖	橫剖面圖	細部圖	附件圖	[illegible]面圖	[illegible]圖	總計	附註
永定門箭樓	1				1			1/2	1/2					3	
永定門城樓	1	1/2	1/2		1			1	1					5	
正陽門前五牌樓	1/4				1/4		1/4		1/4	1			1	3	
〃〃〃箭樓	3	1/2	1/2	1	1	1	1	2	1	1			1	13	
〃〃〃城樓	3	1/2	1/2	1	1	1	1	1	1	1		1	1	13	
中華門	1/2	1/2			1		1	1/2	1/2				1	5	
地安門	1	1/2	1/2		1	1	1	1	1				1	8	
景山												1	1	2	
綺望門	1/2	1/2	1/2	1/2	1		1	1	1					6	
〃〃樓	2	1/2	1/2	1	1	1	1	1	1	1			1	11	
万春亭	1	1	1	1	1	1	1	1	1				1	10	
富覽亭	1	1/2	1/2	1	1		1	1	1				1	8	
觀妙亭	1	1/2	1/2	1	1		1	1	1				1	8	
寶坊	1/3				1/3				1/3					1	
琉璃門	1/2				1/2		1/2		1/2					2	
壽皇門	1/2	1/2	1/2	1/2	1		1	1	1				1	7	
壽皇殿	1	1/2	1/2	1	1	1	1	1	1	1	2	1	1	13	
配殿	1/3	1/3	1/3		1/2		1/2	1/2	1/2					3	
碑亭	1/2	1/2			1/2		1/2	1/2	1/2					3	
東廡	1/3	1/3	1/3		1/2		1/2	1/2	1/2					3	
山右裡門	1/2	1/2	1/2	1/2	1		1	1	1					6	
天坛															
坛門	1/2	1/2			1/2		1/2	1/2	1/2					3	
圜丘坛	1				1/2				1/2		1	1	1	5	
皇穹宇琉璃門	1/2	1/2			1/2		1/2	1/2	1/2				1	4	

图 2-15　北京中轴线建筑测绘合同（资料来源：中国文化遗产研究院提供）

用，成为我国遗产记录工作体制化的开山之作，也代表了文整会向国家建筑遗产保护综合机构转型的第一步。

与此同时，北平都市计划局还聘请任教于北京大学的俄国画家毕古列维赤，对北京周边古代建筑进行油画及水粉画的创作。自 1936 年至 1948 年，毕古列维赤共作绘画 40 余幅，对保存、展示我国古代建筑风貌具有重要贡献。① 这次绘制古建筑油画的工作，也表明文整会开始涉足其他形式的保护活动。

（2）建筑遗产保护公众教育的开展

1948 年，为纪念抗战胜利，国民政府决定举办各类展览，以宣扬民族文化，展示国家形象。其中，古建筑作为大宗遗产，是民族文化、精神所聚，又兼艺术性强、视觉效果明显、参与性强等特点，自然成为展示民族精神的绝佳媒介。1948 年 11 月，文整会组织了“北平文物展览会”，在台北举行，展示文整会历年的工作成果，为宣扬遗产保护思想、宣扬国光、增强民族凝聚力起到积极的作用。这是文整会继承学社保护理念、开展遗产保护公众教育的开始，也是文整会工作转型时期的重要活动之一。

这次展览包括 5 部分内容，分别是古建筑油画粉画、古建筑彩画实样、古建筑实测图、古建筑照片、文整工程照片。其中古建筑油画粉画为上述俄

① 这批画作后由文整会保存，除部分参加《北平文物建筑展览会》而留在台北外，均留在文整会保存至今。

国画家毕古列维赤创作的40张画作中之最佳者，古建筑实测图即为北京中轴线建筑测绘的成果。除展品介绍外，文整会还在展览说明中详述古建筑信息记录和保存的意义。①

值得一提的是，文整会在展览中加入了大量古建筑修缮过程的照片，并简明地叙述了古建筑的保存、使用状况，突出了古建筑所处的危险状态，重申了保护工作的重要意义和紧迫性。展览说明中也记录了文整会的保护工作情况，以期获得公众对文整工作的认同和支持，对古建筑保护工作及保护理念的宣传起到重要的作用。

可以看到，在学社结束北京的工作和事务之后，文整会继承其保护理念，开始承担除古建筑保护工程以外的其他保护职能，其机构性质开始转变。从文整会在“北平文物展览会”上的自述，我们也可以看到这种变化：“北平文整会除经常修整残坏之文物建筑外，并延揽专门技术家，将著名胜迹，逐年施以写生，测绘，及摄影，以保固有之文物典型，而供将来之研究改进。”②

3. 由工程机构向行政管理机构转化

除开展其他保护活动之外，文整会在抗战胜利后最重要的改变，是其职能及体制的变化。这些变化表明，文整会已经从最初负责北京地区文物建筑修缮工程的机构，向国家文物建筑管理和保护机构转变。

1935年文整会成立之时，其工作范围包括：③

一、指挥监督关于旧都文物整理之各项事宜。

二、审核关于整理旧都文物之设计。

三、筹划保管关于整理旧都文物之款项。

四、凡关于整理旧都文物，及谋集中管理，有应予其他机构相互协调者，由本会商请主管机关办理。前项第一款执行整理各项事宜，由该管地方政府长官负责办理，其办法另定之。

① “北平为辽金元明清五朝旧都，典章文物，甲于全国；其城垣宫殿苑囿等建筑，气魄雄伟，体制完备，可称集建筑之大成，创都邑之楷范。在世界艺术史上，颇占重要位置，欧美专家素极崇仰。惟从前营造工师，率系匠心独运，一切准则，悉赖口传，从无详确实用之图案。故建筑体形，虽臻善美，而营造法式，则殊鲜遗留。如许国粹环宝，若不及时探索记录，诚恐日后将成绝响。”引自1948年11月《北平文物建筑展览会》展览说明，中国文化遗产研究院藏。

② 1948年11月《北平文物建筑展览会》展览说明，中国文化遗产研究院藏。

③ 陈天成．文整会修缮个案研究．天津：天津大学，2007.

1935 年底文整会改制之后，其执掌范围为：[①]

一、指挥监督关于旧都文物整理之各项事宜。

二、审核关于整理旧都文物之设计。

三、筹划保管关于整理旧都文物之款项。

可以看到，两者之间差异不大。此时文整会的职权范围，只包括文整工程及其相关事宜，并无其他性质的保护工作。这种情况一直维持至抗日战争结束。

1947 年，文整会重新成立，并编制新的组织工作程序，其职能也有所改变。这时期的工作范围包括：[②]

一、关于文物建筑状况之调查及记载事项。

二、关于文物整理工程之执行及预算决算之编造事项。

三、关于文物整理之文献研究及保管事项。

四、其他有关文物整理工程事项。

这时期的文整会除原有的文整事务之外，增加了“关于文物建筑状况之调查及记载事项”，已初步具备建筑遗产保护管理机构的职能。同时，文整会也频繁致信行政院及北平军政要员等，力主保护古建筑并获得许多行政上的支持，其时军政要员如张群、翁文灏、孙科、李宗仁、傅作义等，均亲自答复文整会的建议并颁下相关保护政令。1947 年 8 月 16 日，国民政府行政院院长张群授权文整会指导北平有关机关的古建筑保养工作（图 2–16）。1948 年 3 月 11 日，文整会委员梁思成拟定《加强管理使用北平重要古建筑办法》。[③] 因文整会被授权为北平地区古建筑保养的指导单位，这一文件实为北平地区古建筑使用及管理准则。1949 年，委员梁思成以文整会的名义，提出《古建筑保护须知》13 条，附于《全国重要建筑文物简目》，成为当时全国唯一指导文物建筑保养、管理工作的指引。

另一方面，文整会开始考虑其他保护工作，包括加强学术研究、加强古建筑日常养护及管理、培养古建筑保护专才等。这一时期，文整会的职权范围虽然没有变化，但从体制上已担负起北京地区古代建筑的管理和监察工作（图 2–17）。

---

① 陈天成 . 文整会修缮个案研究 . 天津：天津大学，2007.

② “北平文物整理委员会及实施事务处组织规程（1947 年 5 月）”，北京市档案馆藏。

③《加强管理使用北平重要古建筑办法》内容包括：

一、北平市重要古建筑概不得充作机关学校及部队之员工或眷属宿舍其业已使用此应即设法撤出。

二、如若特殊关系必须使用为办公室时须有适当防火设备应须经常检查电线火炉及烟囱等物（室内装置烟囱概须伸出槽口以上）以策安全。

三、使用者对于古建筑及据有艺术价值之装修藻井天花等物应妥加爱护不得轻易拆改搬移。

四、如因事实关系必须复更原状时，须于事前提出样照计划征求北平文物整理委员会案核同意方可着手。

五、北平文物整理委员会对于各重要古建筑得随时派员视察应纠正之。

引自加强管理使用北平重要古建筑办法 . 见：中国文物研究所 . 中国文物研究所 70 年 . 北京：文物出版社，2005.

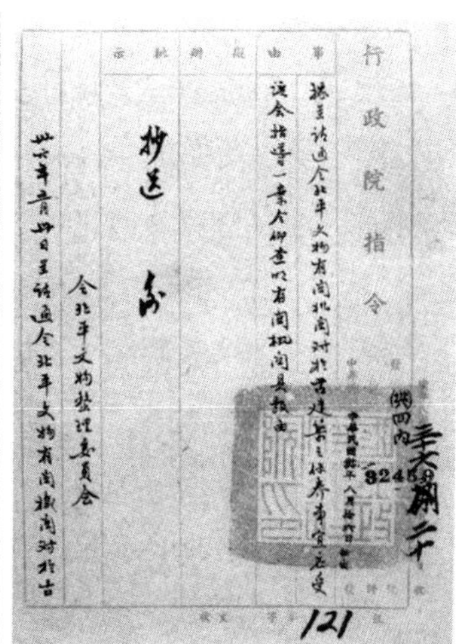
行政院指令

抄送

令北平文物整理委员会

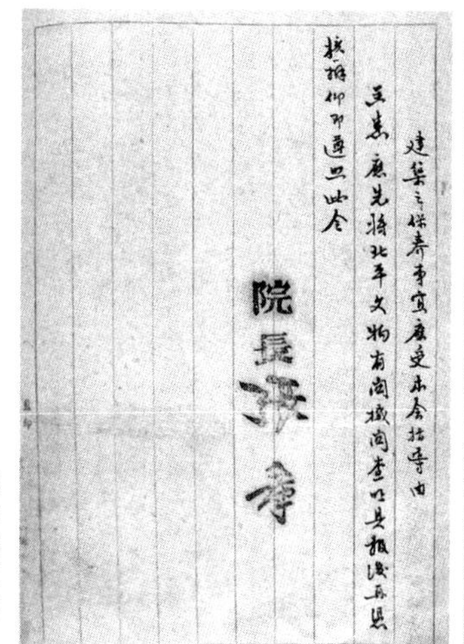
院長

图 2-16　行政院指令：令北平文物整理委员会指导各古建筑之保养的函件（资料来源：中国文物研究所．中国文物研究所 70 年．北京：文物出版社，2005）

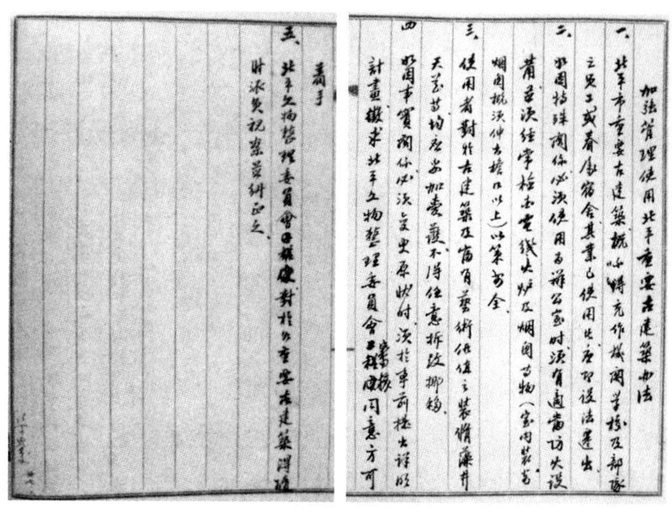
加強管理使用北平重要古建築辦法

图 2-17　文整会委员梁思成拟：加强管理使用北平重要古建筑办法（资料来源：中国文物研究所．中国文物研究所 70 年．北京：文物出版社，2005）

在 1947 年的工作概要中，文整会提出文物整理的工作方针，认为“北平文物整理工作之使命，在于保存国粹，阐扬文化，研究学术，建设国际观光都市，其为国家重要事业之一。”[①] 方针包括如下内容：[②]

甲、崇重规范一代之建筑，自有其时代之作风，文物整理工作应注重保存古建筑物之规范。

① 引自“三十五年行政院北平文物整理委员会工作概要”，转引自陈天成．文整会修缮个案研究．天津：天津大学，2007.

② 引自“三十五年行政院北平文物整理委员会工作概要”，转引自陈天成．文整会修缮个案研究．天津：天津大学，2007.

乙、保固骨干修缮应从保固架构着手，以期永久坚实，彩画粉刷及装修，与保固延年无关者列为次要。

丙、勤加养护修缮工作，费款耗时，设平常勤加养护，则可延年而省费，今后应注意拔除草树及勾抹防漏等工作。

丁、加强管理，敌伪时期，管理诸多松懈，偏僻处所，甚或有放任毁坏情事，以致文物所受损失甚大，今后应加强管理力予整饬。

戊、培养专材，文整事业具有专门性、继续性及全国性，必须养成特殊技术人员，尽量利用近代科学方法，以发挥古建筑之美点，并使学术与行政打成一片，将来能向各省市推广，可为国家文化上保存无价之环宝。

已、研究文献以文献与宝物互相参证，使古建筑之精神文化意义得充分显露，并绘制图说以垂久远。

根据上述工作大纲，文整会的工作内容不仅限于以往的古建筑修缮，还包括保护工程、日常养护工作、日常管理工作、专业人才培养、学术研究及宣传古建筑价值等，几乎囊括了现今文物建筑保护工作的全部内容，清楚显示出文整会的转型。

文整会对于培养保护专才的规划也值得注意。由于我国古建筑分布广泛，星罗棋布，需要大量的专业保护人才。为此文整会提出培养专业人才计划，拟定制度和程序，并向全国推广，可见当时已有制定培养计划和培养专业人才的宏愿。另外，文整会十分清楚行政资源和国家体制对保护事业的重要作用，认为须“使学术与行政打成一片”，以学术影响国家政策，以达到保护和培养人才的目的，也含建设国家人才培养制度的意愿。这一设想在中华人民共和国成立后得到落实。

文整会此时已经开始对以往文整工程进行总结，并将保护工程划分为：保养工程、修缮工程、测绘工程三类。日常维护作为古建筑保护的最佳方案，已被当时保护界认可。[①] 1947 年，文整会提出《为文物建筑保养工程按工程性质以直营为适宜办法》，将文物工程按性质划分，认为日常维护、保养工程具有日常性，工程量小且较为琐碎，由文整处直营较为适宜。[②] 可以看到，文整会已经重视日常保护工程并有较长时间的实践，按照其特点做出相应的体制变化，显示其保护

① “经常保养工程，系以延长建筑物寿命，节省修缮费用为主旨，甚为重要，急应筹备经行。”引自“为文物建筑保养工程按工程性质以直营为适宜办法”，北京市档案馆藏。

② “为此项工程性质，与维修，盖范围原属广泛，部位又极零散、草树既非一种拔除难易自各有区别，木架支搭上下费工，非实际工作时、均无从确定。较着厂家既不愿承办，零星工匠复不敢担当，准度情形，如由处直营，似较妥速。”引自“为文物建筑保养工程按工程性质以直营为适宜办法”，北京市档案馆藏。

工程体制已日渐成熟。另一方面，古建筑测绘作为文物建筑保护的重要措施，也被列入保护工程的一类。这时期文整会对保护工程以性质进行划分，首开我国文物建筑保护工程分类的先河，为中华人民共和国成立后文物保护工程的细化和体制化提供了思想源头和实践基础。

4. 继承学社的保护理念和工作

抗战胜利后，学社已经解体。朱启钤、梁思成被续聘为文整会委员。因此，文整会的保护理念与实践，实际上是学社观点的延续，并由学社推动落实。这时期文整会的纲领性文件中的大部分观点引自学社或是在此基础上的创新，编制的保护办法等则直接出自梁思成之手。1948 年，文整会以单行本的形式出版梁思成《北平文物必须整理与保护》一文[①],以纠正社会上对于古建筑保护的不良观点并宣传保护的重要性。因此，当时学社要员的古建筑保护活动，均是以文整会的名义进行。实际上，这时期文整会的工作在一定程度上可以看作营造学社研究保护活动的官方化和体制化。

① 梁思成．北平文物需要整理与保护．见：梁思成．梁思成全集（第五卷），北京：中国建筑工业出版社，2001.

第三章

国家古建筑保护体系的创立（1949—1976年）

1949 年 10 月 1 日，中华人民共和国成立。随着社会主义建设全面展开，社会结构、经济制度及意识形态也发生相应的变化，影响了社会发展的方方面面。在国家复兴、基础建设为主调的时代，文物保护与经济建设的矛盾十分突出，仍是“逆时代的工作”。不断变化的局势，在一定程度上制约了保护事业的发展。尽管如此，文物保护事业作为国家制度的一部分，仍然得到了重视。作为文化部所属专门负责文物、图书馆、博物馆相关事宜的机构，国家文物局在中华人民共和国成立时行政体系的最初规划中便已出现，并成为中华人民共和国首批建立的机构之一。就此阶段文物保护事业的总体情况而言，社会制度的优势为其带来的帮助是显而易见的。相对于清末和民国，这时期国家的统一及稳定使新生的文物局可对全国的保护形势作出正确评估与科学规划，以国家力量有针对性地开展文物保护的各项工作。

这时期的保护工作可分为三个阶段。第一阶段，从 1949 年至 1952 年，国家正处于经济恢复及土地改革运动开展之时，文物保护的主要工作为制止文物破坏、防止文物出口、发布文物保护法令、鼓励和协助地方成立保护机构、培养文物专业干部等。同时，开展全国文物“摸底”普查，组织专家进行专业勘查，逐步展开古建筑的维护修缮工作。第二阶段，从 1953 年至 1959 年，国家实施了“一五”计划，开展大规模基础建设，发展农业合作社。保护工作在前一阶段的基础上，配合大规模经济建设开展考古发掘，进行第一次全国文物普查，并在此基础上建立文物保护单位制度。第三阶段，从 1960 年至 1966 年，主要任务是在系统、全面地总结中华人民共和国 10 年保护工作的基础上，建立全面、完善的文物保护体系。

这时期的古建筑保护工作，以应对当时的主要问题、配合国家经济发展为主，多为应急性质。文物局不得不根据突如其来的形势变化而作出及时的应对。在保护意识较欠缺、人员力量严重不足的情况下，文物工作千头万绪又多头并进，开展一项工作需要同时兼顾着几方面的目标和任务。文物系统的古建筑调查工作，在基本复查、确定修缮对象和修缮方案、开展科学研究之外，还需兼顾指导地方文物保护业务、培养地方文物保护人才及开展群众教育等多项任务，成为保护的主要手段，贯穿这一时期的始终。这一时期，许多政策法规的出台虽以配合国家发展为主，带有一定的被动性，但因政策调整得当并及时作出预判，这时期的工作却取得了突出成绩，有效地保护了国家优秀文物，并初步建立了普查及文物保护单位体系，确立了人才培养、保护机构、干部及群众教育等制度，为古建筑保护事业在改革开放后的复兴打下坚实的基础。

一、国家文物保护体系的创建

（一）文物保护机构及其工作

1. 国家文物保护机构体系的形成

（1）国家文物局的创建

1949年1月31日，北平和平解放。次日，中国人民解放军北平市军事管制委员会（下称“军管会”）的文化接管委员会接管北平各文化机关。

1949年6月6日，军管会文物部并入华北人民政府高等教育委员会，改称“图书文物处”，王冶秋[①]任处长，原接管的文物、博物馆等单位随同划归该委员会领导。同时，由郑振铎[②]负责规划国家文物保护事业。[③]郑振铎此前与文物保护工作结缘已逾20年，当其着手组织文物局的时候，自然驾轻就熟，考虑周全，仅在12天内就完成了文物局架构的设计并获得周恩来总理的首肯。[④]对郑振铎提出

① 王冶秋（1909—1987年），又名野秋，安徽霍邱人，中华人民共和国文物博物馆事业的主要开拓者和奠基人之一。1947年后任北方大学、华北大学研究员。1949年后，历任文化部文物局副局长、局长，国家文物局局长、顾问。他主持研究和选定了第一批全国重点文物保护单位，筹建中国历史博物馆和中国革命博物馆，创办文物出版社，注重文物博物馆研究和人才培养，为建立中华人民共和国文物保护工作完整的科学体系，奠定了坚实基础。任中共十一大代表，第三至五届全国人大代表，第四、五届全国人大常委。

② 郑振铎（1898—1958年），生于浙江温州，原籍福建长乐。中华人民共和国文物博物馆事业的主要开拓者和奠基人之一。中国现代杰出的爱国主义者和社会活动家、作家、诗人、学者、文学评论家、文学史家、翻译家、艺术史家，也是著名的收藏家，训诂家。1949年任全国文联福利部部长，全国文协研究部长，人民政协文教组长，中央文化部文物局长，民间文学研究室副主任，中国科学院考古研究所所长，文化部副部长，全国文联常委等。

③ 1949年7月7日，周恩来副主席听取有关文物管理组织和整理散佚文物等问题的汇报，赞同郑振铎提出保护和管理文物的建议。这是中华人民共和国文物事业的最初规划。参见国家文物局党史办公室．中华人民共和国文物博物馆事业纪事．北京：文物出版社，2002.

④ 陈福康．郑振铎年谱（下册）．太原：三晋出版社，2008.

的架构，周总理除了将“古物处”改成“文物处”之外[①]，几乎未做其他改动。将“古物”改成“文物”，当时有着如下的考虑：

为什么变为文物处呢？因为当时的古物是指可移动文物。我们过去一般认为古物就是古董，而且是古代的东西，可是现在我们要管的不光是这个。近代的得管，革命文物也得管。这些东西不能叫古物，革命文物不能叫古物。我们接管文物管理委员会，国民政府时就用“文物”这两个字，就包括了可移动文物和不可移动文物。北京文物整理委员会就是修古建筑的，古建筑就是文物。可移动的和不可移动的，古代的和现代的，都叫文物，这样就全了。叫古物的话，那就只是古玩、古董，就只是可移动的了，面太窄了。[②]

郑振铎在规划中将文物局分成文物、图书、博物馆三处，各由专家主持。民国时期由教育部主管的图书博物馆事务与内政部主管的职能合归一局统领，使文物保护工作可统一考虑，避免两部各自为政、重复工作的局面。

1949 年 11 月 1 日，中央人民政府文化部文物局[③]正式成立，我国的文物保护事业从此进入新的阶段。文物局隶属文化部，郑振铎（图 3–1）任局长，王冶秋（图 3–2）任副局长。文物局管理范围较广，从图书馆、博物馆的指导、管理，到文物、图书、古文化遗迹、古陵墓、古建筑的调查、保护、保管、发掘、修整，都属于文物局的管辖范围。[④]文物局的工作极为高效。1949 年至 1966 年间，在干部缺乏、资源有限的情况下，进行了遏止文物外流、收购珍贵文物、发布文物保护法令、制定文物保护管理制度、开展文物调查、建立考古及修缮工程制度、开展公众教育、协助并指导地方建立文保组织等一系列工作，取得重大成果。郑振铎、王冶秋的卓越领导、专业人才的加入以及对研究的重视无疑是成功最重要的原因，而国家的统一、社会的重视、法律及行政制度的保证也是必不可少的因素。

罗致专业人才是文物局组建时最主要的工作之一。古建筑方面的专家有原营造学社的两名成员：陈明达（图 3–3）和罗哲文（图 3–4）。郑振铎原想邀请梁思成，但梁思成因无暇分身，便推荐了陈明达。陈明达因其他事务一时无法加入，

---

① “1949 年 11 月 10 日，上午，召集文物局第二次碰头会。郑振铎根据周总理对他送呈的筹备故宫博物院陈列的初步方案的批示，决定将原拟‘古物处’改名为‘文物处’。”“11 月 28 日苏秉琦致王天木信，提到文物局内的三处是图书、博物、文物。‘古物’是原拟的名称，周总理说：‘古太多了，不要净管古的。’所以改为‘文物’。”引自陈福康．郑振铎年谱（下册）．太原：三晋出版社，2008.

② 根据笔者对文物保护专家谢辰生先生的采访记录（未刊稿）。采访时间：2012 年 6 月 16 日。

③ 中央人民政府文化部文物局是管理国家文物保护事业的行政单位，历经多次改名，其工作范围、性质及隶属关系也多有变化，为方便计，以下均称为“文物局”或“国家文物局”。

④ 郑振铎．文化部文物局 1950 年工作总结报告．见：国家文物局．郑振铎文博文集．北京：文物出版社，1998.

图3-1 郑振铎（1898—1958年）像（资料来源：国家文物局．春华秋实——国家文物局60年纪事．北京:文物出版社,2010）(左)
图3-2 王冶秋（1909—1987年）像（资料来源：国家文物局．春华秋实——国家文物局60年纪事．北京:文物出版社,2010）(右)

图3-3 陈明达（1914—1997年）像（资料来源：温玉清．二十世纪中国建筑史学史研究的历史、观念与方法——中国建筑史学史初探．天津：天津大学,2006）(左)
图3-4 罗哲文（1924—2012年）像（资料来源：国家文物局．春华秋实——国家文物局60年纪事．北京:文物出版社,2010）(右)

便去信婉拒。郑振铎当即表示，可以等其处理完手头事务，并言将“虚位以待”。陈明达深为感动，在结束重庆事务后立即北上加盟。①

有感于郑振铎的诚意，也出于对保护祖国文物的责任感和对专业工作的热爱，全国著名的专家、学者陆续进入文物局，如裴文中②、向达③、王振铎④、夏鼐⑤、苏

---

① 根据笔者对陈明达外甥殷力欣先生的采访记录（未刊稿）。

② 裴文中（1904—1982年），史前考古学、古生物学家。河北丰南人。1929年起主持并参与周口店的发掘和研究，是北京猿人第一个头盖骨的发现者。1931年起，确认石器、用火灰烬等的存在，为周口店是古人类遗址提供了考古学重要依据。主持山顶洞人遗址发掘，获得大量极有价值的山顶洞人化石及其文化遗物。1949年后，积极开展中石器和新石器时代的综合研究，为中国旧石器时代考古学的发展作出了重大贡献。1950年至1953年任文化部社会文化事业管理局博物馆处处长。1954年任中国科学院古脊椎动物研究室研究员。1955年当选为中国科学院生物地学部首批学部委员。1957年荣获英国皇家人类学会名誉会员称号。1963年任中国科学院古脊椎动物与古人类研究所古人类研究室主任。1979年任北京自然博物馆馆长。同年，当选为联合国教科文组织所属史前学和原史学协会名誉常务理事。1982年当选为国际第四纪联合会名誉委员。1982年9月18日在北京病逝。

③ 向达（1900—1966年），湖南溆浦人。字觉明，笔名方回、佛陀耶舍。土家族。1919年考入南京高等师范学校。1924年后任商务印书馆编译员、北平图书馆编纂委员会委员兼北京大学讲师。1935年秋到牛津大学鲍德利（Bodley）图书馆工作。在英国博物馆检索敦煌写卷和汉文典籍。1937年赴德国考察劫自中国的壁画写卷。1938年回国后任浙江大学、西南联合大学教授。抗战胜利后，任北京大学历史系教授兼掌北大图书馆。1949年后，任北京大学历史系教授、图书馆馆长，中国科学院哲学社会科学部学部委员。

④ 王振铎（1911—1992年）字天木，河北省保定市人。1936年秋任国立北平研究院史学研究会特邀编辑。1939年任国立中央博物院专门设计委员。1940年获国立中央研究院人文科学奖杨铨（杏佛）奖。1949年后，先后任中央文化部文物局博物馆处处长，文物博物馆研究所副所长，中国历史博物馆研究员、顾问等职，并兼任国家文物局咨询委员，中国科学院自然科学史研究所学术委员、兼职研究员，中国自然科学史学会名誉理事，中国考古学会常务理事、中国博物馆学会名誉理事长。

⑤ 夏鼐（1910—1985年），原名作铭，浙江温州市区仓桥街人，著名考古学家、社会活动家，中国科学院院士，中华人民共和国考古工作的主要指导者和组织者，中国现代考古学的奠基人之一。1950年9月起至1982年任中国科学院（1977年以后为中国社会科学院）考古研究所研究员，历任中国科学院考古研究所副所长、所长，中国科学院哲学社会科学部学部委员，国务院学位委员会委员，国家文物委员会主任委员，中国考古学会理事长，中国社会科学院副院长兼考古研究所名誉所长等职。同时荣获英国学术院、德意志考古研究所、美国全国科学院等七个外国最高学术机构颁发的荣誉称号，人称“七国院士”。

图 3-5　1950 年文物局全体工作人员在北海团城承光殿前合影（资料来源：国家文物局 . 春华秋实——国家文物局 60 年纪事 . 北京：文物出版社，2010）

秉琦[①]等（图 3-5）。众多专家学者的加盟，正是早期文物工作得以高效、有序、顺利开展的主要原因。对此，谢辰生[②]回忆道：

> 当时在文物局的都是专家。博物馆处处长裴文中，就是发现北京猿人的世界知名专家；副处长王振铎，他是中国科技史专家，李约瑟很服他，当时是副处长；文物处原拟夏鼐为处长，后来因为考古所也需要他，所以就去了考古所当副所长，后来没有处长，让书画鉴定专家张珩出任副处长，业务秘书徐邦达、罗福颐（罗振玉的儿子）；傅晋生，就是傅忠谟，玉器专家，父亲傅增湘，儿子傅熹年，工程院院士；陈明达、罗哲文、我都是业务秘书。除一般文书、收发的人之外都是专家！那时文物局集中了众多的专家，可以说是“谈笑皆鸿儒，往来无白丁”，都是懂业务、学术的人。这些人都懂得为什么保护、怎么保护，而且都非常敬业。因为与其本身的追求是一致的。很多工作在那时候开展得比较顺利。[③]

同时，文物局也十分重视各部门的研究工作。由于文物的文化性质以及重要性，必须由专业人员进行管理，才能更有效率并切中要害。郑振铎希望文物局在涉及文物管理及行政事务的同时，开展研究工作，以专业的高度和眼光看待和管

① 苏秉琦（1909—1997 年），考古学家，河北高阳人。1934 年毕业于北平师范大学历史系。曾任北平研究院史学研究所副研究员。1949 年后，历任中国科学院考古研究所研究员，北京大学教授、考古教研室主任，中国考古学会第一、二届副理事长。曾主持河南、陕西、河北等地新石器时代和商周时期主要遗址的发掘。著有《苏秉琦考古学论述选集》。

② 谢辰生，江苏武进人，1922 年生于北京，著名文物保护专家、国家文物局顾问、中国文物学会名誉会长、国家历史文化名城专家委员会委员。年轻时师从郑振铎，参与了《中国历史参考图谱》《甲午以后流入日本文物之目录》的编辑出版。1949 年进入文化部文物局，参与起草了中华人民共和国成立后的一系列主要文物法规，曾主持起草 1982 年《中华人民共和国文物保护法》、撰写《中国大百科全书・文物博物馆》文物部分前言、第一次明确提出文物的定义。

③ 引自谢辰生在天津大学的演讲“新中国文物保护六十年”，演讲时间：2009 年 5 月 4 日，整理人：林佳。

理文物。文物局建立之后，其下属机构先后发生转变。如北京文物整理委员会、故宫工程组等都增加了研究部门[①]，开始专业研究工作，与以往以工程为主的状况大不相同。实践证明，对研究工作和专业力量的重视正是中华人民共和国成立初期文物工作取得重大成绩的基础。

除文物局自身的优势外，当时社会、政治方面的外围条件也是文物事业顺利进行的重要保证。首先，国家领导人极为重视。周恩来总理就多次过问文物保护的事件。[②]其他国家领导人如刘少奇、陈毅等也多次指导文物相关事务的开展，陈毅副总理就曾指示清西陵成立林场，以保护陵区的古松林。[③]

第二，政令通行。各地政府及文物保护部门对中央的命令和政策坚决支持并快速落实。中华人民共和国成立初期，文化部颁发保护政令，各地方均迅速回应，按照中央法令精神，制定本省的保护律令。对于当时政令通行的情况，谢辰生回忆："当时我到兴安省去调查，还是秘书，20来岁，郑振铎先生亲自给省政府主席写信，到那边比文物局的章还有用，主席亲自接见，说中央的事一定支持。当时要调文物上去，主席说随便挑。那时候办事十分简单容易。"[④]中央出台文物政策之后，各省自治区都依据中央的精神，同时参考地方情况，及时、快速地出台了地方保护法令，体现了当时行政系统的高效率。另外，当时虽无完善的保护法令与处罚制度，但对于破坏文物的处罚力度相当大，也相当及时。[⑤]雁北文物勘查团[⑥]的工作结束后，郑振铎曾经指出："只有在人民政权的时代，方能有这样的工作团组织起来，才能这样的得到各方面的通力合作，才能这样的获得各地方负

---

① 北京文物整理委员会从1950年开始设立研究机构，设有模型室和彩画室，聘请当时优秀的匠师路鉴堂、刘醒民两位先生主持，制作多座精美的古建筑模型并出版了《中国建筑彩画图案・明代彩画》《中国建筑彩画图案・清代彩画》等奠基性著作，首开文物机构古建筑研究的先河。1954年，故宫博物院修建处建立设计科，由于倬云、蒋博光负责，故宫古建筑修缮从此有了自己的设计队伍，建筑修缮必须经过研究和设计方可施行。1956年，故宫正式成立古建筑研究室，单士元任主任，是故宫古建筑研究的开始。

② 周恩来总理曾于1951年批示购回三希堂法帖中的"伯远帖""快雪时晴帖"；1952年特批由财政部每年拨文物保护维修专款，专款专用。1953年亲自定下"两重两利"的文物保护方针，之后批示保下了北海团城、圆明园旧址、北京古观象台等重要古建筑，甚至对小到古建筑避雷针的安装，也一一过问。参见罗哲文．缅怀周恩来总理对文物古建筑保护事业的关怀与丰功伟绩——纪念周总理诞辰100周年和逝世22周年．古建园林技术，1998（3）．

③ 陈毅副总理不但关心文物事业的发展，而且对文物本身有深刻的认识。对于保护工作，他指出"'宁可保守，不要粗暴'，因为保错一处文物是随时可以纠正的，而破坏了文物的错误是永远无法弥补的。对于文物的修缮原则，他说'一定要保护它的古趣、野趣，绝对不允许对文物本身进行社会主义改造'。"谢辰生．新中国文物保护工作五十年．见：彭卿云．谢辰生文博文集．北京：文物出版社，2010.

④ 引自谢辰生在天津大学的演讲"新中国文物保护六十年"，演讲时间：2009年5月4日，整理人：林佳。

⑤ "温州没事把龙泉塔拆了，结果出土了很多重要的东西，那时候也没有什么经批准什么的，这是古物，古物文物的就不能拆，县长马上就撤职。甘肃省图书馆管理不善，导致文物有损失、破坏，馆长马上撤职。河南省辉县市百泉那里，有点风景，当时的卫生局局长把办公搬到那里去了，毁了点东西，马上也就撤了。撤职完了整个搬走。那时是雷厉风行，说了不能出口就是禁止，破坏了就是整治你。效果很好，中央下去的文件很顶用，谁也不敢胡来。"引自谢辰生在天津大学的演讲"新中国文物保护六十年"，演讲时间：2009年5月4日，整理人：林佳。

⑥ 雁北文物勘查团是中华人民共和国成立之后组织的第一个规模较大的关于文物实地调查研究的工作团体，分为考古和古建筑两组，由北京大学、清华大学、北京市文物整理委员会、北京历史博物馆、故宫博物院及文化部文物局的专家组成，调查了华北地区多处的古迹和古建筑。

责干部的全心全力的协助，使这个工作得到顺利而有结果的完成。”① 国家的统一与行政体制的高效是遗产保护事业得以快速展开的重要原因和保障。

国家文物局的成立标志着中华人民共和国文物保护事业的开始。与以往的国家保护机构相比，文物局内设文物处、博物馆处和图书馆处，下设古代建筑修整所等专门机构，机构设置更加合理，分工更为明确。另外，经过40年的发展，我国对文物保护的认识达到了新的高度，保护界更加深刻地体会到遗产保护体制及法律保障的关键意义，感受到从国家宏观层面把握遗产保护事业特点与发展规律的重要性。

中华人民共和国成立初期，保护资源有限，保护经验不足，处在“摸着石头过河”的阶段。然而，当时的文物局领导卓有远见，行政机构执行效率较高，再加上专家业务能力强、责任心重，在构建出文物保护的思想体系和长远规划的基础上，初步建立起国家遗产保护体制。

（2）地方文物保护机构的建立

中华人民共和国成立后，各省市也陆续成立文物管理委员会，作为保护的专职机构。仅在中华人民共和国成立的一年内，就有河北、平原、山西、上海、山东、河南、湖北、苏州、镇江、杭州等文物集中的省市建立文物管理委员会30个，以及地方文物征集机构14个。② 由于系统初建，无科学有效的管理体制，保护工作成果仍未达到预期。1951年5月，文化部、内务部联合制定《地方文物管理委员会暂行组织通则》（图3-6），将地方文物管理部门统一称为“文物管理委员会”，并规定其隶属、经费来源、人员组成、职权范围、工作要求等方面，明确了地方文物部门的性质和制度，及其与地方政府、国家文物部门的关系。按照《地方文物管理委员会暂行组织通则》，地方文物管理委员会隶属当地人民政府，经费由其负担，在业务上则接受上级或国家文物部门的指导。同时，一些在民国期间就已设立保护机构的省、市、县，陆续改组、整合保护机构。其中的文物大省更在中央文件的指导下自行编制更为详细的保护机构规定。

（3）古建筑管理部门权限的明晰

随着保护事业的发展，保护工作的特殊性使得原来就多头并管的管理问题更

① 郑振铎．重视文物的保护、调查、研究工作——《雁北文物勘查团报告》序．见：国家文物局．郑振铎文博文集．北京：文物出版社，1998.

② 郑振铎．一年来的文物工作．见：国家文物局．郑振铎文博文集．北京：文物出版社，1998.

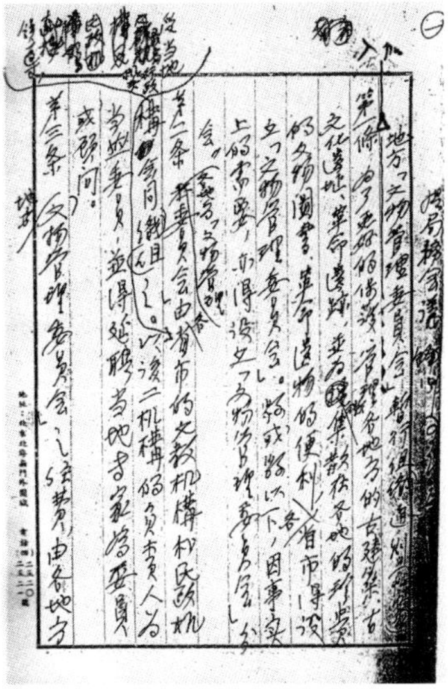

图3-6 郑振铎手稿《地方文物管理委员会暂行组织通则》（资料来源：国家文物局．郑振铎文博文集．北京：文物出版社，1998）

加突出，出现了管理职能重叠、责任不清、隶属不明等情况。我国的古迹、古建筑通常与风景山林密不可分，相互交织。许多风景名胜区包含了大量古建筑和文物遗址，由民政部门管理，文物部门无管理职权，保护问题突出。

1951年5月7日，文化部、内务部共同发布《关于管理名胜古迹职权分工的规定》（以下简称《规定》）、《关于地方文物名胜古迹的保护管理办法》（以下简称《办法》）、《地方文物管理委员会暂行组织通则》（以下简称《通则》）三项管理及组织方面的法令，并规定地方文物保护单位的组织原则，对名胜古迹、古建筑、古遗址的管理归属问题作出界定。《规定》将文化遗产的管理权归属于三个单位，即内务部、文化部、中国科学院：

> 一、革命史迹、烈士陵园、宗教遗迹、古代陵墓、古文化遗址、山林风景、古代建筑的保护管理，由内务部主管。其中具有重大历史文化、艺术价值的，内务部应会同文化部加以保护管理。
>
> 二、古器物、图书、雕刻、书画、碑志、古代建筑等之调查、管理，由文化部负责。关于历史考古、科学研究之地上地下标本和古文化遗址之调查、发掘等，由文化部会同中国科学院办理。其中如有与内务部职权有关者，文化部应会同内务部保护管理。
>
> 三、其他难予分清界限的，由内务部、文化部会衔办理。[1]

① 中央人民政府政务院．关于管理名胜古迹职权分工的规定．见：国家文物局．中国文化遗产事业法规文件汇编．北京：文物出版社，2009.

上述法规较为明确地规定了文物的管理机构，古建筑的保护及管理权责分散在两个部门手中。大部分古建筑的管理权力归属内务部，文化部对于有重大历史文化、艺术价值的古建筑有发言权。1954年2月13日，政务院发出《关于民政部门与各有关部门的业务划分问题的通知》，对部分民政业务作出如下调整："……文物古迹的管理交由文化部门；一般的革命史迹、宗教遗迹、古建筑及山林风景，由所在地人民政府负责管理；革命烈士陵园的修建管理由民政部门负责……"[①]本次划分使文物部门文物古迹的管理工作改由地方民政部门负责，文物部门则有指导和协调的职能。因文物保护单位制度未确立，保护名单及保护对象不明，上述法规未能明确权责，各地风景名胜与文物古迹机构重叠、多头管理、职能交叉和缺乏协调等问题仍然存在。

地方虽然也设置了文物部门，但因其由地方部门管辖，也无执法权，在政府部门中处于弱势，更加无法对民政等部门进行监督。古建筑的管理维护、修缮工程，均由其管理部门直接与施工企业联系，文物部门较难介入维修过程，许多时候甚至无法知道情况。该时期，虽然古建筑作为文物的思想已经明确，文物保护已经成为法律体系的一部分，但是对于古建筑的科学修缮仍未被文物工作者和管理机构了解，除文物局、古代建筑修整所、高校等少数单位主持的修缮工程之外，绝大多数古建筑的修缮仍然是传统意义上的翻新和加固，大多数的古建筑修缮并未经过科学的勘查、设计，也未经文物部门审批，导致一些历史信息在修缮中被抹去。

2. 文整会的工作及其转型

1949年11月，北平文物整理委员会及其工程处改称"北京文物整理委员会"，划归文化部领导。此时的文整会下设工程、文献、总务三组，员工69人(图3-7)。[②]其工作性质并未改变，依然从事北京古代建筑物的修缮与调查。随着古建筑保护事业在全国范围展开，调查、修缮古建筑的任务日益增加。作为国家文物局的直属机构，文整会开始承担制定与古建筑保护相关的政策法规、开展全国范围内的古建筑勘查、培养文物部门古建筑专业人才等方面的任务。同时，其承担的文物保护工程也不限于北京，而是面向全国，成为古建筑保护的"国家队"。

---

① 资料来源：中华人民共和国民政部网站，[EB/OL]. [2012-5-12]. http://www.mca.gov.cn/article/zwgk/jggl/zyzz/.
② 温玉清. 二十世纪中国建筑史学研究的历史、观念与方法——中国建筑史学史初探. 天津：天津大学，2006.

图3-7 中华人民共和国成立初期文整会部分工作人员（资料来源：中国文物研究所．中国文物研究所70年．北京：文物出版社，2005）

为了解解放战争后古建筑的保存及分布状况，文物局委托文整会派出多个专家组，根据营造学社已有的调查成果，对华北、东北地区的古建筑进行勘查，并借此确定修缮对象并做出修缮设计。至1966年为止，文整会共派出32个专家组[①]，对全国大部分地区的重要古建筑进行了勘查和研究，基本摸清了我国古代重要遗构的分布和保存情况，为文物局确定修缮目标和保护政策提供了重要的参考。1949年至1966年间，文整会在《文物参考资料》上发表调查文章共49篇[②]，为建筑史学研究提供了丰富的资料和实测数据。

随着普查工作的开展，各地重要建筑遗构的保存情况日益清晰。国民经济的恢复也使国家有能力对重要古建筑进行修缮。当时大部分的省、市、自治区都刚刚成立文物管理委员会，许多地区甚至没有文物管理部门。绝大部分文管会的任务是文物普查、宣传文物保护法律以及日常管理。在全国范围内，除设有建筑历史学科的科研院校所在地之外，其他地方几乎没有古建筑修缮的专业力量，即使拥有科研力量，亦缺少古建筑修缮工程的经验。作为当时全国唯一的古建筑修缮机构，文整会开始承担来自全国各地的古建筑修缮任务，业务范围逐渐由北京转向全国。对此，余鸣谦回忆道："1950年调查了十三陵，还在北京市范围。1952、1953年之后就出北京市了。因为我们的隶属关系改变，归文化部文物局管。实际上，北京文物整理委员会这个名称到1956年就不再用了，改为古代建筑修整所。1956年以后，任务的性质就改为面向全国。1956年还在北京做一些工作。之后工作重点就逐渐转移。"[③]修缮工程涉及的古建筑类型也逐渐丰富，对古桥、石窟寺等均有涉足。从1953年开始，文整会负责修缮的文物绝大多数在北京以外。文整会从过去仅修缮清代官式建筑转为接触到年代更为久远的唐宋时期的建筑。在修缮过程中，发现了大量平时无法记录的第一手资料，大大促进了史学研究的发展。

1956年1月6日，文化部决定将北京文物整理委员会改名为"古代建筑修整所"（以下仍称"文整会"），使之成为全国古建筑保护修缮的核心机构。文整会在改名的同时，对机构也作了相应调整，下设工程组、勘察研究组、资料室、办公室等部门。与之前相比，增加了勘察研究组和资料室。考察、研究与修缮一道，成为文整会的工作重心。事实上，文整会的研究工作早在中华人民共和国成立之初已经展开。当时文整会下设模型、彩画两室（图3-8），

① 中国文物研究所.中国文物研究所70年.北京：文物出版社，2005.
② 参见文物编辑部.文物500期总目索引（1950.1—1998.1）.北京：文物出版社，1998.
③ 引自笔者对中国文化遗产研究院余鸣谦先生的访问记录（未刊稿）。访问时间：2012年6月12日。

图3-8 1950年代文整会模型室情况及其制作的模型（资料来源：中国文物研究所．中国文物研究所70年．北京：文物出版社，2005）

模型室以测绘图为基础，制作优秀古代建筑的模型，以供研究及作为副本保存。通过模型制作，能够校核勘查数据，并且系统研究古建筑各部分比例，从而推断原初的设计理念、原则和方式。模型室存续期间，共制作各时代、各类型古建筑模型12座，为古建筑研究提供了珍贵材料及历史信息。[①] 彩画室则在研究、绘制古建筑彩画的基础上，出版《中国建筑彩画图案·清代彩画》《中国建筑彩画图案·明代彩画》两部研究中国古代建筑彩画的奠基性著作，并跟随古建筑勘查团赴各地临摹和研究中国早期建筑彩画，参与古建筑壁画的保护与修复。[②]

由于研究和保护对象从清式建筑转向早期木构，原有古建筑知识已不敷应用。对此，余鸣谦回忆：

> 在向全国发展的过程中，也遇到一些困难，比如对于地方做法、年代稍微古一点的建筑等，不太熟悉。原来在北京对北京地区的特点比较熟了。当时我们刚开始接触早期建筑，之前不了解，也得想一想怎么做，做法说明书怎么写。不像北京的古建筑，投标之后就由承包单位去做了，因为比较熟悉，评估方面不用做得很深。但对于外地较为古老的建筑，各方面就要做得很深入，也比较详细。[③]

---

① 温玉清．二十世纪中国建筑史学研究的历史、观念与方法——中国建筑史学史初探．天津：天津大学，2006.
② 温玉清．二十世纪中国建筑史学研究的历史、观念与方法——中国建筑史学史初探．天津：天津大学，2006.
③ 引自笔者对中国文化遗产研究院余鸣谦先生的访问记录（未刊稿）。访问时间：2012年6月12日。

因此，文整会有意识地加强古建筑的研究工作，每年派出多个古建筑考察组。考察以研究为主要目的，增强专业能力的同时，也配合地方修缮工程做深入研究，为古建筑保护工程的顺利展开打下坚实基础。1958 年，文整会创办《古建筑通讯》，成为国内较早的古建筑专业学术刊物。同时亦有祁英涛《如何鉴别古建筑》等重要学术著作问世。

中华人民共和国成立初期，古建筑保护专业人才严重缺乏，保护工作开展困难。文物局委托文整会代为培养文物系统的古建人才。从 1952 年开始，陆续举办四期古建筑培训班，共培养学员 127 人，被称为古建战线上的“黄埔四期”。历届古建班的学员几乎都由各地区文物部门推荐，大多数都回到了原地方单位，成为古建筑保护事业的中坚力量。同时，由于地方专业人才不足，也有不少文整会专家直接调往部分省市文物部门，直接主持当地的古建筑修缮工程或担任文物保护单位的要职。

1962 年，文整会和文化部博物馆科学工作研究所筹备处合并组建为文化部文物博物馆研究所。其业务范围随即扩大，除古建筑修缮工程设计、调查研究之外，另新增馆藏文物化学保护、石窟寺与木构建筑的化学加固，以及文物与博物馆工作研究等，下设有建筑、石窟、化学、资料、博物馆工作五个业务组。①

1949 年至 1965 年间，文整会从地方古建筑保护机构转变为国家文物保护机构，业务范围从北京向全国扩展。作为文物局直属的古建筑保护机构，文整会承担着研究和修缮古建筑、培养人才、制定相关法律法规等多项开创性工作，并通过培养人才、指导工作等方式帮助地方建立起古建筑保护力量。经过多年实践，文整会建立起较为完善的古建筑修缮工程勘测设计、工程管理、学术研究体系，为中华人民共和国古建筑保护、修缮制度的建立作出巨大贡献。

3. 故宫的古建筑保护组织

由于故宫古建筑的规模和重要性，国家对其保护工作一直倍加关注。北洋政府期间，故宫已经设有工程处，负责修缮工程的管理。南京国民政府期间，文整会制定了一系列针对故宫古建筑的修缮方案，包括处理故宫古建筑日常病害的直营工程。故宫的修缮工作于 1949 年之前已经具备一定基础。

---

① 温玉清 . 二十世纪中国建筑史学研究的历史、观念与方法——中国建筑史学史初探 . 天津：天津大学，2006.

图 3-9 单士元（1907—1998 年）像［资料来源：王飞．单士元：一个公民续写的故宫历史．档案天地，2011（04）］（左）
图 3-10 于倬云（1918—2004 年）像（资料来源：中国文物研究所．中国文物研究所 70 年．北京：文物出版社，2005）（右）

1949 年 10 月，华北高等教育委员会认为，故宫的保养、修缮工程，必须有重点、有计划地进行，为了加强工作，应由故宫及文整会双方会同办理，因此下令成立工程小组。小组成为故宫古建筑修缮的最初机构，成员包括文整会李方岚、祁英涛、于倬云，故宫方面则有宋麟徵、常学诗（营造学社社员）。[①]这便是故宫古建筑修缮机构的最初设置。1950 年，故宫博物院成立办公处工程组，兼有工程事务及施工监工两部分职能。故宫从此拥有自身的专业保护机构，以传统观念修缮古建筑的情况也开始改变。1952 年，行政处工程科成立，于倬云任工程科工程师。1954 年，工程科改组为修建处，设立设计、工程两科，工程科仍兼管工程管理与技术。故宫正式拥有修缮设计部门。1956 年 1 月，为修缮故宫西北角楼，单士元主持招募公私合营之后解体的各大营造厂的技术骨干（当时称“台柱子”），将他们集结在故宫，组成工程队，专职故宫古建筑修缮工作。

1956 年 7 月，为加强对故宫古建筑的学术研究，故宫成立建筑研究室，单士元（图 3-9）任主任兼研究员，于倬云（图 3-10）为工程师，蒋博光、傅连兴等为工程技术人员。同时设置研究资料组，组员有郑连章、白丽娟、贾俊英等。自此，故宫古建筑保护部门集合了学术研究、工程技术、施工队伍三种力量，成为设置最为全面、完整的保护机构（图 3-11）。

1958 年 12 月，为整合上述三个部门，统一调度，故宫成立古建管理部，下设研究设计组、庭院组、工程队。单士元为古建管理部主任；于倬云为研究设计组组长，于倬云、王璞子、王元路为工程师；马良杰、于永春为庭院组组长；赵善鸣、窦茂斋为工程队队长，王璞子、王金榜为工程师。其后，部门名称虽有变化，但此格局一直维持到 1979 年，直至研究、设计机构与施工机构各自独立为止。

故宫古建管理部集合了研究、设计、施工三种力量，包括了古建筑保护工作的所有职能。其机构设置考虑之周详，配置之完整，非其他文物保护单位可比。

① 于倬云．紫禁城宫殿修建历程——兼论保护古建筑原状．见：于倬云．紫禁城建筑研究与保护．北京：紫禁城出版社，1995.

图 3-11　1953 年故宫乐寿堂修缮人员合影（资料来源：国家文物局 . 春华秋实——国家文物局 60 年纪事 . 北京：文物出版社，2010）

由于只负责故宫古建筑的修缮设计及保护，目标明确、集中，其设计、施工均有针对性和延续性，并随着对故宫古建筑的认识和理解而不断得到完善。另外，基于故宫与文物局、文整会、高校的紧密联系，加之有雄厚的资金支持，故宫的保护工作始终处于前沿，其古建筑研究、设计、施工水平均不断提高。

（二）文物保护法规的颁布与法规体系的建立

1. 国民经济恢复时期的文物制度建设与古建筑保护工作

中华人民共和国成立之后，文物局首先开展保护制度的建立工作，其中最重要的是文物保护法律法规的颁布。“对外禁止出口，对内严禁破坏”是当时的主导思想。在国民经济恢复的三年中，国家发布多项文物保护的行政法规，并将之加入诸如土地改革等多项国家政策的学习文件当中，有效遏止了当时的文物破坏状况（图 3-12）。

1950 年 5 月 24 日，中央人民政府政务院发布中华人民共和国第一项文物法令《禁止珍贵文物图书出口暂行办法》。在禁止出口的文物图书类型中，第四类为：

图 3-12　中华人民共和国文物法规的主要编制者谢辰生（资料来源：彭卿云．谢辰生文博文集．北京：文物出版社，2005）

“建筑物及建筑模型或其附属品”[①]，将古建筑、古建筑模型及古建筑附属物定为文物，禁止出口。

中华人民共和国成立初期，民间的古建筑保护意识相当薄弱，各地古建筑遭弃置、拆毁、破坏等情况时有发生，造成极大损失。此类事件层出不穷，迫使古建筑保护法规迅速出台。1950 年 7 月 6 日，政务院发布《关于保护古文物建筑的指示》（以下简称《指示》）。该文件是我国首个针对古建筑的保护法令，其规定古建筑的范围为：“革命遗迹及古城廓、宫阙、关塞、堡垒、陵墓、楼台、书院、庙宇、园林、废墟、住宅、碑塔、雕刻、石刻等以及上述各建筑物内之原有附属物。”[②]

与 1935 年 6 月 15 日南京国民政府公布的《暂定古物之范围及种类大纲》中所规定的建筑物范围[③]相比，《指示》中减少了卫署、桥梁、堤闸，增加了革命遗址与堡垒两项。《指示》未提出古建筑环境的保护问题。关于古建筑的管理和利用问题，则提出了对不得不利用的建筑物必须“保持旧观”，经常维护，不得堆放容易燃烧及有爆炸性的危险物等管理措施。并要求，在未建立保护组织及机构时，古建筑的使用单位必须承担起切实保护古建筑的责任。《指示》同时规定，古建筑须经过申报方可拆除或改建，并制定了相关的赏罚制度。[④]当时，国家经济尚在恢复期，无力对全国古建筑进行全面修缮和保护。这项法规为解决当时最迫切的问题、保证古建筑得到最基本的保护和管理起到了积极的作用，在相当程度上遏止了古建筑的破坏情况。《指示》的发布，标志着古建筑保护作为文物保护对象迈向法制化的第一步。

① 中央人民政府政务院．禁止珍贵文物图书出口暂行办法．见：国家文物局．中国文化遗产事业法规文件汇编．北京：文物出版社，2009.

② 中央人民政府政务院．关于保护古文物建筑的指示．见：国家文物局．中国文化遗产事业法规文件汇编．北京：文物出版社，2009.
例如，察哈尔省大同县辽代华严寺海会殿被借用的小学拆毁；甘肃省山丹县唐、宋所建的庙宇及其中唐、宋佛像被借用庙宇者弃置损毁；湖南南岳祝融峰的上封寺被全部烧毁。

③ 包括城郭，关塞，宫殿，卫署，书院，第宅，园林，寺塔，祠庙，陵墓，桥梁，堤闸，及一切遗址等。

④ “把积极保护和疏忽破坏两者分别予以奖励或处罚是很有必要的，对于推动上述保护办法的贯彻执行极为有益。”引自罗哲文．关于古建筑保护法令．见：罗哲文．罗哲文古建筑文集．北京：文物出版社，1998.

2. 基本建设时期的文物制度建设与保护工作

1953 年，第一个五年计划开始实施。郑振铎、王冶秋敏锐地觉察到即将来临的变化将会给文物保护事业带来的影响。在大规模基本建设中，建设与保护的矛盾如何解决？郑振铎谈道："我国地下文物众多，搞建设必然要涉及保护，而且过去古人选定作为居住的地方，环境好的地方，也必然适宜今天的现代人开发、建设，可以说各大州县，名城大郡均没有改变。所以涉及建设的地方必然是有文物保护隐忧的，必须未雨绸缪！"[①]

建设还未开始之前，文物局拟定相关法规材料并报中央人民政府政务院审批。1953 年，时任政务院副总理的董必武签发了《在基本建设工程中保护历史文物和革命文物的指示》，明确指出，在基本建设工程中保护文物"实为目前文化部门和基本建设部门的共同重要任务之一"[②]。这一文件是该时期发布的唯一的文物保护法规，提出多个重要的保护理念，确立了多个重要的保护制度，有效解决了基本建设工程中建设与保护之间的矛盾，是影响中华人民共和国文物保护事业的重要法规。为此，郑振铎亲自起草该文件，并撰写文章说明保护工作的重要性，同时亲自到各部委讲课，从官员入手宣传遗产保护的重要性和基本方法。当时文物保护力量严重不足，发动群众、建立全民保护意识十足必要。《在基本建设工程中保护历史文物和革命文物的指示》中，也以大量篇幅说明这个观点并将之定为重要工作。[③]

基本建设展开后，地质勘探、开挖地基等项目迅速增多，极大地提高了文物出土的机率。这一时期，文物干部数量严重不足，专业人员更是屈指可数，人员力量不足成为保护工作面临的重大问题。为此，文化部、中国科学院、北京大学联合举办为期三个月的短期考古人员训练班。考古训练班共举办四届，俗称文物战线上的"黄埔四期"。其培养的 341 名学员成为 1949 年以后我国考古事业的主要力量。同时，文物局委托文整会举办古建筑培训班。古建班共举办四期，被称为古建筑保护界的"黄埔四期"。其培养的 127 名学员，绝大部

---

① 引自谢辰生在天津大学的"新中国文物保护六十年"演讲，演讲时间：2009 年 5 月 4 日，整理人：林佳。

② 中央人民政府政务院 . 在基本建设工程中保护历史文物和革命文物的指示 . 见：国家文物局 . 中国文化遗产事业法规文件汇编 . 北京：文物出版社，2009.

③ "各级人民政府文化主管部门应加强文物保护政策、法令的宣传，教育群众爱护祖国文物，并采用举办展览、制作复制品、出版图片等各种方式，通过历史及革命文物加强对人民的爱国主义教育……并编印通俗保护文物手册，协助基本建设主管部门，对基建工地技术人员及工人加强文物保护工作的政策及技术知识的宣传……各地发现的历史及革命文物，除少数特别珍贵者外，一般文物不必集中中央，可由省（市）文化主管部门负责保管，并应就地组织展览，对当地群众进行宣传教育。"引自中央人民政府政务院 . 在基本建设工程中保护历史文物和革命文物的指示 . 见：国家文物局 . 中国文化遗产事业法规文件汇编 . 北京：文物出版社，2009.

分回到原来的工作单位从事保护和研究工作，成为我国古建筑保护界的骨干力量。这时期是我国文物保护人才培养制度的开创时期，人才培养工作也被写进法规[①]，成为保护制度建设的重要一环。

文物局从国家战略高度规划保护工作，并配以有效的实施手段，促使这时期的保护工作取得了重大的成果。在基本建设开始一年多之后，全国各地出土了大量的珍贵文物，多处古建筑、古遗址得到保护。为了展示成果及教育公众，1954年、1955年，文物局先后在北京午门城楼上举办展览，即《全国基本建设工程中出土文物展览》与《五省出土文物展览》，引起党中央的高度重视。展览结束之后，在国务院总理周恩来、中央宣传部部长陆定一的建议下，提出了“两重两利”保护方针，成为文物保护的基本方针。[②]

3. 农业生产建设中的文物制度建设与保护工作

1955年下半年至1956年底，国家广泛进行农业合作化运动，打井、开渠、挖塘、修坝、开荒、筑路、平整土地等各项农业生产建设在各地迅速开展。许多地区在上述建设工程中发生了破坏文物的严重情况。就当时的文物形势，谢辰生回忆道：“原来发布的文件针对基本建设，全面农业合作化达到高潮之后，全国都大兴土木，这可不得了。原来的基本建设如铁路是线的问题，工厂是点的问题，现在全面铺开，是面的问题。”[③] 相对于基本建设工程来说，农业建设的覆盖面更广。因此必须出台更有效、可行的文物管理制度。

1956年，国务院发布《关于在农业生产建设中保护文物的通知》（以下简称《通知》），针对当时的文物形势提出一系列重要的保护措施。

首先，明确了两项最重要的文物工作：一是开展全国文物普查，二是建立文物保护单位制度。普查的最终目的是确定文物保护单位，落实保护单位和责任人，整理、完善保护对象资料档案等。《通知》提出，各省市在两个月内就目前掌握的情况先公布一批文物保护单位的名称，同时进行文物普查，将普查中发现的新的对象加入文物保护单位名单。

---

① “中央人民政府文化部应有计划地举办考古发掘训练班，培养考古发掘人员；并编印通俗保护文物手册，协助基本建设主管部门，对基建工地技术人员及工人加强文物保护工作的政策及技术知识的宣传。”引自中央人民政府政务院.在基本建设工程中保护历史文物和革命文物的指示.见：国家文物局.中国文化遗产事业法规文件汇编.北京：文物出版社，2009.

② 根据笔者对文物保护专家谢辰生先生的采访记录（未刊稿）。采访时间：2009年8月3日。

③ 谢辰生.新中国文物保护工作五十年.见：彭卿云.谢辰生文博文集.北京：文物出版社，2010.

1956年春，文物局以山西省为试点做示范性的普查，然后将经验推广至全国。之后，第一次全国文物普查全面展开。普查工作基本结束后，各地根据普查结果评定文物价值，划分文物等级，公布文物保护单位。1956年，全国公布省级文物保护单位共计5572处。至1957年，除西藏自治区外，全国各省、区、市调查并经省、区、市人民委员会公布的文物保护单位共6726处。①

按重要性对文物进行分类的做法，在营造学社时期已经使用。在1945年的《战区文物保管委员会文物目录》及1949年《全国重要建筑文物简目》中，梁思成就根据重要性，将古建筑分为4等，但当时未提出建立文物保护单位、作为法律保护对象的做法。文物保护单位制度实际上来自于苏联。对此，谢辰生回忆道：

> 主要的参考文献还是来自苏联。其实在这个问题上苏联跟别的国家也没有区别，原则上没有区别。分级的思想那时候已经有了，但是全国重点文物保护单位这个名称是从苏联学来的。在日本叫“国宝”，我们没叫“国宝”。②

在提出建立文物保护单位的同时，《通知》要求各地方文物管理部门在已提出文物保护单位的所在区域划定保护标志，以明确保护对象。③

其次，建立群众保护小组。根据各地的保护经验，文物局认为全国文物普查范围广、工作量大、干部力量不足，遂开展文物宣传，成立群众保护小组。事实证明，群众在普查和保护当中能够起到重要作用。著名的燕下都发掘和保护，就是群众保护的结果，文物局即以此为样板，将这次保护的经验向全国推广。④

再者，将文物保护纳入城市和农村建设规划：“地方各级人民委员会在进行农村建设全面规划中，必须注意到文物保护工作，并且把这项工作纳入规划之中……一切已知的革命遗迹、古代文化遗址、古墓葬、古建筑、碑碣，如果同生产建设没有妨碍，就应该坚决保存。如果有碍生产建设，但是本身价值重大，应该尽可能纳入农村绿化或其他建设的规划加以保存和利用。”⑤ 这是我国首次提出

---

① 刘建美.1956年第一次全国文物普查述评.党史研究与教学，2011（5）.

② 根据笔者对文件主要起草人、文物保护专家谢辰生先生的采访记录（未刊稿）。采访时间：2012年6月16日。

③ “各省、自治区、直辖市文化局应该首先就已知的重要古文化遗址、古墓葬地区和重要革命遗迹、纪念建筑物、古建筑、碑碣等，在本通知到达后两个月内提出保护单位名单，报省（市）人民委员会批准先行公布，并且通知县、乡，做出标志，加以保护。”引自中央人民政府政务院.国务院关于在农业生产建设中保护文物的通知.见：国家文物局.中国文化遗产事业法规文件汇编.北京：文物出版社，2009.

④ 谢辰生.《文物保护理论与方法》澄清的两个误解.见：李晓东.文物保护理论与方法.北京：紫禁城出版社，2012.

⑤ 国务院关于在农业生产建设中保护文物的通知.见：国家文物局.中国文化遗产事业法规文件汇编.北京：文物出版社，2009.

将文物保护与建设规划结合。[1]郑振铎亲自到基本建设部门，向建设人员讲述规划及建设工程中考虑文物保护的重要性。由于当时文物工作的紧迫性，该规定未及细化。

4. 文物保护经验的总结及法规体系的建立

1958年，"大跃进"运动开始，文物工作中也不得不掀起"大跃进"。[2]幸运的是，1956年开始的全国文物普查并未受到很大影响，大多数省份在该年完成普查任务，并公布文物保护单位名单。1958年，郑振铎因飞机失事不幸逝世，我国文物事业遭受重大损失。

"大跃进"结束后，文物界开始反思得失并总结经验，认为文物保护未纳入法制管理是文物遭受破坏的最重要原因。为及时总结中华人民共和国成立10年以来的文物保护经验，进一步完善文物保护法律法规，《文物保护管理暂行条例》（以下简称《条例》）的制订工作于1958年启动，由谢辰生负责具体起草工作。在广泛征求意见的基础上，《条例》历经10次修改，经1960年11月17日国务院全体会议第105次会议通过，于1961年3月4日正式颁布实施。同时发布了《关于进一步加强文物保护和管理工作的指示》和第一批180处全国重点文物保护单位的名单。《条例》总结了以往包括《古物保存法》在内的民国时期文物法规以及中华人民共和国成立后发布的行政文件和法规，是我国第一部较为全面、系统的文物保护法令。

《条例》共18条，内容包括：提出文物所有权问题；规定国家保护的文物范围；地方保护机构的工作及职责；文物普查及建立文物保护单位制度；文物保护单位"四有"工作及保护管理权责；将文物保护纳入生产建设及城市建设规划体系；文物保护单位的发掘及迁移相关规定；建设中发现文物的处理程序；因建设所涉及文物问题的经费规定；管理及研究机构的考古权限及流程；文物保护单位的修缮原则及审批单位；文物保护单位的使用原则；流散文物的征集；文物的出

① 陈明达．保存什么？如何保存？．见：陈明达．陈明达古建筑与雕塑史论．北京：文物出版社，1998.
② "为贯彻《中共中央关于开展反浪费反保守运动的指示（1958年3月3日）》，推动文物事业的'大跃进'，文化部于1958年3月在北京召开全国文物、博物馆工作会议。会议的中心议题是开展反浪费、反保守运动，交流经验，鼓起革命干劲，配合工农业生产建设'大跃进'，在文物和博物馆工作中掀起'大跃进'，多快好省地开展文物保护工作……依靠群众进行文物保护；贯彻文物发掘中的两利方针，放手普及发掘技术；大力发展地方博物馆，放手发动群众办馆、地方办馆、专业部门办专业馆的方针，形成全国的博物馆网，等等。文物局据此制定了《一九五八年工作计划》和《文物博物馆事业五年发展纲要》，要求各地大办展览和博物馆，开展群众性的文物保护运动，并提出了许多具体但完全脱离实际的工作指标。"引自刘建美．1949—1966年中国文物保护政策的历史考察．当代中国史研究，2008（3）.

口问题；文物保护当中的赏罚制度等。并授予文化部根据《条例》制定具体实施办法的权力。[①]其中，对古建筑修缮工作而言，最重要的是将其修缮原则“恢复原状或保持现状”以法规的形式固定下来。

1961年至1964年，国务院和文化部陆续发布了《关于保护古脊椎动物化石问题的请示报告》《关于博物馆和文物工作的几点意见（草稿）》《文物保护单位保护管理暂行办法》《革命纪念建筑、历史纪念建筑、古建筑、石窟寺修缮暂行管理办法》《古遗址、古墓葬调查、发掘暂行管理办法》等一系列行政法规。这些法规以《条例》为框架，进一步明确、细化《条例》中的保护思想，并提出具体的实施方案。

《文物保护管理暂行条例》是我国文物保护事业系统化、规范化、制度化的结晶，它整理、归纳和完善了以往保护工作的总体思路，为之后的工作提供了原则性的指导和保障，其发布标志着我国文物保护法规体系的正式形成。

（三）古建筑修缮工程制度的建立

1. 中华人民共和国成立初期的古建筑修缮模式

民国时期，古建筑的修缮模式主要有四种：一是由古建筑管理部门拟定修缮对象，以招标方式选取营造厂商开展工程，其性质基本上为传统意义上的翻修与加固；二是由国家保护机构（如文整会、北平市工务局等）委托现代建筑设计机构（如基泰工程司等）代为办理修缮设计，同时聘请古建筑研究机构（如营造学社）作为顾问，再以招标的方式选定承修厂商；三是国家保护机构（文整会等）自行承担修缮工程，仍以招标方式选定施工单位；四是由古建筑所有者自行修缮。上述前三者为公产的修缮模式，最后为私产的修缮模式。

中华人民共和国成立之后，公私合营之前，古建筑修缮多按照上述第三种模式。之后的古建筑修缮均按计划经济下的修缮模式，共有四种工程模式：一是由国家级遗产保护机构（国家文物局及文整会）主持并设计，在京工程直接委托修缮单位（如北京市第二房屋修缮工程公司），地方工程则由文整会和地方政府部门合组“修缮委员会”主持并设计，再聘请当地工匠进行施工。二是所谓“故宫模式”。故宫拥有自己的研究、设计部门和施工队伍，可自行承担故宫古建筑的

① 国务院．文物保护管理暂行条例．见：国家文物局．中国文化遗产事业法规文件汇编．北京：文物出版社，2009.

保护与修缮工作。三是由古建筑管理机构下属的施工单位进行施工，这种模式与故宫模式类似，但缺少研究与设计部门。如北京园林局及其属下的北京园林古建工程公司，专门负责北京各处园林的古建筑修缮。另外还有北京市第一房屋修缮工程公司，专门负责如中南海等中央机关所在处的古建筑修缮。四是由文物保护单位所在管理处自行选择修缮单位。在国家计划经济的总体模式下，所有古建筑施工单位均为国有事业单位，较少考虑利润、生存等问题。相应地，古建筑保护修缮体制也可称为"事业模式"。过去由投标决定施工单位的情形不复存在。但这时期科学的古建筑修缮原则未普及，修缮设计制度未完善，也有以旧有翻新加固方法修缮古建筑的情况。

2.《革命纪念建筑、历史纪念建筑、古建筑、石窟寺修缮暂行管理办法》

中华人民共和国成立初期，古建筑作为文物的观念还未被普遍认识和广泛接受。不少古建筑维修仍是按照"焕然一新"或大幅翻新加固的传统做法。即使在故宫建筑的修缮工程中，加入时下流行的操作手法的情况也有出现。[①] 修缮工程制度不完善也是导致问题的重要原因之一。

针对修缮工作中认识有偏差、程序不科学、干预做法不明确等问题，出现了相关的研究和总结。如陈明达《古建筑修理中的几个问题》一文，较为系统地论述了古建筑修缮工作的上述方面。针对修缮原则与干预做法不明确的问题，陈明达认为，应注重古建筑及其修缮工程的研究，明确其价值，完善修缮工程机制。[②] 陈明达重视修缮对象研究及价值评估工作，强调干预前考察、研究工作的重要性。同时，他将古建筑修缮工程分为"保养性的修理""抢救性的修理""保固性的修理""复原性的修理"四种类型，并对修缮工作内容和步骤作出详细说明。[③]

---

① "1952年起我院开始安排全面维修的工程项目，重点修缮了慈宁宫一组建筑……此项工程的不足之处，依然是局部纹饰和部分工艺上还带有一定近代形成的习惯做法。造成这一现象的原因，主要是修缮设计尚不完备和实施匠师们的文物意识尚未形成。"引自王仲杰.故宫古建筑彩画保护70年.见：于倬云.紫禁城建筑研究与保护.北京：紫禁城出版社，1995.

② "研究工作。这是修理古建筑的重要工作……具体的研究工作又可以分为两种性质：（1）属于建筑学的。一个建筑物的恢复是要研究了那一个时代同类型建筑物的一般规律和那一时代中那一地区的地方性的规律，结合着现存部分的实际情况才能得出结论，拟出它的原来形状……（2）是工程学的研究。这是根据建筑物损坏的情况，研究它损坏的原因，以求在工程上有保存原状的原则下找出修理的办法。因为古建筑的修理单是恢复原状还是不够的，还应当要求它更坚固持久。"引自陈明达.古建筑修理中的几个问题.见：陈明达.陈明达古建筑与雕塑史论.北京：文物出版社，1998.

③ "1.现场勘查；2.设计工作，包括以下各项：1）测绘实测图样，摄制照片；2）详细检查；3）研究工作（包括建筑学及工程学两种性质的研究）；4）施工详图、施工计划。"引自陈明达.古建筑修理中的几个问题.见：陈明达.陈明达古建筑与雕塑史论.北京：文物出版社，1998.

此外，陈明达特别强调施工计划的重要性，提出对于工期进度，材料准备、运输，人工数量、种类、来源，施工季节长短，工人生活条件、细节等，均需提早作出计划。陈明达还指出，必须重视施工过程中新发现的情况，并做好施工记录，为古建筑研究提供新的资料。

虽有上述认识，但总体而言，此时的古建筑修缮理念和保护实施方法还在探索、完善阶段。即便是当时国内唯一的古建筑保护专门机构——文整会，其修缮体制和各项标准也有待完善。[①] 许多古建筑保护工程未尽如人意，全面规范修缮工程势在必行。

1963年，文化部颁发《革命纪念建筑、历史纪念建筑、古建筑、石窟寺修缮暂行管理办法》（以下简称《办法》），明确古建筑及相关文物保护单位的保护原则、修缮程序及管理办法。《办法》将修缮工程分为三种，分别为经常性的保养维护工程、抢救性的加固工程和重点进行的修理修复工程。在重申修缮原则为恢复原状或保持现状的前提下，《办法》对上述三个类别的工程分别作出说明。

《办法》将保养工程定义为“不改变文物的内部结构、外貌、色彩、装饰等原状，而进行的经常性的小型修缮。”[②] 如屋顶除草、勾抹、补漏、简易支顶加固、庭院清理等。文物建筑的日常修缮应成为日常事务，并列入管理机构及使用单位的年度工作计划，报上级主管机关批准。由古建筑日常维护被列入法规文件，可知保护界对古建筑的特性已有相当的认识，对“未雨绸缪”的保护方式之于延续古建筑生命周期的重要作用已有相当的了解。

《办法》将抢救性的加固工程定义为“建筑物、石窟岩壁以及塑像、壁画等发生严重危险时，所进行的支顶、牵拉、挡堵等工程”。[③] 加固工程必须采用临时性的措施，不可妨碍日后彻底的修理修复工作，不宜使用浇筑措施。抢救性工程的加固措施必须“可逆”，这项规定在保证古建筑基本安全的同时，最大限度地保留了其所承载的历史信息，无疑给各地抢救濒危古建筑的工程以有效指引，为

① “这些缺点大部分是由于设计不周所造成，而重要工程设计又都是由我们做的，这在今后必须严重注意。这些缺点主要的是：(1) 设计思想不明确，对修复古建筑坚决保存原状（或恢复原状）的原则不重视。草率的利用旧图，有的甚至未经过领导审查就送出去，说明书也不完善不具体，及在施工中发生问题，又未补测必要的部分，作出正确的图样，只是送去未经测量，也未用比例尺量的（示意图）……（2）在全部工作中不分轻重缓急。山西所修各建筑在全国古建筑中都是比较重要的，又都是落架大修，在技术上是艰巨的，而地方干部技术水平较低，有经验的工人较缺乏，在这种情况下我们并没有派人长期驻在工地协助，补绘各种详细大样，以致许多细小部分不符原样。”引自北京文整会工作组．山西省古建筑修缮工程检查．文物参考资料编辑委员会．文物参考资料，1954（11）.

② 文化部．革命纪念建筑、历史纪念建筑、古建筑、石窟寺修缮暂行管理办法．见：国家文物局编．中国文化遗产事业法规文件汇编．北京：文物出版社，2009.

③ 文化部．革命纪念建筑、历史纪念建筑、古建筑、石窟寺修缮暂行管理办法．见：国家文物局编．中国文化遗产事业法规文件汇编．北京：文物出版社，2009.

落实中华人民共和国成立初期“重点保护、重点修缮”、“不塌不漏”的古建筑保护方针提供了操作指南。

保养工程及抢救性的加固工程多针对地方文物保护单位的管理或使用机构，在专业人员少，保护资金不足的当时，此二类工程数量庞大，但较为简单。对于专业性更强、修复对象价值较高的修理修复工程，《办法》作出了更详尽的规定。重点修复的工程必须做好勘查工作，根据现状、病害及科学依据作出修缮设计和工程计划，同时上报省级文化行政部门批准，全国重点文物保护单位则须报文化部审核。其文本必须包括以下内容：（1）现状实测图；（2）建筑物、石窟等的内外部及重要部分的细部照片；（3）损坏情况的研究报告；（4）修理修复的研究报告及图样；（5）施工详图和效果图；（6）施工说明书和详细预算；（7）人力、物资准备情况。[①]《办法》还规定：“在修理修复工程施工过程中，应注意对新发现的资料或文物进行记录、摄影、实测。当工程的每个重要阶段结束时，对工程质量要进行检查和小结；在工程全部完工时要认真做好验收工作和总结工作。”这表明，研究作为保护工作的一部分，应贯穿整个修缮工程的思想，已在《办法》中有所体现。同时，《办法》对修缮过程当中的记录也给予了足够的关注。

除详细规定三类保护工程外，《办法》还规定了文物保护单位在使用、修改、拆除等方面的原则。《办法》是中华人民共和国第一部针对古建筑修缮工程及管理的行政法规，系统、全面地规范了古建筑修缮工程，其发布标志着古建筑保护修缮管理体制的初步建立。

二、文物普查及文物保护单位制度的建立

1961年，国务院发布《文物保护管理暂行条例》，建立全国文物普查与文物保护单位制度，同时公布了第一批全国重点文物保护单位。这是我国文物保护体系的重要内容，为文物保护和管理提供了法律上的保障。又因为全国重点文物保护单位之中，绝大多数是古建筑或古建筑遗址，因此这两项制度对于古建筑的保护尤为重要。在这两者当中，文物普查、勘测是前提，是了解古建筑分布、数量、

① 文化部．革命纪念建筑、历史纪念建筑、古建筑、石窟寺修缮暂行管理办法．见：国家文物局编．中国文化遗产事业法规文件汇编．北京：文物出版社，2009.

重要性及残损情况的必要工作。自清末我国文物保护事业开展以来，文物的调查就一直贯穿始终。

1949年，国家新定，百废待兴，基本建设有新的开始，文物保护却是要回顾过去，整理已有资料信息，以制订全面保护的计划。清朝及民国时期的文物调查，除营造学社的调查资料外，并未留下全国性的可供参考的材料，学社资料则集中于华北及西南。重要古建筑在战争之后的保存状态也是未知之数。中华人民共和国成立后，保护事业刚刚起步，无力进行大规模的古建筑修缮。因此，摸清家底，以制定长远的保护政策和措施，是文物局成立初期的基本工作思路。“1953年，罗哲文参加北京市关于文物普查的一个会议，与会人员就某些文物该不该保护的问题进行了讨论。郑振铎局长说了一句关键的话：‘要把北京有价值的文物进行彻底调查，调查清楚再来讨论保护的问题’。”[①] 当时国家文物局在制定保护法规外的另一项重要工作，就是全国范围的文物调查。

除文物系统外，高校与研究机构也根据研究、教学需要，展开对所在地区及周边古建筑的调查研究。研究思路的扩展，使得调查范围有所变化，如营造学社之前较少关注的住宅建筑、园林、少数民族建筑都在调查之列，大大丰富了古建筑的类型。此外，高校专业人员的调查也弥补了地方调查人员的非专业性问题。可以说，文物系统、高校、研究机构共同完成了我国古建筑的初期“摸底”工作。

（一）中华人民共和国成立初期的文物“摸底”普查

1950年2月26日，文物局拟定了7种调查表，命各省、市的文教机关、图书馆、博物馆及文物保管委员会填报，以了解全国各地图书馆、博物馆、名胜古迹以及文物史料和革命建筑物的现状。[②] 对古建筑而言，可做参考的资料只有前述营造学社所编的《全国重要建筑文物简目》（以下简称《简目》）。

1950年，文物局将《简目》翻印，发给各地区文物保护机构，要求各区根据《简目》所列重要文物及鉴别、评估方法，熟悉本区的重要古建筑，并借此进行解放战争后古建筑的复查与全国“摸底”普查。郑振铎为此亲自撰写说明：

> 本局职司之一，即是保护全国的文物和古建筑；但半年来屡接报告，各地古建筑还没有受到应有的保护，甚或遭受破坏；因此本局特将此简目重

① 李艳．从“盛世修志”到文物普查——访文物专家罗哲文．中国文物报，2007-06-08.
② 国家文物局党史办公室．中华人民共和国文物博物馆事业纪事．北京：文物出版社，2002.

印，普遍发给全国各级政府，使其知道各该管境内，有什么古文物及古建筑，以便加以保护……希各地各级政府把遗漏的或调查不确实的，随时报告本局，以求更臻完善。①

同时，文物局令地方培养文物保护力量，并按《简目》附录《古建筑保养须知》管理和保护古建筑。随后，各地陆续上报新发现的古建筑，包括唐代建筑南禅寺大殿等。“摸底”普查成为中华人民共和国古建筑保护事业的开端。

之后，全国性的文物“摸底”普查在各地陆续展开。由于没有统一标准，各地调查效率不高。为提高古建筑评估工作的效率和准确率，郑振铎指示文整会编订《文物建筑等级评定表》。② 当时文整会的工作尚未面向全国，因此首先完成了对于北京市古建筑的调查。当时参与此事的罗哲文回忆：

1950 年我从清华大学调到中央文化部文物局任业务秘书，分配到文物处负责古建筑的工作，并担任和“文整会”的联系工作。“文整会”主要任务是古建筑的调查研究和维修，当时“文整会”的工作尚未向全国展开，主要是调查北京的古建筑和修缮城门楼子。自 1952 年北京市成立文物组之后，北京的文物调查工作就由他们负责了，“文整会”随着文物事业的发展就面向了全国。……调查北京的寺庙，是郑振铎局长布置的任务，他一贯主张要把文物的家底“彻查”清楚，以便安排工作。他特别强调彻查二字。我记得当时根据文献记载和调查北京的大小寺庙和古建筑有 800 多处，原想出一本册子的，由于工作量太大未出来。但是在郑振铎局长的指示安排下，出了一本很有价值的《北京文物建筑等级初评表》按照 1949 年 3 月清华大学与中国营造学社合办的中国建筑研究所所编发给解放军保护文物的《全国重要建筑文物简目》的形式，根据其价值大小分等分级排列，对后来的文物保护很起作用。特别在书后附了一篇《古建筑保养维修工作须知》的文章，强调日常保养维修工作的重要性和有关知识与方法，对今天来说还有重要的意义。③

根据调查结果，文整会整理出版了《北京文物建筑等级初评表》（以下简称《初评表》）（图 3-13），并参考《全国重要建筑文物简目》的形式，整理了北京市范围内的古代建筑。《初评表》将建筑物分为甲、乙、丙三等，其中以甲等为最重要，

① 清华大学、中国营造学社合设建筑研究所．全国重要建筑文物简目，1950.
② 中国社会科学院考古研究所．新中国的考古收获．北京：文物出版社，1961.
③ 罗哲文．与时俱进，继往开来——热烈祝贺中国文物研究所成立 70 周年．见：中国文物研究所．中国文物研究所 70 年．北京：文物出版社，2005.

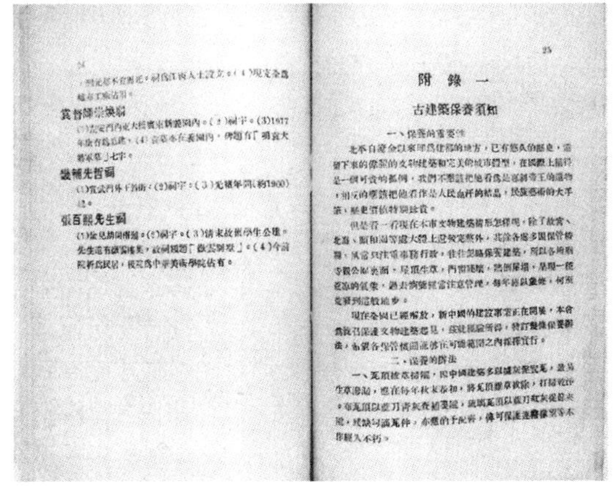

附錄一

古建築保養須知

图 3-13 “北京文物建筑等级初评表”书影（资料来源：中国文物研究所 . 中国文物研究所 70 年 . 北京：文物出版社，2005）

依次类推，体现了当时文物局“重点保护、重点修缮”的思想。另外，《初评表》还提出各等级古建筑的保护标准及分级目的：“文物建筑评定等级的用意，是要提醒大众，注意爱护，对于甲级的文物建筑，尤应视为国宝，深加重视。除丙级外，凡利用甲乙两级文物建筑之各机关部队团体，如须修缮拆改，应先与文物整理委员会取得联系，议定妥善办法后，再行施工，以免损伤原有的史艺价值。”[①] 针对不同等级建筑采取不同的管理和审核方法，初步体现出文物保护单位的思想。另外，《初评表》除附录了《古建筑保养须知》之外，还增加《使用文物建筑应遵守的几个原则》，包括：改建门窗、油饰粉饰、电器设备、添建房屋、其他（包括保护内部装饰及文物等方面）五项，更加细致地规定了使用古建筑所要遵循的原则。《初评表》是《简目》的继承与发展，为地方古建筑普查和保护工作提供了可遵循的体例和古建筑保护、管理、使用的规范。

（二）文物部门、高校及研究机构的古建筑调查

国家经历战乱之后，迅速了解全国古建筑的数量、分布和保存状况以及各地保护力量、群众保护意识等基本情况，是保护工作的主要任务之一。以当时国力，古建筑修缮只能按照价值大小和迫切程度有选择地展开。为此，文物局组织了一系列的专业调查。另一方面，有建筑史研究能力的高校，因教学及研究的需要，也开展了所在地区及周边的古建筑调研。

① 文化部文物局，北京文物整理委员会 . 北京文物建筑等级初评表，1951.

1. 雁北文物勘查团

1950年，察哈尔省雁北专区山阴县古驿村之北发现古城遗址，由察哈尔省文教厅报文化部。文化部遂令察哈尔文教厅再行调查，结果经专家审议，认为遗址可能属于汉初或战国时代，有详查的必要。考虑到战争过后应县木塔、佛光寺的保存状况未明，也有必要做一次详细调查，文物局遂邀请北京大学文科研究所考古室和建筑系、清华大学文物馆和营建系、文整会以及历史博物馆等机构的专家与文物局合作组成“雁北文物勘查团”，对雁北各县进行考古及古建筑的调查工作。①

1950年7月21日，勘查团正式成立，分考古、古建两组。裴文中任团长，陈梦家任考古组组长，刘致平任古建组组长。② 勘察团成立后立即出发，至8月31日返京，行程共40天。期间调查了大同云冈石窟、山阴故驿村古城、应县古建筑、浑源李峪村战国遗址、阳高古城堡和广武古墓群、五台山佛光寺等重要古迹和古建筑。回京后，各专家根据调查资料分别撰文，由裴文中编成《雁北文物勘查团报告》一书，郑振铎为之作序，题为“重视文物的保护、调查、研究工作”。

古建组考察了大同、云冈、岱岳、应县、朔县、代县、五台、太原、晋祠、正定等处，勘查了五台山佛光寺、大同华严寺、应县木塔、大同善化寺、太原晋祠、正定隆兴寺、应县净土寺等20多处重要古代建筑，进行了勘查、测绘、摄影与记录等工作，成果体现为刘致平《古建组勘查综述》及《大同及正定古代建筑勘查纪要》、莫宗江《应县、朔县及太原晋祠之古代建筑》、赵正之《五台山》等文章，汇集于调查报告中。勘查团中，刘致平、莫宗江、赵正之曾为营造学社社员。学社对于上述古建中的大多数已经做过调查和研究。基于学社的研究成果，针对本次勘查目的，古建组将工作重心放在记录、研究建筑物的现状及残损情况，并直接在学社已有的测绘图上进行标注（图3-14）。调查报告基本上分为五部分：简介、现状分析、修缮意见、图纸及照片，其中绝大部分的篇幅用于阐述遗构的保存状况及修缮意见，并根据建筑的价值及危险程度提出修缮的次序。赵正之的文章还详细介绍了五台山的文物保护机构、人员及管理办法等方面的情况。

---

① 雁北文物勘查团．雁北文物勘查团报告．中央人民政府文化部文物局，1951.

② 勘查团团长由文物局博物馆处处长裴文中先生担任，清华大学营建系刘致平教授及清华大学国文系陈梦家教授为副团长。由陈梦家兼任考古组组长，副组长为北京大学文科研究所研究员阎文儒、北京历史博物馆傅振伦。组员为宿白（北京大学文科研究所）、王逊（清华大学文物馆）。古建组组长由刘致平教授兼任，副组长为北京文物整理委员会及北京大学工学院赵正之教授、清华大学营建系莫宗江副教授担任，组员包括清华大学营建系的朱畅中、汪国瑜、胡允敬等3人。另有北京大学工学院的李承祚（至云冈因病返京）、故宫博物院的张广泉（至应县因病返京）中央文化部文物局总务科的王守中、王树林等共计16人。

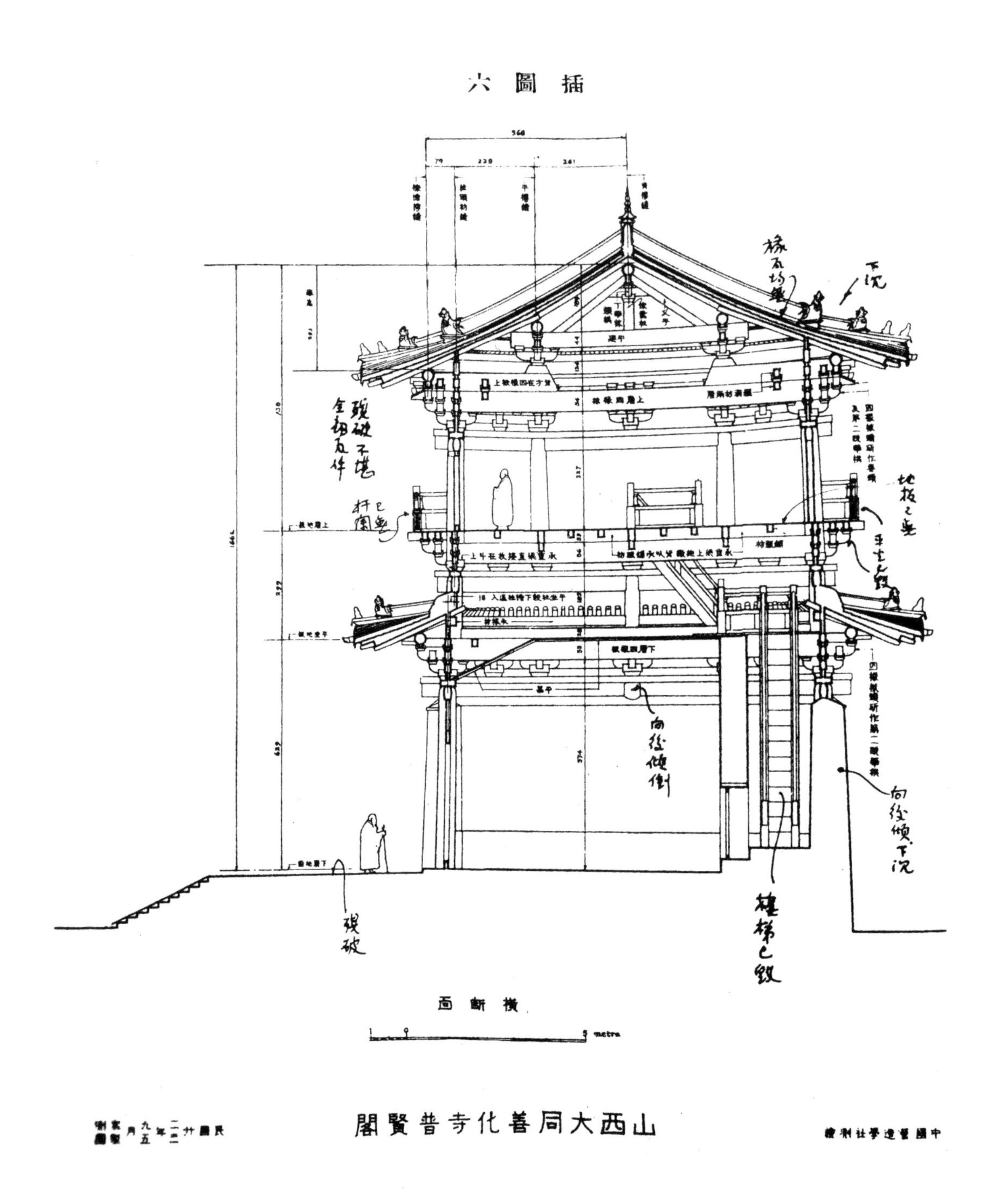

图 3-14　雁北文物勘查团古建组标注现状的图纸（资料来源：雁北文物勘查团. 雁北文物勘查团报告. 中央人民政府文化部文物局，1951）

考古组则主要勘察了山阴县古驿村的古城、山阴县广武镇和阳高县古城堡的古墓、大同县云冈石窟的造像、大同县云冈南岸及高山镇、浑源李峪村的史前陶片，并搜集了内蒙古境内西番小铜器等。值得注意的是，考古组宿白所撰《浑源古建筑调查简报》，以考古学的角度，对浑源县永安、圆觉二寺的古建筑进行了研究，展现出与建筑学界不同的思考方法。①

雁北文物勘查团是中华人民共和国成立以来首个由文物部门组织的调查团体。② 与一般的文物普查不同，雁北文物勘查团以专家、学者为成员，事先列有较为详细的勘察计划和目标，其成果远非一般普查可比。在古建筑勘查方面，以营造学社的研究和调查成果为基础，根据当时的保护需要而展开，目标主要是复查营造学社曾经调查过的重要遗构，针对性强，勘察重点均基于文物保护工作的现实需求。同时，勘查团也负担着宣传保护理念政策、指导当地文化部门开展工作等任务。③ 虽为初试性的工作，其突出作用、积累的经验及调查保护的体例却为后来的重点勘察和地方普查提供了借鉴和示范，并坚定了文物局对于开展文物勘察的信心。④ 对于它的意义，郑振铎指出：

> 雁北文物勘查团的组织，便是试做这个实地勘查工作的初步。根据了这个初步的经验教训，我们以后便可以更有效更系统地到各地区去调查研究文物现况了。又这次勘查团的出发，对于中央重视的保护工作，也收到了相当有力的宣传教育作用。在工作着的地区或在经过的地区，立即引起了当地人民们的拥护、合作与种种的帮助。像这样的勘查团如果有计划的有重点的逐年出发工作，对于全国文物的保护与调查研究上，一定会收到更广泛而深入的效果。⑤

有趣的是，其时两组间通信不便，有时须靠贴大招贴通知对方。“晨五时半启行，二十里到旧广武，见道畔有‘刘致平，莫宗江注意：’大招贴，始悉考古组亦在该村，于是入村，两组会师。”⑥ 当时国民经济尚未恢复，勘察团在工作、生活条件十分艰难的情况下，仍克服重重困难，完成艰巨困难的学术考察。

---

① 温玉清．雁北文物勘查团溯往．建筑创作，2009（2）．

② “雁北文物勘查团是中华人民共和国成立以来第一次组织的规模较大的一个关于文物的实地调查研究的工作团体，它的这个报告也是中华人民共和国成立以来第一个出版的关于这一方面的科学的调查保护报告。”引自郑振铎．重视文物的保护、调查、研究工作——《雁北文物勘查团报告》序．见：雁北文物勘查团．雁北文物勘查团报告．中央人民政府文化部文物局，1951．

③ 雁北文物勘查团．雁北文物勘查团报告．中央人民政府文化部文物局，1951．

④ 雁北文物勘查团．雁北文物勘查团报告．中央人民政府文化部文物局，1951．

⑤ 郑振铎．重视文物的保护、调查、研究工作——《雁北文物勘查团报告》序．见：雁北文物勘查团．雁北文物勘查团报告．中央人民政府文化部文物局，1951．

⑥ 郑振铎．重视文物的保护、调查、研究工作——《雁北文物勘查团报告》序．见：雁北文物勘查团．雁北文物勘查团报告．中央人民政府文化部文物局，1951．

根据雁北文物勘查中反映的情况，文物局高度重视晋冀地区古建筑的保存现状，选定山西、河北两省作为古建筑调查、修缮与保护的重点地区。雁北勘查团的成功经验，使重点勘察工作被全面提上日程，即由专业人员对重要地区的古建筑及各地方文保所上报的危急项目进行调查、勘察，以制定全面的规划并做出预算。1952 年，文物局派出四个专家组——7 月开始的东北古建筑勘察组、8 月开始的河北古建筑勘察组、9 月开始的雁北古建筑勘察组以及 11 月开始的赵州桥勘察组,对所考察古建筑的价值和保存情况进行了调研,并提出具体的维修方案。[①]之后，除保护修缮工程与相关研究外，文物局与文整会的另一项常规工作即此类勘察，一直持续至“文化大革命”前。

2. 四个专家组的勘察及后续工作

（1）东北古建筑勘察组——修缮为主，考察为辅

1952 年 7 月，应东北人民政府邀请，文物局连同文整会派罗哲文、于倬云、陈继宗、李良姣、孔德墉，前往东北帮助修理和修复山海关、吉林农安塔、沈阳故宫大清门[②]三处古建筑。经过一个多月，三处古建筑的测绘、修复工作宣告完成，由文物局审批和拨款，立即实施修缮。勘察组顺便考察了义县奉国寺等古建筑，并由于倬云执笔，撰写《辽西省义县奉国寺勘查情况》一文，详细阐述其历史沿革、形制描述、构件特征、结构特点等方面。

（2）河北古建筑勘察组——考察现状以制定保护计划

1952 年 8 月，文物局为了掌握河北地区的古建筑遗存情况和保存现状，以便制定维修计划，派文整会祁英涛、文物局罗哲文及河北省文化局里正对河北北部的古建筑进行了勘察。经曲阳、赵县、正定、邯郸、定县等地，考察了曲阳北岳庙，赵县赵州桥、永通桥、济美桥、陀罗尼经幢、柏林寺，定县料敌塔、考棚、行宫，邯郸磁县南、北响堂山石窟等文物。[③]由祁英涛执笔，撰写调查报告《河北省南部几处古建筑的现状介绍》。报告以描述现状为主，针对各个建筑提出了修缮或日常保护的意见,对响堂山等重要文物则提出了设立专门保管机构的建议。

---

① 罗哲文 . 雁北古建筑的勘查 . 文物参考资料，1953（3）.

② 1951 年 10 月 21 日，全国重点文物保护单位，沈阳故宫大清门因电气短路发生火灾，致使大清门及门厅陈展文物全部被毁。

③ 罗哲文 . 北京文物整理委员会与建国初期的古建筑维修 . 中国文化遗产，2005（6）.

图 3-15　赵州桥下河道挖出的隋代栏板 [资料来源：罗哲文 . 北京文物整理委员会与建国初期的古建筑维修 . 中国文化遗产，2005（6）]

（3）赵州桥勘察组——专项修缮

经河北古建筑勘察组调查，发现赵县安济桥多年失修，已残破不堪，亟待修缮。之后，鉴于赵州桥的重大价值，文物局于 1952 年 11 月，邀请清华大学刘致平、天津大学卢绳和文整会多位专家前往，对赵州桥进行勘察、测绘并提出修缮方案。方案提出，桥修好之后只供行人通行，在附近另建新桥以解决行车问题。勘察组同时考察了正定隆兴寺慈氏阁及城内其他古建筑。赵州桥考察的成果得到文物局的高度重视。① 为此，郑振铎申请了一笔专款，并邀请相关专业人员一同考察并制定实施方案。② 这次考察对桥身做了详细测绘，发掘出河底的隋代石栏板（图 3-15），并请马衡对其笔法作出鉴定，对赵州桥研究及修缮方案设计提供了重要信息。工程由余鸣谦主持，持续 6 年，是中华人民共和国成立后第一例石质古建筑修复的个案，为以后的类似工程提供了示范。

（4）雁北古建筑勘察组——古建筑密集区的重点考察

1952 年，文物局派罗哲文、杜仙洲前往雁北进行古建筑的勘察。这次调查最重要的任务是帮助察哈尔省进行大同和朔县的古建筑维修工作，称为雁北古建

① “我和祁英涛同志考察了赵州桥的险情，回来汇报之后，引起了郑振铎局长的高度重视，他立即与马衡、俞同奎商议，将维修赵州桥作为文物局的直管工程，由文整会作为重点维修工程来办并负责到底，我记得最后全部报销单据装了一大箱送到文物局鲁秀芳那里。”引自罗哲文 . 北京文物整理委员会与建国初期的古建筑维修 . 中国文化遗产，2005（6）.

② “郑振铎同时又作了进一步安排，向国务院申请了一笔文物直拨维修专款。并于 1953 年邀请了古建、桥梁、工程方面的专家梁思成、茅以升、王明之等前往制定实施方案，文物局有我和文物处副处长张珩，还邀请了刚从美国返回的公路总局桥梁专家何福照工程师一同考察。”引自罗哲文 . 北京文物整理委员会与建国初期的古建筑维修 . 中国文化遗产，2005（6）.

筑勘查组。[①] 勘查组最终选定对大同善化寺普贤阁、朔县崇福寺观音殿进行修缮，并以保持现状为修缮原则，拟定了修缮方案。修缮方案经文物局审批后，即行施工（图 3-16）。勘察过程详细记录在《雁北古建筑的勘查》一文中。值得关注的是，文中记录了当时确定修缮目标的决策过程——在大同考察时，对各处古建筑的价值和损毁情况进行比较，根据当时的财力和人力条件，决定重点修缮和一般保养的实施对象。[②] 考察朔州崇福寺也用了同样的方式。罗哲文回忆道：

> 勘查崇福寺时吸取了勘查善化寺的工作经验，先把全寺建筑做了一次普遍详细的调查，把全寺的各种建筑，根据它们在工程、历史和艺术方面的价值，建筑物本身残破的情况，结合目前修缮的条件，做全面的比较。全寺的建筑单位共有弥陀殿、观音殿、三宝殿、藏经阁、天王殿、山门、文殊堂、普贤堂、钟楼、鼓楼等十个，其中以弥陀殿、观音殿年代最早，其余都是后代所建。在这两座重要的建筑中，弥陀殿的价值和残破情况同观音殿一样，但是这殿如要修缮，必须全部落架，工程非常庞大，目前的条件还不够，经过详细研究，在短时期还不致有坍塌的危险，所以决定先把观音殿作为重点修缮，弥陀殿只做一般保养工程。其余各处，虽然也是残破，但根据它们的价值和修缮条件，决定也只做一般保养工程，由县人民政府自行计划施工。[③]

这段关于决策的记述详实地反映了建国初期对于古建筑修缮工程的确定，既需要综合考虑各方因素，且慎之又慎。首先考察古建筑的价值，以价值突出者优先。其次考察损毁情况，以残损严重者优先。最后，由于当时国民经济尚未恢复，工程量的大小也是一项因素。可以看出，其时古建筑遗构的保存状况并不理想，亟需全面修缮，然而国家文物保护力量有限，因此必须选择具有重要价值且修缮工程量不大的木构建筑进行修缮，对其他古建筑则只能进行一般的维护工程，保持

---

① “1952 年 8 月，郑振铎局长听了我们关于河北古建筑的报告之后，立刻着手抓古建筑面临的残破情况严重、疏于管理的问题，要我和文整会进行实地考查提出对策。正好此时察哈尔省提出帮助他们维修大同和朔县的古建筑的要求，我们可以说是带着问题去的。”引自罗哲文．北京文物整理委员会与建国初期的古建筑维修．中国文化遗产，2005（6）．

② “勘查的经过，重点修缮普贤阁，是经过两次勘查之后才决定的。首先我们根据大同市的报告和过去勘查的材料，对大同市主要的古建筑的情况初步了解了一个大概，决定先视察一次。把大同市内一九五二年拟做修缮工程的上华严寺、下华严寺、善化寺三处的情况作了比较，发现上下华严寺残坏的情形比较轻，善化寺比较重，因此，根据目前的财力和人力条件，决定上、下华严寺只做一般保养，善化寺做重点修缮。……决定了重点修缮善化寺之后，又做了再度勘查，进一步把寺内各个建筑的价值和残毁情况作出比较和研究。善化寺内共有四个主要建筑，就是：大雄宝殿、三圣殿、山门和普贤阁，其中以普贤阁和大雄宝殿年代最早。残坏的情况以普贤阁最严重，但工程比较小，是目前的财力和人力条件可能做得到的。其他各殿，虽然破坏也很严重，估计目前还不致倒塌，且修缮工程庞大，因此，经过与大同市文化局的共同研究后，就决定了暂时先把普贤阁作为善化寺中的重点工程。”引自罗哲文．雁北古建筑的勘查．文物参考资料，1953（3）．

③ 罗哲文．雁北古建筑的勘查．文物参考资料，1953（3）．

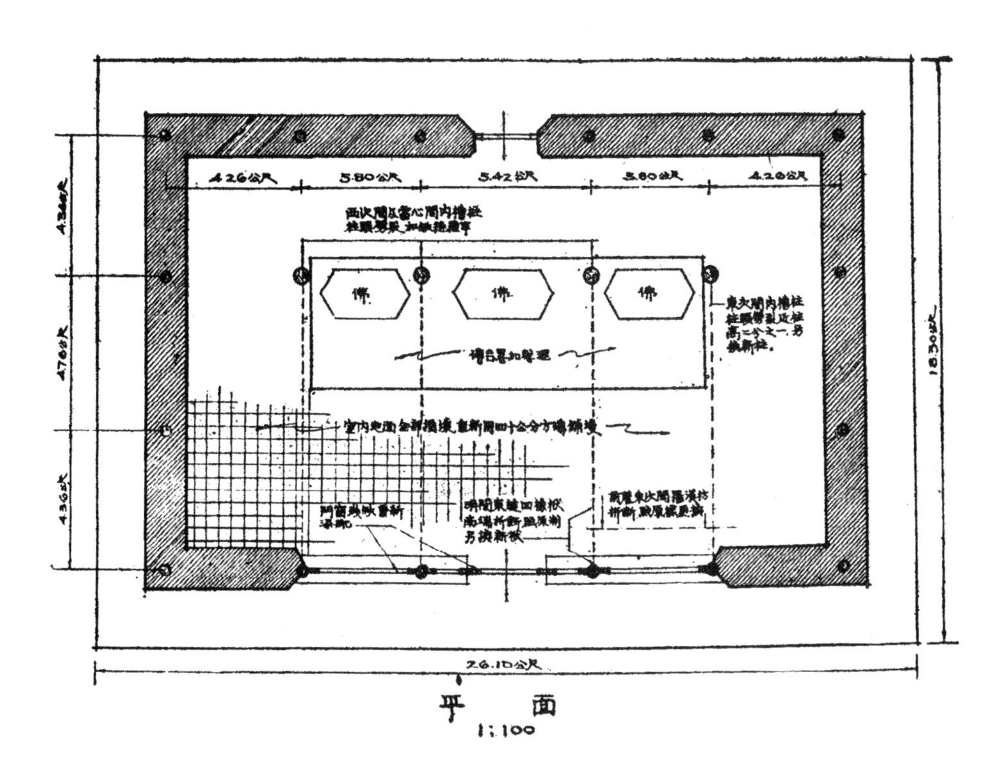

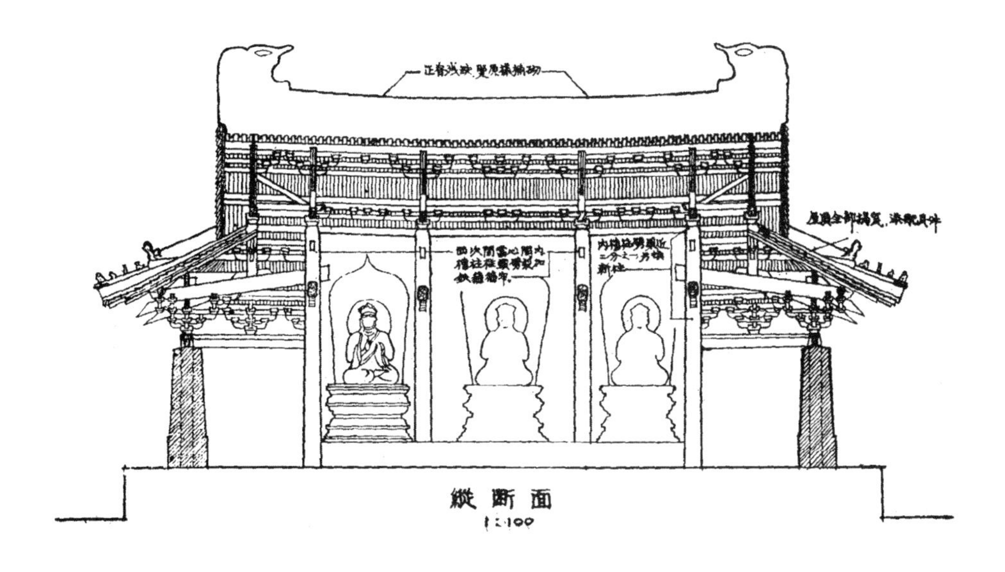

图 3-16　崇福寺观音殿修缮方案 [资料来源：罗哲文 . 雁北古建筑的勘查 . 文物参考资料，1953（3）]

“不塌不漏”[1]，以待日后的大修。

除重点勘察外，勘察组也顺道考察了大同市、应县、朔县三地的古建筑，记录保存情况并对其短期保护和长期修缮提出规划和建议。最后的考察报告也延续《雁北文物勘查团报告》的体例，分为简介、保存现状和修理意见几部分。雁北文物勘察组是专为重要古建筑分布密集地区制定修缮工作计划而组织的考察团。

上述四个专家勘察组，是新中国初期文物部门古建筑调查的典型个案。勘察的目的是为文物局的文物规划提供基础资料并为决策做出帮助，与高校及研究机构以研究为目的的调查不同，更多以现状勘察为主要工作。[2] 勘察组也兼顾宣传文物政策、教育地方保护人员及群众的工作。

各地要求抢救、维修古建筑的提案和报告纷至沓来，文物局只能选择重点进行修缮。修缮工程的提出与确定有三种情况，第一是地方自行普查，提出请求，由文物局派员勘察，拟定修缮方案并立项；第二是文物局根据自己的调查，确定重点修缮地区及修缮项目；第三是由高校或研究部门根据自身的调查和研究提出修缮建议[3]，文物局派员勘察后确定。这一时期的保护工作由文物部门与高校及研究机构通力完成。[4]

此后，文整会的业务向全国展开，须到地方检查工程进展，同时进行古建筑勘察，实际上与古建筑勘察组并无二致。中华人民共和国成立初期的修缮工程较少，文整会将古建筑研究作为重要的工作内容，而考察既是收集资料和学习的过程，也为文整会的古建筑研究和保护工程中的价值评估和修缮设计奠定基础（表3-1）。1956年1月，文整会增设了勘察研究组，显示出考察已经成为这一时期的重要工作。

---

① 中华人民共和国成立初期，针对国家经济积弱及古建筑的保护特性，文物局提出古建筑保护以“不塌不漏”为原则的方针。只要尚未有坍塌的危险，一般只做保养工程，使其能暂时维持，以待有经济实力时的全面修缮。另外，“不塌不漏”的方针还有着另外一层考虑，即保持建筑物的现状，尽力保留其历史信息。
“这里面是有两个意思，‘不塌不漏’一个是因为原来经费紧张，没这么多钱修。另外一个是受当时英国派的影响，要尽最大的努力维持它现状，让它更加接近真实。有一定的方面是接受这个影响。”
根据笔者对文物保护专家谢辰生先生的采访记录（未刊稿），采访时间：2010年9月20日。

② “当时的调查还是按照营造学社的方式。现状、价值、重点是什么，我们根据什么来保护，要怎么加固等，提出一下这些方面的看法，就是现状、历史、文字记载、残破情况、价值几个方面。当时的调查还是结合工程所在地区做一下普遍的调查。”引自笔者对余鸣谦先生的采访记录（未刊稿），采访时间：2012年6月12日。

③ 据笔者对转轮藏殿工程主持人余鸣谦采访记录（未刊稿），余先生回忆转轮藏殿的修缮建议就是在刘敦桢先生考察后提出的。采访时间：2012年7月14日。

④ 例如雁北文物勘察团的主要力量就是北京大学和清华大学。赵州桥的勘察也有清华大学刘致平、天津大学卢绳两位教授的参与。另据谢辰生回忆，当时文物局许多重大法规的制定和决策都召集高校及研究机构的人员参与：
“笔者：他们（即高校及科研系统的专家）也参加这些讨论和工程？
谢辰生：那当然参加，那时候什么事都找他们，我们那时候经常见面。他们跟文物局很熟，就跟自己家里人一样。像莫宗江、刘致平等。刘致平叫二刘公，大刘公是刘敦桢。这些人都来，包括杨廷宝……那时候什么事情都找梁思成，可不是因为他是清华的，因为他是梁思成，以人为准。”
根据笔者对文物保护专家谢辰生先生的采访记录（未刊稿），采访时间：2010年9月20日。

1949 年至 1966 年间文整会开展的勘察项目　　表 3-1

年份	月份	项目
1951 年	2 月	北京文物整理委员会首次派出赵正之、杜仙洲、余鸣谦、赵小彭、祁英涛赴山东兖州、曲阜、泰安、邹县、济南等地勘察古建筑 40 处
	5 月	杜仙洲、祁英涛赴山西五台山勘察并拟出古建寺庙维修工程计划
		赵正之、余鸣谦会同宿白、莫宗江赴甘肃敦煌勘察莫高窟并抢修部分危险洞窟
1952 年	10 月	于倬云、李良姣等赴东北地区对沈阳故宫、吉林农安塔等古建筑进行勘查。（此项与《文物参考资料》有出入，暂以《文参》上所列 7 月为准）
	11 月	祁英涛、余鸣谦等陪同刘致平、卢绳、罗哲文勘查河北省赵县安济桥
1953 年	1 月	祁英涛、陈继宗、李良姣、律鸿年、李竹君会同文化部社会文化管理局及山西省文管会等单位勘察山西五台山南禅寺
	10 月—11 月	余鸣谦、梁超、杨玉柱赴河北正定兴隆寺勘测转轮藏殿，并拆除慈氏阁
1954 年	5 月—6 月	祁英涛、律鸿年、李竹君等勘测设计山西太原晋祠等
1956 年	4 月	杜仙洲、李竹君、朱希元、崔淑贞等参加由文化部和山西省文化厅联合组织的山西文物普查试验工作队，对晋东南地区文物进行勘察，发现木构建筑 73 座，砖石塔 20 座，桥梁、经幢、石窟等 20 余处，其中重要的有平顺天台庵（晚唐）、大云院（五代）、晋城青莲寺（宋）、高平开化寺（宋）及宋金其他木构古建 20 余座
	4 月—6 月	余鸣谦、杨烈、姜怀英赴甘肃永靖县勘察炳灵寺石窟，提出“在兴修刘家峡水库工程中保护炳灵寺石窟”的方案意见
		陈继宗、律鸿年、单少康、王汝蕙、汪德庆勘测河北正定县兴隆寺等
	7 月—9 月	余鸣谦、杨烈、律鸿年等协助敦煌文物研究所测量设计莫高窟 249~259 区殿的支顶加固工程
1957 年	4 月—6 月	杨烈、贾瑞广、张智、赵仲华赴山西晋东南长子县、潞安县等地，重点勘测“大云院”、“天台庵”、“法兴寺”等唐宋古建筑
	6 月	杜仙洲、李方岚勘查河北承德普宁寺
	6 月—9 月夏	祁英涛、纪思等赴云南勘察昆明及建水、姚安、大理、剑川等县的古建筑多处
	9 月—10 月	杨烈主持踏勘山西大同云冈石窟，提出《云冈石窟综合保护规划》，并由文物局领导推荐发表于《文物》月刊
	11 月	杨烈率孟繁兴赴河南龙门石窟勘察保护情况
	12 月	杜仙洲、祁英涛指导北京灵光寺佛牙塔重建方案
1958 年	8 月	由祁英涛、陈继宗等组成永乐宫勘察小组至永乐宫进行测绘、试验揭取壁画，及迁建、拆除等工程设计
		组织华中、华东两勘察小组分赴河南、湖北、江西、湖南、广西三江侗族自治县及桂林、山东、江苏、浙江、安徽、上海等地对 262 处重要革命建筑、古建筑、石窟寺等进行了勘察，历时 5 个月左右
	11 月	祁英涛、陈继宗主持山西永济县永乐宫迁建工程的迁建、拆除、壁画揭取设计，参加该项勘测设计的本所人员有梁超、王真、贾瑞广、张智、赵仲华等
1959 年	全年	本年内纪思、李竹君勘测陕西省革命纪念建筑物

续表

年份	月份	项目
1960 年	6 月—7 月	组成大同云冈石窟勘测队共 13 人，由杨烈主持
	夏	杜仙洲普查陕、甘、青等地古建筑，发现青海乐都瞿昙寺
	冬	李方岚、梁超、孔祥珍等 7 人，联合勘察测绘河北蓟县独乐寺古建筑群
1961 年	6 月	纪思陪同北京地质学院苏良赫、王大纯教授及中南化学研究所叶作舟研究员等一行 7 人勘察甘肃天水、麦积山、敦煌莫高窟
1962 年	3 月—9 月	余鸣谦、姜怀英等两次赴四川大足县调查宝顶山摩崖造像残破情况并勘察了广元、乐山、绵阳、夹江等地摩崖造像情况
1963 年	7 月—9 月	王丹华赴上海、苏州、南京、安徽等地对馆藏文物及环境进行调查
1964 年	4 月—7 月	杨烈主持甘肃麦积山石窟保护工程勘测研究，提出《麦积山石窟保护设计方案》，其中重点阐述应用喷锚吊挂技术加固崖体
	5 月	杨烈主持勘察甘肃麦积山石窟并拟定保护方案
	6 月—8 月	陈继宗主持，梁超、孔祥珍、王汝蕙参加勘测山东广饶五龙庙宋代建筑
1965 年	11 月	由王辉、杨烈等组成专业组，对河南洛阳龙门石窟进行调查

（资料来源：中国文物研究所．中国文物研究所 70 年．北京：文物出版社，2005）

文物局及文整会从 1950 年至 1965 年间发表在当时文物系统最重要的刊物——《文物参考资料》及随后的《文物》上的调查报告及研究成果见表 3-2。

中华人民共和国成立后，文物部门的古建筑调查，已不限于简单的文物普查和登记，其背负的多重任务使之成为这时期古建筑保护中主要的、经常性的工作。

1950 年至 1965 年间中央文物部门发表在《文物》上的古建筑勘察研究成果　　表 3-2

年份	刊期	页码	文章名称	作者
1951	11	106	略述西南区的古建筑及研究方向	陈明达
1953	3	35	雁北古建筑的勘查	罗哲文
1953	3	57	赵县安济桥勘查记	刘致平
1953	3	64	河北省南部几处古建筑的现状介绍	祁英涛
1953	3	124	南京堂子街太平天国某王府遗址调查报告	曾昭燏等
1953	10	72	海城县的巨石建筑	陈明达
1954	1	92	勘查赵县安济桥、发掘出隋唐栏板石雕	—
1954	9	91	关于汉代建筑的几个重要发现	陈明达
1954	11	37	两年来山西省新发现的古建筑	祁英涛等
1954	11	85	山西省古建筑修缮工程检查	北京文整会工程组
1954	11	87	山西省新发现古建筑的年代鉴定	北京文整会工程组
1954	11	90	勘查山西省古建筑的工作方法	北京文整会工程组

续表

年份	刊期	页码	文章名称	作者
1954	11	93	山西——中国古代建筑的宝库	陈明达
1956	3	17	赵州大石桥栏板的发现及修复的初步意见	余哲德
1956	4	50	太原天龙山蒙山的基础石窟和建筑	罗哲文
1956	8	32	山东曲阜孔庙建筑的彩画	吕俊岭
1956	9	9	明陵的琉璃砖刻彩画	祁英涛
1957	5	57	西安的几处汉代建筑遗址	祁英涛
1957	5	71	灵岩寺访古随笔	罗哲文
1957	10	23	河北省新城县开善寺大殿	祁英涛
1957	12	68	西安清真寺	杜仙洲
1958	1	60	西安府文庙	杜仙洲
1958	3	26	晋东南潞安、平顺、高平和晋城四县的古建筑	古代建筑修整所
1958	3	50	永乐宫的彩画图案	吕俊岭
1958	4	44	晋东南潞安、平顺、高平和晋城四县的古建筑（续）	古代建筑修整所
1959	7	38	金殿	李竹君
1959	10	37	建国以来所发现的古代建筑	陈明达
1959	11	13	浙江宁波天一阁	纪思
1959	12	58	山东聊城山陕会馆	律鸿年
1960	1	67	杭州的伊斯兰教建筑凤凰寺	纪思
1960	3	94	宜兴会元状元坊	纪思
1961	2	5	义县奉国寺大雄殿调查报告	杜仙洲
1961	2	17	临汝白云寺	古代建筑修整所
1961	2	27	宁夏须弥山圆光寺石窟	朱希元
1961	2	31	河南几处石窟简介	古代建筑修整所
1961	4—5	44	孝堂山郭氏墓石祠	罗哲文
1961	9	62	内蒙古呼和浩特市的两座塔	朱希元
1961	12	41	宝岩寺明代石窟	杨烈
1962	2	40	山西平顺县古建筑勘查记——大云寺、明惠大师塔	杨烈
1963	3	50	唐泛舟禅师塔	顾铁符
1963	8	3	永乐宫的建筑	杜仙洲
1963	8	49	永乐宫元代建筑彩画	朱希元
1965	5	46	青海乐都瞿昙寺调查报告	张驭寰、杜仙洲
1964	6	46	临洮秦长城、敦煌玉门关、酒泉嘉峪关勘查简记	罗哲文
1965	4	14	中国古代建筑年代的鉴定	祁英涛
1965	4	31	山西五台山佛光寺大殿内发现唐、五代的题记和唐代壁画	罗哲文
1965	5	6	中国古代建筑年代的鉴定（续完）	祁英涛

[资料来源：文物编辑部编．文物500期总目索引（1950.1—1998.1）（古建筑）．北京：文物出版社，1998]

这一时期，文整会也逐渐发展出一套成熟的考察程序，包括：测绘、法式记录、文献考查、照相、检查修缮工程或残破现状和附属文物的记录 6 个方面[①]，并总结出一套供调查使用的古建筑断代方法。[②]

3. 地方文物保护机构的调查

自中华人民共和国成立初期开始文物“摸底”至 1966 年间，各地方文物管理委员会开展了大量的普查，成为全国文物普查的主要力量。地方文物部门较为熟悉当地情况，发现以前所不知道的建筑遗存更为容易，如南禅寺大殿、平遥镇国寺、永乐宫等重要遗构就是由地方文物部门发现的。相关调查资料得到了及时整理和出版，如山西省在普查开始后，将新发现的古建筑名单编写成《二年来新发现古建简目册》一书，供国家文物部门及研究机构有目标、有计划地对其中的重要发现做复查、研究和鉴定。[③] 1949 年至 1965 年间，地方文物保护单位发表在《文物参考资料》上关于古建筑调查及介绍类的文章共 99 篇。[④] 另外还有少量研究性质的文章，显示出地方古建筑研究力量得到初步发展，成为国家文物局及高校、科研机构之外的重要补充。

经过中华人民共和国成立初期的发展，地方文物部门的调查能力和研究水平有一定程度的提高，摆脱了以往除少数地区外古建筑保护力量几乎为零的局面。特别是举办文化部四期考古培训班及文整会三期古建培训班之后，地方保护力量不断增加。在上述由地方文物保护工作人员发表的文章中，由古建筑培训班学员撰写的共 17 篇。除数量增加外，文章的质量也在不断提高，对古建筑重要特点如历史、形制、风格、材料、细部的研究水平不断提高，断代能力明显增强。可以说，普查工作为地方培养古建筑人才提供了极好的机会。[⑤]

---

① 北京文整会工作组．勘查山西省古建筑的工作方法．文物参考资料，1954（11）．

② “在长期调查研究的基础上，加以现代科学技术方法的应用，古建筑特别是北方大木结构的年代判断上已相当准确。古建筑断代是研究和评价的基础。祁英涛的《怎样鉴定古建筑》是集多方面经验之大成的著作。”引自郭湖生．中国古建筑的调查和研究．南方建筑，1997（1）．

③ 北京文物整理委员会工程组．山西省发现古建筑的年代鉴定．文物参考资料，1955，（11）．

④ 参见文物编辑部．文物 500 期总目索引（1950.1—1998.1）（古建筑）．北京：文物出版社，1998.

⑤ “山西省文物管理委员会在成立二年当中，曾调查了古建筑数百处，载于简目册中的有九十五处……就上述鉴别结果来看，有三分之一是完全正确的，三分之一是基本正确的，不正确的只有三分之一，而其中最重要的五台南禅寺，平遥镇国寺中殿的鉴别则完全正确……他们获得这样大的成绩，主要是努力学习业务，以考古训练班、古建训练班结业同志为骨干，以《文物参考资料》为学习的主要文件，配合实地下乡调查，从实践中体会文件精神。所以现在文管会同志全部都能知道一些古建筑上的专门名词，并在实物上指出它的位置，也能辨认出各时代的一些特点，部分同志还能画简单图稿，能单独测量。他们能从对古建筑完全不认识中成长、熟悉起来，是和他们艰苦努力钻研的精神分不开的，是值得学习的。”引自北京文物整理委员会工程组．山西省发现古建筑的年代鉴定．文物参考资料，1955（11）．

除文物局外，在具备古建筑研究实力的省市，如南京、上海、广州、重庆等地，地方文物保护部门通过与高校的合作，结合高校的科研完成了一系列专业性较强的古建筑调查，在相当程度上提高了自身的研究及保护水平。

4. 高校及研究机构的调查

经过1952年至1959年的院系调整，国内八所设有建筑学专业的高校均设立了建筑历史教研组并进行建筑史教学。各学校根据所在区域与研究传统，结合科研课题，纷纷开展古建筑调查。

对于这一时期古建筑研究及调查方向的确定，刘敦桢曾经谈及："在建筑方面，营造学社已做了不少工作，民居园林却是空白点，于是决定以调查民居为工作的重点。"[①] 自1953年起，刘敦桢主持的中国建筑研究室决定以调查传统民居为研究工作的重点，展开对南京、苏州一带传统民居住宅和古典园林的测绘；1954年起，结合参观实习，对安徽、浙江、福建、河南、陕西、山东、山西、河北、热河、辽宁等地的传统民居、古典园林和重要古建筑也进行了测绘调查或专题研究。

1956年，中国科学院土木建筑研究所与清华大学建筑系合作，在清华大学建筑系正式设立"建筑历史与理论研究室"，调查测绘了山东曲阜衍圣公府、北京近代建筑实例，并对江南园林、山西和内蒙古的古建筑、吉林民居等进行了考察。

1958年，建筑科学研究院建筑理论与历史研究室成立。其工作内容主要包括：系统研究中国古代建筑通史；开创中国近、现代建筑史研究领域；展开中国传统民居、古典园林和传统建筑装饰的实例调查和研究，探讨其设计规律和传统手法；汇编中国建筑文献史料，与实物互证，以补实物遗存之不足。[②] 同时，开始更多地关注少数民族建筑。1958年至1964年，建研院历史室根据专题研究的需要，每年都进行建筑实地考察[③]，完成调查项目12项，出版著作7部，发表专业论文39篇。

经过多年积累，建研院历史室对调查研究工作进行系统回顾，并形成《建

① 温玉清.二十世纪中国建筑史学研究的历史、观念与方法——中国建筑史学史初探.天津：天津大学，2006.
② 温玉清.二十世纪中国建筑史学研究的历史、观念与方法——中国建筑史学史初探.天津：天津大学，2006.
③ 傅熹年，陈同滨.建筑历史研究的重要贡献.见：中国建筑设计研究院.中国建筑设计研究院成立50周年纪念丛书——历程篇.北京：清华大学出版社，2002.

筑理论及历史科学研究中进行调查考察工作的体会》[①]一文，系统地总结古建筑调研的工作方法，对建筑历史研究工作的开展具有重要的意义。另外，张驭寰也根据自身的调研经验，汇集调查记录55篇[②]，编写出版《古建筑勘查与探究》。

对比营造学社，高校古建筑调查研究的类型大为增加，在兼顾传统的古代建筑研究的同时，以民居与园林为调查重点，近现代建筑、少数民族及偏远地区的建筑也在关注之列。这些研究深化了学界对古建筑的理解，为古建筑保护进一步发展提供了理论支持。对于高校的调查，陆元鼎曾经就他所参与的民居调查进行总结，认为1950年代的调查是开启新学术研究对象的阶段，1960年代的调查则更为广泛深入，研究成果蔚为大观。[③]

但这些研究成果未被及时消化。各省、自治区、直辖市的重要民居、园林、近现代建筑、少数民族建筑未被列入第一批文物保护单位之列。例如：江苏省所列文物保护单位中，无一处古典园林；在内蒙古、新疆等少数民族自治区，列入文物保护单位的只有古城遗址、石窟、古文化遗址等，无少数民族建筑；高校及研究机构调查的主体——民居也未进入保护名单；除了有革命意义的近现代建筑外，其他优秀近现代建筑也未被录入，对于此类建筑极其丰富的上海亦不例外。在1961年国务院公布的第一批180处全国重点文物保护单位之中，只有江苏留园入选为“古建筑及历史纪念建筑物”，其余园林无一入选。民居及少数民族建筑也未见踪影。中山陵则出现在“革命遗址及革命纪念建筑物”类别下，此外并无近代建筑录入。

5. 调查对古建筑保护及研究的意义

中华人民共和国成立初期的文物调查主要由中央和地方文物部门、高校以及研究机构开展。

文物部门的调查不仅是单纯的发现和登记，还包括复查重点遗构、收集数据（测绘）、设计修缮方案、检查工程进度和专业研究等方面。除完成既定目标之外，也兼顾着指导地方普查工作、收集地方保护形势等相关资料、提出保护及管理意见等方面的任务，通常也承担着宣传文物政策与普及遗产教育的工作。

---

① 温玉清．二十世纪中国建筑史学研究的历史、观念与方法——中国建筑史学史初探．天津：天津大学，2006.
② 茅以升．序言．见：张驭寰．古建筑勘查与探究．南京：江苏古籍出版社，1988.
③ 陆元鼎．中国民居研究五十年．建筑学报，2007（1）.

古建筑调查直接促进了对文物干部的培养。持续的文物普查使地方文物部门有更多实践机会，亦刺激了对文物保护人才的需求，使地方保护力量迅速增加。普查及修缮中的调查、记录为古建筑研究提供了大量基础资料。普查新发现古建筑700多处[①]，其中不乏五台山南禅寺大殿、平遥镇国寺大殿、永济市永乐宫等重要古建筑。文物部门对敦煌莫高窟的宋代木构窟檐进行调查，发现宋代初期的彩画还保存着唐代风格。另外，在南方发现的五处宋代建筑[②]，丰富了早期木构实例，并对开展南方早期建筑研究提供了契机。关于大规模的调查对建筑史学的影响，陈明达指出：

> 在这些巨大的工作中，为研究古代建筑史提供了大量新资料，从而也为研究《营造法式》提供了大量实物参考资料，使它更有条件继续深入下去，在新条件下逐步解决前所未能解决的问题。[③]
>
> 解放以后，这类的基础工作（古建筑调查测绘）规模扩大了几倍……内容较前广泛，而不尽符合建筑史的要求。所幸其数量之多，足以弥补此缺点而有余。而且即使不能直接为研究建筑史所应用，也有辅助或间接的作用。[④]

普查当中的新发现，帮助研究者极大地加深了对古建筑的认识，也修正了以前的某些认识："正定隆兴寺转轮藏殿、新城开善寺大殿，都是在二十多年前测量过的，但是看来那时的勘测是有局限性的……宋、辽建筑在同一建筑物上，只用一种标准的材契的观念，现在应该加以修正了。因此，有许多二十多年前测量过的建筑物，现在也有必要复测一次了。"[⑤]同时，在普查测绘或修缮工程中，也发现了新的线索或者史料，证明或者修订了史学界以往的判断。[⑥]

随着地方古建筑调查及修缮工程的开展，更多地方性的做法被发现。此现象

---

① "保存在地面上的建筑物也有很多新发现。地上建筑物谓之为新发现，是不够确切的，因为任何建筑物，总会有人知道。但是有些建筑物的历史、科学或艺术的价值未被揭发出来，因而没有得到普遍的重视，在学术方面或文物保护方面也未得到注意，所以，发现只是揭发它们的价值而已。还有其中一些早已为人所知，并肯定了它们的价值的建筑物，由于自然界的变化或社会的变革暂时被人忘记或遗失了地址，今天又重新被寻觅出来的，也应当说是一种新发现。解放以来这些发现如以保护单位计算，在1300多个保护单位中占半数以上。"引自陈明达．建国以来所发现的古代建筑．文物，1959（10）．

② 陈明达．建国以来所发现的古代建筑．文物，1959（10）．

③ 陈明达．营造法式大木作研究．北京：文物出版社，1981．

④ 陈明达．古代建筑史研究的基础和发展：为庆祝"文物"三百期作．见：陈明达．陈明达古建筑与雕塑史论．北京：文物出版社，1998．

⑤ 陈明达．古代建筑史研究的基础和发展：为庆祝"文物"三百期作．见：陈明达．陈明达古建筑与雕塑史论．北京：文物出版社，1998．

⑥ "大同上华严寺的大雄宝殿面阔九间，进深十椽，形制古朴，为寺庙殿宇中少有之大建筑，历来专家鉴定为辽金遗构。一九五三年冬，中央文化部社会文化事业管理局领导所属北京文物整理委员会前往详细勘查，发现梁上有"天眷三年"（金）题字，因而证实这伟大的建筑物创建于公元一一四零年，这是中国建筑史上一项重要的发现。"引自山西大同上华严寺大雄宝殿的建筑年代已得到有力证据．文物参考资料，1954（1）．

在营造学社时期已有表现[1]，但真正引起关注则是在新中国初期的复查和修缮工程当中。陈明达指出：

对这些建筑物的实地勘测，丰富了早期木建筑的实例。它们都富于地方风格，使我们被中部地区较为死板的法式所束缚了的头脑，得到一些解放。[2]

文整会在修缮工程当中也有直接的体会：

这些缺点大部分是由于设计不周所造成，而重要工程设计又都是我们做的，这在今后必须严重注意，这些缺点主要的是：……（3）没有注意地方性的技术、术语和工口，使施工困难，预算不准确。图样、说明书、预算都是按照北京标准做的，在山西不适用，例如焦渣背，当地工人不习惯做，也缺乏焦渣，说明书上所用名词术语当地工人都不懂，工口过高或过低，当地干部无法掌握。[3]

关于古建筑工艺的调查同样得到学术界的注意。陈明达指出，各地应重视传统工匠和传统技艺的保护。[4]

高校及研究机构开展的调查，拓展了学术视野和研究领域。城市、村镇、民居、园林、建筑装饰、宗教建筑、少数民族建筑诸多新的类型受到关注，促进了建筑史学的发展及文物保护理念的更新。

文物部门与考古部门、建设部门、高等院校一起，共同构成了中国古代建筑调查与研究的四大系统，成为中国建筑史学研究不容忽视的重要力量之一。[5]

中华人民共和国成立初期的古建筑调查工作在文物局、文整会、高校等机构的努力下，形成了丰富的成果，为古建筑保护和中国建筑史研究提供了重要信息，也为“文化大革命”后的全国文物普查打下坚实的基础。全国性普查的结果使文物局初步掌握全国的文物形势，并以此为基础建立起全国文物保护单位制度，使我国的文物保护事业走上法规化、制度化的道路。

---

① 成丽．宋《营造法式》研究史初探．天津：天津大学，2009.
② 陈明达．建国以来所发现的古代建筑．文物，1959（10）.
③ 北京文整会工作组．山西省古建筑修缮工程检查．文物参考资料，1954（11）.
④ “山西民间还保留着很多传统的建筑技术。例如，墙面粉刷油漆的方法，能够做成各种美丽的室内墙面，不怕水湿，经久耐用，不易发生裂痕；彩画的花纹色泽较北京的彩画生动活泼，种类多，操作简易；琉璃瓦种类颜色也比北京的多而鲜丽。这样的老匠师在山西还很多，据初步了解在五台有很多技术精湛的木工、砖工，石工，雕工，在朔县有木工，在太原附近有彩画工、琉璃工。怎样清理和吸收这些前代劳动人民创造的成果，向老匠师学习，使他们优良传统的技术能应用到我国现代的新建设上来，这应当也是保护古代建筑的工作者今后所应注意的！”引自陈明达．山西——中国古代建筑的宝库．文物参考资料，1954（11）.
⑤ 郭湖生．中国古建筑学科的发展概况．见：山西省古建筑保护研究所．中国古建筑学术讲座文集，北京：中国展望出版社，1986.

（三）全国文物普查及文物保护单位制度

1. 普查法令的出台与第一次全国文物普查

1955年下半年至1956年底，农业合作化运动发展迅猛，保护形势十分严峻。尽管中华人民共和国成立后的5年当中，文物调查工作一直未辍，但仍未有一份全国性的文物分布资料。财力不足、干部缺乏等问题依然困扰着保护事业。古建筑修缮仍须按照“重点保护、重点修缮”的方针进行。因此，必须对全国文物情况有更广泛、深入的了解，以做出科学的判断和全面的规划。当时文物破坏的主要原因是保护目标不明确，责任落实不到位。文物局根据以往的经验，借鉴苏联的做法，决定在我国建立文物保护单位制度，这在客观上也要求对全国的文物分布和情况有宏观上的了解。全国文物普查势在必行。

1956年，国务院发布《关于在农业生产建设中保护文物的通知》（以下简称《通知》），要求各地方普查文物并公布地方文物保护单位。第一次全国文物普查由此展开。

《通知》出台之后，针对文物普查的相关问题，文物界迅速展开了热烈的讨论。罗容（罗哲文）认为这次全国文物普查属于登记性，对象应包括地上、地下已知的所有文物古迹，是比较全面的综合性调查。[①] 他指出，普查获取的资料，至少能反映对象所在的准确位置、文物古迹单位的范围、历史沿革和现状。普查人员必须掌握科学的调查方法，包括填写记录表格、简单测量（包括地点、地形图、范围图、高度等）、摄影、速写或拓片等（图3-17）。[②] 同时提出了普查的准备工作及普查中的相关文物保护工作。[③]

文章还提出，将“天然纪念物”作为文物一并调查，范围包括：“古代冰河、冰川擦痕以及其他因地层地壳变化而形成的奇峰异石（如承德磬锤峰、桂林市独秀峰）及天然名胜”。[④] 同时说明：“关于天然名胜，过去我们的保护法令中没有具体规定，根据苏联、朝鲜民主主义共和国的保护法令，都列有保护天然名胜一项，

---

① 罗容．谈文物古迹的普查工作．文物参考资料，1956（5）.

② 刘建美.1956年第一次全国文物普查述评．党史研究与教学，2011（5）.

③ 包括：“调查前准备：1. 考察文献。即出发前的文献准备工作。2. 访问打听。对熟悉当地情况的人员进行访问，同时将普查目的进行宣传，使他们可以帮助工作开展之余也宣传了文物保护法令和保护知识。3. 调查用具。包括记录用具、测绘用具、摄影用具、采集标本用具、其他辅助用具等。4. 普查工作队的组织。调查后工作：1. 资料整理。2. 鉴别价值。3. 编制目录。”引自罗容．谈文物古迹的普查工作．文物参考资料，1956（5）.

④ 罗容．谈文物古迹的普查工作．文物参考资料，1956（5）.

省(自治区或市)　　縣(盟或旗)文物古迹普查登記表。

名称：	編号 总号：分号：
地址：	
位置：	
概述：	
现状：	
附屬文物或藝術品：	
拟划定的保护范圍：	
圖号：	照片号：
附件号：	
备注：	
調查日期　年　月　日　記錄者	

底册号　第　次調查記錄　第　頁

編号：
1. 地点：　2. 地圖号：　3. 隸屬：　縣　区　鄉(鎮)
4. 位置：在　村　（方向）　米　5. 海拔高度：
6. 关系人姓名和住址：
7. 地理形势：
8. 面積：　長　寬
9. 文化層深度：　10. 土堆高度：
11. 附近水流：
12. 土質和農作物：
13. 破壞情况：
14. 近代建筑物、道路等：
15. 暴露遺迹：
16. 暴露遺物：
17. 采集遺物：
18. 文化性質和年代：
19. 建議：
20. 备注：
21. 参考文献：
22. 繪圖号：　繪圖者：　23. 照相号：
24. 調查日期 195　年　月　日　記錄者

图 3-17 “文物古迹普查登记表”及“调查记录”[资料来源：罗容．谈文物古迹的普查工作．文物参考资料，1956（5）]

在此提出来供大家研究。”[①] 其中对于自然物的保护观点，来自苏联与朝鲜。但事实上，因传统文化的影响，我国民间及个别地方文物保护委员会一直坚持对当地名胜古迹的保护。

普查前开展的这些讨论或相关研究文章，为普查提供了专业的指导，也提供了标准的程序和方法，并“造成了全国普查的声势”[②]。

为规范普查工作，文物局首先选取文物工作已有相当基础且遗存丰富的山西省作为试点。1956 年春，文物局从广东、河北、福建、浙江、湖北、陕西、江苏、山东、江西等 9 省抽调文物干部，加上山西文管会、博物馆的人员，组成山西文物普查试验工作队。由文物局（时称“文化事业管理局”）文物处顾铁符任队长，文整会（时称“古代建筑修整所”）杜仙洲任副队长，下设四个组，划属晋南与晋东南两个分队[③]，负责长治、潞安、高平三县市文物古迹全面普查。[④] 1956年8月，顾铁符总结晋南调查的成果，撰写《晋南——文物的宝库》一文。1958 年，晋东南分队以“古代建筑修整所”的名义，撰写《晋东南潞安、平顺、高平和晋城四县的古建筑》及《晋东南潞安、平顺、高平和晋城四县的古建筑（续）》，对晋东南分队考察的古建筑作了详细说明。

---

① 罗容．谈文物古迹的普查工作．文物参考资料，1956（5）．

② 刘建美．1956 年第一次全国文物普查述评．党史研究与教学，2011（5）．

③ 杜仙洲兼任晋东南分队长，朱江任第三组长，由中国历史博物馆石光明、文化部古代建筑修整所崔淑贞、李竹君、江苏省文物管理委员会朱江及山西省文物管理委员会派员组成。

④ 参见朱江的博客．[EB/OL]. [2012-03-04].http://blog.sina.com.cn/s/blog_7025044a0100xdro.html.

全国各省、自治区、直轄市
第一批文物保护單位名單彙編
（内部資料）

文物出版社

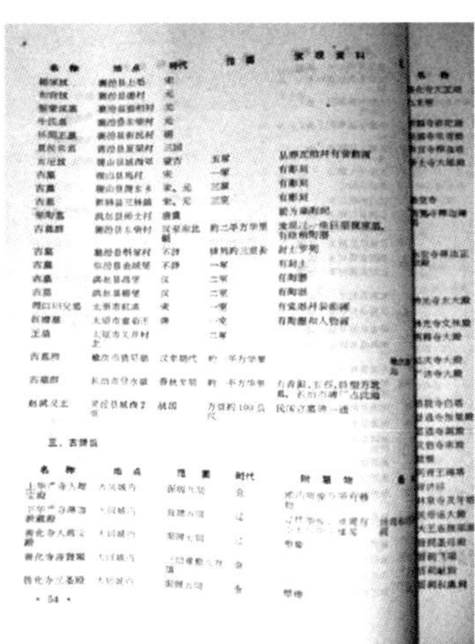

图 3-18 《全国各省、自治区、直辖市第一批文物保护单位名单汇编》（资料来源：文化部文物局．全国各省、自治区、直辖市第一批文物保护单位名单汇编．北京：文物出版社，1958）

依照普查规范及试验工作队经验，各地普查工作陆续展开，主要包括以下几方面：（1）发动群众，举办培训班和座谈会向群众宣传文物政策；（2）一般以专区或县为单位组织调查，使普查处于切实可控的范围；（3）由点到面，有重点地进行普查；（4）做好普查后续工作，如复查、整理资料、鉴别价值、编制目录等。到 1959 年左右，全国大多数省份都完成普查任务。①

至 1958 年，第一次全国文物普查基本结束。除西藏地区外，全国各省、区、市调查并经过省、区、市人民委员会公布的文物保护单位共 6726 处。每一个单位之下，又包含若干项目。②1958 年，国家文物局根据各省汇报资料编成《全国各省、自治区、直辖市第一批文物保护单位名单汇编》（以下简称《汇编》）（图 3-18），收集 27 个省、自治区、直辖市的保护单位名单共计 5572 处，作为内部资料提供给各地文物部门参考。在不少省市的名单之前，还列出其省市内部使用的文物法规。③ 从《汇编》可以发现，尽管文物局已有示范性普查及普查规范，但地方文化、经济、保护力量及重视程度有较大的差异，成果标准差别较大（表 3-3）。

① 刘建美.1956 年第一次全国文物普查述评.党史研究与教学，2011（5）.
② 郑振铎.党和政府是怎样保护文物的.见：国家文物局.郑振铎文博文集.北京：文物出版社，1998.
③ 文化部文物管理局.全国各省、自治区、直辖市第一批文物保护单位名单汇编.北京：文物出版社，1958.

各省、自治区、直辖市第一批文物保护单位比较　　表 3-3

地方名称	内容（分类）	备注
北京市	名称、所在地、保护理由、备考（使用单位）	附《北京市人民委员会关于北京市第一批古建文物保护单位和保护办法的通知》。与《全国重点文物简目》所列不同，北京城已不作为整体列入名单
天津市	名称、所在地、范围、创建及重修经过、建筑形式、结构及材料、附属文物、保存及使用情况	内容较为详细，但所报单位只有 4 处
上海市	名称、地址、简史、现况、规划意见	草案，未经批准。近代文物与革命文物较多，并有古树保管名单，每个单位都带有规划意见
河北省	名称、等级、时代、保护范围、所在地点、备考	附《河北省人民委员会公布河北省第一批文物保护名单的通知》，其中包含保护措施及相关规定。以建筑及附属物部分、古代遗址和古墓葬部分分类列出，前者划分为三个等级并附分类标准，后者无等级划分
山西省	（古文化遗址、古墓葬）名称、地点、时代、范围、发现资料、备考； （古建筑）名称、地点、范围、时代附属物、备考； （古壁画）名称、色调、地点、时代、现状、备考； （古石刻、铸造、雕塑）名称、质地、地点、时代、数目、现状、附记	附《山西省人民委员会关于公布文物古迹保护名单的通知》，分古文化遗址；古墓葬；古建筑；古壁画；古石刻、铸造、雕塑五类。根据文物不同特点列出内容，表明山西省文物种类丰富且有一定的保护力量和认识。但当时地方尚未有历史文化名城的概念，平遥古城未被整体列入
内蒙古自治区	地点、名称、时代、备考	描述较少
辽宁省	名称、时代、地点	按城市列出，无描述
吉林省	市、县、文化性质及其名称、所在地址、注释	附《吉林省人民委员会关于在农业生产建设中保护文物的通知》，有详尽的保护内容
黑龙江省	名称、时代、地点、备考	附《黑龙江省人民委员会关于公布第一批保护文物古迹名单的通知》，有的保护单位未列出年代
陕西省	名称、位置、说明	附《陕西省人民委员会关于加强文物保护工作的通知》
甘肃省	文物类别、名称、所在地、说明	附《甘肃省文化局提出第一批文物古迹重点保护单位名单请审核公布的报告》，有保护范围的尺寸
青海省	保护单位名称、文物性质、隶属县、区、乡、村、位置、简述、备注	附《青海省文化局关于省人民委员会批准公布湟中等六县古文化遗址、古墓葬、古建筑等十二个保护单位希作出标志加以保护的通知（摘录）》

续表

地方名称	内容（分类）	备注
新疆维吾尔自治区	专区、县属、文物古迹名称、所在地点、备注	附《新疆维吾尔自治区人民委员会关于颁布自治区境内第一批文物古迹保护单位名单的通知》
山东省	县市名、号次、名称、所在地、时代、备考	附《山东省人民委员会关于公布第一批文物保护单位的通知》并有说明一则，详列排序依据及单位确立依据。其中有部分单位根据之前调查材料及志书列入。按城市分列
江苏省	（古文化遗址）地区、遗址名称、时代、所在地点、范围、等级、备注； （古墓葬群类）地区、名称、时代、范围、所在地点、等级、备注； （古墓葬类）地区、古墓名称、时代、所在地点、等级、备注； （六朝陵墓石刻类）地区、名称、所在地点、现在情况、等级、备注； （古建筑类）地区、名称、时代、所在地点、等级、备注； （艺术建筑类、革命纪念物类）地区、名称、时代、范围、所在地点、等级、备注； （名胜古迹类）地区、名称、时代、所在地点、等级、备注	附《江苏省人民委员会关于印发全省第一批文物保护单位名单希当地予以保护的通知》并附说明。保护单位按价值共分四等，每等均列出责任归属单位。按类型分为古文化遗址、古墓葬群、古墓葬、六朝陵墓石刻、革命纪念物、古建筑、艺术建筑、名胜古迹。唯一单列名胜古迹的省份。艺术建筑即石刻、造像等，与其他地区说法有所不同。墓葬群与单个墓葬分列，表明已有类似大遗址的保护理念
安徽省	文物单位名称、所在地址、时代、保护范围	附《安徽省人民委员会关于转发文化局所提出的文物保护单位名单的通知》
浙江省	地区、名称、时代、范围、所在地点、等级、备注	附《浙江省人民委员会通知》及《关于确定文物保护单位及执行保护工作的说明》，将保护单位列为四等并规定相应的保护单位。《说明》中阐述了四类保护单位：革命及历史遗迹；古代的建筑；考古学遗迹；天然纪念物。其中天然纪念物的概念与罗哲文据苏联和朝鲜法令提出的一致，是唯一提出此概念的省份
福建省	编号、类别、名称、年代、地点、说明	附《福建省人民委员会关于颁布本省文物古迹保护单位名单希作出标志切实加以保护的通知》
河南省	县（市）、类别、名称、时代、所在地、简况	附《河南省人民委员会关于公布保护文物古迹名单的通知》
湖北省	类别、名称、地点、说明	附《湖北省人民委员会转发省文化局所提出文物保护单位第一批名单希作出标志负责保护的通知》，有部分根据原有名单列入，未经复查。名胜古迹、古生物化石也列入名单

续表

地方名称	内容（分类）	备注
湖南省	县市别、名称、时代、地址、历史沿革、备考	附《湖南省人民委员会关于公布省内名胜古迹及古文化遗址第一批名单以加强文物保护工作的通知》
江西省	县（市）、文物名称、地点、时代、备注	附《江西省人民委员会公布江西省文物保护单位名单的通知》，分革命文物、历史文物两大类，其中历史文物分古文化遗址、古墓葬、古塔、碑碣、石窟、造像、寺庙、牌坊、桥、流动文物。将古建筑分门别类排列，也是唯一将可移动文物列为保护单位的省份
广东省	文物名称、时代、详细地址、所属专区、所属县市、备考	附《广东省人民委员会颁布广东省文物保护暂行条例及广东省第一批文物保护单位名单》，将古生物洞穴也列为保护单位
广西壮族自治区	县名、文物名称、地点、时代、备注	附《广西壮族自治区人民委员会颁布我区应保护的文物古迹第一批名单》
四川省	专区（省辖市）、县（市）、地点、保护单位名称、时代、备考	附《四川省人民委员会关于在工农业生产中注意保护文物的通知》
贵州省	地点、名称	附《贵州省人民委员会公布第一批文物保护单位的通知》，除地点名称外无其他描述
云南省	地点、等级、名称、备注	附《云南省人民委员会关于贯彻执行“国务院关于在农业生产建设中保护文物的通知”的指示》，按地区分列保护单位；以类似《全国重要文物简目》的方法，在名称前加“○”的数目代表重要性大小；尚未有历史文化名城的概念，丽江古城未被整体列入

（资料来源：作者自绘）

第一，各地对文物保护单位的内容、种类及命名的理解有所不同。例如，许多地方没有对文物保护单位进行分类，有的则将同属古建筑的文物分拆为几个类型；将风景名胜列入保护单位的有江苏、浙江、湖北三省，其他地区均未注意；只有个别省市将古生物化石聚集点列为保护单位；大多数省市将造像列入石刻、雕塑类，也有将之命名为“艺术建筑物”的。究其原因，除因各地方拥有的遗产种类不同之外，文化及文物事业发展水平的差异也使各地对遗产概念的认识有所不同。另外，当时保护界关注的焦点仍然是有形文物，并未将建筑环境、城市或者风景和自然景观列入保护范围。

第二，各省市汇报的内容有所不同。有些省份的汇报内容包括名称、所在地、范围、创建及重修经过、建筑形式、结构及材料、附属文物、保存及使用情况。

也有对文物单位进行有分级的。还有的做了初步规划，保护范围描述详尽，甚至有详细尺寸。

第三，各地文物普查的基础不同。很多地区的保护名单都是在已调查的基础上建立起来的，如山西、浙江、山东等。这些地区在中华人民共和国成立初期的文物"摸底"中就已经进行过普查，建立了档案，初步培养出一批专业干部并积累了经验，为后续工作打下了良好的基础，成果也较为丰富。

第一次全国文物普查是我国首次在全国范围内开展的文物调查工作，是文物保护史上一次重大的事件。其涉及范围之广、力度之大，均是前所未有的。这次普查上承清末、民国的调查理念、方法和程序，在总结中华人民共和国成立初期普查经验和教训的基础上，结合苏联的做法，形成一套适合我国国情的普查模式，并向全国推广，成为各省、市、自治区共同遵循的流程。与此同时，各地方通过普查，掌握了各地文物分布、专业干部力量、历史资料、群众基础等实际情况，为文物工作的统一规划提供了基础的数据。同时，大规模发动、教育群众，极大地推动了文物保护政策和理念的普及。统计 1956 年至 1958 年的《文物参考资料》可以看到，各省市围绕普查文物而撰写的文章占据过半。这些文章总结了普查的经验并对普查工作提出自己的看法，颇有"百家争鸣"的味道。这次普查之后，我国已形成一套较为成熟的普查体制，为之后的普查工作奠定了坚实的基础。

2. 文物保护单位制度的建立

1961 年，国务院正式发布《文物保护管理暂行条例》（以下简称《条例》），提出建立国家、省（自治区、直辖市）、县（市）各级文物保护单位。[①] 1963 年，文化部颁发《文物保护单位保护管理暂行办法》（以下简称《办法》），并明确文物保护单位的保护、管理及权限等各个方面：

第一，通令地方文物部门根据文物调查结果，确定省、县级文物保护单位。文物保护单位由上级人民政府核定公布，报上级政府备案。由文化部在省（自治区、直辖市）级文物保护单位中，选择具有重大历史、艺术、科学价值的文物保护单位，分批报国务院核定公布为全国重点文物保护单位。《条例》发布的同时，

① "全国重点文物保护单位原拟叫'国家级文物保护单位'，但是文物保护单位不能搞国家级。这是齐燕铭的提法。如运动员等可以搞国家级，因为人员很容易集中。但是文物就不行了，它们在地方，由地方管理，国家级的提法是不恰当的。所以修缮保护的生杀大权由国家文物局决定，管理等方面由地方按照文物局的要求执行。"引自笔者对法律主要起草人谢辰生先生的采访记录（未刊稿）。采访时间 2009 年 8 月 3 日。

国务院公布全国重点文物保护单位180处。其中革命遗址及革命纪念建筑物33处，石窟寺14处，古建筑及历史纪念建筑物77处，石刻及其他11处，古遗址26处，古墓葬19处。初步建立起一套从中央到地方，等级、分类较为完整的文物保护单位体系。

第二，对文物保护单位的管理作出规定，提出四条保护要求：

为了防止人为的破坏，必须对文物保护单位划定必要的保护范围，作出标志、说明，建立科学的记录档案和组织具体负责保护人员。

为了解决和生产建设的矛盾，更好地发挥文物的作用，要进行文物保护单位的规划工作，以便纳入城市或农村建设规划。

为了防止自然力对文物的侵害，应逐步开展科学技术的研究工作和保护措施。

广泛地运用各种方式，对文物保护单位进行经常的宣传与介绍工作。[①]

上述第一条的四项要求，就是文物“四有”工作，即有保护范围、保护标志、专门管理机构和科学的档案记录。对于“四有”工作，《办法》有更为细化的规定。

对于保护范围的划定，《办法》规定：古建筑、纪念建筑物、石窟寺、石刻等保护单位必须对其划出安全保护区，其内禁止存放危险物；保护建筑周边环境的现状及保证观赏条件，其安全保护区外一定范围内的建筑规划设计都必须与保护单位的环境气氛相协调；对单个墓葬或古遗址、古墓葬较为集中的保护单位，划出一般保护区与重点保护区，重点保护区内不允许进行工程建设；范围划出之后，必须提交相关部门审批，同时需要知会有关计划、建设部门，并向群众宣传。当时提出的重点及一般保护区域的划分，已带有保护规划的思路。保护建筑周边环境的理念，则说明了当时对古建筑的认识已不限于建筑本体，建筑周边的环境、气氛也被视为保护对象。

对于文物保护单位的标志说明，《办法》规定：标志的内容应包括保护单位的名称、级别、公布机关和公布日期，必须简明醒目，并安装牢固；同时，应树立说明文字，内容包括文物建造或形成的年代或时间及其在历史、艺术、科学等方面的价值及作用，全国重点文物保护单位的说明应经文化部审核。

对于记录档案的建立，《办法》提出：记录档案的内容主要包括可以为研究

① 文化部．文物保护单位保护管理暂行办法．见：国家文物局．中国文化遗产事业法规文件汇编．北京：文物出版社，2009.

和保护、修复、修缮、发掘提供科学资料的文献、文字记录、拓片、照片、实测图等；全国重点文物保护单位的记录档案，必要时可由文化部协助进行；全国重点文物保护单位的档案，文化部存三份，所在地存一份。同时，对省、县级的文物存档也作出了相应的规定。

另外规定，专门机构及受委托机构的保护工作包括定期保护和研究工作、档案资料收集工作、定期检查及汇报、引导参观、群众宣传和其他日常事务等。

文物保护单位及“四有”制度提出后，立即成为文物工作的首要大事。其后，文物工作的重心转移到继续公布各级文物保护单位及落实第一批全国重点文物保护单位的“四有”工作上：

> 当前文物保护管理工作的首要任务是：继续贯彻国务院发布的《文物保护管理暂行条例》，大力进行宣传工作；加强对已公布的文物保护单位的管理；在深入调查研究的基础上，陆续公布各级文物保护单位，1962 年内提出第二批全国重点文物保护单位名单，报请国务院审定公布。……迅速实现第一批全国重点文物保护单位的“四有”工作。[①]

第三，《条例》对文物保护单位的管理责任作出规定。文物保护单位由属地管理，管理责任由其所在地人民政府承担，可委托当地其他团体进行具体的日常保护和管理工作。但发掘、迁移、修缮、拆除和变更使用功能的权力则属于其上一级单位。全国重点文物保护单位的各项改造则须由文化部审批。[②] 由此，从制度上杜绝了地方对文物保护单位，特别是国家重点文物保护单位的胡乱改造。对于文物保护单位的使用原则及功能变更，《条例》作出以下规定：

> 核定为文物保护单位的纪念建筑物，或者古建筑，除可以建立博物馆、保管所或者辟为参观游览场所外，如果必须作其他用途，应当由主管的文化行政部门报人民委员会批准。**使用单位要严格遵守不改变原状的原则**，并且负责保证建筑物及附属文物的安全。[③]

第四，对于保护单位的修缮原则，《条例》规定：

> 一切核定为文物保护单位的纪念建筑物，古建筑、石窟寺、石刻、雕塑等（包括建筑物的附属物），在进行修缮、保养的时候，**必须严格遵守恢**

---

① 文化部.文化部文物局关于博物馆和文物工作的几点意见.见：国家文物局编.中国文化遗产事业法规文件汇编.北京：文物出版社，2009.

② 国务院关于在农业生产建设中保护文物的通知.见：国家文物局编.中国文化遗产事业法规文件汇编.北京：文物出版社，2009.

③ 文化部.文物保护单位保护管理暂行办法.见：国家文物局.中国文化遗产事业法规文件汇编.北京：文物出版社，2009.

复原状或者保存现状的原则，在保护范围内不得进行其他的建设工程。[①]

这是中华人民共和国成立后，首次将古建筑修缮原则写入保护法规，使科学修缮成为法律要求。

第五，将文物保护单位的保护列入城市及经济建设的规划当中，作全面的统筹和规划：

> 在制定生产建设规划和城市建设规划的时候，应当将所辖地区内的各级文物保护单位纳入规划，加以保护……在进行各项工程设计的时候，对工程范围内的文物保护单位，应当事先会同省、自治区、直辖市或者县、市文化行政部门确定具体保护办法，列入设计任务书。[②]

至此，国家对于文物保护单位的建立和分级、保护措施的制定、管理和保护权限、修缮原则等都作了充分的考虑和规定，使文物保护的各个方面都有法可依。

回顾我国的保护历史可以发现，我国文物保护单位制度的建立，并非一蹴而就，相关思想有其源头和发展的轨迹。

1909 年，清民政部《保存古迹推广办法》提出，进行全国性的古物调查并结册上报国家机关备案，同时也饬令各省及地方于古迹处做好标志，以资识别。

1916 年，民国北洋政府曾令各省进行全国文物调查，以其制定的古物调查表为样本，依类填注，在规定期限内送内务部备案。同时规定："应由各属地方官于历代陵墓设法保护，或种植树株，围绕周廊；或建立标志，禁止樵刍。其有半就淹没，遗迹仅存者，又宜树之碑记，以备考查。"[③] 这里面，既有国家登记文物的要求，也提出了设立标志的保护措施。

1930 年，南京国民政府发布的《古物保存法实施细则》规定：

> 凡经登记之古物，倘有因残损或他种原因须改变形式或移转地点，应由原生或该管官署先行报告中央古物保管委员会，非经该会核准不得处置。[④]

其中文物变更须由中央保护机构审定的思路已经与 1961 年《文物保护管理暂行条例》中的规定十分相近。

① 文化部．文物保护单位保护管理暂行办法．见：国家文物局．中国文化遗产事业法规文件汇编．北京：文物出版社，2009.

② 文化部．文物保护单位保护管理暂行办法．见：国家文物局．中国文化遗产事业法规文件汇编．北京：文物出版社，2009.

③ 中华民国内务部．内务部为调查古物列表报部致各省长、都统咨．见：中国第二历史档案馆．中华民国史档案资料汇编第三辑（文化）．南京：江苏古籍出版社，1991.

④ 中国民国国民政府．古物保存法．见：中国第二历史档案馆．中华民国史档案资料汇编（文化Ⅰ，Ⅱ）．南京：江苏古籍出版社，1991.

1932年至1937年间，中国营造学社编写的《全国重要建筑文物简目》，提出分级分类分地域的保护思想，同时将保护对象按价值排列。事实上，我国传统上均有将文物结册上报、由国家管理的思路，也提出了分类分级，以及对古迹遗址树立标志的做法。1961年确立的文物保护单位制度，则是继承上述传统的前提下，结合苏联经验而得出的。对此，《条例》主要起草人谢辰生回忆：

> 主要的参考文献还是苏联的。其实在这个问题上苏联跟别的国家也没有区别，保护原则上没有区别，不过就是文物保护单位用了苏联的了。我们还有一个重要依据就是《古物保存法》，民国时期的，那个是我们主要继承的，原来就有的。当时主要是学习苏联，实际上后来看看，其他的方面也差不多，没什么区别。各国理念基本差不多，这里头没阶级性。苏联方面主要参考的就是文物保护单位这个做法。①

可以看出，我国文物保护单位制度的建立，是在继承已有保护思想的基础上，借鉴外来经验并结合自身文物形势得出的，其体制的完整性、操作的可行性及考虑的深度是在已有传统基础上的完善，是适合我国文物保护事业的制度。

文物保护单位制度的建立，使保护对象得以明确并得到法律保护，使保护工作进一步明确和规范化。在此制度下，各级保护单位都有相应的保护部门和规范化的保护工作内容，各方责任明确，避免了因保护对象不清、权责不明而出现的混乱局面。此外，其建立使包括国家文物局在内的各级文物保护机构得以在全面了解管辖区域文物状况的基础上，统筹和规划保护工作：

> 文物工作必须要全面规划，才能克服被动和忙乱的缺点。要进行文物工作的全面规划，首先必须对全国现存的文物古迹进行“摸底”，弄清楚各地保存的数量和保存情况，然后把它们登记下来，作为保护的单位，并根据设计情况制定修理步骤和管理办法，以便更好地为科学研究提供资料。②

文物保护单位制度建立的另一个重要意义是，为文物的日常保护管理和利用提供了可操作的做法和保障机制。文物保护单位之中，涉及古建筑及相关文化遗产的，占总数的70%以上，且多数古建筑在不同单位受到不同程度的使用。因此，文物保护单位制度的建立对古建筑的保护至关重要。文物保护单位制度解决了文物管理、修缮权属等基础问题，提供了法律的依据，其建立是我国文物保护事业成熟的标志。

---

① 引自笔者对《文物保护管理暂行条例》主要起草人谢辰生先生的采访记录（未刊稿）。采访时间：2012年6月12日，采访人：林佳。

② 罗哲文．谈文物古迹的普查工作．见：罗哲文古建筑文集，北京：文物出版社，1998.

三、古建筑人才培养事业的开展

（一）文物界四期“黄埔”培训班

中华人民共和国成立之初，国家及地方文物部门干部稀缺，许多工作无法系统、有效地开展。1950年，国内唯一的古建筑保护机构文整会的内部，连同行政人员也只有23人。郑振铎很早便意识到人才短缺的问题①，开始研究培养文博专业人才的方案。1950年10月11日，文化部文物局召开各大行政区文物处长会议。郑振铎提出人才不足的状况，并在会议上做了专门的部署，决定一方面举办培训班，加快在职人员培训；一方面在高校设立文博专业，培养文博专业人才，增强人才储备。②

1953年，由于“一五”计划开始实施，全国广泛开展基本建设工程，文物出土机率增大的同时，也增加了文物破坏的可能。保护力量不足成为文物局面临的重大问题。有鉴于此，郑振铎提出须在时间紧、任务急的情况下，在短期内培训一批新生力量，以应对迫切的形势。③因此，当时决定由文化部、中国科学院、北京大学联合举办为期三个月的短期考古人员训练班。从1952年起，训练班连续举办了四届，直到北京大学等设立的考古专业有毕业生为止，俗称考古战线上的“黄埔四期”。培训班由当时的顶级专家教课④，培养的341名学员，成为中华人民共和国文物保护初创时期的主要力量。考古班也教授古建筑方面的内容，教员有梁思成、刘敦桢、赵正之、莫宗江、刘致平、罗哲文等。⑤其中，梁思成讲授古建筑基本知识，莫宗江讲授古代雕塑，罗哲文讲授古建筑保护法令，使考古

① “这一年来，文物工作的方向是正确的，但也有若干问题存在。第一是干部的缺乏。文物工作需要相当高的文化的与业务的水准，同时，也需要相当高的政治水准。这样的干部，短时间内是不容易培养得很多的。处处要人，特别是西南、中南、西北各大行政区，而人却不够分配。故培养干部的问题，是应该亟待解决的，拟即设立图书馆专修学校，并与各大学历史、建筑等系联系、合作，多培养文物工作人才。”引自郑振铎．文物工作综述．见：国家文物局．郑振铎文博文集．北京：文物出版社，1998.

② 国家文物局．中国文物事业60年．北京：文物出版社，2009.

③ “当时人才不够，郑、王提出要培养干部，但是按正常情况培养需时四年，无法解燃眉之急。所以要办短期考古人员培训班，3个月内完成，由文化部、科学院、北京大学联合办，但马上遇到阻力。当时专家们有怀疑，夏鼐与苏秉琦均认为考古是严谨科学，3个月怎么可能出人？但如果不这样保护将无法进行，是个矛盾。后来商量结果是，3个月的培养目标不是考古专家，而是教授最基本的田野考古发掘技术。除了基本的理论，让他们科学地掌握拍照、测绘、画图等最基本的田野技术及考古过程中现象的记录方式，以便科学地采集数据。能够科学地记录数据，本身就是保护，就是抢救。”引自谢辰生先生在天津大学的演讲“新中国文物保护六十年”，演讲时间：2009年5月4日，整理人：林佳。

④ 著名学者裴文中、梁思永、夏鼐、曾昭燏、郭宝钧、马衡、唐兰、张政烺、尹达、翦伯赞、韩寿萱、向达、苏秉琦、阎文儒、陈万里、梁思成、傅振伦、张珩、徐邦达、启功、莫宗江、宿白、安志敏、石兴邦、王仲殊、罗哲文等人参与了训练班的教学和组织工作。

⑤ 孙秀丽．考古的“黄埔四期”——记1950年代考古工作人员训练班．中国文化遗产，2005（3）.

班学员初步掌握了古建筑的保护知识和保护原则。

随着保护工作的开展，古建筑普查、修缮任务也日益繁重。为此，文物局委托文整会举办古建筑培训班。古建班从1952年10月开始举办第一期，之后分别在1954年2月、1964年4月、1980年9月又举办了三期（1952年第一期，1954年第二期、1956年第二期选招称为“古建筑实习班”，1964年第三期、1980年第四期称为“古建筑测绘训练班”），合称古建筑保护界的“黄埔四期”，共培养学生127人，形成了我国古建筑保护界的骨干力量及地方古建筑保护力量的源头。通过举办训练班，文整会在学员招收、课程设置、教材编写等方面逐渐成熟，发展出一套制度化的古建筑保护专业人才培养模式。这时期是我国文物保护人才培养制度的开创时期，培养专业人员的理念也被写进《在基本建设工程中保护历史文物和革命文物的指示》。[①] 从此，文物保护专业人才培养开始法规化、制度化，成为文物保护制度建设的重要一环。

古建筑人才培训按照时间顺序和培养方式可分为两个阶段：第一、第二期及第二期选招为第一阶段，第三、第四期为第二阶段。第一阶段以师父带徒弟的形式为主，为期一年，在文整会进行，第一期从1952年开始、第二期从1954年及1956年（1956年为第二期选招）开始，共培养学员32人。第二阶段是集中培训的形式，以测绘为主要培养目标，称为测绘训练班。为期3个月，分为集中授课和测绘实习两个部分，与高校的培养模式较为类似。第三期从1964年开始，在北京、曲阜两地举行，第四期从1980年开始，在湖北当阳举行，共培训学员95人。之后培训班不再由国家文化部门举办，改为由地方文物部门或高校承办。

1. 古建筑人才培训第一阶段：第一期、第二期及第二期选招

1952年，文物局委托文整会举办古建筑实习班，代为培养文物系统的古建筑专业人才。文物局考虑到古建筑保护工作的特殊性，认为学员必须学会测量、绘图，了解古建筑基本形制、法式特点、建造工艺等多方面的内容以及保护工作的基本流程和工作标准。这些内容必须在实际工作当中才能掌握。因此，将第一期古建班教学时间定为一年，以师父带徒弟的方式进行授课，使学员在工作中学

① “中央人民政府文化部应有计划地举办考古发掘训练班，培养考古发掘人员；并编印通俗保护文物手册，协助基本建设主管部门，对基建工地技术人员及工人加强文物保护工作的政策及技术知识的宣传。”引自中央人民政府政务院.在基本建设工程中保护历史文物和革命文物的指示.见：国家文物局.中国文化遗产事业法规文件汇编.北京：文物出版社，2009.

习，从而决定了学员人数不宜太多。[①] 考虑到当时所了解的重要古建筑多分布在华北各省以及文整会修缮工程开展的主要地区，决定首先从当时的北京、山西、察哈尔、平原、东北等省市的文物系统中抽调干部进行培训，共 11 人（图 3-19）。[②] 由于古建筑事业刚刚起步，地方相关业务还未开展，第一期学员在此之前对古建筑及其相关领域并无了解，因此对招选学员并无标准。文物局对实习班非常重视，开学及毕业时，文物局领导都会出席并作讲话。此外，梁思成也曾结合自身经历为学员讲述古建筑保护工作的相关情况。

为使学员迅速掌握古建筑修缮的相关能力，实习班采取边工作边学习的培养方式。学员分为若干组，每组分别由一位文整会的工程师负责，包括祁英涛、杜仙洲、余鸣谦、于倬云、罗哲文等。师生分配完成后，学员即加入教员当时负责的保护工程，在协助“师父”工作的过程中学习文物勘察、研究、修缮设计、测量绘图等方面。工作之外也进行集中授课，内容包括古建筑的基本知识、测量、绘图、估价等方面（图 3-20）。[③] 课程还包括现场实习的内容。实习包括结合工程的调研、测绘、制图、编写调查报告等方面。虽然工作性质是实习，但是参加如赵州桥修复这样的重要工程，对学员们来说无疑是极难得的机会。

第二期实习班延续了第一期的招生和培养模式，依旧是从文博系统中抽调干部学习，由文整会代为培养，但招生人数有所增加，除山西、河北、河南、北京之外，还增加了广东、江苏、四川、甘肃等省区。同时也为故宫、博物院、敦煌研究所等机构培养人才，并有曾经参加过第一期考古培训班的学员加入。第二期实习班共培养学员 15 人（图 3-21）。[④]

① “大家共同商量了一下，古建培训班不能像考古训练那样，要进行古建实地测绘，才能掌握基本技术，三个月时间太短，要跟着工程实习才行。于是时间定为一年并住在会里的宿舍。因而人数不能太多。班名叫实习班。”引自罗哲文．与时俱进，继往开来——热烈祝贺中国文物研究所成立 70 周年．见：中国文物研究所．中国文物研究所 70 年．北京：文物出版社，2005.

② 第一期学员分别是：山西：酒冠五、周俊贤；北京：李全庆、杨玉柱、王汝蕙、何凤兰、王真；察哈尔省：李竹君（察哈尔省）、杨烈（东北）、孔祥珍（平原省）、（文化部推荐）梁超。察哈尔、平原两省后撤销。

③ “第一期也是师父带徒弟的形式，就是带着他们工作，让他们做力所能及的工作，他们做不了就师父来做，最后就是要把工程完成。然后学员就知道一个工程要经过哪些程序了，初步有些认识了。临时也举行一些讲课，发一点讲义，有工程绘图、估价、建筑历史知识、绘图等方面的知识。因为学员来的时候背景都不一样，有的是学校老师，对这方面不熟悉，有的学过美术，对画图就比较在行，有的经过一点非正式的培训，也知道一点，程度不等，各种水平都有。到了文整会，第一步是参加工作，然后在工作过程中讲讲课，必要的时候再指导指导。谁负责带这个徒弟，就得针对这个徒弟的特点。当时负责的有李竹君、杨烈、梁超、杨玉柱、李全庆、何凤兰、孔祥珍。一共办了四期，最后一次比较全，时间也比较长。各地方的人都有。第一期学员只是代表几个地方，山西、河南、辽宁，还有一些是直接从北京来的，不代表省市。”引自笔者对第一期实习班教员余鸣谦的采访记录（未刊稿）。采访时间：2012 年 7 月 14 日。

④ 学员分别为：郎凤岐（山西）、王维、李竟业（广东）、何修龄（甘肃敦煌）、祈□□（北京）、刘国镛（辽宁）、蔡述传（江苏）、王茂林（故宫）、戴书泽、冯秉其（河北）、朱希元（北京）、龚廷万（四川）、单少康（北京）、齐银成（北京）、尤翰清（河南）。根据笔者对中国文化遗产研究院李竹君的采访记录（未刊稿），采访时间：2012 年 7 月 6 日。

图 3-19　1953 年，文化部文物局第一期古建培训班毕业合影[①][资料来源：张家泰，杨宝顺，杨焕成．从北大红楼到曲阜孔庙——1964 年第三届古代建筑测绘训练班记忆．中国文化遗产，2010（2）]

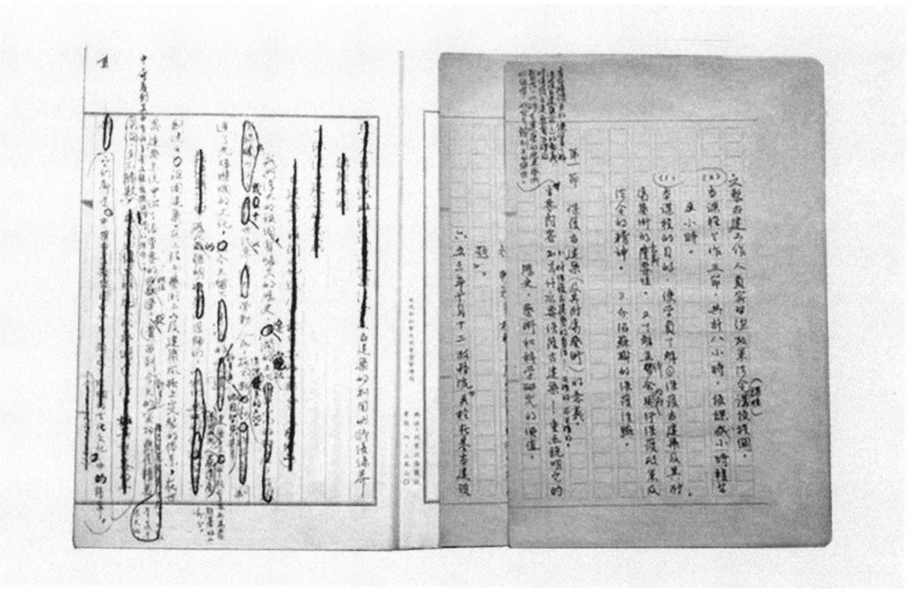

图 3-20　古建实习班讲义初稿（资料来源：国家文物局．春华秋实——国家文物局 60 年纪事．北京：文物出版社，2010）

① 一排左起：李全庆、杨玉柱、何凤兰、王真、李竹君、孔祥珍、梁超、王汝蕙、杨烈；二排左起：罗哲文、余鸣谦、俞同奎、张珩、王冶秋、马衡、陈明达、祁英涛、杜仙洲；三排左起：王月亭、律鸿年、舒永泰、孔德垿、李良姣、曾权（左 7）、周俊贤、金豫震、酒冠五、荆惕华、王丽英、张中义，四排左起：于倬云、路鉴堂；四排右起：张凤山、夏纬寿、陈裕如、陈效先、苏香广、单少康、沈宝安。

1956 年，由于古建筑勘查、研究、修缮工作的展开，人才需求也有所增加。为此，文物局在第二期培训班的基础上，又选招培养 6 人[①]，组成第二期古建筑实习班选招班（图 3–22）。6 人全部来自北京，皆为当时的高中毕业学生。选招班延续在职培训的方式，培养时间为一年。根据前两期实习班的教学经验，加上文物勘查、修缮工程及保护范围的扩大，选招班的课程也相应丰富，除古建筑测绘、制图、营造法式、清式营造则例、工程估算等课程外，还增加了祁英涛讲授的古建筑的鉴别、余鸣谦讲授的石窟寺课程。

第一阶段实习班是文物局为加强文博系统古建筑人才力量、解决当时保护干部急缺而开设的在职人才培养计划，培养的学员基本上都来自文物系统。培训结束后，学员基本上回到原单位工作[②]，成为地方古建筑保护事业的开创性力量。

第一、二期及第二期选招古建实习班是中华人民共和国古建筑保护人才培养的开始，对古建筑保护事业起到了举足轻重的作用，其成果是多方面的。首先，实习班学员毕业后大多直接进入或返回文物保护机构，并立即投身到保护事业中。在全国建设事业全面展开、文物保护与基本建设矛盾日益扩大、保护力量严重不足的时期，新力量的注入无疑成为解决此矛盾的“及时雨”。进入文物保护系统之后，学员们随即参与全国范围的文物普查、建立地方保护机构、建立保护单位档案、文物法规宣传及公众教育等工作，协助完成以河北赵州桥修复工程、蒙古乌兰巴托兴仁寺与夏宫修复工程、山西永乐宫迁建工程等为代表的一系列重要古建筑保护、修复工程，积累了实践经验，成为日后我国古建筑保护的核心力量。其次，回到地方文物部门的学员，作为将古建筑保护理念从中央传播至地方的重要媒介，为地方保护机构的建立、保护工作的开展、地方人才培训和古建筑研究的开展等起到了举足轻重的开创作用，帮助建立起一套自中央到地方的古建筑人才梯队和人才培养体系。[③]第三，许多优秀学员日后成为古建筑培训的老师，就擅长的方面结合自己的学习经历和工程实践经验编写教材。如第一期学员李竹君自第三期培训班起就一直讲授古建筑测绘课程并编写测绘教材，杨烈、梁超、孔祥珍等第一期的学员也在文物系统或地方古建筑人才培养工作中，根据自己的研

① 学员分别为：宋森才、陈国莹、孟繁兴、李惠岩、赵仲华、张智。根据笔者对原河北省古代建筑保护研究所所长孟繁兴、原研究室主任陈国莹的采访记录（未刊稿）。采访时间：2011 年 7 月 19 日。

② 后因省份撤销等原因，第一期学员李竹君、孔祥珍、杨烈回到文整会。

③ “山西省文物管理委员会在成立二年当中，曾调查了古建筑数百处，载于简目册中的有九十五处，这样大批的发现，是以前所未有的现象……他们获得这样大的成绩，主要是努力学习业务，以考古训练班、古建训练班结业同志为骨干，以《文物参考资料》为学习的主要文件，配合实地下乡调查，从实践中体会文件精神。所以现在文管会同志全部都能知道一些古建筑上的专门名词，并在实物上指出它的位置，也能辨认出各时代的一些特点，部分同志还能画简单图稿，能单独测量。”引自北京文物整理委员会工程组．山西省发现古建筑的年代鉴定．文物参考资料，1955（11）．

图 3-21　第二期古建筑实习班结业合影[①]（资料来源：国家文物局．春华秋实——国家文物局 60 年纪事．北京：文物出版社，2010）

图 3-22　古建实习班第二期选招班学员合影。左起：宋森才、陈国莹、孟繁兴、李惠岩、赵仲华、张智（资料来源：孟繁兴先生、陈国莹女士提供）

① 第一排左起：纪思、金豫震、余鸣谦、祁英涛、陈长龄、俞同奎、王冶秋、何良弼、陈滋德、陈明达、杜仙洲；第二排左起：郎凤岐、王真、王维、何修龄，左六起：李競业、刘国镛、蔡述传、王茂林、戴书泽、朱希元、龚廷万。

究和实际经验讲授保护知识，完成了从学生到老师的转变，为古建筑事业的薪火相传作出重要贡献。

从教学方式和课程设置可以看到，第一阶段古建筑人才培训是为拓展保护业务而开展的有针对性的培训，内容包括正在全国展开的文物普查、勘测、古建筑维修等方面。培训注重实用性，既是应当时严峻文物形势所作出的工作布置，也是为古建筑保护事业的长远发展而作出的规划。由于是初创，这一阶段培训的教学模式、方法、课程设置等受到培养目标、培养时间的限制，未像此后高校举办的培训班那般全面、系统，但在实践方面的优势却是当时的高校及研究机构无法相比的。另一方面，它为文物系统的古建筑培训在招生方式、培养方法、课程设置、培养目标等方面做了初步的尝试，并编写了教材，奠定了文物系统人才培养的基础。

2. 古建筑人才培训第二阶段：第三期、第四期测绘训练班

文物系统古建筑人才培训的第二阶段从 1964 年开始，较第一阶段有较大变化。为适应当时的保护形势，第三期和第四期培训班放弃了第一阶段的培养形式，改为集中授课和测绘实习两个部分，培训时间也缩短为 3 个月，教学目标从全面了解修缮工程改为掌握古建筑勘查、测绘及绘图等基础技能。教学体制及目标的重大转变，既是适应当时文物形势的举措，也是古建筑事业发展的内在要求，原因主要在以下三个方面：

一是国家文物保护体制建设的需要。1961 年，国务院发布的《文物保护管理暂行条例》明确规定文物保护单位必须实现“四有”工作（即有保护范围、有保护标志、有专人管理、有科学的档案资料），并决定首先完成国保单位的“四有”工作。[①]1963 年，文化部颁发《文物保护单位保护管理暂行办法》，规定“四有”之中“档案资料”一项应包括可以为研究和保护、修复、修缮、发掘提供科学资料的文献、文字记录、拓片、照片、实测图等。因此，对国保单位进行科学的记录、测绘便成为 1960 年代初期最重要的文物工作之一，任务尤为繁重。第一批国保单位多为古建筑，分布在全国各地，其中大多没有档案。其时地方保护人才稀缺，

① “迅速实现第一批全国重点文物保护单位的‘四有’工作……建立科学记录档案，需要有一个由简到繁、不断提高、不断完善的过程。目前，首先应从对现状进行科学记录开始，如测绘、摄影及现存文字资料、碑刻、题记等汇辑整理。记录材料，要求做到具有科学性，准确性。抄录碑刻题记需用繁体字按原刻、原件逐字录出，避免造成研究考证的困难。”引自文化部．文化部文物局关于博物馆和文物工作的几点意见．见：国家文物局．中国文化遗产事业法规文件汇编．北京：文物出版社，2009.

尽管已有文整会举办的两期培训班，人员仍是杯水车薪。1960年代初期在西安举办的文物“四有”工作会议上，中央和各省市都提出对专业人才特别是测绘专业人才的需求。

二是古建筑保护形势及研究的需要。第三期培训班正值三年困难时期，国家无力对古建筑进行修缮，日常管理及建立档案便成为当时古建筑保护最急切的任务。陈明达曾经提出：“修缮既不可能作为现在的工作重点，是不是保护建筑纪念物在目前就无事可做呢？不是的，有更重要的工作急待我们去做。现在最重要和更急需的工作是全面的调查记录工作：详细测绘、照相、制造模型和文字记录。这些记录是科学研究的根据，是普及文物知识、学习民族传统的资料，也就是将来修缮工作的基础。有步骤有计划地逐步完成这一工作，就是保护建筑纪念物基本的急需的工作，而且也是目前条件所许可的。”[①] 测绘建档不仅是档案资料的保存，更是保护、研究文物建筑的基础。因此，有重点、有计划地逐步开展重要建筑的测绘工作也成为当时保护界的共识。

三是为防止人才流失而作出的举措。由于地方文物部门无力展开修缮工程，以致回到地方的学员只得从事其他工作，从而出现了人才流失的情况。因此，配合“四有”工作开展测绘、建档工作，一方面有利于古建筑的保护，另一方面也保证了这些专业人员的业务量和专业价值，使他们有用武之地，不至于改行或从事其他方面的保护工作。另外，古建筑的修缮是一项综合性很强的工作，不可能在短时间内全面掌握。但测绘是各项工作的基础。学员可在掌握测绘技术之后自行翻阅文献，对照实物，在工作中逐步加深对古建筑的认识。对此，李竹君谈道：

> 大家那个时候认识到了，学古建筑必须要学会制图，测量绘图是最基础的基础。所以我们把他们都培养得会测绘制图了，回到地方就不容易流失。当时地方上的干部连基础方面的知识都没有。以测绘为主的训练班一培养出人才以后，他们就能着手做这方面的工程，所以把测绘作为古建筑训练班最基本的项目和目的。掌握测绘技术之后，他们就能学着看文献，如《营造法式》、《清式营造则例》这些书籍。一旦掌握了测绘技术，在地方文物部门，特别是古建筑方面就能站得住脚了，就不会被调动走了，这样能保留古建筑方面的干部。一、二期一些学员，因为个人或者单位的原因，回到地方后无法开展业务，说不定哪天就被调走了，就白培养了。[②]

① 陈明达．保存什么？如何保存？．见：陈明达．陈明达古建筑与雕塑史论．北京：文物出版社，1998.
② 根据笔者对中国文化遗产研究院李竹君先生的采访记录（未刊稿）。采访时间：2012年7月6日。

在多重考虑之下，文物局和文整会决定开办第三期古建筑培训班，并将主要培养目标定为掌握古建筑测绘、制图方法，名称也改为“古代建筑测绘训练班”。

1964 年 4 月 1 日，文化部文物局第三期古建筑测绘训练班正式开始。学员共 28 人，来自 16 个省市。除西藏、新疆等几个偏远省区外，每个省市均派文物系统的干部参加。训练班采取高校的培养模式，开始的两个月在北京北大红楼集中讲授古建筑的知识，然后在曲阜孔庙进行为期一个月的测绘实习（图 3–23）。文化部对训练班极为重视，早在培训班开始之前就已经开始组织专家对培训班进行全面规划和布置，并提前备课、编写讲义。①

相比第一阶段的培训，第三期培训班的课程较为全面、系统，时间也较紧凑。学员们在短短两个月内要完成文物政策法令、古建筑基础知识、古建筑测绘技术课程、古建筑基本理论等课程。讲课结束之后，便转入培训的重点——测绘课程。首先由罗哲文、李竹君、卢绳讲授古建筑测量、制图的基本知识，并利用古建筑模型做测绘练习，之后便转向实地测量实习。自 1964 年 5 月 16 日至 7 月 19 日，先后完成故宫景运门、曲阜孔庙弘道门的测量，绘制出完整的测绘图纸，至此完成训练班的全部课程。

在训练班开始之前，讲义的编写工作就已经开始。② 虽名为训练班，但其教材内容几已涵盖自营造学社创办开始，我国古建筑研究和保护界 30 多年的研究成果和实践经验，同时包括第一、二期实习班的教学成果，成为古建筑保护领域研究、实践、教学成果的一次重要总结。这次集体编写教材的工作，在建筑史学研究及文物建筑保护研究方面，均具有重大的意义。除文物局局长、处长、所长等领导干部外，还几乎动用了所有当时在北方的著名古建筑专家和学者，包括我

① “为办好训练班，文化部文物局及古代建筑修整所的领导早已开始了各种筹备工作，首先建立起以古代建筑修整所副所长姜佩文为班主任，李昭、杜仙洲和罗哲文为副班主任的领导班子。分工是李老师负责办公室工作，杜老师、罗老师负责教务工作。教务人员有李竹君、孔祥珍和何凤兰三位老师。另外还专门安排修整所办公室张思信及刘慕三、何云祥同志负责学员生活管理。为了做好繁重的教学任务，师长们要提前做好讲课准备，编写讲稿，刻印讲义，不知度过了多少不眠之夜。”引自张家泰，杨宝顺，杨焕成．从北大红楼到曲阜孔庙——1964 年第三届古代建筑测绘训练班记忆．中国文化遗产，2010（2）.

② “据已发给学员学习的讲义统计，仅《中国木结构建筑构造》、《中国古代建筑简史》、《中国各时代建筑特征概述》、《古代建筑保养维修工程知识》、《古建筑绘图》以及各参考资料、表格，即达 39 万多字(每页图表按一页文字计算)。一般一份讲稿长达 3~5 万字不等，其中，罗哲文先生的《中国古代建筑简史》及各古建筑类型专题讲稿就长达 25 万 5 千多字，共计 326 页……这些讲义的内容，由于时间关系，不可能全部在课堂上讲全，但是作为结业之后的自学和复习之用，实在是太重要、太方便了。如杜仙洲先生编写的建筑结构部分，不仅在上、下编中分别讲述了“宋代的法式制度”与“清代的法式制度”，而且为说明宋、清重要结构的不同，还设计了“宋、清斗栱比例对照表”等 13 项对照表和权衡尺寸表，为学员学习与运用提供了便利。罗哲文先生编写的《建筑简史》讲义中，除了讲述不同历史阶段的建筑概况之外，还编写了各类建筑的专题介绍，如《园林谈往》、《坛、庙、祠等祭祠建筑》、《孔庙、国子监》、《道教宫观建筑》、《佛寺、喇嘛庙》、《清真寺》、《桥梁》、《万里长城》等。”引自张家泰，杨宝顺，杨焕成．从北大红楼到曲阜孔庙——1964 年第三届古代建筑测绘训练班记忆．中国文化遗产，2010（2）.

图 3-23 第三届训练班师生在进行测绘实习的曲阜孔庙弘道门前合影 [资料来源：张家泰，杨宝顺，杨焕成 . 从北大红楼到曲阜孔庙——1964 年第三届古代建筑测绘训练班记忆 . 中国文化遗产，2010（2）]

国古建筑事业的开拓者——营造学社的成员及文整会、各高校的专家学者在内。师资阵容之强大，可说是古建筑保护人才教育史上绝无仅有的。[①]

训练班结束之后，大多数学员都回到地方从事古建筑、石窟保护的工作。作为地方保护事业的核心力量，他们的贡献是多方面的：一是直接参与了文物保护单位的"四有"建档工作；二是直接或促进了地方古建筑保护机构的建立；三是在保护单位法规系统下，保护了一大批优秀的建筑遗产；四是作为古建筑保护事业的接力棒，为各地培养了一批古建筑专业人才；五是开始了地方古建筑研究事

① "一是文物政策法令方面的基本知识，主要由文物局副局长王书庄讲授《文物政策和古建筑保护工作》，文物局文物处处长陈滋德讲授《关于文物保护工作有关问题》。二是中国古代建筑的基本理论与相关专业知识，依次有清华大学教授梁思成讲授的《中国古建筑概论》；古代建筑整修所工程师杜仙洲讲授的《木结构建筑基本名词术语》、《中国木结构建筑构造》、《宋式与清式建筑结构主要名词对照表》及《明十三陵介绍》等课程；原中国营造学社成员、文物局工程师罗哲文讲授的《中国建筑简史》、《北京天坛的一些情况》；原中国营造学社成员、文物出版社工程师陈明达讲授的《中国古代建筑的艺术》；北京大学教授阎文儒讲授的《造像壁画题材与鉴别》；古代建筑整修所工程师祁英涛讲授的《中国各时代建筑特征概述》及《古代建筑保养维修工程知识》；原中国营造学社成员、古建筑专家、故宫博物院副院长单士元讲授的《宫廷建筑》（在故宫讲授）；古代建筑修整所井庆升先生讲授的《榫卯介绍》；古代建筑修整所工程师余鸣谦讲授的《石窟寺建筑》；故宫博物院工程师于倬云讲授的《关于避雷针》。三是古建测绘技术课程，这是本次训练班的主要学习内容。课程有：罗哲文讲授的《古建筑测量基础知识》；古代建筑修整所李竹君讲授的《古建筑测量》、《古建绘图》和原中国营造学社成员、天津大学教授卢绳讲授的《古建筑大建筑群的测绘方法和经验》。"引自张家泰，杨宝顺，杨焕成 . 从北大红楼到曲阜孔庙——1964 年第三届古代建筑测绘训练班记忆 . 中国文化遗产，2010（2）.

业。至今，第三期训练班的学员大多或作为专家顾问，或作为授课教师，仍在为保护我国优秀建筑遗产贡献自己的力量。可惜的是，第三期训练班结束之后不久，国家便进入“文化大革命”十年动乱时期，古建筑保护事业一度停滞，直至 1980 年，第四期古建筑测绘训练班才重新在湖北当阳举办，其办学体制及教授内容均延续了第三期的思想。

在国家基本建设与文物保护的矛盾日益扩大、文物工作多头并进的时期，为适应当时的文物形势，前三期古建筑培训班的举办明显带有“救火”的性质。尽管如此，作为古建筑保护人才培养的先声，这些工作为古建筑保护的人才培养计划作出多种尝试，其得失与经验也为日后的工作提供了有益的借鉴。

（二）高校中国建筑史教育概况

经过中华人民共和国成立初期的院系调整，全国共有 8 所高校开设建筑学专业，分别是清华大学、天津大学、南京工学院（今“东南大学”）、同济大学、重庆土木建筑学院（后改名“重庆建筑工程学院”、“重庆建筑大学”，今“重庆大学”）、华南工学院（今“华南理工大学”）、西安建筑工程学院（后改名“西安冶金建筑学院”，今“西安建筑科技大学”）、哈尔滨建筑工程学院（后改名“哈尔滨建筑大学”，今“哈尔滨工业大学建筑学院”）。这 8 所院校集中了中华人民共和国成立之前中国建筑教育的主要力量，被称为中国建筑教育的“老八校”。8 所高校都开设了建筑史课程，并根据自身传统及地域情况开展建筑史研究。

高校的建筑史教学侧重于古建筑基础知识，课程也较系统。建筑历史课程多是作为建筑学辅助课程开设的，是培养建筑师的必修课程。虽然对于古建筑保护工程实际操作方面的知识涉及较少，但高校建筑系开设的诸如建筑物理、建筑力学、材料力学等课程却是从事古建筑修缮工作的基础，也是文物系统古建筑培训班欠缺的基本理论训练。另一方面，当时各高校建筑系均设有建筑史研究机构，配合建筑史教学及研究，开设了古建筑的测绘课程，并广泛开展古建筑的调查。因此，当时高校培养的建筑系毕业生，已经过古建筑基本知识、测量绘图、建筑物理、建筑力学、材料力学等课程的学习与古建筑调查、测绘的训练，为日后涉足古建筑保护事业打下了基础。[①] 事实上，当时不少建筑学、土木工程及相关专

① 我国古建筑保护领域著名的专家祁英涛、杜仙洲、余鸣谦就分别毕业于北洋大学工学院建筑工程系（祁）和北京大学工学院建筑工程系（杜、余）。

业的学生在毕业之后也加入了古建筑保护的行业，成为保护事业发展的核心力量之一（表3-4）。

中华人民共和国成立初期建筑院校测绘及文物调查情况表　　表3-4

院校名称	古建筑测绘及相关研究内容
清华大学	北京颐和园古建筑测绘、北京近代建筑调查和研究、中国建筑类型及结构、元大都规划研究
天津大学	北京北海古建筑测绘及研究（1953年）、河北承德避暑山庄古建筑测绘及研究（1954年）、北京紫禁城内廷宫苑古建筑测绘（1955—1956年）、河北及天津近代建筑调查（1958年）
南京工学院及"中国建筑研究室"	苏州古典园林研究、徽州明代住宅测绘及研究、闽西永定客家土楼测绘调查、浙东村镇民居测绘调查、山东曲阜孔庙和孔府古建筑测绘
同济大学	苏州、杭州、扬州等地的民居和古典园林的调查及研究、上海外滩近代建筑及里弄住宅调查测绘
华南工学院	岭南地区古建筑及古典园林的调查与测绘、粤中民居调查、广州地区近代建筑及民居调查与测绘
重庆建筑工程学院	四川成渝路民居建筑调查、四川藏族民居建筑调查、四川山地吊脚楼调查、四川成渝地区近代建筑调查
西安建筑工程学院（今西安建筑科技大学）	陕西窑洞民居调查、陕南民居建筑调查测绘、西安地区近代建筑调查
哈尔滨工业大学建筑工程系	哈尔滨近代建筑调查、黑龙江地区民居调查
湖南工学院土木系建筑学教研组（今湖南大学建筑学院）	湘西土家族苗族自治州及湘南地区民居建筑调查

（资料来源：温玉清．二十世纪中国建筑史学研究的历史、观念与方法——中国建筑史学史初探．天津：天津大学，2006）

（三）施工系统的人才培养及手艺传承

公私合营后，传统营造厂的体系瓦解，传统古建筑技术传承制度也随之消失。拥有技术的匠师通过各种渠道进入国家开办的古建筑施工企业或大型文物保护单位（如故宫），其传承方式由过去的师徒式变为半师徒、半同事的模式。

故宫的古建筑修缮工程在1949年初恢复，当时的设计施工须依靠其他机构及通过招标选取施工单位。1950年，由于故宫的重要性，在各处古建筑尚未顾及的情况下，故宫依然进行一定数量的修缮工程，吸引了一批有技术的工人。到1951年，故宫雇用的临时工队伍甚至近300人，并在修缮当中锻炼了一批人，成为正式工人。1952年，在编人员有所调动，故宫因此调配了一批无古建修缮经历的专业军人，也面临着培训的工作。这个时期，公私合营政策出台，营造业首当其冲，私营营造厂迅速被公有化。部分工匠随原营造厂进入北京市下属的修缮单位。但当时古建筑维修的需求极弱，大多数匠人仍流向社会，改做他行。1953年之后，为保护故宫古建筑，维持日常修缮，故宫越发重视古建筑保护维修专业干部队伍的建设。当时的故宫博物院院长吴仲超指定营造学社成员单士元负责建筑保护的工作。单士元通过各种渠道吸收人才：首先通过于倬云、王璞子的加盟，使故宫初步拥有修缮设计及勘查的专业力量；同时也想尽办法，通过各类大小修缮工程，罗致因公私合营而无法以古建为生的能工巧匠①，并将一些营造厂商中的各作高手留下，通过冬季暂停施工等时机组织工人培训，建立起故宫自身的古建筑保护及修缮力量。

此时的工匠队伍里面，既有能工巧匠，也有大批未掌握古建筑施工技术的青壮年工人。为了延续古建筑修缮的传统技艺及保证修缮工程的质量，故宫开始有计划地展开人才培训。培养制度很大程度上延续了旧时工匠口传心授的传统，依旧以师父带徒弟的教学方式，但也有所变化。首先从瓦工开始传授，然后总结经验，继而在其他工种中逐步铺开。每个工种都挑选几个到十几个精明能干的青年工人拜师学艺。老匠师们一改过去私下传授的做法，在施工实践中集体讲授，面对面进行实际操作，有时也针对不同徒弟的特点作个别指导。这种方式一直持续到1970年代。与文整会及高校的培养制度有所不同，施工系统的人才培养基本是在实际工程当中开展与完成的。

经过不断发展，故宫修缮中心的工匠如今已经传承到第三代。传统修缮技艺的保护传承，已经成为古建筑修缮的一项制度与传统，对故宫的保护起到不可替代的作用，2008年6月，以故宫修缮中心为传承单位的官式古建筑营造技艺正式入选国家级非物质文化遗产名录。

另外，在遗产众多、修缮工程不断、技术较为系统、传承较为标准化的北京地区，还有诸如园林古建公司、北京市第一房屋修缮工程公司、北京市第二房屋修缮工程公司等单位，也十分注重技术工人的培养和技术的传承。其传承方式与

① "谁来修故宫呢？一开始是从外面招人。每天早晨来上工，在门口发一个竹签，晚上干完活，把签交还，大工给2块、小工给1块工钱。如果干活不错，工头会说'明儿再来'，如果不好，'您别来了'。靠的是一种松散的管理。当时的故宫古建部主任是单士元先生，他觉得这样不是办法，就把一些在北京各大营造厂的'台柱子'召集到故宫，让他们带徒弟一起来，发固定薪水，冬天'扣锅'时也上班，做模型，为开春挖瓦做准备。这些人在传统的'瓦木土石扎、油漆彩画糊'八大作中都有代表，当年号称故宫'十老'。这些顶尖高手是故宫修缮中心的第一代工匠，也是故宫古建传承的根。"引自官式古建筑营造技艺. [EB/OL]. [2011-11-27]. http://data.jxwmw.cn/index.php?doc-view-85032.

故宫类似，也是采取半师徒、半同事的培养方式，并举办技校、培训班等方式传承技术。其中面向北京全市修缮古建筑的北京市第二房屋修缮工程公司，技术力量最雄厚，技师人数众多，修缮古建筑的数量、规模也最为宏大，其内部的企业操作规程已俨然成为行业规程，其技术规范、技师等级标准、工程估算、工人培养守则也为行业所效法。

四、文物保护的公众教育和群众参与

为解决国家经济建设中的文物保护问题，增进全民族的保护意识，文物局开展了全国性、大规模的文物保护公众教育。初期从1950年到1956年为止，以宣传、展览等教育方式为主，主要目标是宣传文物政策、法规及理念，阻止群众因文物意识淡薄而做出的破坏行为。1956年之后，农业生产建设大规模开展，文物保护力量捉襟见肘。为此，文物部门提出群众保护路线，发动群众，协助完成了第一次全国文物普查、在生产建设中保护文物等艰巨的任务，为之后的文物保护公众教育积累了丰富的经验。

（一）中华人民共和国成立初期的文物保护教育及宣传

面向群众的文物保护教育在中华人民共和国成立前已经展开。1949年9月11日，故宫博物院、北平图书馆、北平历史博物馆、北平文物整理委员会四家单位联合开展文物教育，共开辟11个陈列室向公众开放，其中包括古建筑的展览。中华人民共和国成立后，文物保护的首要任务是禁止文物外流和破坏。随着土地改革运动在全国铺开，无数藏于民间的珍贵文物面临流散、破坏的危险。国外势力与境内奸商相互勾结，文物走私倒卖十分猖獗。有不法分子趁国家尚未完全稳定，趁机盗窃文物，使大量珍贵遗产遭到破坏。由于保护意识的淡薄，时有群众拆毁古建筑以利用木料、以“发展生产”之名发掘古墓、将文物作为“四旧”刻意破坏等事件。开展对干部、群众的文物教育，提高文物保护意识，是最有效的保护方法，也是当时文物工作的主题之一。

第一，文物局将已发布的《古迹、珍贵文物、图书及稀有生物保护办法》《关于征集革命文物的命令》《古文化遗址及故墓葬之调查发掘暂行办法》《关于保护古文物建筑的指示》等行政法规，通过政务院列入土改学习文件中[①]，配合国家大政方针进行宣传，对干部和群众进行文物教育。各地方政府也积极领会法规精神，在地方文物法规中加入文物保护及宣传的内容，普遍加强了干部、群众的文物保护意识。

第二，为了落实文物征集及群众教育工作，文物局积极引导地方开展博物馆、图书馆、文化馆的工作，鼓励上述机构开办展览会、座谈会、演讲会等形式的宣传工作，总结经验，积极交流。另一方面，积极开展文物局直属的图书馆、博物馆的建设及展览工作，向全国同类型单位做出示范。以故宫博物院为例，仅1950年一年便多次举办展览会，同时计划设立各类型的文物专题展馆[②]，更好地发挥了文物保护宣传和群众教育的作用。

第三，为了调查各地文物分布状况，文物局先后派出多支专家队伍，对重点地区进行勘查，如雁北文物勘查团、炳灵寺石窟勘查团等。勘查团同时肩负着宣传文物政策、指导地方文物工作以及公众教育等任务，并取得了良好的效果。郑振铎曾经指出：

> 这次勘查团（即雁北文物勘查团）的出发，对于中央重视的保护工作，也收到了相当有力的宣传教育作用。在工作着的地区或在经过的地区，立即引起了当地人民们的拥护、合作与种种的帮助。像这样的勘查团如果有计划的有重点的逐年出发工作，对于全国文物的保护与调查研究上，一定会收到更广泛而深入的效果。[③]

同时，在地方文物普查的工作中，加入文物教育工作，也是当时公众教育的一种有效手段。

第四，文物局自行举办的各类展览，也成为展示保护成果、群众教育的重要手段。更重要的是，作为向中央领导汇报的窗口，这些展览加深了决策层对文物的认知，使中央及各部委在制定相关建设法规政策时，更多地考虑或兼顾文物保护的工作。这类展览中较为重要的有1950年代初在北海团城设立的长期展览，

---

① 政务院指示将有关文物法令作为土改学习参考文件．文物参考资料，1950（7）．

② “故宫博物院在这一年里，不断的设计着，研究着，要把她成为一个最丰富的分门别类的各个博物馆的集合体。在今年，可以成立‘陶瓷馆’。这个瓷器的祖国，中国的陶瓷发展的历史和制造的过程，要在这馆里充分的具体的表现出来。明年，可以成立‘建筑馆’，这是具体的表现中国人民的‘住’的发展史；从‘北京人’的‘住’的穴居，到半封建、半殖民地的建筑，都用模型、图画和标本来表示其进展的路程。在今年，还成立了‘珐琅器陈列室’（那对于手工艺的制造家是很有帮助的），‘清代革命史料陈列室’，‘帝农生活对比陈列室’等，都比从前的陈列要有意义，有系统得多了。还有‘古代铜器馆’、‘漆器馆’、‘美术馆’、‘舆服馆’等，都将陆续的布置起来。”引自郑振铎．一年来的文物工作．见：国家文物局．郑振铎文博文集．北京：文物出版社，1998.

③ 郑振铎．重视文物的保护、调查、研究工作——《雁北文物勘查团报告》序．见：雁北文物勘查团．雁北文物勘查团报告．中央人民政府文化部文物局，1951.

由于团城的地理优势，经常邀请领导们参观。[①] 另外还有故宫常设的按文物类型划分的展馆，以及临时性的大型展览。

第五，文物局领导如郑振铎等，多次在影响力较大的报纸、杂志刊登普及文物保护理念的文章，以期引起公众的普遍关注。同时，创办《文物参考资料》（1959年后改称《文物》）、《考古》等专业期刊，向社会宣传文物理念、政策法规、保护经验、文物消息等，使之成为面向专业保护团体并兼顾公众的专业读物。郑振铎除了亲自起草法令，还到各部委讲课，从官员入手，自上而下进行教育。[②] 法律法规中，也用大篇幅说明公众教育的必要性并将之定为保护体制的一部分："各级人民政府文化主管部门应加强文物保护政策、法令的宣传，教育群众爱护祖国文物，并采用举办展览、制作复制品、出版图片等各种方式，通过历史及革命文物加强对人民的爱国主义教育……并编印通俗保护文物手册，协助基本建设主管部门，对基建工地技术人员及工人加强文物保护工作的政策及技术知识的宣传……各地发现的历史及革命文物，除少数特别珍贵者外，一般文物不必集中中央，可由省（市）文化主管部门负责保管，并应就地组织展览，对当地群众进行宣传教育。"[③]

基本建设开始后的一年多时间内，全国各地出土了大量的珍贵文物，多处古建筑、古遗址等得到有效保护。为了展示成果并教育公众，1954年、1955年，文物局先后在北京午门城楼上举办两个展览，即"全国基本建设工程中出土文物展览"和"五省出土文物展览"，展出了在基本建设工程中出土的文物，震动了学术界。[④] 展览会同时引起了中央的高度重视，国家主席毛泽东曾经两次观看，并以此教育身边的人员。[⑤] 周恩来总理也两次到场。《光明日报》对整个陈列做出了详细的介绍。到午门城楼上去参观的群众排成了长龙，经久不息。[⑥] 展览期

① "50年代在团城举办的展览是长期性的，收集一批文物便展览一批。主要邀请领导和专家来参观，也向群众开放，是一个向领导汇报、向群众宣传的重要工具。领导保护意识的普及和加强对开展文物保护工作有利。"引自笔者对文物保护专家谢辰生先生的采访记录（未刊稿）。采访时间：2009年8月3日。

② "郑先生非常注重宣传，说做了这些事就一定要宣传。于是他在发布通知、举办培训班的同时，还亲自去国家各建设部门，找到其领导，亲自给他们讲课，起了非常大的作用。一年之内讲了四次，还搞科普，都是他亲自去的。"引自谢辰生先生在天津大学的演讲"新中国文物保护六十年"，演讲时间：2009年5月4日，整理人：林佳。

③ 中央人民政府政务院．在基本建设工程中保护历史文物和革命文物的指示．见：国家文物局．中国文化遗产事业法规文件汇编．北京：文物出版社，2009.

④ "在午门城楼上举办的'全国基本建设工程中出土文物展览'，在社会产生震动，学术界，特别是历史界震动很大，因为过去研究历史都是文献，《二十四史》什么的，文字的记载。但是现在看到了真的东西，文物出来了之后，对历史就要重新地考虑了。于是大家均认为这是非常重要的，范文澜还因此写了文章，专门论述了在基本建设中出土的文物对历史研究的作用。"引自谢辰生先生在天津大学的演讲"新中国文物保护六十年"，演讲时间：2009年5月4日，整理人：林佳。

⑤ "毛主席曾经两次看过展览，并指示身边人员，这就是历史，你们要好好学习。"引自谢辰生先生在天津大学的演讲"新中国文物保护六十年"，演讲时间：2009年5月4日，整理人：林佳。

⑥ 全国基本建设工程中出土文物展览会 [EB/OL]. [2012-06-05]. http://o4cqz.bokee.com/4664826.html.

间，中央宣传部部长陆定一在题词中提出了“既要对文物保护有利，又要对基本建设有利”的“两利方针”，引起文物部门的重视。此后在周恩来总理的建议下，又加上了“重点保护，重点发掘”，即“两重”的思想，合起来就是“两重两利”的保护方针，成为针对基本建设中保护文物的方针。①

（二）文物保护事业中的群众参与

全国农业生产建设开始后，建设范围大增，许多“地下博物馆”被同时打开，但仅仅依靠文物部门的能力无法完成保护任务，广泛开展群众保护工作成为文物部门的共识。② 中央人民政府在全国广泛推行群众路线，即“一切为了群众、一切相信群众、一切依靠群众，从群众中来、到群众中去，密切联系群众”。1956年初，文物保护界由此兴起一股关于文物保护中群众宣传教育的讨论，各地纷纷撰写文章。仅在1956年，发表在《文物参考资料》上关于开展群众工作、交流经验的文章就有30多篇，既为开展群众保护工作造成巨大的声势，也为文物系统的群众工作开展提供了宝贵经验。

其中典型如《文物保护工作要迅速赶上新形势》一文，集中讲述了群众路线的重要性，并提出相应的方法：第一，大力进行宣传和组织工作；第二，争取党和政府的支持；第三，善用基层文化组织和文化活动，通过农村文化站、俱乐部、电影放映队、业余剧团、文娱组、文化宣传队、民校、夜校等组织，结合其宣传方式，如黑板报、广播、幻灯、小型展览、文物宣传队等形式进行宣传；第四，组织群众的积极分子进行保护工作。③《对文物保护工作的几点意见》则提出群众工作应加强口头宣传工作、出版有关文物宣传的通俗刊物和小册子、举办文物展览会、利用幻灯和连环画等手段进行宣传。④ 除此之外，还在生产之余开展讲解，甚至将文物保护理念编成快板或相声（图3–24）⑤，大大增强了宣传力度和效果。在全国考古工作会议、全国博物馆工作会议上，从文物局领导至专家学者均撰文讲述群众参与保护的重要性，《人民日报》也撰写报道，群众保护路线的思想被广泛传播。宣传引起强

---

① 根据笔者对文物保护专家谢辰生先生的采访记录（未刊稿）。采访时间：2009年8月3日。

② 有文物工作者撰文指出：“农业生产建设的范围空前广泛，我们文物保护工作的专职干部、专业费用却很有限……今后的文物保护工作，必须是广大群众自觉自愿的自己来保护，才可能把这一工作做好。如果思想上只局限于文物工作者本身打主意、定计划，是很难适应新的形势，也是很难把文物保护工作做好的。我们的方针只有一条，就是坚决走群众路线。”引自文物保护工作要迅速赶上新形势．文物参考资料，1956（2）．

③ 文物保护工作要迅速赶上新形势．文物参考资料，1956（2）．

④ 周京．对文物保护工作的几点意见．文物参考资料，1956（7）．

⑤ 李忠臣．保护文物快板．文物参考资料，1956（11）．
宋誉卿．相声：争取做个保护文物的模范．文物参考资料，1956（11）．

保护文物快板

·李忠臣·

〔編者按〕在貫澈国家保护文物政策上，全国各地的有关部門和人民群众創造了多种多样的宣傳方式，“快板”和“相声”就是这些很好的方式之一。用群众熟悉的口語，講說国家保护文物的道理，簡單明了，生动具体，使人听来亲切易懂，因之它發揮的宣傳效果也就愈大。河南鄲城县曲艺人李忠臣同志編写的“保护文物快板”，山东临淄县宋誉卿老先生編写的“爭取做个保护文物的模范相声”，都受到各該專署和县行政領导部門的重視；前者并經鄲城县文化館組織曲艺改进会試唱，据群众反映效果很好，曾由商邱專署文化科印作农村宣傳材料，大量推广。現在本刊特把它們發表，以供各地宣傳工作的参考。我們希望各地能根据不同的情况与需要，更多地創造些新的生动的宣傳方式，使国家保护文物的政策能做到“家喻户曉”“人人知道”。

敲敲竹板定定弦，
听我把保护文物談一談。
上級号召打井来增产，
目前就是缺少磚。
沒磚怎能把井打？
这个事兒可不好办。
我不表大家动員投資的热烈勁兒，
單把××社里談一談。
社長名叫張老六，
有个青年社員張成俭。
这一天他倆到一塊，
討論打井动員磚。
老六說：咱社有地兩千亩，
該打磚井四十眼，
每眼用磚三千塊，
总共就得十二万，
这个任务可不小，
你看上那去弄磚。
成俭說：我有主意整三个，
不知你看沾不沾？
第一个：發动社員把磚对，
沒有磚的来对錢；
第二个：南地有个老古庙，
發动社員去扒磚，
大約能扒五万塊，
足够打井二十眼；
第三个：北地有个大塚子(古墓)，
其中磚头不簡單，
拉土犁地有人見，
下面券洞全是磚，
估計最少万把塊，
足够打井三四眼。
成俭正在往下講，
社長連忙發了言：
前一个办法到很好，
后兩个办法可不沾。
成俭一听發了楞，
叫声社長听俺言：
成天講的不讓再迷信，
我看你还是一个老封建，
古庙古墓有啥用，
凈閑占地少生产，
日后使用拖拉机，
那时犁地更不便。
社長一旁又开口，
叫声成俭听俺言：
你說我是老封建，
破坏文物、違犯法令不是玩，
文物法令政府早公布，
号召咱們好好来保管，
有价値的古庙要保护，
地下古墓更不許剜，
就是打井、生产碰到墓，
也要用土把它掩。
宪法之上有規定，
上面一一說的全，
地权虽屬咱們有，
地下埋藏可不屬咱，
誰要存心来破坏，
依法处理不容寬。
成俭一听哈哈笑，
社長你別吓唬俺，
打井为的是增产，
古物要它啥相干，
啥是違犯文物法，
咱們是利用“廢物”来生产。
社長正色面含笑，
成俭你的“冒失鬼”外号不虛傳。
要說生产干勁数着你，
保护文物的意义你还得听我談，
前天我到县里去开会，
文化館大会發过言，
保护文物的道理講的清，
現在听我向你談：
咱們咋着生产都知道，
几百年、几千年前咋着生产誰能談？
过去的風俗習慣誰知道，
社会發展更不必談。
別認为古庙、古墓沒啥用，
咱們祖先的智慧創造全在里边。
更不能認为古代磚、瓦、灶、井、陶器瓷器沒有用，
这都是人民国家的財产。
經过專家来研究，
过去的事兒会知全。
爱国主义教育它有用，
考古缺它也不沾。
文物的用处多的很。
一时我也难說完，
本来我想向大家講一講，
因生产还沒顧的往下傳。
要問应該怎么办？
办法交的也怪全，
打井开始碰着有古墓，
立即停止挪地点。
打井当中碰到它，
立刻报告文化館，
应該咋着来处理，
听候通知再去办。
成俭听了点头笑，
多亏社長指点俺，
过去只知为生产，
想不到文物的用处还有这一篇，
文物的用处既有这么大，
我一定好好来保管，来保管。

图 3-24 文物保护快板 [资料来源：李忠臣 . 保护文物快板 . 文物参考资料 .1956（11）]

烈的反响，各地群众纷纷写信反映当地文物保护情况并提出建议，发表在报纸、期刊甚至《文物参考资料》等专业刊物上。地方上也多有举办业务培训班，对地方文物干部及一部分群众进行基本的培训，并以之作为保护观念传播的媒介。

1956 年 4 月 2 日，国务院发布《关于在农业生产建设中保护文物的通知》，进一步提出建立群众保护小组。事实证明，群众在普查和保护当中起到了重要的作用。著名的燕下都发掘和保护，就是群众保护的结果。文物局后来将这次保护的经验向全国推广：

> 文化部文物局根据《通知》的要求，抓了大遗址的保护工作，并以河北易县燕下都为试点，经过几年的努力，到 1964 年在燕下都开现场会，肯定了燕下都经验，向全国推广……燕下都的基本经验有两条……二是根据国务院通知关于建立群众性文物保护小组，使保护文物成为广泛的群众性工作的要求，分别建立了群众性文物保护小组……全国各地大遗址都在搞保护规划。探明地下遗存平面布局应当是制定规划的主要依据；而建立群众性文物保护小组则是落实保护规划的重要保证。因为全国一百多处大遗址，不可能全部把居民迁出，设立机构专门保护，建立群众性文物保护小组的经验完全可以向全国推广。①

1957 年，“反右运动”开始。1958 年，“大跃进”开始。这两次政治运动使群众运动进一步升温，波及文物保护事业。② 这时期的文物保护工作普遍带有盲目性、急躁性的特征。轻率地发动群众运动，把具有较高专业要求的发掘技术工作放手让普通群众来做，显然违背了文物保护工作的规律，甚至破坏了文物。③ 虽然如此，其积极的方面则是使保护的基本观念得到了广泛的宣传，并为人民大众所接受，深入人心。

（三）中华人民共和国成立初期的古建筑保护公众教育

群众保护的观点也为古建筑保护界所广泛接受。时任文整会秘书的俞同奎在文整会多年保护经验的基础上，总结出一套古建筑的保护方法，其中特别提到宣

---

① 谢辰生 .《文物保护理论与方法》澄清的两个误解 . 见：李晓东 . 文物保护理论与方法 . 北京：紫禁城出版社，2012.

② “当时在文化部提出了九个‘人人’:‘人人唱歌，人人跳舞，人人作诗，人人书法，人人画画……’文化也大跃进。更荒唐的是，每个县都要出一个郭沫若，于是文物局也提出一些不切实际的，群众搞发掘，考古发掘搞‘三边’，边发掘，边写报告，边出版，县县办博物馆，社社办展览。三车黄土一头牛就办博物馆。”引自谢辰生先生在天津大学的演讲“新中国文物保护六十年”，演讲时间：2009 年 5 月 4 日，整理人：林佳。

③ 刘建美 .1949—1966 年中国文物保护政策的历史考察 . 当代中国史研究，2008（3）.

传及公众教育对古建筑保护的意义："必须做有系统的宣传，使一般人都认识到古建筑都有历史文化的价值，一遭损坏就不可再得了。又古建筑多半和封建迷信有关，使一般人都认识到，保存古建筑是保存古建筑的文化价值，并不是保存封建或迷信，所以平时须由群众共同爱护，有损坏时须加修理，或通过政府机关设法修缮。中央和各地古建筑的整理机构，更须不断的注意宣传教育，使保存古建筑一事，成为男女老幼皆知的一种人民的义务……认真开展宣传保护文物政策，教育群众爱护历史文化遗产，是保护古建筑最好的方法之一。"①

当文物保护的干部及群众教育工作在全国热烈开展之际，图书馆、博物馆事业迅速发展，规模、形式、内容各异的展览也相继举办，作为文物保护工作重要内容的古建筑也在考虑之列。1950年,文物局开始考虑在故宫建立"古代建筑馆"，并拟作为常设展馆，为广大群众提供古建筑保护的基本教育。1951年，为配合抗美援朝爱国主义教育及古建筑保护教育，文物局又在故宫午门城楼举办"伟大的祖国建筑展览"。

1. 故宫的"古代建筑馆"

中华人民共和国成立之初，故宫曾设"古代建筑馆"。1950年8月16日，建筑馆筹备座谈会召开，出席有刘敦桢、林徽因、郭宝钧等专家。会上决定筹设故宫博物院建筑馆，在保和殿布置陈列，由古建筑专家、文整会与故宫博物院合作办理。② 这是建筑馆的初始设立方案。1950年8月22日，为举办"古代建筑馆"，文化部致函教育部，要求中法大学转赠其所藏"样式雷"图档及烫样模型至文物局。23日，国家文物局通知故宫博物院，决定将1950年故宫工作计划中与文整会合办的古代建筑陈列室改为建筑馆，改在保和殿陈列，并准备接收由历史博物馆、北京图书馆及中法大学转移的样式雷图档及模型。1950年9月6日，教育部同意文化部要求转赠"样式雷"档案 的请求，向中法大学发函说明国家文物局的调档要求。1950年10月31日，在文物局工作计划中，郑振铎提出"建筑馆"的展览内容和意义："明年，可以成立'建筑馆'，这是具体的表现中国人民的'住'的发展史；从'北京人'的'住'的穴居，到半封建、半殖民地的建筑，都用模型、图画和标本来表现其进展的过程。"③1953年5月

① 俞同奎．略谈我国古建筑的保存问题．文物参考资料，1952（4）.
② 本局简讯．文物参考资料，1950（8）.
③ 郑振铎．一年来的文物工作．见：国家文物局．郑振铎文博文集．北京：文物出版社，1998.

30日，郑振铎提出将建筑馆由故宫午门移至保和殿："第二部分是：美术品的专馆。可分为绘画馆、雕塑馆、建筑馆等三馆。这些，都是美术史的主题，必须重点的陈列出来的。绘画馆正在积极筹备中，预计今年国庆节之前可以开馆；建筑馆已在午门上陈列出来，加以充实后，可移到故宫来。"[①] 根据以上史料推断，故宫的建筑馆应该在1951年成立，最初文物局拟设立在故宫保和殿，因种种原因，地点改为北京历史博物馆午门城楼，在1953年中文物局计划将之搬到保和殿。事实上，古建筑馆并未真正落成，笔者推测，郑振铎此处所指的建筑馆是陈列"伟大的祖国建筑展览"展品的展址。

虽然存在时间不到3年，而且相关史料不多，但作为我国第一处以古建筑为主题的常设展览机构，"故宫博物院建筑馆"的意义与示范作用是不言而喻的。之后我国再无关于古建筑的专门博物馆，直到1991年北京的"中国古代建筑展览馆"成立。

2."伟大的祖国"展览

1950年，朝鲜战争爆发。10月19日，中国人民志愿军赴朝参战，国内兴起大规模支援志愿军的热潮。1951年，郑振铎为了配合抗美援朝、宣传爱国主义、提高民族自信心，举办名为"伟大祖国"的系列展览。由于古建筑适合展示，同时为了配合《关于保护古文物建筑的指示》的发布，为古建筑的保护宣传造势，系列展览中包括了建筑部分，称为"伟大的祖国建筑展览"。

1951年10月1日，"伟大的祖国建筑展览"在北京历史博物馆展出。展览由国家文物局联合北京历史博物馆、清华大学营建系、中国营造学社[②] 等单位共同举办。策展之初，文物局曾求助于梁思成，希望配合与支援。梁思成和林徽因欣然答应，同时命陶宗震、宗育杰将藏于清华大学建筑系的营造学社资料和模型带去作为展品，并以梁思成所著《中国建筑史》为展览大纲。[③] 因《中国建筑史》以年代划分的方式编著，展览也基本按照"断代史"的框架布置。除此之外，部分展品来自故宫博物院，其中包括样式雷的烫样模型等。

展览从原始社会讲起，按春秋战国、秦汉、六朝、隋唐、两宋、元、明清的

① 郑振铎.故宫博物院改进计划的专题报告.见：国家文物局.郑振铎文博文集.北京：文物出版社，1998.
② 梁思成在创办清华大学营建系（建筑系）的同时，还以清华大学和中国营造学社的名义共同创办了"中国建筑研究所"。建筑系和研究所实际上是一个机构两个牌子，营造学社全体员工和南迁的资料，都回到了清华大学营建系。同时，因为这次展览所用的绝大部分材料，都来自营造学社，因此举办单位的名单也加上了营造学社。
③ 陶宗震.给友人的一封公开信.[EB/OL].[2012-08-19].http://taozongzhen.blog.hexun.com/.

时代顺序陈述。展览共展出了城池、宫殿、陵墓、苑囿、坛庙寺观、塔幢、桥梁、堤坎、衙署、民居等建筑类型的珍贵照片、模型、实测图，还包括建筑构件实物等资料。另外，集合营造学社在西南时期的考察成果，介绍了云南地区的民居特色。[①] 展览使人民群众认识到我国建筑艺术方面的伟大成就，由此激起爱国主义精神，是古建筑保护公众教育一次成功的案例。

五、中华人民共和国成立初期的古建筑保护理论与实践

（一）古建筑研究、保护对象范围的扩大

中华人民共和国成立之后，社会制度相对以前发生重大改变。相应地，意识形态、价值观也随之变化，影响到对“文物”概念及保护对象的界定。随着建筑史研究的发展，加上受苏联建筑界思潮的影响，建筑界和文物界对于古建筑保护本体对象的认识也产生了变化和发展。

1950年，政务院发布《禁止珍贵文物图书出口暂行办法》，规定禁止出口的文物包括：革命文献及实物、古生物、史前遗物、建筑物、绘画、雕塑、铭刻、图书、货币、舆服、器具。这是中华人民共和国成立之后第一次对文物进行定义。与1935年国民政府公布的《暂定古物之范围及种类大纲》相比，增加了“革命文献及实物”一项，减少了“兵器、杂物”两项。由于《办法》的编写曾参考《大纲》，可看出其传承关系——文物的种类和名称基本和《大纲》一致。[②]1961年公布的第一批全国重点文物之中，共33处“革命遗址及革命纪念建筑物”。“革命文献及实物”被列入文物范围，可以看出新的意识形态对文物保护范围的影响。

值得重视的是，除古建筑本身之外，建筑模型作为学术研究的成果以及重要古代建筑历史信息的载体，亦被《办法》列入文物保护范围并禁止出口。这表明，古建筑已经作为文物获得了广泛认同，相比起南京国民政府期间《古物保存法》中仅作为可移动文物的观念，已有较大的进步，也反映了营造学社、文整会等机构的研究成果和保护工作的影响。传统工匠技艺日渐式微，技艺高超匠师的优秀

---

① 李静昭．伟大的祖国建筑展览介绍．历史教学，1951（12）．

② “1949年，我到文物局工作后接受的第一个任务就是西谛先生要我起草保护文物法规。当时我对这方面的情况一无所知，是西谛先生在向我交待任务的同时，就把他事先已经收集准备好的民国时期国民政府颁布的文物法规和一些国外的文物法规材料交给我作参考。”引自谢辰生．纪念郑振铎先生诞辰一百周年．见：国家文物局．郑振铎文博文集．北京：文物出版社，1998.

作品也因稀有及其重要历史价值而获得重视。[①]1960 年 7 月 12 日，文化部、对外贸易部发布《关于文物出口鉴定标准的几点意见》，进一步细化了禁止出口的文物范围，对于古建筑及其构件的出口制定了更为详尽的说明，显示出古建筑的文化、艺术价值获得进一步认可（表 3–5）。

禁止出口的古建筑实物及资料 表 3–5

类别	详细内容	时间限制
1. 建筑模型图样	包括一切古代建筑的木质模型、纸制烫样、平面立面图、内部装修画样及工程做法等	1911 年（宣统三年）以前的一律不出口
2. 建筑物装修、构件	（一）天花、藻井、隔扇、门窗、落地罩、隔断等装修	1795 年（乾隆六十年）以前的一律不出口
	（二）琉璃构件、雕砖构件、石雕构件、金属构件及饰件等	1795 年以前的一律不出口
	（三）一切有花纹、文字的完整砖瓦及水道管等少见的建筑材料	1795 年以前的一律不出口
	（四）空心砖、画像砖、彩画砖	一律不出口

（资料来源：作者自绘）

同时，建筑史学研究的深入，大大扩展了古建筑保护的种类和范围，使其转变成上至组群、下至附属文物的“整体式”保护，从注重古建筑本体的保护，转而注意其周边自然环境、所处城市空间、建筑组群、庭院布局、室内陈设、设计意象、视线分析等方面。就古建筑研究而言，研究对象的类型也在不断增加，包括园林、民居、石窟寺、近现代建筑、少数民族建筑等，相关研究得到了不断深化。

此外，古建筑的结构、构造、细部、艺术风格、地方特点，也随着全国文物调查和勘测的深入渐渐为研究人员重视，大量资料和细节信息在修缮工程中得到揭示，为建筑史学研究提供了丰富的实例。

1. 从单体到城市、环境、组群

1949 年，梁思成编写《全国重要文物建筑简目》时，第一个保护对象即北京全城。梁思成评价北京城为世界现存最完整、最伟大的中古都市，体现出历史

① “这些模型（古建筑模型）是当时的匠师做的，比较早一点做的，它就算文物了。因为没有别的人搞过，那小细作那是太珍贵了。现在做模型做不了那么好了。”引自笔者对文物保护专家谢辰生先生的采访记录（未刊稿）。采访时间：2012 年 6 月 16 日。

文化名城的整体保护思想。[①] 在关于拆除北京市内牌楼的争论中，梁思成再次强调环境对古建筑保护的重要意义，并从城市的尺度看待古建筑的保护："梁思成认为，城门和牌楼、牌坊构成了北京城古老的街道的独特景观，城门是主要街道的对景，重重牌坊、牌楼把单调笔直的街道变成了有序的、丰富的空间。"[②] 1964年，梁思成在《闲话文物建筑的重修与维护》一文中再次提到："一切建筑都不是脱离了环境而孤立在的东西……它们莫不对环境发生一定影响；同时，也莫不受到环境的影响，在文物建筑的保管、维护工作中，这是一个必须予以考虑的方面……对于划定范围的具体考虑，我想补充几点。除了应有足够的范围，便于保管外，还应首先考虑到观赏的距离和角度问题。范围不可太小，必须给观赏者可以从至少一个角度或两三个角度看见建筑物全貌的足够距离。"[③]

整体保护的理念很快被文物界所接受。1956年，文物局要求地方建立文物保护单位之后，划定保护范围；并提出在普查时便做出相关的勘查和考虑。对此，罗哲文提出，普查成果"要有文物古迹的范围尺度图，即平面图。这张图是普查中必须取得的重要资料（如果是建筑物及其他地上文物古迹时，在它们的四周还要考虑划出一定的范围作为保护地带），据此才可以确定保护单位……划定保护地带时，必须要有它的最高高度作为参考。"[④] 1963年，《文物保护单位保护管理暂行办法》提出划定文物保护单位保护范围的问题，从法规上明确了保护文物建筑周边环境及气氛："有些文物保护单位，需要保护周围环境的原状，或为欣赏参观保留条件，在安全保护区外的一定范围内，其他建设工程的规划设计应注意与保护单位的环境气氛相协调。"[⑤]

2. 建筑史研究对象的扩展

自1950年代开始，文物系统对于石窟寺的保护日益重视，在《文物保护管理暂行条例》中，石窟寺作为一个类别被单独列出。石窟寺遗产种类丰富，价值突出，年代跨度大，且集中于同一区域，尤为获得建筑史学者的青睐。陈明达在考查炳灵寺石窟时，就曾对其窟檐进行调查，详细研究了其中33处，对石窟及

① 清华大学、中国营造学社合设建筑研究所．全国重要建筑文物简目．中央人民政府文化部文物局，1950.
② 王军．城记．北京：三联书店，2003.
③ 梁思成．闲话文物建筑的重修与维护．文物，1959（10）.
④ 罗哲文．谈文物古迹的普查工作．见：罗哲文．罗哲文古建筑文集．北京：文物出版社，1998.
⑤ 文化部．文物保护单位保护管理暂行办法．见：国家文物局．中国文化遗产事业法规文件汇编．北京：文物出版社，2009.

窟檐的病害、修复原则都作了详细的分析。余鸣谦也对石窟寺进行了详尽的考察和研究，并在古建筑培训班中讲授相关内容。1950 年至 1953 年发表在《文物参考资料》上关于石窟寺研究的文章有 25 篇。第一批全国重点文物保护单位名单中，共有 14 处石窟寺入选。

高校在扩大古建筑研究范围的同时，在保护理念和措施方面也有所拓展。其中，南京工学院进行了苏州古典园林、徽州明代住宅、闽西永定客家土楼、浙东村镇民居、山东曲阜孔庙和孔府古建筑以及江南诸多大木构建筑的研究；清华大学则集中于对北京皇家园林、近现代建筑、元大都规划等方面的研究；天津大学进行了清代皇家宫殿、园林及河北、天津近代建筑的研究；同济大学的研究集中于苏州、杭州、扬州等地的民居和古典园林、上海近代建筑及里弄住宅等方面；华南工学院的研究重点在岭南地区古建筑及古典园林、粤中民居、广州地区近代建筑及民居等方面；重庆建筑工程学院专注于四川民居、藏族建筑、山地吊脚楼、成渝地区近代建筑的研究；西安建筑工程学院进行了陕西窑洞民居、陕南民居建筑、西安地区近代建筑的调查和研究；哈尔滨工业大学建筑工程系对哈尔滨近代建筑、黑龙江地区民居进行了调查；湖南工学院土木系建筑学教研组则开展对湘西土家族苗族自治州及湘南地区民居建筑的研究。[1] 总的来说，在继承营造学社研究脉络的基础上，民居、园林、近现代建筑、少数民族建筑等成为这一时期建筑史研究的主要方向。

受苏联的影响，历史文化名城的概念经由苏联传进中国。梁思成也试图通过城市总体规划的手段保护古城格局、肌理及其风貌，进而保护古建筑，由北京的总体规划入手，给全国名城保护问题树立榜样。但在建设浪潮和意识形态的影响下，这一设想并未成功。全国多数古城在此时期开始受到破坏。

这一时期，由于考古发掘的大规模开展，出现了大量文物集中、面积广大的文化遗址。《文物保护单位保护管理暂行办法》提出，将遗址和墓群划为一般和重点保护区，分级对待，显示出大遗址作为新保护类型的初步形成。

另外，风景名胜在清末和民国初期被作为重要保护对象，在 1949 年之后并未得到足够的重视。虽然受传统文化影响，风景名胜在人民心中仍占有一定位置，但相关的规定中，却没有将之作为文物加以保护。

由于各种原因，上述历史文化名城、民居、园林、近现代优秀建筑、少数民族建筑，并未列入国家法律规定的保护范围。尽管如此，这段时期对上述对象的

---

① 温玉清. 二十世纪中国建筑史学研究的历史、观念与方法——中国建筑史学史初探. 天津：天津大学，2006.

研究，作为认识的基础，对日后历史文化名城、名镇、名村、古典民居、少数民族建筑等的保护起了重要的铺垫作用。

（二）古建筑修缮原则的再讨论

1.“不塌不漏”

中华人民共和国成立初期，百废待兴，国家财政困难，无力对古建筑进行全面修缮。[①]因此，文物局在选择修缮对象时，综合考虑各方因素，首先是古建筑的价值，以价值突出者优先；其次是损毁情况，以残损严重者优先；最后是工程量的大小。最终，只能选取重中之重且工程量不大的木构建筑进行修缮。针对这种情况，文物局提出了“不塌不漏”的原则。

“不塌不漏”是古建筑修缮和管理的最低要求，即对建筑物进行日常保养、维护与及时排危，针对的是古建筑最重要的两个方面——屋顶与结构。屋顶渗漏是古建筑特别是木结构建筑损坏的开始。[②]保证屋顶不漏，有利于建筑物的长久保存。对于结构方面有坍塌危险的古建筑，要进行临时支护，补强结构，及时排危，保证其不倒塌。“不塌不漏”原则便于理解，直指保护要害，且容易操作。

文物局提出“不塌不漏”的原则，还有着以下的考虑。首先，全国可进行古建筑设计及修缮的单位只有文整会，但文整会当时也只进行过明清官式建筑的修缮，于早期建筑的认识还不足，贸然开展修缮恐怕会破坏其价值。因此决定保持古建筑的原状，留待日后研究、技术成熟时再行修缮。其次，当时受英国派的保护理念影响，倾向于“保持现状”，以最大限度保存其历史信息。[③]受各种政治运动与自然灾害的影响，国家一直没有能力全面修复古代建筑，维持“不塌不漏”以“保持现状”的原则一直影响着1950年代的古建筑保护。我国大部分古建筑

① 郑振铎就曾经提到这种困境：“关于古建筑的修整工程，今年只能在北京市范围以内动工，且也只能选择重点的做。这是很耗费的事业，但也是必要的。中国古建筑有其历史的、文化的价值，表现着民族形式的最高的成就。江南一带，古建筑存在者已少。北京、河北、察哈尔、山西一带，则保存着者尚多，但也岌岌可危，倾圮堪虞，我们必须加以抢救。这项抢救的工程，在今年还不能用大力量来展开。”引自郑振铎.一年来的文物工作.见：国家文物局.郑振铎文博文集，北京：文物出版社，1998.

② “屋顶一漏，梁架即开始腐朽，继续下去就坍塌，修房如治牙补衣，以早为妙，否则‘娟娟不壅，将成江河’。在开始浸漏时即加整理，所费有限，愈拖则工程愈大，费用愈繁。”引自梁思成.闲话文物建筑的重修与维护.文物参考资料，1959（10）.

③ “这里面有两个意思，‘不塌不漏’一是因为原来经费紧张，没这么多钱修。另外是受当时英国派的影响，要尽最大的努力维持它现状，让它更加接近真实。在一定的程度上是接受这个影响。”根据笔者对文物保护专家谢辰生先生的采访记录（未刊稿）。采访时间：2010年9月20日。采访人：林佳。

均在此原则之下得以延续，包括发现于1950年代初，随即以支护状态维持20余年，至1970年代才修缮的南禅寺大殿。

2.“保持现状”与“恢复原状”

1932年，梁思成在《蓟县独乐寺观音阁山门考》中确立了以“保持现状”为主、“恢复原状”为辅（即有证据或有必要时才恢复原状）的修缮原则。[①] 这是我国第一次提出科学的古建筑修缮原则。之后，梁思成陆续发表《曲阜孔庙之建筑及其修缮计划》《杭州六和塔复原状计划》等文章，将这一原则完善、深化并推广宣传，逐渐为建筑界、保护界所熟悉与认可。

中华人民共和国成立之后，国家文物局召开文物管理工作会议，邀请郭沫若、向达、梁思成、尹达、范文澜、邓拓、胡绳、马衡等著名学者，征求对《为禁运文物图书出口令》《为保护全国各地公私有古迹文物图书令》《保护有关革命历史文化建筑物暂行办法》《古文化遗址及墓葬发掘暂行办法》等文物法规的意见与建议。[②] 这是中华人民共和国文物法制建设的开始。“保持原状”的文物保护理念，由梁思成建议，直接写进保护法令，成为中华人民共和国成立后文物建筑修缮的指导性法则。[③] 该时期的“原状”即“现状”，指遗产被发现并确定为文物时的状态。1961年《文物保护管理暂行条例》发布后，正式改为“现状”。1961年，国务院通过《文物保护管理暂行条例》从法律层面规定了古建筑保护与修缮的原则：“一切核定为文物保护单位的纪念建筑物，古建筑、石窟寺、石刻、雕塑等（包括建筑物的附属物），在进行修缮、保养的时候，必须严格遵守恢复原状或者保存现状的原则，在保护范围内不得进行其他的建设工程。”[④] 由于当时大量古建筑仍处于使用状态，作为此理念的延伸，《条例》又对古建筑的使用作出规定：“核定为文物保护单位的纪念建筑物……使用单位要严格遵守不改变原状的原则，并且负责保证建筑物及附属文物的安全。”[⑤]

对于“保持原状”的原则，陈明达作了详细的说明：“这是一个细致而具体的工作。每一个古建筑的修理，不但要保存它原来的间数、平面布置的形状、原

① “以保存现状为保存古建筑之最良方法，复原部分，非有绝对把握，不宜轻易施行。”引自梁思成．蓟县独乐寺观音阁山门考．中国营造学社汇刊，1932，3（2）．
② 国家文物局党史办公室．中华人民共和国文物博物馆事业纪事．北京：文物出版社，2002.
③ 根据笔者对法律主要起草人谢辰生先生的采访记录（未刊稿）。采访时间：2009年8月3日。
④ 国务院．文物保护管理暂行条例．见：国家文物局．中国文化遗产事业法规文件汇编．北京：文物出版社，2009.
⑤ 国务院．文物保护管理暂行条例．见：国家文物局．中国文化遗产事业法规文件汇编．北京：文物出版社，2009.

来的大小尺寸高矮、屋顶的形式、门窗装修的形式位置，而且要保存它每一条线脚、每一个细小的花纹和原来的色调，保证它一砖一瓦都和原状一丝不差……保存原状是一丝不苟、一毫不差的工作，不能认为大体差不多就成了。”① 相对营造学社期间以“保存外观为第一要义”的观点，陈明达的理念有所发展，并进一步从保护历史信息的角度阐述：“保存原状不但是保存表面可见的部分，内部不可见的部分也应当是保存原状的。在修理晋祠飞梁时，曾经有些同志认为只要表面照原状就成，内部榫卯不必要求都照原样。这是由于不知道榫卯是中国木建筑结构的要点之一，也是我们今天还没有完全认识的问题。如擅自改变它的原样，对中国木结构榫卯结合的理论研究就缺少一个实际资料，甚至是失掉一个发展的阶段。这很可能造成巨大错误。因此，在古建筑修理中，保存原状只有严肃地细致地‘依样画葫芦’，还要加上唯恐错画的警惕。我们修理古建筑，是在保存，而不是在创作啊！”②

1952年，罗哲文、杜仙洲拟定的大同善化寺普贤阁、朔县崇福寺观音殿修缮方案，以保持原状为修缮原则：“四面台基及前面踏道均残缺不全，一部坍毁：照原样归安添配完整……上下檐及平坐斗栱均残缺不全：落架后照原来尺寸补配齐整……梁枋彩画已残褪不明：旧有彩画不动，新添门窗斗栱等随旧色断白。”③ 同年，刘致平初步拟定赵州桥的修缮方案，也是以保持原状为主：“修葺方针以激励保持桥的旧观为主旨……稍微残缺的保持原状不动……上铺石板保持原状。”④

这时期大部分的古建筑是按照保持现状的方式修缮的。当时已经普遍认识到，一座年代久远的古建筑，历史上必经多次修缮，留下历代维修的痕迹。对于拥有多层级历史信息的遗构，确定其原状，必须经过科学的研究与考证，在无十足把握的时候，应该将现状原封不动地、最大程度地保存，留待日后有条件时再行复原。⑤“实践证明，按照保存现状的原则维修的古建筑物，保留各个时期在这座古建筑的保护维修中的痕迹，为研究它的历史以及对它的原状研究，都是最为重要的参考资料。这是任何文字资料所不能代替的资料。此外，这种性质的维修工程，在经费、材料、工期等方面都是比较节约的，因而就我国35年的大型维修工程

① 陈明达．古建筑修理中的几个问题．见：陈明达．陈明达古建筑与雕塑史论．北京：文物出版社，1998.
② 陈明达．古建筑修理中的几个问题．见：陈明达．陈明达古建筑与雕塑史论．北京：文物出版社，1998.
③ 罗哲文．雁北古建筑的勘查．文物参考资料，1953（3）.
④ 刘致平．赵县安济桥勘查记．文物参考资料，1953（3）.
⑤“现在我们所做的维修工作，大多数是依照‘保存现状’的原则进行的。这不仅是为了少用一些经费，经验证明在进行原状研究时，对现状所作的深入、细致的分析，是取得研究成果的必经途径。现状所保留的结构形式，艺术装饰纹样等，许多的时候都与原状有些明显的或是不十分明显的联系。所以不经意的改动现状，就意味着放弃了这种可贵的参考资料，将会给恢复原状工作造成一些本来可以避免的困难。”祁英涛．中国古代木结构建筑的保养与维修．见：中国文物研究所．祁英涛古建论文集．北京：华夏出版社，1992.

统计，绝大多数的工程都是属于此种性质的。”①

在现状和原状的取舍上，文物界也基本达成了共识，即以保存现状为主，在有确凿证据的情况下恢复原状。② 当时《威尼斯宪章》还未出台，法国派和英国派对修缮原则正在激烈地争论，法国派主张“风格性修复”，即“恢复原状”，英国则主张“保持现状”，“一点都不能动”。受这两种思想影响，我国在制定法律时则将两派意见分别写入，以对应不同的修缮情况。③ 1961 年的《文物保护管理暂行条例》，将古建筑的修缮原则以法规形式定为“恢复原状或保持现状”，同时确定以“保持现状”为主，有条件则“恢复原状”。

而实际上，“保持现状”虽大量应用，但更多带有“权宜之计”的味道。对于当时的保护界而言，“恢复原状”被认为是古建筑保护的最高要求和最终的修缮方式。《条例》中“恢复原状或保持现状”的表述也清晰地体现出这一点。因为，“按照最理想的要求，修理古代木结构建筑时，恢复原状是最高的要求，保存现状是最低的要求，因为保存古代木结构建筑的现存状况，往往为恢复其原状创造有利的条件。”④ 保持现状为恢复原状提供足够的研究考证信息，是经费不足时的选择。一旦有机会，更愿意尝试通过研究，将建筑恢复“原状”。典型如 1955 年的正定隆兴寺转轮藏殿修缮与 1973 年的南禅寺大殿修缮。

转轮藏殿位于河北省正定县隆兴寺内，是一座两层的楼阁式建筑，一层前檐有副阶，一、二层中间有腰檐。1930 年代营造学社勘测时，初步判断其主体结构为宋式。1953 年，文物局决定对其修缮，委托文整会实施。设计前的勘测显示，副阶腰檐为清代所加，与原宋式风格不符。为此，文整会拟定了两种修缮方案，第一种是按现状保留副阶及腰檐，第二种是将之拆除，统一恢复为宋代样式。这是第一次对早期遗构进行的修缮工程。鉴于转轮藏殿的重要性，1954 年 8 月 6 日，文整会邀请朱启钤、梁思成、杨廷宝、刘致平、莫宗江、赵正之、张葱玉、陈明

---

① 祁英涛 . 古建筑维修的原则、程序及技术 . 见：中国文物研究所 . 祁英涛古建论文集 . 北京：华夏出版社，1992.

② “参照各国的经验，和我国专家的主张，亦可归纳如下：现存的古建筑物，或因后来添建的缘故，已不是原来的形状，修缮时只可就它的现状修复。如确知它的原来形状，可能做恢复计划者，自然以恢复原来形状为宜。”引自俞同奎 . 略谈我国古建筑的保存问题 . 文物参考资料，1952（4）.

③ “当时（1950 年代的那三条法例）就提出了‘保持原状’，到了 1960 年代的《文物保护管理暂行条例》，就明确提出了‘保存现状’和‘恢复原状’，并将之提升为文物保护和修缮的原则。这个提法源于国外，当时两种提法都有，所以我们就将它们都放在一起。法国派是主张恢复原状的，最典型的例子有巴黎圣母院，但是他们那个有问题，最后都变成重新仿做了。还有英国的拉斯金派，他们是主张一点都不能动，一动就是破坏，这也是绝对化了。当时我们（文物局）只能将这两派的意见‘保持现状’、‘恢复原状’并行。那时并非只保持现状，有条件也可恢复原状，并未强调哪一种，二是两者皆可，两派意见都尊重。”引自笔者对法律主要起草人谢辰生先生的采访记录（未刊稿）。采访时间：2009 年 8 月 3 日。

④ 祁英涛 . 中国古代木结构建筑的保养与维修 . 见：中国文物研究所 . 祁英涛古建论文集，北京：华夏出版社，1992.

达、罗哲文、董增凯等专家，召开针对复原设计的“正定隆兴寺转轮藏殿复原设计审查会”，对复原设计进行科学的论证。同时致信刘敦桢、龙非了，征求意见。此次讨论会几乎征集了当时全国最顶尖古建筑专家的意见，集中反映了当时保护界对古建筑复原的态度、做法及价值取向，在保护史上具有十分重要的意义。会议主要讨论了两个问题：（1）是否可以拆除腰檐，保留副阶？同时征询其他修复方法。（2）细部设计的检查和改进。

恢复原状是专家们的一致要求。梁思成明确表示“非常同意领导上依复原原则工作”。对于清代所加腰檐，除刘致平意见未定外，所有专家均同意拆去，以恢复至宋代样式。对于拆去腰檐出现的上层柱子太高的问题，梁思成认为应修改栏杆高度。对于经过后期改动的副阶斗栱，梁思成与陈明达认为应“宋化”，以统一风格。陈明达、莫宗江提出修改栏杆、门窗样式等，使殿宇更符合宋代建筑的风格。或许是受中国传统文化和审美意象的影响，保护界当时对古建筑修缮多少还存在风格统一的期待，也希望研究成果在复原工作中得到实践。

对于建筑样式恢复到哪个时代，梁思成认为“认识到哪里，恢复到哪里”；莫宗江认为“恢复到最好未必是最古的时代”[①]；刘敦桢倾向于“只将不合理部分拆去便可，至于完全恢复原状，留待将来再说”[②]。专家们都认为，只能恢复到有确凿证据的时代，将古建筑恢复到初建时候的状态是最高目标。这次的修缮只是阶段性的，日后如有新的史料或证据，可再次施行复原工程。转轮藏殿修缮工程是我国古建筑保护史上实施局部复原的第一次尝试（图3-25）。

在另一项修缮工程——南禅寺大殿修复工程中，复原、风格统一、修复工程的实验性和研究性则体现得更为明显。南禅寺大殿经过两次复原设计，第一次设计的勘查工作在1953年展开，1954年完成初步设计方案并广泛征求专家意见。其中刘敦桢回函，同意按唐代样式复原的设计方案，并认为须做深入的研究方可施行：“关于五台山南禅寺正殿的修理方式，我赞成寄来的原案。因该殿规模不大，且系今天我们知道的国内最古木建筑，值得恢复原来式样。不过屋顶瓦饰欲恢复唐式，须制出模型，多多研究，然后定烧瓦件，以求尽善尽美。门窗与出檐长度，想尚须蒐求证物，多作研究，方能作最后决定。”[③] 文整会于1953年做出修缮方案，并制作模型。在该版方案中，大殿屋顶清代小兽被去除，代之以宋辽时期较常见

① 正定隆兴寺转轮藏殿复原设计审查会，参见正定隆兴寺转轮藏殿修复工程档案，中国文化遗产研究院藏。
② 刘敦桢就正定隆兴寺与五台山南禅寺修葺计划回函，参见正定隆兴寺转轮藏殿修复工程档案，中国文化遗产研究院藏。
③ 刘敦桢就正定隆兴寺与五台山南禅寺修葺计划回函，参见正定隆兴寺转轮藏殿修复工程档案，中国文化遗产研究院藏。

图 3-25 正定隆兴寺转轮藏殿修复前后对比（资料来源：中国文物研究所、中国文物研究所 70 年 . 北京：文物出版社，2005）

的鸱吻；清代削短的屋檐被加长，以达到“出檐深远”的效果；殿身则完全根据唐代风格恢复，配以研究所得的唐代彩画；现状为圆形的角柱参照西北角柱之制，统一为八边形。该方案未得到执行。①

1973 年，南禅寺大殿修缮工程开始，国家文物局再次组织杨廷宝、莫宗江、刘致平、陈明达、卢绳、罗哲文、刘叙杰、杨道明等专家赴南禅寺实地考察，确定采用加固和恢复原状的方式。对于主体结构，如柱子、梁架等，不得随意变更，并尽量使用旧料，同时使用化学加固和铁箍加固等方法，加强旧有构件的负重能力，最大限度地保持现状：“在保存现状为主的修缮中，首先要保证主体结构的式样和尺度不得变更。如平面中各间的面阔、进深，梁架中柱子的高度、侧脚、生起以及梁架中的举高等等，都要严格按照原样，不能随意变更。各种构件，尤其是梁枋、斗栱等主要构件，应尽量保留利用旧有构件，不更换新构件。我们认为如果一座唐代木构建筑物，主要构件都被换成新材料，那么它将成为一座原大的模型，很难称它为唐代建筑了。”②

在恢复原状方面，主要是台明、月台、檐出、脊兽、门窗、油漆等几个方面，参考材料包括敦煌壁画、西安大雁塔门楣线刻佛殿、陕西乾县唐懿德太子墓唐代画阙楼的形象。鸱尾参照渤海国唐代鸱尾。悬鱼博风参照《营造法式》。具体做法为：

① “1954 年，北京文物文整会在 1953 年详细测绘勘察的基础上，曾拟定了初步复原修缮方案，对南禅寺大殿的柱、檐出、侏儒柱、装修、瓦顶等方面提出了复原修缮意见。但限于当时各种条件，只是对南禅寺大殿进行了瓦顶补漏、迁出住户、补砌围墙等临时修缮维护措施，复原方案并未实行。”引自高天 . 南禅寺大殿修缮与新中国初期文物建筑保护理念的发展 . 古建园林技术，2011（2）.

② 祁英涛，柴泽俊 . 南禅寺大殿修复 . 文物，1980（11）.

图 3-26 南禅寺大殿修缮前后对比 [资料来源：高天 . 南禅寺大殿修缮与中华人民共和国初期文物建筑保护理念的发展 . 古建园林技术，2011（2）（左图）；作者自摄（右图）]

（1）保持现状部分，完整部分以铁件加固，大梁以环氧树脂加固；保留殿内的唐代油饰。

（2）恢复原状部分，鸱尾按唐代渤海国出土鸱尾复原[①]；出檐根据考古发掘所得大殿台明原尺寸计算而得，对照《营造法式》规定进行验证；殿身门窗也按山西省现存早期建筑实例和敦煌唐宋窟檐设计；台明依发掘所得原大殿台明修复；殿内题记均保存；殿内油漆按原红色油漆，并做"整旧如旧"的做旧处理；原前檐的清代彩画"色彩鲜焕、技法拙劣"，记录后不再保留；拆除宋代所加瓜柱与驼峰；殿内壁画揭下后放在西配殿保存。

在设计过程中，现状是否为唐代原物，如若保留，是否将有损大殿风格的统一，这两点是判断是否去除后代改动处的重要根据。对风格有损但仍有价值者，取得其部分资料后去除，价值较高者则异地保存。修缮之后的南禅寺大殿完全呈现出唐代建筑的风格（图 3-26）。

复原部分大多数以现状勘察和研究为基础，参考同时代建筑进行设计，参照《营造法式》进行校核，沿袭了 1935 年梁思成进行杭州六和塔修复计划的复原研究方法。事实上，南禅寺大殿复原工程的开展，除保护大殿本体外，另一重要原因是研究方面的需要："一座古代建筑物是否需要复原，是由许多条件促成的。这些条件归纳起来就是必要性如何？可行性如何？从学术研究考虑，被后代局部改变面貌的古代建筑，大多数都有恢复的必要。如山西五台山南禅寺大殿的复原，

① "在唐代南禅寺大殿复原方案讨论时，专家们绝大多数认为虽然原来建筑中只存部分筒板瓦，但没有鸱吻，将使我国现存最早的唐代大殿大为逊色，最后决定搞一组唐代风格的瓦兽件，为此我们搜集了当时已知的一些资料，设计了鸱吻、脊兽的瓦件，最后总算勉强的安在屋顶上，虽然同志们没有什么批评，可是个人总觉得不够理想，因为它不能充分说明它们就是南禅寺大殿原来吻兽件的式样。"引自祁英涛 . 浅谈古建筑复原工程的科学依据 . 见：中国文物研究所 . 祁英涛古建论文集，北京：华夏出版社，1992.

主要是从科学研究方面考虑而动工的。”[①]

南禅寺大殿修复工程是我国古建筑研究成果应用于工程的一次重要实践，也是古建筑修缮工程技术的重要总结和集中展示。更重要的是，它为后来的早期建筑复原工作在各个方面都做出了示范，一直传承至今。

上述两项古建筑修缮工程可以代表1950年代至1970年代末古建筑修缮的普遍情况。可总结为以下几点。第一，以恢复原状为古建筑修缮的最高目标。保持现状是在经费不足、研究不深、复原证据不足时的选择，可最大限度地保存历史信息。第二，复原是将古建筑恢复到已有认识可判断的历史时期的工作，未有足够认识的部分仍保留现状。第三，这时期的修复工作多数带有研究的性质。第四，统一的建筑风格、外观美术效果是复原设计重要的出发点。对此，祁英涛曾谈道："实践证明，按照保存现状的原则维修古建筑物，在经费、材料、工期等方面都比较节约，更重要的是它为进行建筑物的原状研究保存了必要的参考资料，争取了研究时间，因而我们所做的大量的维修工程，绝大多数都是在这一原则指导下进行的……恢复原状的工程，必须经过深入的考证，取得充分的科学依据，具有精湛的技术力量和相应的财力、物力才能进行。我们对此要十分谨慎从事。三十年来在这一原则指导下所进行的工程，数量是不多的，而且有的是带有实验性质的。”[②]

一些学者也认为，可以通过复原解决研究上的问题。如陈明达提出："有些现存建筑物，不一定是原状，也需要做复原研究。例如：佛光寺大殿，他的装修本应在第二排柱子之间，而殿的前面一排七间都应当是开敞的。现在的外观是后代改建的结果。因为没有进行复原工作，常常使人误以为现状即原状。经过复原，就可以看到寺庙殿堂和上述住宅的密切关系。”[③]这也是促使专家们青睐复原工程的原因之一。

此外，沿袭学社传统，这时期的学者基本上持同一种观点，就是通过对《营造法式》的研究，通过对《营造法式》的全面了解，可将结合现状勘察、研究所得的修缮设计，按《营造法式》进行校核与评判；同时，一旦确定古建筑年代为宋辽金时期，则可用《营造法式》推求建筑的原状，统一风格，将之复原至辽宋时期的面貌。或以《营造法式》研究结果揭示的规律去判断现有建筑是否原状，

① 山西省文物工作委员会．山西五台南禅寺大殿修缮设计图，1973年5月，中国建筑设计研究院建筑历史与理论研究所藏。
② 祁英涛．中国古代建筑的维修原则和实例．见：中国文物研究所．祁英涛古建论文集．北京：华夏出版社，1992.
③ 陈明达．对《中国建筑简史》的几点浅见．见：陈明达．陈明达古建筑与雕塑史论．北京：文物出版社，1998.

是否应该复原。至1980年代，许多保护学者亦持此观点。据朱光亚回忆，陈明达曾提醒他，《营造法式》并非适用所有早期建筑：

> 我做苏州瑞光塔修缮时，拜访过陈明达先生。陈先生问我复原依据是什么，我回答是《营造法式》。他说不对，不是《营造法式》。当时对我也是一剂清醒剂吧。从那以后我们还是比较注重研究考据，对瑞光塔做了大量的考据工作……南方江苏一带大量受《营造法原》的影响，但是瑞光塔的例子说明，个案就是个案，书本就是书本，每一个个案都是特殊的。只能就着每个个案讨论具体的地方该怎么做才合理。[①]

我国疆域辽阔，地方做法丰富，加上时间跨度以及各文化区相互影响的因素，纯以官式建筑做法的大成——《营造法式》作为时代判断依据，难免模糊时代与地域差异。祁英涛对此曾总结道："本地区难以查找到相应构件的式样时，明代以前的，习惯上参考宋《营造法式》，清代的参考清工部《工程做法则例》，江浙一带则参考《营造法原》。实践证明，完全照书本照搬的，多数都不够理想。"[②]

梁思成、刘敦桢等学者虽然已经认识到年代相近的建筑在做法上存在地域差异，但这一点在当时的修缮工程中并未得到足够重视，将北京地区做法直接套用在地方的情况并不罕见。由于修缮经验未得到及时总结，这种情况直至1980年代仍有出现，如湖北省古建筑保护中心吴晓曾指出：

> 1980年的时候，我们订了一批琉璃瓦。当时想着大兴土木要维修，都要用到琉璃瓦，原来想统一用琉璃瓦，但是我们湖北很多地方用缸瓦，跟琉璃瓦不一样。后来订的瓦来了才知道不对。订的瓦是成套的，包括各种瓦件、吻兽等。我们湖北对于北方来说是南方，很多建筑做法都有地方风格，不是北方的仙人、走兽的样子。我们做到后来感觉不对，看着很难受，但是瓦订了不用不行啊，花了很多钱……当时有的老师对我们湖北的一些地方做法也不太了解，就按他们的做法。因为他们做北方的文物工程比较多，就做了苫背、灰背、望板等构造，椽子一定是甩尾椽，放射形的。而湖北当地不这样做，也都改成甩尾椽了，也加了望板。湖北的地方做法是没有望板，筒瓦、板瓦直接挂上去。慢慢地，有些地方做法就被改掉了。[③]

祁英涛在总结文物复原的理念和经验时，也提到了忽略地区差异将导致的文

① 根据笔者对朱光亚先生的采访记录（未刊稿）。采访时间：2012年2月21日。
② 祁英涛．浅谈古建筑复原工程的科学依据．见：中国文物研究所．祁英涛古建论文集．北京：华夏出版社，1992.
③ 引自笔者对文物保护专家吴晓先生的采访记录（未刊稿）。采访时间：2012年2月29日。

物修缮问题："我们的体会是，凡属艺术构件、附属艺术品，包括木雕、石雕、彩画、壁画等在内，它们的地方性非常浓重，甚至可以说是'十里不同风'。所以复原的参考资料，除了建筑本身以外，最好在附近同时代建筑中去寻找对象。例如现在南方一些仿古建筑，请北京的老师傅去画写清代官式的彩画，大多数都受到当地群众的批评，认为不是他们那里的样式。这一点应该引起我们从事复原工程时特别的注意。"①

3. "整旧如旧"

除了"保持现状"及"恢复原状"外，保护界的另一个讨论焦点就是修缮后的风格和外观效果。针对此问题，梁思成提出"整旧如旧"的理念。

1952 年秋，国家计划维修长城，罗哲文经过实地勘察，拿出了一份维修八达岭长城的规划草图，向老师梁思成请教。梁思成提出以下意见：

> 古建筑维修要有古意，要"整旧如旧"。不要全都换成新砖、新石。千万不要用洋灰。有些残断的地方，没有危险，不危及游人的安全就不必全修了，"故垒斜阳"更觉有味儿……。②

这是"整旧如旧"理念的第一次出现，强调的是修缮后的古建筑应能体现与其"年龄"相符的年代特点与外观效果。

1963 年夏，梁思成应中国佛教协会之请，负责设计扬州鉴真纪念堂。期间应扬州政协之请做报告，谈的就是古建筑维修问题，强调了古建筑修缮后应具有相应的年代特点。他语出惊人："我是无耻（齿）之徒。"举座为之愕然。他接下来说："我的牙齿没有了，在美国装上了这副义齿（假牙齿），因为上了年纪，所以色泽不是纯白，略带点黄色，因而看不出来是假牙，这就叫作'整旧如旧'。我们修理古建筑也就是要这样，不能焕然一新。"③

1964 年，梁思成发表《闲话文物建筑的重修与维护》一文，详细解释了他对古建筑修缮效果的看法，并对"整旧如旧"作出详细说明。

他首先肯定了古建筑外观具有的历史、艺术价值："这些石块（笔者注：赵州桥的石块）大小都不尽相同，砌缝有些参嵯，再加之千百年岁月留下的痕迹，赋予这桥一种与它的高龄相适应的'面貌'，表现了它特有的'品格'和'个性'。

---

① 祁英涛. 浅谈古建筑复原工程的科学依据. 见：中国文物研究所. 祁英涛古建论文集. 北京：华夏出版社，1992.
② [EB/OL]. [2009-01-14]. http://my.clubhi.com/bbs/661298/11/98520.html.
③ 薛钢，香山. 梁思成妙喻"整旧如旧". 建筑工人，2001（3）.

作为一座古建筑，它的历史性和艺术性之表现，是和这种‘品格’、‘个性’、‘面貌’分不开的。”[①]

继而提出“整旧如旧”的原则和标准：“我认为在重修具有历史、艺术价值的文物建筑中，一般应以‘整旧如旧’为我们的原则……在柳埠重修的唐代观音寺（九塔寺）塔是比较成功的……补修部分，则用旧砖铺砌，基本上保持了这座塔的‘品格’和‘个性’，给人以‘老当益壮’，而不是‘还童’的印象。”[②]

“整旧如旧”的提起并非事出无因。由于传统习惯的影响，加上科学保护意识的薄弱，在当时的很多修缮工程中，均将建筑修至“焕然一新”。特别是清代建筑，重绘彩画是常规做法。修好的古建筑呈现崭新的面貌，让人无法相信其真实“年龄”。

事实上，该问题在当时从理论源头上也未得到妥善解决。古建筑外部材料在修复中的价值评估问题一直没有明确的结论。特别是彩画修复，在修缮中重绘彩画是否合适是一个问题，重绘彩画是否“焕然一新”是另一个问题。自1930年代起，学社同仁已开始思考。1935年天坛大修中，该问题尤为突出，当时负责的杨廷宝与梁思成也未有完善之法。梁思成指出：“油饰彩画，除了保护木材，需要更新外，还因剥脱部分，若只片片补画，将更显寒伧。若补画部分模仿原有部分的古香古色，不出数载，则新补部分便成漆黑一团。大自然对于油漆颜色的化学、物理作用是难以在巨大的建筑物上摹拟仿制的。因此，重修的结果就必然是焕然一新了。‘七·七’事变以前，我曾跟随杨廷宝先生在北京试做过少量的修缮工作，当时就琢磨过这问题，最后还是采取了‘焕然一新’的老办法。”[③]在理论之外，影响该问题的还有技术措施，梁思成认为：“这在重修木结构时可能有很多技术上的困难，但在重修砖石结构时，就比较少些。”[④]在木结构建筑特别是带有彩画的建筑修缮中，如何避免“焕然一新”，避免修缮过后“返老还童”，如何使修缮后的古建筑依然呈现岁月的痕迹，是“整旧如旧”提出希望解决的问题。

“整旧如旧”后来被古建保护界所理解和广泛接受。陈明达也认为：“一般比较流行的观念就是认为：所谓修理就是要修得焕然一新……不去研究残缺短少的部分原来究竟是甚么形状，不研究原来的彩画图案色调，就想要修补和彩画。有

---

① 梁思成．闲话文物建筑的重修与维护．文物，1959（10）.
② 梁思成．闲话文物建筑的重修与维护．文物，1959（10）.
③ 梁思成．闲话文物建筑的重修与维护．文物，1959（10）.
④ 梁思成．闲话文物建筑的重修与维护．文物，1959（10）.

些地方对古代壁画和石窟中的雕像，都想要描绘得油漆见新。这种不研究不考虑的焕然一新，使建筑艺术的细部手法、色调等完全失去原来创作的面貌，形式上似乎是修理，而实际的效果则是破坏。”①

此后，各方开始寻求此问题的解决之道，其突破更多是在技术层面。较为典型的是“做旧”，即将彩画重绘部分参入其他颜色，使新修彩画呈现暗淡效果，多用于彩画保护情况较好，只有小部分须重绘的情况，以取得总体的协调。该方法在北京官式建筑中应用较多。另外，在单色油漆中加入其他颜色，使表面感觉“旧”，该方法多用于彩画无存的早期建筑，如南禅寺大殿。此外，在南禅寺的修复中，对失去支持力的唐代柱子进行外皮剥离，加于代替的新柱表面，是既保留旧观也保证结构安全的做法（图 3-27，图 3-28）。

1970 年代末，保护界开始总结以往的修缮理念及经验。祁英涛对“整旧如旧”作了总结，并且明确“整旧如旧”既是古建筑修缮后对外观的要求和标准，也是修缮的技术措施：“在维修古建筑的工作中，实际不论是恢复原状或是保存现状，最后达到的实际效果，除了坚固以外，还应要求它有明显的时代特征，对它的高龄有一个比较准确的感觉。这种感觉的来源，除了结构特征分析取得以外，其色彩、光泽更是不可忽视的来源。对一般参观的群众来讲，后者尤为重要。要达到上述修理的效果，是综合多方面的因素所形成的，这种技术措施，被称为‘整旧如旧’。”②

（三）古建筑实测工作的开展

在国家无力开展大规模修缮的情况下，古建筑的普查、勘察、测绘成为这一时期的主要工作。测绘是其中的重点。原因如下：

第一，测绘可以在建设大潮中抢救记录古建筑的信息。当时，建设与保护的矛盾十分突出，为给建设让路，许多古建筑被拆除。此外，受文物意识普遍薄弱及特殊意识形态的影响，也导致不少古建筑被破坏。因此，需要在大范围开展测绘工作，以在拆除前留下重要的资料。陈明达认为：“那些不十分重要的，可留可不留的则应当服从城市建设计划，在不可能保留原有建筑物时，就保留一份完整的记录，供科学研究，然后再拆除或迁移。”③ 另一方面，即使未面临拆除的古

① 陈明达 . 古建筑修理中的几个问题 . 陈明达古建筑与雕塑史论 . 北京：文物出版社，1998.
② 祁英涛 . 中国古代建筑的维修原则和实例 . 见：中国文物研究所 . 祁英涛古建论文集 . 北京：华夏出版社，1992.
③ 陈明达 . 古建筑修理中的几个问题 . 见：陈明达 . 陈明达古建筑与雕塑史论 . 北京：文物出版社，1998.

图 3-27 五台山广济寺大殿外观“做旧”效果（资料来源：作者自摄）

图 3-28 南禅寺大殿修缮于新柱外包裹原柱木皮的做法（资料来源：作者自摄）

建筑，多数保存状况也较差，存在坍塌及破坏的危险。在无力开展修缮的时候，相对较为“廉价”的测绘则是最好的保护方法。陈明达提出：“现在最重要和更急需的工作是全面的调查记录工作：详细测绘、照相、制造模型和文字记录。这些记录是科学研究的根据，是普及文物知识、学习民族传统的资料，也就是将来修缮工作的基础。有步骤有计划地逐步完成这一工作，就是保护建筑纪念物基本的急需的工作，而且也是目前条件所许可的。”①

作为当时文物局专管古建筑方面的干部，陈明达的意见无疑是在考虑当时社会、经济形势下得出的。紧急测绘、保留古建筑的原始数据是在无力修缮的情况下最好的保护方法，也沿袭了学社朱启钤在 1940 年代发起的故宫测绘以及梁思成早在抗战时的呼吁：“以测量绘图摄影各法将各种典型建筑实物作有系统秩序的记录是必须速做的。因为古物的命运在危险中，调查同破坏力量正好像在竞赛。多多采访实例，一方面可以作学术的研究，一方面也可以促社会保护。”②

第二，测绘有利于古代建筑研究的发展。新发现的古建筑，能够极大地加深研究者的认识。详细测绘中发现的新材料和新证据，使建筑史学研究获得之前未见的材料，对建筑史研究具有重大的意义。

同时，测绘并非一劳永逸，而是有必要重复开展。对古建筑的再次勘查和测绘，可以修正过往的工作，对深入认识古建筑有重大意义，也有助于对其进行

① 陈明达. 古建筑修理中的几个问题. 见：陈明达. 陈明达古建筑与雕塑史论. 北京：文物出版社，1998.
② 陈明达. 古建筑修理中的几个问题. 见：陈明达. 陈明达古建筑与雕塑史论. 北京：文物出版社，1998.

价值评估和原状鉴定，利于下一步保护工作的开展。例如，在重新测绘早期建筑的过程中，修正了一座建筑物只采用一种标准材的观念："正定隆兴寺转轮藏殿、新城开善寺大殿，都是在二十多年前测量过的，但是看来那时的勘测是有局限性的。当时受了宋《营造法式》标准材栔的影响，主观地以为实际的建筑物都有统一的用材规格，1954 年在修理转轮藏时测得华栱方向的材宽于横向材 2~3 厘米。经过再次测量又知道新城开善寺大殿用了三种不同尺度的材……宋、辽建筑在同一建筑物上，只用一种标准的材栔的观念，现在应该加以修正了。因此，有许多二十年前测量过的建筑物，现在也有必要复测一次了。"①

第三，测绘是文物保护单位"四有"建档工作的基础。文物保护单位制度建立后，国家规定保护单位必须进行"四有"工作，其中建档工作成为重点。档案包括古建筑历史、文献、实测图纸、现状残损等内容，都需要建立和完善。其中以测绘的专业要求最高、用途最广，也是保护工作者们最关心的工作。1964 年国家文物局举办的第三期古建筑训练班，就一改以往以修缮工程为主的培养方向，以测绘为先。

（四）古建筑研究成果的出版

1950 年代初，文物局已经意识到出版古建筑研究和保护成果的积极作用——既是保护工作的需要，也为学界提供研究的基础资料。1950 年，《文物参考资料》开始发行；1951 年，《雁北文物勘查报告》出版发行；1954 年，《麦积山石窟》《沂南汉画像石墓发掘报告》等相继出版；1957 年，《中国建筑》一书出版，介绍了 175 处从史前到清代的优秀建筑。同年，郑振铎倡议成立我国第一家出版文物、考古专业图书的出版社——文物出版社。陈明达回忆："我们的印刷出版事业落后，远不能满足文物研究和保护事业的需要，以致形成了研究自己祖国的文化遗物，竟要依靠外国的出版物！尤其是有大量图版的各类文物图集，例如日本出版的《中国文化史迹》、《云冈石窟》，法国出版的《敦煌图录》等等。每谈及这个畸形现象，大家都觉得是我们的耻辱，必须努力赶上去。最热心的是郑振铎和张珩两位同志，到处奔跑，寻求制版印刷的高手，筹划如何提高珂罗版、彩色铜版的质量，终于请到国内技术最高的技师，建立起了这两个版种的印刷厂。"②

① 陈明达．建国以来所发现的古代建筑．见：陈明达．陈明达古建筑与雕塑史论．北京：文物出版社，1998.
② 陈明达．未竟之功．见：陈明达．陈明达古建筑与雕塑史论．北京：文物出版社，1998.

图 3-29 《应县木塔》书影(资料来源:陈明达.应县木塔.北京:文物出版社,1966)

对古建筑而言,直到 1961 年《文物保护管理暂行条例》发布之后,才有关于古建筑及全国重点文物保护单位的图集。陈明达调职文物出版社之后,先后出版了《巩县石窟寺》《应县木塔》(图 3-29),获得好评。对于出版这两本专著的意义,陈明达认为,不但能为学术研究提供更全面的资料,而且可在建筑被损毁后作为重建的资料和依据。[①]

选定巩县石窟寺、应县木塔作为出版对象,前者更多带有偶然因素,后者则带有尝试和示范的意味。对此,陈明达回忆道:"至于古建筑,则多处约稿均认为要求高,而又非原单位的任务,只能挤时间做,何时完成无法预计等等,竟不得要领。不得已只好自己动手,在估计了已具备的各种条件后,选定以应县木塔为试点。"[②] 此两本图集的出版受到广泛好评,为相关工作的开展及文物保护意义的宣传起到积极的作用。据此,陈明达做出更长远的出版规划,将麦积山石窟、敦煌石窟、龙门石窟、云冈石窟、五台山佛光寺、蓟县独乐寺、正定隆兴寺、太原晋祠及更多遗产列入出版日程[③],但不久后,"文化大革命"爆发,开始不久的出版工作被迫停止。

事实上,早在营造学社期间,已经形成积极出版研究和保护成果的思想和实践传统。1935 年修缮天坛时,已经有较为完整的工程记录,但由于各种原因,并未形成系统的工程报告。中华人民共和国成立初期开展的一系列重要古代建筑的修缮工程,也形成了较为详细的工程记录,但由于保护任务繁重、经费少等原因,早期的修缮工程未能得到及时整理,其经验得失也未能得到及时总结。

① "原设想的图集,谨以为学术研究提供资料的需要为目的,若按全国重点文物的意义看似觉不足,还应该从保护的角度,将技术的、文献的等资料,全部纳入图集中,使之成为文物'保护'的另一种手段、方式。从长远看起来,它较之保护、修理可能更为重要。有了这样的图集,不但为学术研究提供了更为全面的资料,而且在不幸遭遇到地震等自然灾害文物受到损毁时,我们将可根据图集中的技术资料予以重建。因此,决定按照这个设想,先各编辑出版一个样本,以检验其效果,并为继续工作吸取经验。这就是 1963 年出版的《巩县石窟寺》和 1966 年出版的《应县木塔》。"引自陈明达.未竟之功.见:陈明达.陈明达古建筑与雕塑史论.北京:文物出版社,1998.

② 陈明达.未竟之功.见:陈明达.陈明达古建筑与雕塑史论.北京:文物出版社,1998.

③ 陈明达.未竟之功.见:陈明达.陈明达古建筑与雕塑史论.北京:文物出版社,1998.

第四章

古建筑保护事业的复兴与发展（1977年至今）

改革开放后，国民经济全面恢复，文物保护事业复苏。经济发展和旅游事业的兴旺为文物保护带来充裕的资金与发展的机会，也使风景名胜、文物古迹受到更多的威胁，各地陆续出现因管理不善导致的文物破坏问题。与此同时，经济的高速发展使文物保护事业出现“保”和“用”的争论，出现“以文物养文物”等不利于文物事业发展的口号并愈演愈烈。1992年在西安召开的全国文物工作会议上，提出了“保护为主、抢救第一”的方针，确定了以“保”为先的文物工作原则，保护经费得到大幅提高，文物事业走上正轨。

自1970年代末，国家颁布多部文物保护法律法规，有效地制止了自“文化大革命”以来的文物破坏活动。1982年，《中华人民共和国文物保护法》颁布，标志着保护事业重回法制轨道。《文物保护法》后几经修改，不断完善自身保护体系的同时，也及时解决了新形势下的各种问题。这时期我国共颁布文物保护法律法规共207部，远超中华人民共和国成立初期30年的总数，在数量增加的同时，也不断细化深化，出现了针对修缮工程、遗产管理、单项遗产、特殊病害、公众教育等问题的专项法规。随着古建筑修缮工程的增多，修缮行业逐渐形成。古建筑修缮工程的勘查、设计、施工、监理、验收等工作及相关从业单位的资质认定等方面日趋制度化和规范化，并有如《中国文物古迹保护准则》《古建筑木结构维修与加固技术规范》等相关行业守则及技术规范出台。至此，我国基本形成了以《文物保护法》为核心，由行政法规、部门规章、规范性文件共同构成的保护法律法规体系。随着对文物认识的加深，我国文物保护对象大大拓展，历史文化名城、名镇、名村、名街、风景名胜区、文化景观、大遗址、线性遗址、工业遗产、乡土建筑、少数民族建筑、老字号文化遗产以及非物质文化遗产等相继成为法定保护内容。

1985年，中国加入联合国教科文组织和《保护世界文化和自然遗产公约》及“世界遗产委员会”，开始了与世界保护界的接轨。1987年，我国第一批世界遗产申报成功，长城、故宫、敦煌莫高窟、秦始皇陵、北京猿人遗址入选。2017年，福建厦门市鼓浪屿正式列入世界文化遗产名录，成为中国第52处世界遗产，中国世界遗产数量跃居世界第二。文物事业的大规模发展及众多重要文物保护单位的申遗成功，促使我国的文物保护与管理标准逐渐和国际接轨，保护理念不断深化和提高，对文物管理、监察、利用等方面的研究也大大加强。

在此情况下，保护人才特别是高端保护人才的培养成为保护事业发展的核心问题之一。1980年代初，国家文物局与高校合作，培养古建筑高端人才，在多个高校建成文博学院并逐渐增加、扩展相关保护专业。申遗成功后，国际保护组织开始帮助我国培训保护、技术、管理等方面的人才。我国也通过举办文物局局长培训班、省地市级文博管理干部培训班、全国重点文物保护单位管理机构负责人培训班、古建所所长培训班、普查培训班等，提升从业人员的管理水平、业务素质。另一方面，国家文物局开始将高校及其他研究机构纳入保护体系，借助这些机构的研究实力和先进理念开展文物保护事务。2004年8月13日，国家文物局颁布《国家文物局重点科研基地管理办法（试行）》，至2013年共设立4批17个重点科研基地。

旅游业兴旺及快速城市化导致的城市历史风貌受到破坏等问题，逐渐引发社会大众的关注和重视，文物保护国民教育也成为保护工作的重点。这一时期，我国颁布多条针对文物保护公众教育和宣传工作的法规，包括1991年《关于充分运用文物进行爱国主义和革命传统教育的通知》、2000年《关于加强在假日旅游中做好文物保护宣传工作的意见》、2002年《关于进一步加强文物宣传工作管理的通知》、2004年《世界遗产青少年教育苏州宣言》等。2005年12月，国务院印发《关于加强文化遗产保护的通知》，决定将2006年以后的每年6月的第二个星期六定为我国的“文化遗产日”。

这一时期，我国与国际保护界进一步深入交流，开始受到国外优秀保护理念的影响。《威尼斯宪章》等重要的国际保护宪章和做法相继传入。除先进的保护理念外，保护程序、管理体制、保护技术、人才培养等方面的引入也极大完善了我国文物保护事业。2000年，我国与美国、澳大利亚三方合作编写的《中国文物古迹保护准则》出台，标志着我国文物保护体系与世界的全面接轨。我国与国际保护界的交流是双向的。1987年，泰山成为世界上第一个双遗产，2005年《西安宣言》、2008年《北京文件》的诞生，都反映了我国优秀保护理念对国际文化遗产保护事业的影响。

自1970年代至今，我国保护界在总结以往保护理念及实践经验的基础上，完善、发展保护法律法规体系，积极开展国际交流，深入探讨保护原则，拓展保护领域及对象，加大人才培养力度，积极开展国民教育，形成较为完整、完善的国家保护体制，文物保护事业迎来了全面复兴和发展的时期。

一、古建筑保护法规制度的完善与发展

（一）法律法规体制及其变化

1. 文物建筑的保护法制工作

随着“文化大革命”后期各项事业的恢复，文物管理体制的问题又被提上了议事日程。1973 年 2 月国家文物事业管理局成立后，着手以法律形式制止政治运动中的文物破坏。1974 年 8 月 8 日发布《国务院加强文物保护工作的通知》，对古建筑的保护、维修工作做了明确规定和要求。改革开放后，随着经济建设成为党和国家工作的重心，文物工作进入阻止破坏与恢复、整理并行的阶段。1980 年 5 月，国务院发布《国务院关于加强历史文物保护工作的通知》，同时批转了国家文物事业管理局、国家基本建设委员会《关于加强古建筑和文物古迹保护管理工作的请示报告》，针对当前文物保护工作中存在的问题提出意见和建议，要求各省、市、自治区人民政府就古建筑使用情况开展全面调查，严肃法制，追究破坏文物者责任，同时，建议各地将文物建筑保护工作纳入生产建设与城市建设规划之中。

随着对外开放的不断深化，外国游客大量来访，各地方纷纷整理、修缮名胜古迹，大力发展旅游业，以获得更多收益，古建筑保护修缮工作得到前所未有的重视和支持。由于重开发、轻保护等原因，大规模的文物开放和修缮中也存在不少问题，如自然环境和名胜古迹遭到破坏、因修缮理念不科学导致的“破坏性建设”等。针对这些问题，文物部门制定了一系列法律法规，涉及风景名胜区和古建筑规划、修缮、管理、防灾等方面，并根据大型、高端遗产地的特殊情况制定了专项保护法规。

这时期的文物法制事业取得了很多成绩，其中最重要的是 1982 年《中华人民共和国文物保护法》（以下称《文物法》）的颁布、实施以及以其为中心的保护法律体系的建立和完善。《文物法》将文物保护上升至国家法律层面，使其在国家法律体系中的地位大大提升，文物保护进入有法可依的时代。《文物法》的颁布落实是我国文化遗产保护事业的重大举措，在文物保护史上具有划时代的意义。《文物法》是一个不断完善、与时俱进的体系，分别于 1991、2002、2007 年作出修改，以适应保护事业的发展。相对于 1961 年出台的《文物保护管理暂行条例》，《文物法》包含详细的实施细则及辅助条例。仅以保护文物建筑为例，在 2002 年版《文物保护法》出台前，涉及文物建筑保护的专项法规众多，对象包括历史文化名城、风景名胜区、古建筑、工业遗产，既有针对故宫、长城、大运河等单项高端遗产的法规，也有针对如“西气东输工程沿线文物”、“三峡库区文物”等特殊遗产的专项法规。内容包括文物管理、修缮工程、四有档案、珍贵构建买卖出境、世界文化遗产申报等。我国加入《世界遗产公约》后，为遵守国际惯例需做出相应的调整，也有一系列专项法规应运而生。

这时期文物建筑保护法规的一个较大特点是保护对象及工作内容的细化。针对文物建筑保护工作中最重要的，最具普遍性、共同性的问题，相继发布了可供操作、可落地的法规及规章。如1981年的《关于加强古建筑防火工作的通知》、1984年的《古建筑消防管理规则》、1986年的《关于检查落实文物和古建筑防火安全措施的通知》、1988年的《关于加强古建筑博物馆等文物单位安全防火工作的通知》、2008年的《关于加强文物消防工作的紧急通知》，就是针对木结构古建筑的消防问题而不断制定、完善的多项行政法规。

加入《世界遗产公约》后，越来越多的遗产地受国际保护规范和标准的约束，加上旅游业发展给旅游区文物建筑保护带来巨大的压力，以致文物管理任务加重。针对文物建筑的使用、管理问题，文物部门陆续颁布的法令法规包括:《关于加强古建筑和文物古迹保护管理工作的请示报告》(1980年)、《关于不作为宗教活动场所的寺观教堂等古建筑不得从事宗教和迷信活动的通知》(1984年)、《全国重点文物保护单位保护范围、标志说明、记录档案和保管机构工作规范》(1991年)、《关于故宫博物院管理的规定》(1996年)、《关于西部大开发中加强文物保护和管理工作的通知》(2000年)、《关于禁止擅自改变文物保护单位管理体制的通知》(2001年)、《关于加强和改善世界遗产保护管理工作的意见》(2002年)、《关于请立即纠正擅自改变文物保护单位管理体制问题的通知》(2003年)、《关于检查世界文化遗产地保护管理工作的通知》(2003年)、《关于采取切实措施加强世界文化遗产地保护管理工作的通知》(2003年)、《关于进一步加强长城保护管理工作的通知》(2003年)、《关于加强我国世界文化遗产保护管理工作的意见》(2004年)、《关于加强涉及自然保护区、风景名胜区、文物保护单位等环境敏感区影视拍摄和大型实景演艺活动管理的通知》(2007年)、《关于推进地市文博单位管理干部和全国重点文物保护单位保护管理机构负责人培训工作的意见》(2008年)等遗产管理行政法规。[1]

① 统计自国家文物局编.中国文化遗产事业法规文件汇编.北京：文物出版社，2009.

针对重要遗产地，或者跨省区、由多个部委共同管理的大型遗产，也陆续制定了专项保护法规，包括：《关于加强对长城保护的通知》（1978 年）、《关于长城破坏情况的调查报告的通知》（1981 年）、《关于进一步加强长城保护管理工作的通知》（2003 年）、《关于进一步做好西气东输工程沿线文物保护工作的通知》（2003 年）、《关于开展三峡库区文物保护综合监理工作的通知》（2005 年）、《关于启动长城保护工程的通知》（2006 年）、《关于加强工业遗产的通知》（2006 年）、《长城保护条例》（2006 年）、《关于做好大运河保护与申报世界文化遗产工作的通知》（2007 年）、《关于加强乡土建筑保护的通知》（2007 年）、《南京军区营区文物保护管理暂行办法》（2007 年）、《关于进一步加强大运河文化遗产及其环境景观保护工作的通知》（2008 年）、《关于文化线路遗产保护的无锡倡议》（2009 年）等。①

《文物法》及其落实细则、文物建筑保护综合法规，文物保护单位保护规划的相关规定，古建筑修缮工程规定，防火、防盗、防雷等文物建筑突出保护问题的保护法规，大型、重要遗产地的单项保护律令，文物管理保护管理法规，等等，已形成各自系统，且互相支撑、互为依存。统计至 2010 年，关于文物建筑及其相关保护对象的保护法规共 61 部。② 此外，还有保护工作相关的各项行业守则，共同形成了我国文化遗产保护法规网。

2. 保护对象的扩展及文物保护单位制度的完善

（1）学术研究与保护对象的扩展

改革开放以后，学术视野得到前所未有的扩大，各类专著如雨后春笋般出现，建筑史研究再度兴盛，以往的学术论断和思路得到不断的补充和修正。

这时期，中国建筑史学的研究方向也得到前所未有的拓展，以中国古代建筑本体为主的研究虽然仍占重要分量，但古代建筑文化、观念、设计理论、设计方法等领域的研究使学界对中国建筑的认识大大深入。古代城市建设与管理、古代建筑群的空间规划与建筑尺度、古代生活模式、家庭结构与居住形态、中国传统建筑文化内涵与外来文化影响、风水理论、古代建筑防灾思想与技术、古代工官制度等成为新的研究焦点。③ 研究对象的范围包括：古代城市、古代宫殿、古代

① 统计自国家文物局编 . 中国文化遗产事业法规文件汇编 . 北京：文物出版社，2009.
② 统计自国家文物局编 . 中国文化遗产事业法规文件汇编 . 北京：文物出版社，2009.
③ 温玉清 . 二十世纪中国建筑史学研究的历史、观念与方法——中国建筑史学史初探 . 天津：天津大学，2006.

宗教建筑、古代礼制及祠祀建筑、古塔、古代石窟寺、古代陵寝、传统民居、古典园林、古代桥梁、少数民族传统建筑、近现代优秀建筑，等等，极为广泛。①

从建筑单体到组群、环境、城市、山水格局，从建筑构造到建筑设计理论、建筑文化，中国建筑的观念在不断扩展、深入，学界的认识水平也在不断提高。受学术研究的影响，古建筑的价值得到进一步挖掘和昭示，从而深刻影响了文物保护事业的发展。自1980年代开始，我国文化遗产保护对象的范围大大拓宽，相关保护法规理念也在不断修改完善，以适应日益进步和深入的保护理念。

就建筑而言，目前国家文物保护法令中的保护对象包括：

1）具有历史、艺术、科学价值的古文化遗址、古墓葬、古建筑、石窟寺和石刻、壁画；

2）与重大历史事件、革命运动或者著名人物有关的以及具有重要纪念意义、教育意义或者史料价值的近现代重要史迹、实物、代表性建筑。

（2）建筑类遗产

学术研究与保护对象中涉及的古建筑类型变化较大。第一批全国重点文物保护单位中的古建筑，绝大多数为早期建筑单体及大规模组群性的皇家宫苑。自第二批开始，以往没有纳入或实例较少的古建筑类型，被相继列入全国重点文物保护单位名单，如传统民居、园林（第一批全国重点文物保护单位中仅列入留园一例私家园林）、近代优秀建筑（第一批全国重点文物保护单位中的近代优秀建筑列入革命建筑类别）等。近年来，随着《关于加强工业遗产保护的通知》（2006年）、《关于加强老字号文化遗产保护工作的通知》（2006年）、《国家级非物质文化遗产保护与管理暂行办法》（2006年）、《关于做好大运河保护与申报世界文化遗产工作的通知》（2007年）、《关于加强乡土建筑保护的通知》（2007年）、《关于进一步加强大运河文化遗产及其环境景观保护工作的通知》（2008年）、《关于文化线路遗产保护的无锡倡议》（2009年）等行政法规和文件的出台，大遗址、线性遗址、工业遗产、乡土建筑、少数民族建筑、老字号及非物质文化遗产等类别的遗产也逐渐为保护界所关注。其中，石龙坝水电站等工业遗产、聚馆古贡枣园等农业遗产、大栅栏商业建筑等商业遗产和老字号、柳氏民居等乡土建筑、马胖鼓楼等少数民族遗产、中国营造学社旧址等近代遗产、唐山大地震遗址等现代遗产，已在全国重点文物保护单位名单之列，反映出少数民族文化、地域文化和近现代

① 温玉清. 二十世纪中国建筑史学研究的历史、观念与方法——中国建筑史学史初探. 天津：天津大学，2006.

历史、经济活动等方面受到重视。此外，如长城、大运河、丝绸之路等横跨多省且涉及众多文物类别的大规模遗产，也统一作为文物保护单位列入保护名单，并由国家直接筹划、保护，反映了我国文物保护领域在保护观念、技术手段、资金条件和管理体制上都进入了一个新的阶段。

（3）历史文化名城、名镇（村）

在大规模城市化进程和旅游业高速发展的过程中，保护理念的淡薄、规划理念的欠缺，使得许多城市新建建筑与旧有城市面貌格格不入，损坏了旧有城市肌理，甚至出现了珍贵的文物古迹被直接拆除的状况。鉴于此，1982 年，国务院批复《关于保护我国历史文化名城的请示的通知》[①] 并公布第一批历史文化名城 24 座。[②]1983 年，城乡建设环境保护部发布《关于加强历史文化名城规划工作的几点意见》，1994 年 9 月，建设部、国家文物局联合颁布《历史文化名城保护规划编制办法》。至 2012 年，我国共认定和公布历史文化名城 119 座。

随着历史文化名城保护理念和保护工作的发展，历史文化名镇、名村的保护及其相关法规的制定也被全面排上日程。2003 年，建设部（今“住房和城乡建设部”）会同国家文物局等部门制定《中国历史文化名镇（村）评选办法》。2007 年，《中国历史文化名镇名村评价指标体系》正式出台，为名镇（村）申报评选和实施动态监管提供了技术依据，并在中国历史文化名镇（村）评选时得到实际应用。[③] 2008 年，《历史文化名城名镇名村保护条例》出台，国家先后公布四批共 251 个中国历史文化名镇名村，各省、自治区、直辖市人民政府公布的省级历史文化名镇名村达 529 个。

为保证历史文化名城、名镇、名村相关保护规划条例的落实，建设部制定了《城市紫线管理办法》，并于 2004 年 2 月 1 日颁布施行。《城市紫线管理办法》指出：“城市紫线，是指国家历史文化名城内的历史文化街区和省、自治区、直辖市人民政府公布的历史文化街区的保护范围界线，以及历史文化街区外经县级以上人民政府公布保护的历史建筑的保护范围界线。本办法所称紫线管理是划定城市紫线和对城市紫线范围内的建设活动实施监督、管理。”[④]《城市紫线管

① 关于保护我国历史文化名城的请示的通知 . 见：国家文物局编 . 中国文化遗产事业法规文件汇编 . 北京：文物出版社，2009.

② 1982 年 2 月 15 日经国务院批准的首批国家历史文化名城有 24 个，分别为：北京、承德、大同、南京、苏州、扬州、杭州、绍兴、泉州、景德镇、曲阜、洛阳、开封、江陵（现在的荆州）、长沙、广州、桂林、成都、遵义、昆明、大理、拉萨、西安、延安。

③ 仇保兴 . 对历史文化名城名镇名村保护的思考 . 中国名城，2010（1）.

④ 建设部 . 城市紫线管理办法 . 中华人民共和国国务院公报，2004（25）.

理办法》规定，在编制城市规划时，应当划定历史文化街区和历史建筑的紫线。紫线的划定由建设行政主管部门根据城市规划总体要求，结合文物保护相关要求，进行统一划定。《城市紫线管理办法》规范了紫线划定原则及线内的建设要求，规定紫线范围内的各项建设必须以保护历史文化遗存、维护传统历史环境及其风格为原则，新建筑必须与原有城市风貌相协调。《城市紫线管理办法》的出台及紫线理念的确立，是将文化遗产保护列入城市发展战略的重要举措，体现了协调保护与建设的理念，使城市发展中有效保护文化遗产有法理可循，也为保护工作提供了可参照的依据和标准。

2002年修订的《文物保护法》，赋予了历史文化名城、街区和村镇与国家重点文物保护单位相同的法律地位。历史文化名城等概念的提出，体现了保护界对遗产认识的进一步深化和突破。在中国营造学社期间，梁思成已经开始关注古城的保护问题。在《全国重要文物建筑简目》中，梁思成提出将北京全城作为整体保护对象。中华人民共和国成立后，梁思成和陈占祥提出"梁陈方案"，即在全面关注古城发展的战略高度下的初次尝试。事实上，北京在1950年代的建设中，因未考虑整体保护而发生了牌楼保护、团城保护、古天文台保护等诸多事件。虽然已成为文物保护史上的成功案例，但上述事件都是在这一理念缺失下所致的救火之举，均属治标措施。另一方面，尽管苏联在1949年公布了历史文化名城，此保护理念在新中国成立初期也随着两国频繁交流而传入我国[①]，但未得到发展及落实，更谈不上制度层面的建设。可幸的是，这一理念的传入，加上建设过程中所导致的破坏和经验、教训为保护界所认识，成为改革开放后我国迅速制定名城保护法律法规制度的先导。

（4）风景名胜区

经济发展和旅游业兴旺，导致风景名胜区的自然景观和人文景观均受到不同程度的破坏，滥伐林木、开山取石、拆毁古建、乱占乱建等问题日益突出，风景名胜区的保护问题逐渐为人们所关注。1978年，国务院第三次城市工作会议提出加强风景名胜区的管理。1979年，国务院在杭州召开风景区工作座谈会。1981年，《关于加强风景名胜保护管理工作的报告》出台，要求各地方对辖区内的风景名胜资源进行评估。1982年，国务院公布我国第一批国家重点风景名胜区44处。

---

① "建国初期，学习苏联，是新中国发展史上的一个重要阶段，这段历史的确起过重要的作用，特别是在文物古建筑、历史城市的保护方面起过重大的作用，有些东西不但今天仍然可以借鉴。还可以作为历史来研究。"引自罗哲文．罗哲文历史文化名城与古建筑保护文集．北京：中国建筑工业出版社，2003.

1985年，国务院发布《风景名胜区管理暂行条例》，此条例成为第一部有关风景名胜区的管理法规。此后，从1987年至2005年，国家公布风景名胜区保护法令共16部，公布国家重点风景名胜区7批共208处，并自1992年开始投入用于风景区保护的专项资金，建立中国风景名胜区协会、中国风景园林学会等组织，初步建立了风景名胜区保护体系。

（5）文物保护单位及其法规制度的完善

中华人民共和国成立初期建立的文物保护单位制度在“文化大革命”期间发挥了重大作用，大量珍贵文物因认定为文物保护单位而受到保护。“文化大革命”结束后，完善文物保护单位制度、开展文物普查、公布更多的保护单位成为文物界的共识。此外,为了解“文化大革命”期间的文物破坏情况,重新规划、制定科学有效的保护政策，对文物进行普查、复核，成为当时保护工作的第一要务。

1981年至1989年，我国进行了第二次全国文物普查，其成果远超第一次。1982年2月23日，国务院公布第二批全国重点文物保护单位62处，延续了第一批的分类和登录标准。1988年，国务院公布第三批全国重点文物保护单位258处，新增了民居、园林、书院等类型，在文物概念和范围方面有所突破。1996年，国务院公布第四批全国重点文物保护单位。相较前三批，第四批的最大变化是取消了“革命遗址”及“革命纪念建筑”，新增了“近现代重要史迹及代表性建筑”。2001年，国务院公布第五批全国重点文物保护单位518处，列入了大庆第一口油井、第一个核武器研制基地旧址等中华人民共和国初期重要遗产。2006年，国务院公布了第六批全国重点文物保护单位1080处，唐山大地震遗址、大栅栏商业建筑等新型遗产入选。

2007年开始的第三次全国文物普查，是迄今为止规格最高、规模最大、涉及范围最广、手段最丰富、体制最为完善的一次普查。这次普查由国务院直接领导，国务委员主持，领导小组成员是与文物事务相关的或有影响的部委的负责人，阵容鼎盛。这次普查的主要特点是制度化和系统化。对于普查意义、普查工作目标、普查范围和内容、普查时间安排、普查的组织和实施、普查经费来源、普查资料的填报和管理，无不事先做出明确和详细的规定，订立标准。此外，本次普查中一个重要的理念是加强群众的保护观念，普及文物知识并形成全民保护氛围及民间保护机制。

2013年5月3日，国务院核定公布第七批全国重点文物保护单位1944处。

第七批增加了列入世界遗产文化景观类型的红河哈尼梯田、西湖十景等，以及工业遗产、乡土建筑、文化景观等新型文化遗产，其保护范围进一步扩大，保护理念进一步提高。至此，我国共公布7批国家重点文物保护单位共4296处。

文物普查及文物保护单位制度初创于1950年代末，在改革开放后逐渐成熟。在此期间，保护单位数量直线上升，反映出国家对文物保护的重视程度不断提高，而保护对象范围的扩大，则显示出文物保护界与学术界的合作日益紧密。

随着文物保护单位的增多，保护问题也日益显现。尤其是长城、大运河、孔庙等大型遗产，相较单体文物，其保护范围大，涵盖文物类型、数量众多，因而保护工作涉及城市发展、民生、经济、旅游、就业等各个方面，以原有的单体保护为主的方法和技术，较难解决相关问题，须置于更大尺度下，充分考虑各方因素，由多部门协同、合作解决。以科学、合理的方式制定保护规划，成为这时期文物保护单位保护工作的重点。

1963年,《文物保护单位保护管理暂行办法》提出了文物保护单位的“四有”要求,并将保护单位的保护规划工作划入当地城市及农村的建设规划内。1982年,《文物法》将文物保护单位的保护问题独立成章，强调“四有”的同时，进一步提出了更为详细的保护要求。1983年,《关于制定系统内全国重点文物保护单位维修和安全保护规划的通知》明确要求全国各地方制定其辖区内全国重点文物保护单位的维修和安全保护规划，并详列规划内容。1991年，新修订的《文物法》细化保护规划的内容与要求。1994年1月，国家文物局与联合国教科文组织在河北易县联合举办“中国古建筑保护规划与管理研讨班”，2003年又举办了“文物保护单位保护规划研讨班”,极大地促进了保护规划编制的学术研究。2000年,《中国文物古迹保护准则》指出，“文物古迹的保护工作总体上分为六步，依次是文物调查、评估、确定各级保护单位、制订保护规划、实施保护规划、定期检查规划。原则上所有文物古迹保护工作都应当按照此程序进行”[①],突出保护规划作为保护文物古迹主要程序的重要意义，文物保护单位保护规划编制工作日益受到重视。2004年,《全国重点文物保护单位保护规划编制审批办法》、《全国重点文物保护单位保护规划编制要求》(以下简称《要求》）等文件出台，保护规划逐渐成为指导、管理文物保护单位保护工作的基本手段。[②]《要求》规定了保护规划的基本

① 国际古迹遗址理事会中国国家委员会．中国文物古迹保护准则．洛杉矶：盖蒂保护研究所，2002.
② 国家文物局．不可移动文物保护改革开放30年，引自河南省文物局官方网站.[EB/OL]. [2017-09-28]. www.haww.gov.cn/wbzx/2008-11/19/content_110796.htm.

内容[①]、保护规划编制文本的体例、技术标准和其他要求，基本建立了文物保护单位保护规划编制体制。

3. 古建筑保护相关行业法规的出台

修缮工程大量增加后，文物建筑保护修缮行业逐渐形成，缺少行业工作守则和具体技术规范等问题逐渐显现。《文物保护法》虽然已经颁布，但仍需制定具体的操作细则和技术规范。为此，我国相继出台多项文物保护行业的工作守则及技术操作规范，其中影响较大的有《古建筑木结构维护与加固技术规范》及《中国文物古迹保护准则》。

（1）《古建筑木结构维护与加固技术规范》

1992年9月，国家技术监督局与建设部联合发布《古建筑木结构维护与加固技术规范》（以下简称《规范》）（图4-1），自1993年5月开始实施。1982年《文物法》颁布后，当时“木结构规范组”的一些专家和学者考察了山西的重要古建筑，发现许多古建筑损毁严重，古建筑保护维修工作也存在诸多问题。[②]他们认为，1974年颁布的《木结构设计规范》不能涵盖古建筑的全部问题，必须编写专门针对木结构古建筑的修缮技术规范。据倡导者之一孟繁兴回忆：“在山西工作期间，我陪同‘木结构规范组’的10余位老先生，参观考察了太原、五台、应县、大同等多处古建筑。在大同座谈时，大家一致认为，现行的《木结构设计规范》即使修订，也难以涵盖木结构古建筑的问题。于是决定联名向建设部倡议，制定一部《古建筑木结构维护与加固技术规范》，使维护木结构工程有规可依。”[③]中国古建筑分布范围广，数量丰富，管理部门众多，分头管理的格局使修缮工程实际上有多个“甲方”或“领导”，以致工程质量无法保证。《规范》编写人之一臧尔忠提到：“中国古建筑数目很多，也不都是由文物部门直接管理的。其中许多是由宗教部门、园林部门和旅游部门甚至还有学校、机关、部队使用管理的，在改革开放和大力开展旅游的今天，为了使所有古建筑都能得到认真的、正确的和科学

① 包括“各类专项评估、规划原则与目标、保护区划与措施、若干专项规划、分期与估算五部分基本内容；规模特大、情况复杂的文物保护单位规划文本还应包括土地利用协调、居民社会调控、生态环境保护等。”引自国家文物局．全国重点文物保护单位保护规划编制要求，引自国家文物局官方网站，[EB/OL].[2017-09-28].www.sach.gov.cn/art/2007/10/28/art_1036_93808.html.

② 张之平．古建筑木结构维修与加固技术规范．见：中国国家文物局、联合国教科文组织全国委员会．中国古建筑保护规划与管理研讨班专家讲稿汇编，1994年1月．

③ 孟繁兴．前言．见：孟繁兴、陈国莹．古建筑保护与研究．北京：知识产权出版社，2005.

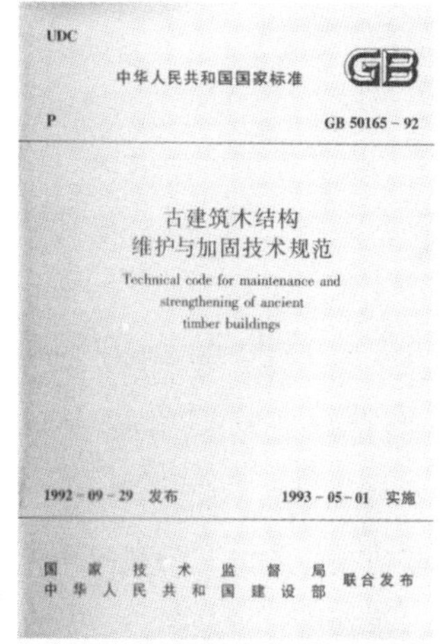
UDC

中华人民共和国国家标准 GB

P

GB 50165－92

古建筑木结构
维护与加固技术规范

Technical code for maintenance and
strengthening of ancient
timber buildings

1992－09－29 发布　　1993－05－01 实施

国家技术监督局
中华人民共和国建设部　联合发布

图 4-1 《古建筑木结构维护与加固技术规范》书影（资料来源：古建筑木结构维护与加固技术规范．北京：中国建筑工业出版社，1993）

的保护，制定有关的技术规范也是非常的必要的。”[①] 为解决上述问题，这些专家学者上书国务院和建设部（今“住房和城乡建设部”），倡议制定一本具有约束力的技术规范，以对日益增多的古建筑维护与加固工作进行指导。该提议获得批准，编写工作由当时负责工程建设国家标准的国家计委与文化部执行。[②]

当时，专家们希望编写适用于所有古建筑的修缮规范，但因古建筑结构类型丰富，损坏情况复杂，工艺体系繁复，不可能在一本规范内解决所有问题。因此，根据我国古建筑以木结构为主，且木结构残损最为严重的特点，决定首先从木结构古建筑入手，继而制定其他古建筑类型的规范。《规范》的参编单位众多，在四川省建委主持下，由四川省建筑科学研究院会同国家文物局、文物保护科技研究所、故宫博物院，河北省古建所、中国建筑科学研究院、中国林业科学研究院、北京建工学院、太原工学院、福州大学、北京计算中心、铁道部科研所和全国木结构标准技术委员会等单位共同编制。《规范》从第一次编制工作会议（1984 年）至完成编写（1991 年），前后共用 7 年时间，其内容包括总则、基本规定、勘查要求、结构可靠性鉴定及抗震鉴定、古建筑防护、木结构维修与加固、相关工程的维修、工程验收等方面，是我国第一本为保护木结构古建筑而制定的国家技术标准。

木结构建筑的受力自成体系，与现代力学材料的标准和规范差别较大。为此，在编写过程中，现代工程技术专家与保护专家的认识常常不同。“过程中有需要讨论的问题，比如搞结构的专家认为安全是最重要的，那过往的修缮经验能说明完全安全吗？例如我们会参观一些古建筑，按现代建筑的观念，保持一千年怎么可能，但它就存在，看了之后大家的认识就会有一些转变。”[③] 古建筑作为文物，

① 臧尔忠．为保护古建筑制定法规——记我国第一部古建筑维护加固规范的编制与实施．见：中国紫禁城学会论文集（第二辑）．北京：紫禁城出版社，1997.

② 张之平．古建筑木结构维护与加固技术规范．见：中国国家文物局、联合国教科文组织全国委员会．中国古建筑保护规划与管理研讨班专家讲稿汇编（未刊稿），1994 年 1 月．

③ 根据笔者对《规范》编写参与人之一、古建筑保护专家张之平工程师的采访记录（未刊稿）。采访日期：2012 年 11 月 7 日。

其自身体系不可改变，我国几十年来的修缮经验也被证明是适合文物保护的做法。《规范》是为木结构古建筑专门制定的技术标准，而不是单纯的现代建筑加固技术规范。其珍贵之处，是在坚持“不改变文物原状”的理念下，解决了文物建筑保护传统做法与现代工程技术标准之间的矛盾，形成了科学操作的流程、方法和各项标准。

《规范》还包括以下内容："残损点”与技术鉴定体系的建立、勘查报告与鉴定报告的标准、古建筑防护体系、结构的维修与加固计算方法及技术、古建筑保护其他相关工程的规范、新型建筑材料如桐油、水泥在古建筑保护方面的使用规定和指导等。《规范》是我国第一部关于木结构古建筑的行业技术标准，为全国普遍开展的文物建筑修缮工程提供具体、详细、可供操作的技术支持及指导，成为全行业共同遵守的守则，为各地古建筑修缮工程的开展提供有力的保障。

（2）《中国文物古迹保护准则》

关于文物古迹保护工作的总体框架，特别是核心保护原则以及工作程序，《文物保护法》中虽有相关规定，但并无详细说明及可供操作的指引。对于保护工作所包括的内容与重点、工程开展的程序、工作计划的制定等操作中的细节，大部分保护工作者仍未有清晰的思考。另一方面，我国的文物保护领域长期存在争论，保护界对核心理念的理解仍有不同见解，理解上的不统一也常常导致保护工作出现偏差。随着保护规模的扩大，上述问题越来越严重，制定文物保护工作的行业守则成为我国文物事业发展的客观要求。

1997 年开始，中国文物研究所（即“文整会”）与盖蒂保护研究所、澳大利亚国家文化遗产委员会合作，编写《中国文物保护纲要》，即文物保护工作的行业守则。纲要在 2000 年颁布，正式定名为“中国文物古迹保护准则”（以下简称《准则》)。《准则》对保护工作中的重要问题展开详细的阐述，为保护工作提供完善的体制和流程，对关键及有争议的问题作了详细说明，并对重要工作如修缮工程的体制作了详细规定。《准则》包括保护工作流程、保护规划、保护理念、学术研究、修缮工程程序、相关展示、公众教育、日常管理维护、保护档案机制等方面的内容，包含了保护工作的各个方面，使从业人员充分了解保护的流程及各部分工作的重要性，是我国第一部文物古迹保护的行业守则。2002 年，《文物保护法》再次修改，其中文物古迹保护部分，即以《准则》为基本框架，形成法律条文予以实施。

（二）文物建筑修缮工程制度的规范

随着各地古建筑修缮工程的不断增加和持续开展，古建筑修缮形成行业。在修缮工程的设计、施工、监察、匠作、技术等各个方面，均有大量人员进入。由于培训时间通常较短，文物保护技术要求较高，人员素质普遍达不到要求。另一方面，在市场经济主导下，修缮工程出现资金不足，时间不够等诸多问题，修缮效果得不到保证。因此，制定行业规范和各项标准迫在眉睫。1986年，文化部发布《纪念建筑、古建筑、石窟寺修缮工程管理办法》。1992年，在北京举行的全国文物建筑保护维修理论研讨会上，保护界已经开始讨论文物建筑保护工程的质量和管理问题等议题，并就《文物修缮保护工程管理办法》及《文物修缮保护工程勘测设计资格分级标准（讨论稿）》进行了讨论。2002年10月，新修订的《文物保护法》及其《实施条例》规定了文物保护工程的审批程序、资质管理、保护原则等，为我国的文物保护工程管理奠定了重要的法律基础。2003年，文化部颁发《文物保护工程管理办法》，对文物保护工程各步工作进行界定、划分，包括工程立项、勘察设计，施工、监理与验收，对奖励与处罚等做出了明确要求，并要求承担文物保护工程的勘察、设计、施工、监理单位必须具有国家文物局认定的文物保护工程资质，资质认定办法和分级标准由国家文物局制定，从而形成保证修缮工程质量的重要制度。为配合实施，国家文物局又相继出台《文物保护工程勘察设计资质管理办法》等法规。此外，《文物保护工程北方地区定额》等一批文物保护工程技术标准规范正在加紧制定。2004年、2007年颁发了第一、第二批文物保护工程勘察设计单位和施工单位的资质证书，2008年颁发了第一批文物保护工程甲级监理资质单位的资质证书和部分勘察设计、施工单位的资质证书，基本建立了文物保护工程资质管理制度。

1. 修缮设计与施工制度的规范

文物建筑修缮设计及施工制度，由营造学社初创体例，经多年实践，于1963年写入《革命纪念建筑、历史纪念建筑、古建筑、石窟寺修缮暂行管理办法》（以下称“旧《办法》”）。旧《办法》将保护工程按性质分为三类，即经常性的保养维护工程、抢救性的加固工程和重点进行的修理修复工程。旧《办法》规定，对于“重点进行的修理修复工程”，须做工程计划和设计方案并报审批，同时明确了设计方案的内容和体例以及各类工程的审批及工作要求。但在当时环境下，除少量工程由文整会、研究机构或高校主持，又或由故宫等保护力量雄厚的机构主导，因而具有设计方案，其余工程修缮做法大多由施工企业或实施的工匠决定，导致设计未得到足够的重视，更无法有效指导修缮工程。施工方面，早在1930年代，文整会已提出要求："聘用研究古建之专门人才，或委托代为设计，及严格审核包工木厂之资格各项意见……在施工方面，尤须严格审核各个木厂之资质能力。"[①]中华人民共和国成立初期，实行计划经济体制，文物建筑修缮企业固定，数量较少，修缮工程为自上而下的计划任务，未形成行业，工程规范也多为企业内部规定。改革开放之后，随着文物建筑修缮工程的数量大幅增加，私人修缮企业纷纷成立却良莠不齐。由于对修缮设计的重视不够，施工制度不规范，导致问题层出不穷。由于缺少统一规章的指引，工程质量受到严重挑战，规范、监管修缮设计、施工环节及相关企业的工作变得尤为重要。

1986年，文化部对沿用23年之久的《革命纪念建筑、历史纪念建筑、古建筑、石窟寺修缮暂行管理办法》作出修改，更名为《纪念建筑、古建筑、石窟寺修缮工程管理办法》（以下简称"新《办法》"），重新予以颁发。新《办法》对修缮工程程序进行完善和细化，将工程按性质分为五类：

（1）经常性保养维护工程；

（2）抢险加固工程；

（3）重点修缮工程；

（4）局部复原工程；

（5）保护性建筑物与构筑物工程。

新《办法》规定，除"经常性保养维护工程"需文物部门备案外，所有修缮工程须经审批才能施行。"重点修缮"工程及"局部复原工程"的实施必须报上级文物主管部门审批。全国重点文物保护单位，则由文物部门而非使用单位或管理部门进行申报与实施。重大工程的设计与施工单位，由中央一级文物主管部门指定；同时强调，工程未经批准，一律不得施工。

新《办法》强调修缮设计的不可或缺性，规定"重点修缮"及"局部复原"类工程必须做设计方案。重大工程的设计与施工单位，更须由中央一级文物主管部门指定。[②]同时，要求对设计单位进行资格审核，不具备资格者不得承担设计

---

① "北平市政府陶履谦专员关于旧都文物整理计划实施之意见和工务局数月代办文物整理情形的呈及市政府代的指令"，北京市档案馆藏，J017-001-01075。

② 文化部．纪念建筑、古建筑、石窟寺等修缮工程管理办法．见：国家文物局编．中国文化遗产事业法规文件汇编．北京：文物出版社，2009.

任务。资格分为县、省、国家三级，每三年复审一次，依结果升级或降级，同时对设计或施工主持人进行技术考核，按类发给证书。新《办法》下，文物建筑修缮工程设计与资质制度初步形成，此后逐步完善。2003年，文化部颁发《文物保护工程管理办法》，将现代建筑工程制度引入文物建筑保护工程，将之分为立项与勘察设计、施工、监理与验收等多个部分，并根据文物保护相关法规对奖励与处罚等作出了明确要求。其后，相继出台《文物保护工程勘察设计资质管理办法》《关于加强安全技术防范工程设计、施工管理有关问题的通知》《文物建筑防雷工程勘察设计和施工技术规范（试行）》《文物建筑防雷工程勘察设计资质管理办法（试行）》等一系列配套文件,开展设计单位设计资质的审查和发放。按规定，勘察设计资质分为甲、乙、丙三级和暂定级，各级资质的获得标准与可承担的工程级别2004年，勘察设计单位共有甲级24家，乙级17家，丙级7家。[①]

新《办法》明确了施工要求与施工单位资格，规定未取得资格的施工单位不得介入文物建筑修缮。施工单位的资格、分级、考核与勘察设计相同。随着修缮行业的逐渐形成，文物建筑修缮施工管理制度进一步完善。2005年，《文物保护工程施工资质管理办法》将施工环节分为施工、监理与验收三部分，要求施工必须实行招投标及工程监理制度，并规定了施工工作程序[②]、新发现文物信息的处理方法、设计变更的程序、按工序分阶段验收程序、竣工验收程序、施工质量问题整改及工程记录、档案的归档及发表等内容。与勘察设计相同，施工资质分成一、二、三级和暂定级。同时规定，壁画、石窟寺和石刻保护等有特殊技术要求的施工资质须单独核定（表4-1）。2004年，国家文物局公布拥有施工资质的单位名称及数量，施工单位共有一级38家，二级35家，三级23家。[③]

2. 匠师资格制度的建立

随着文物建筑修缮工程的市场化，私营施工企业逐年递增，国有修缮企业逐渐式微或开始转型。在计划经济时期，国家统一设置固定数量的古建筑施工企业，向其按计划下发修缮任务。因此，这一时期古建工匠集中，由国家统一管理，工

① 国家文物局.关于发布文物保护工程勘察设计、施工单位资质的通知.见：北京市文物工程质量监督站.北京市文物保护工程质量监督管理法规及要求汇编，2011年11月10日.
② 国家文物局.文物保护工程管理办法.见：北京市文物工程质量监督站.北京市文物保护工程质量监督管理法规及要求汇编，2011年11月10日.
③ 国家文物局.关于发布文物保护工程勘察设计、施工单位资质的通知.见：北京市文物工程质量监督站.北京市文物保护工程质量监督管理法规及要求汇编，2011年11月10日.

文物保护工程（施工）等级分级表　　表 4-1

工程级别	工程主要内容	要求级别
一级	全国重点文物保护单位和国家文物局指定的重要文物的修缮工程、迁移工程、重建工程	甲级
二级	1. 全国重点文物保护单位的保养维护工程、抢险加固工程 2. 省（自治区、直辖市）级文物保护单位的修缮工程、迁移工程、重建工程 3. 市、县级文物保护单位和未被列为文物保护单位的不可移动文物的迁移工程、重建工程	甲级、乙级
三级	1. 省（自治区、直辖市）级文物保护单位的保养维护工程、抢险加固工程 2. 市、县级文物保护单位和未被列为文物保护单位的不可移动文物的修缮工程	甲级、乙级、丙级
四级	县级文物保护单位和未被列为文物保护单位的不可移动文物的保养维护工程、抢险加固工程	甲级、乙级、丙级、暂定级

注：以上不含壁画、石窟寺和石刻保护等有特殊技术要求的工程。
（资料来源：作者自绘）

资固定，无市场竞争。以北京为例，这时期的古建筑施工企业有园林古建公司、北京市第一房屋修缮工程公司、北京市第二房屋修缮工程公司等，这些企业就代表了整个行业，其中仅北京市第二房屋修缮工程公司的彩画作匠师就达 300 多人。在稳定的工作条件下，施工企业内部能够系统地开展技术研究和工艺传承，加上稳定的工程实践，过硬的工人技术，使得工匠手艺顺利传承和发展，工程质量也得到保证。进入市场经济时代，修缮工程数量大增，修缮企业、从业人员不断增多。但新增人员多为新入行者，未经过长时间的学习与实践，其手艺大多不过关。另外，由于市场竞争，多数私营企业为最大化获取利润，压缩工期以节约成本，无法聘请手艺高超但工资较高的匠师，往往选择新手进行施工，形成古建界众多专家所说的“昨天还在地里刨红薯，今天就来修古建”的局面。市场经济时代，没有稳定的工程来源，匠师及从业人员难以长期任职于固定的施工企业，大多奔走于不同的企业和工地，因此无法稳定下来专研手艺，也无长期、稳定的师徒关系，以致手艺传承大打折扣。

另外，尽管施工资质制度能在一定程度上保证工程质量，但由于资质不分地域，取得资质的企业可在全国范围内施工，许多当地缺乏修缮力量的文物保护单位往往聘请外地施工队伍，因而出现了官式建筑地区匠师修理地域古建筑、南方修缮队伍参与北方文物保护工程的局面。由于不熟悉当地做法，工匠往往将外地工艺加于珍贵的古代建筑。同时，因“哪有活去哪”，工匠难以专注于本地区的古建筑修缮，进而无法开展对本地区古建筑技艺的研究与发掘。

图 4-2　古建筑职业技能岗位标准书影

为解决上述问题，确保文物建筑由获得传统营造技艺真传的杰出匠师修缮，建设部与国家文物局开始了匠师技术的评估和鉴定工作，于 1989 年出台《古建筑修建工人技术等级标准》（以下简称《标准》）。《标准》的编制参考了具有代表性的古建筑施工企业的内部标准。该标准将工匠根据手艺分为二级至八级共 7 级工，以八级为最高。对应每级工，都有相应的知识技能要求，称为“应知应会”（“应知”是理论知识，“应会”即操作技能）。《标准》以此为基础，将分级改为初、中、高 3 级（原二至三级改为初级，四至六级改为中级，七至八级改为高级），延续原来“应知应会”的要求和标准，又增加了技师、高级技师等级别。[①]《标准》分工匠为木工、瓦工、油漆工、彩画工、石工 5 个工种，各有“应知应会”的技术标准。2002 年，建设部颁发规范古建木工等 8 个工种（岗位）的《职业技能岗位标准》（图 4-2），进一步完善了古建筑工人的技术标准，同时根据古建筑地区差异的特点，将原古建油漆工、古建木工、古建瓦工的技能标准分南、北方地区分别编制。2005 年，为更好地培养、考核工匠，规范晋升机制，建设部组织编制了《职业技能岗位鉴定规范》和《职业技能鉴定试题库》。通过上述技术标准考核机制，古建筑修建技艺的传承与质量得到一定的保障。

3. 施工监察制度的规范

文物建筑工程质量监管的相关规定自 1980 年代开始出现。1930 年代文整工作开始前，古建筑修缮属于一般性的建筑维修及翻新，由木厂及营造行业自行监管。1935 年文整会成立后，在古建筑修缮中引入现代工程制度，并强调监管工作。文整会及其实施事务处、北平市工务局、基泰工程司等，均担当了监管和验收的角色，但只限于旧都文物整理工程，国内大部分地区的古建筑修缮依然是传统意义上的维修。中华人民共和国成立之初，文物建筑的修缮规模较小，修缮企业较少，其内部监管标准即行业标准，未形成全国通用的修缮工程监督机制。

① 根据笔者对著名彩画匠师蒋广全先生的采访记录（未刊稿）。采访时间：2012 年 6 月 14 日，采访人：刘瑜、林佳，整理：刘瑜。

1980年代开始，文物建筑修缮逐渐市场化，文物部门也着手建立工程质量监督制度。1986年，文化部发布《纪念建筑、古建筑、石窟寺修缮工程管理办法》，明确文物工程质量检查工作，规定重点工程还须进行施工过程的检查、绘制竣工图、编写验收报告，验收须文物部门主持、各方人员签字，形成了以文物部门为主的文物工程监督体系。①

随着修缮工程的增多及行业的形成，文物部门无力全面监控。2007年，国家文物局颁发了《文物保护工程监理资质管理办法（试行）》，将工程监理制度引入文物保护工程，并规定文物保护工程监理资质管理的相关问题，将资质等级分为4级，即甲级、乙级、丙级、暂定级，并规定各级资质的申请标准及可参与工程的等级。其中甲级须经国家文物局审批，乙级及以下由省级文物部门审批。各级资质与设计、施工等级相对应。工程监理资质管理办法的出台，进一步保障了修缮工程的施工质量。

另外，在文物建筑修缮工程较多的北京，于1988年成立了北京市文物工程质量监督站，负责管理北京地区文物建筑修缮工程的设计、材料、施工、验收等各个方面，并制定适用于北京地区文物建筑修缮工程的《北京市文物保护工程质量监督管理工作规定》《文物保护工程安全质量抽测材料抽检实施细则》《北京市文物保护工程质量监督档案管理办法》《北京市文物保护工程监督抽查工作规定》《文物保护工程项目负责人管理暂行规定（试行）》《文物建筑工程竣工备案程序及要求》《文物建筑工程资料管理规程（试行）》等一系列工程监督条例，建立了较为完备的地方工程监督系统。

4. 市场模式下的文物建筑修缮工程制度

我国古建筑修缮体制经历了多种模式。中华人民共和国成立后至“文化大革命”结束前，为计划经济时代的“事业模式”。改革开放之后，原为事业单位的修缮企业逐渐被推向市场，文物建筑修缮工程转为市场经济下的“市场模式”。修缮工程的承揽方由投标决定，而非以往的计划任务委托。目前，文物建筑修缮工程各阶段（包括勘察、设计、施工、监理、验收等）均参照现代新建建筑工程框架制定要求和规范。由于文物建筑的特殊性，在市场竞争及现行制度下，文物

① 纪念建筑、古建筑、石窟寺等修缮工程管理办法 . 见：国家文物局编 . 中国文化遗产事业法规文件汇编 . 北京：文物出版社，2009.

建筑修缮中出现了工程费用不足、工期缩短、使用低廉材料、工匠技艺不精等问题，其结果是产生了修缮质量下降及传统施工手艺失真等一系列弊端。

工程费用不足的原因主要有以下三点：第一，为承接工程或得以中标，施工企业大多压减工程费用；第二，工程费用估算标准以新建建筑的估算标准为基础演变而来，与古建筑修缮工程的实际情况有较大出入，远远无法满足文物建筑修缮的要求；第三，与新建工程相同，现行制度下的工程费用多为一包到底，追加极为困难。在上述因素下，文物建筑修缮工程的费用普遍得不到保证。

古建筑修缮，需要提前储备满足质量和数量要求的材料。尤其是木结构建筑的修缮，需要干燥成形的木料，其备料期长达数年。市场模式下，不像计划经济时期有稳定的工程来源，因此，除了少数实力雄厚的企业外，大多企业不敢事先准备材料，以免积压资金，导致企业经营风险。另外，由于工程费用较低，修缮材料的质量也得不到保证。

由于项目来源不稳定，多数企业不敢长期聘用技术工人，除数位技术过硬的老匠师外，工匠多为临时招募。团队合作不稳定不说，许多招募人员甚至未学习过古建筑的基本工艺。由于人员流动性大，企业不愿支付人才培养成本，导致施工技术水平极不稳定，技术传承无法得到保障，技术研究无法开展，最终导致传统技术逐渐没落失真。

为了承揽工程，在工程费用不足又需保证利润的前提下，企业往往压减工期，以致修缮施工时间不足。文物建筑维修具有不可预见性，施工中一旦发现新的情况，都必须及时停工，待调查、研究、记录甚至更改设计后方可继续施工。如此一来，工期必然会有所变化。而在投标制度下，施工企业必须在限定期限内完成所有工作，工期不易变化。另一方面，提前完成工程可以节约成本，提高利润。在这种情势下，保护、研究工作无法有效开展。

市场经济下，修缮模式的转变使文物修缮工程从“以修好为目的”转变成为“以营利为目的”[①]，从文化建设、文物保护事业转变为具有经济属性的基本建设，对文物建筑保护工作产生了不利的影响。从研究及保护的角度看，修缮工程不同于现代建筑工程，必须以研究为基础，以保护遗产价值为目的。因此，修缮前的勘查、研究、设计工作至关重要。对于古建筑而言，勘查工作绝对不能一次到位。修缮前的勘查只能提供初步判断，据此可以做出初步设计和工程估算。绝大多数的隐患，以及珍贵的历史信息，如前代题记、早期彩画、特殊做法、特殊形制等，必须等到工程开始，打开外围结构后，方可显现。唐宋遗构等年代久远者更是如此。

① 马炳坚，李永革．我国的文物古建筑保护维修机制需要调整．古建园林技术，2010（01）．

"修缮修缮，拆开再看"已是保护界的普遍现象。研究工作须贯穿修缮工程始终，设计须随时修改，以应对新发现的问题。对于古建筑研究来说，修缮工程是获取第一手资料的最好机会。从研究历史来看，许多重要的发现都出自修缮工程。同时，工程记录也须跟进，全面记录历史信息、修缮过程，留下档案并为以后的保护工作提供材料和证据。在保护优先的前提下，上述特点决定了修缮工程不能严格限定工时，设计方案也不能一步到位。但在现行制度下，设计在工程开始前必须完成，中标后较难改动。另外，受工期所限，研究不能深入开展，价值评估也难以达到应有的深度，极大地影响了古建筑价值的发掘。

文物建筑，首先是文物，其次才是建筑。修缮须以保护古建筑价值为根本出发点，按照文物保护的标准和规则进行，将研究、设计、记录贯穿工程始终。现时以新建工程为蓝本设立的古建筑修缮体系，主要偏重于加固及排除险情，古建筑历史信息的完整性得不到有效的保证。

相较而言，事业模式下的修缮工程，可很好地解决上述问题，且与国际优秀保护工程不谋而合，足可借鉴。首先，在修缮工程相关机构的构成及责任方面，以 1930 年代的修缮工程体制为例，以政府为主导，以营造学社等古建筑研究学术机构为顾问，由现代建筑工程机构（如基泰工程司）总管工程，由拥有传统修缮技艺的营造厂商进行施工，使得政策、研究、工程技术、传统工艺等重要方面均得到保证。其次，在修缮模式方面，计划经济时代的修缮工程由政府计划和决定，设计方和施工方均可提前做好准备。由于文物建筑修缮属于国家文化事业，设计、施工单位均属事业单位性质，工人有固定工资，没有竞争压力，因此修缮以保证质量为主要目的，修缮经费采取"实报实销"的方式，重要工程甚至采取"海工海料"（即不计成本，但求修好）的方式，且工期弹性大，这种模式十分有利于不确定因素较多且需要较长时间研究的古建筑修缮。同时，由于工程项目由国家安排，任务不断，各修缮单位可以长期储存材料，从而保证了原材料质量，也可保证施工队伍的稳定性，进而保证施工质量并且及时、稳定地传承传统施工技艺。再者，稳定的工程数量，使修缮队伍能够专心钻研、熟悉地方做法，杜绝了跨地域修缮导致的以异地做法代替本地做法的现象，保证了地方传统工艺的传承。[①] 事

① "当时的房修二公司为了完成好国家交办的文物修缮任务，在老工人逐渐退休，技术力量青黄不接的情况下，采取了一系列有力措施解决技术水平下降的问题，比如成立'古建筑技术研究室'研究整理古建筑传统工艺技术、举办技术培训班、努力培养青年技术人才、修订古建筑工程定额、创办《古建园林技术》杂志等等，不仅大大提高了自身的技术水平，同时也为国家作出了重要贡献，被业内专家称为'古建筑技术的摇篮'。房二公司之所以能做这么多公益性质的工作，是和当时的单位性质分不开的。如果是完全市场化的企业，这是很难做到的。"引自马炳坚，李永革 . 我国的文物古建筑保护维修机制需要调整 . 古建园林技术，2010（01）.

实上，国家统一安排文物建筑修缮，调动相关机构与力量，并在资金与时间上给予充分的支持，方可保证修缮质量。综合而言，相较市场模式，事业模式在很多方面反而更有利于文物建筑修缮工程。

针对现时文物建筑修缮制度的问题，不少专家提出了改进的办法。例如，在工程方面，将施工、研究以及深化设计的工作紧密结合起来；文物保护工程由具有工程技术和保护研究双重资质的单位来承担；不可制定刚性工期及进度。[①] 在修缮模式方面，一是建立隶属于文物保护及管理部门的修缮力量，使文物建筑修缮的性质从“基本建设”变成文化事业；二是另外设立一套区别于现代基本建设、更适应文物建筑修缮特点和规律的招投标办法，保证优秀企业能顺利中标，并保证其技术传承。[②]

（三）文物建筑保护及研究机构的发展状况

1. 地方文物系统的文物建筑保护设计及研究机构

经过多年发展，各地方尤其是文物建筑数量较多的省市，形成了本地区的文物建筑保护研究及设计队伍。地方文物建筑保护力量的发展，得益于国家文物局多次举办的古建筑培训班及古建筑大修工程中的人员培养。绝大部分地区可自力开展勘查、记录、测绘、建档等文物建筑保护的基本工作。另外如山西、河北、河南、北京等文物建筑较为丰富的省市，由于修缮工程项目未尝中断，从而获得了持续培养人才的条件，逐渐具备了独立开展保护工程的能力。改革开放之后，文物保护工程日益增多，由中央文物保护机构直接支援地方的模式已不可取，地方自力开展保护工作势在必行。除涉及重要、重大文物古迹或技术要求较高的保护工程外，文整会已较少参与地方文物保护工程。

地方文物机构熟悉本地文物情况，工作效率高，其普遍建立使保护力量大大增强，与以往重点依靠中央支援地方的局面相比，已不可同日而语。由于我国地方文化丰富且差异较大，中央支援地方难免出现以官式做法干预地方做法的现象。培养地方古建筑研究和保护力量，是该时期保护事业的重要发展方向。至 2004 年为止，已有 24 家地方或其他研究单位获得文物保护工程勘察设计单位甲级资

① 刘智敏 . 开善寺大雄宝殿修缮工程设计深化与现场实施 . 古建园林技术，2005（03）.
② 马炳坚，李永革 . 我国的文物古建筑保护维修机制需要调整 . 古建园林技术，2010（01）.

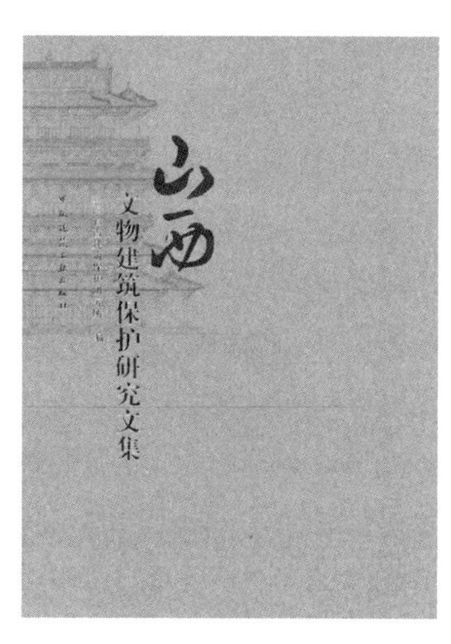

图 4-3 《山西文物建筑保护研究文集》书影（资料来源：山西古建筑保护研究所．山西文物建筑保护研究文集．北京：中国建筑工业出版社，2011）

质，乙级 17 家，丙级 7 家。其中山西、河北、河南、北京等地的古代建筑研究所则是较早成立且规模较大的地方保护设计机构。

以山西省为例，山西省古建筑数量众多，其保护事业历来受到重视。1952 年，山西省派人参加了文物局第一期古建筑实习班，学员中有 2 人返回，成为当地古建筑保护的中坚力量。1952 年，山西省成立文物管理委员会古建队，开始自力组织保护活动，古建筑普查、制定古建筑名录、日常勘察、记录、测绘、研究等工作也相继展开，并协助中央文物部门开展重要的古建筑保护工程。永乐宫迁建修缮工程结束后，山西的地方保护力量有了很大的提高，加上第二批古建实习班部分学员的直接支援，山西省已具备自行开展保护工程的能力。1973 年，南禅寺修复工程中，山西当地技术人员已开始负责大部分的工作，文整会不再像中华人民共和国成立初期那样全面、直接地介入工程。1980 年，山西省古建筑保护研究所成立，成为全国最早成立的地方文物建筑保护设计机构。1981 年，国家文物局委托山西省开办全国古建维修培训班，表明山西省当时已具备雄厚的保护实力。迄今为止，山西省古建筑保护研究所已有多部学术成果出版（图 4-3）。

2. 文物系统之外的保护机构

（1）文物系统与高校、科研机构的合作

专业研究是保护工作开展的前提。1980 年代初期，国家文物局开始寻求在体制上与高校和科研机构的全面合作。首先在 1980 年初期与南京工学院（今东南大学）、清华大学合作培训古建筑干部，又于 1987 年与东南大学合办了四期古建筑保护干部专修科。1992 年，国家文物局将高校力量作为保护体制的一部分，邀请高校参与三峡库淹区的文物调查及保护工作，并于 2004 年 8 月 13 日颁布《国家文物局重点科研基地管理办法（试行）》，正式将高校及相关科研机构纳入文物保护系统。至 2010 年，国家文物局批准设立的重点科研基地共 17 个，

其中涉及文物建筑保护的基地有：依托敦煌研究院的“古代壁画保护国家文物局重点科研基地”、依托西安文物保护修复中心的“砖石质文物保护国家文物局重点科研基地”、依托中国建筑设计研究院的“文化遗产保护规划国家文物局重点科研基地”、依托清华大学的“空间信息技术在文化遗产保护中的应用研究国家文物局重点科研基地”、依托天津大学的“文物建筑测绘研究国家文物局重点科研基地”，等等。

经过多年磨合和实践之后，文物系统和高校的合作模式被证实为行之有效的保护方式。2007 年，在中国传统建筑经典丛书《义县奉国寺》出版之际，时任国家文物局局长的单霁翔指出，科研单位、高校与出版单位的合作，是实践证明了的一个行之有效的模式，使资料梳理、实物测绘、理论研究及编辑出版、向公众推介等形成了一个完整的工作体系，值得继续并推广。[①]

（2）文物保护机构的发展与兴盛

中国建筑史研究经过长期发展，研究力量已有相当规模。除各大建筑院校之外，各建筑设计研究院的建筑历史研究部门也具备强大的研究实力。在文物保护行业扩大的情况下，上述单位或直接参与，或成立附属机构，纷纷投入文物保护事业中。一些古建筑施工单位经过长时间的发展，也具有一定的研究实力，他们在市场化的大背景下分离出来，成为独立于原单位的设计机构。2004 年国家文物局发布的《文物保护工程勘查设计、施工单位资质的通知》显示，在拥有甲级设计资质的 24 家设计单位中，有上述背景的设计企业已有 10 家，占总数的 40%以上[②]，与此前以文物部门为主导的局面已大不相同。

深厚的学术研究背景使高校和科研机构在文物价值评估和历史信息保护方面具有较大优势，同时，高校还可以利用强大的科研实力进行跨学科合作，开展文物建筑日常维护、管理、建档、利用、展示及保护技术创新等方面的工作，在与国际接轨及交流方面也具有明显优势。古建筑施工单位附属的设计机构则长于工程实践，能够将保护工程的需求反映在勘察设计方案中，从而更好地控制保护修缮工程的开展和各项保护措施的落实。

这一时期的经济发展带来了文物建筑与基本建设的矛盾，但同时也为文物保护提供了巨大的经费支持及更多的研究机会，促使更多研究及学术保护团

① 单霁翔.《义县奉国寺·序》. 见：建筑文化考察组. 义县奉国寺. 天津：天津大学出版社，2008.
② 关于发布文物保护工程勘察设计、施工单位资质的通知. 见：北京市文物工程质量监督站. 北京市文物保护工程质量监督管理法规及要求汇编，2011 年 11 月 10 日.

体成立（表 4-2）。郭湖生曾经指出："各种中国古建筑领域的研究机构学术团体风起云涌，出版很多专门著作、图集和学术刊物，举办专题研讨会，大大促进中国古建筑的研究和交流。例如中国建筑学会所属建筑历史与理论学术委员会，中国文物学会所属古建筑园林学会，中国传统民居研讨会，古建筑保护技术研究会，圆明园学会，长城学会，古都学会，历史名城研究会等，均在活跃发展。"①

部分涉及保护工作的学术研究机构简表　　表 4-2

组织	办事机构挂靠单位	成立时间	备注
中国建筑学会建筑史学分会	建设部	1979 年	
中国文物保护技术协会	国家文物局	1980 年 12 月	该协会由中国文物系统的各方专家为骨干而组成，自成立至今活动频繁，大力推进了中国文物保护事业的发展
中国圆明园学会	北京市园林局	1981 年	该学会成员包括学术各界的知名研究学者，通过收集资料、研究和出版，进行圆明园的维护工作，也为深入、全面地研究圆明园提供良好的学术环境和相互交流的平台，陆续组织过多次学术会议，曾出版有学刊《圆明园》五辑
中国古都学会	教育部	1983 年	不定期出版论文集《中国古都研究》
中国避暑山庄研究会	国家文物局	1983 年	举办过多次学术会议，并将有关学术论文结集出版
中国文物学会传统建筑园林委员会	国家文物局	1984 年 6 月	组织过有关清代皇家园林研究的学术会议并出版了论文集
中国城市规划学会历史文化名城规划专业学术委员会	建设部	1986 年 1 月	
中国长城学会	国家文物局	1987 年 6 月	
中国风景园林学会	中国科学技术协会	1988 年 12 月	
中国紫禁城学会	国家文物局	1995 年 9 月	

（资料来源：温玉清．二十世纪中国建筑史学研究的历史、观念与方法——中国建筑史学史．天津：天津大学，2006.）

① 郭湖生．中国古建筑的调查与研究．见：山西古建筑保护研究所编．中国古建筑学术讲座文集．北京：中国展望出版社，1986．

上述研究组织和学术团体大多兼顾着研究和保护实践的双重职能。随着文物建筑保护理念的不断发展，保护实践需要以高水平的研究为基础，以便进行科学的评估和价值判断，从而制定准确的设计方案。鉴于此，传统的学术机构纷纷成立保护分部或直接参与文物建筑的保护工作。

传统的文物保护机构如文整会（时称“中国文物研究所”）等，在新时代继续引领中国古建筑保护行业，而高校与研究机构也成立各自的保护研究部门，如中国建筑设计研究院、清华大学建筑设计研究院、天津大学建筑设计研究院、东南大学建筑设计研究院、华南理工大学建筑设计研究院等，均依靠强大的建筑史研究实力成立了保护修缮设计院。不断出现的建筑史学及保护团体，为建筑文化遗产保护事业带来新的动力。

另外，拥有文物保护勘查设计的施工机构及其附属研究设计机构，因须符合设计、施工资质的相关规定，必须有高水平的学术研究及施工技术作为后盾，如北京房修二古代建筑工程有限公司等，均是除学术团体、高校及科研机构外的重要研究保护力量。关于古建筑修缮技术及相关方面的研究，多出于这些由施工企业发展而来的集研究、保护、施工于一身的公司或机构。

3. 文物建筑保护工程监管机构的出现

文物建筑修缮工程市场化之后，工程的监管显得尤为重要。文物保护工程中，除勘查设计外，施工最为重要。施工是干预的过程，一旦实施便无法逆转，若有错误，损失将无法挽回。改革开放初期，监督问题远未受到普遍重视，监督机构也未成立。监管制度的缺失对保护工程质量造成一定影响，文物局也有意开展文物保护工程监管制度的建设。①

为解决此问题，修缮量较大、修缮工程已经常规化的北京市在1980年代中期已展开相关工作，包括勘查、设计、施工、监理、验收及企业资质的制度化和规范化，重点为工程监管制度及相关机构的建设。由于管理体制的问题，文物保护工程质量监督站的成立并不容易。按照国家规定，包括文物保护工程在内的所有建筑工程由建设部门管理，文物部门有权审查保护规划和勘查设计

① “除了设计之外，施工质量的监督与监察问题，也是一个非常重要的环节。我们现在还缺在施工中监督检查这一环，就是有也很少，这样也不行，这个问题就相当大，到最后一验收，就是有了问题也木已成舟，这问题就很难解决，这边开工立项有，那边检查验收没有，这样工程质量就很难保证。就像张局长说，如果不加强质量问题，钱再多只能是古建的破坏，摧毁性的破坏。所以我们必须从这个方面加强工作。”张柏. 在全国文物建筑保护维修理论研讨会闭幕式上的讲话. 文物工作，1993（1）.

方案，但对于施工只能提出要求，无监管和处罚的权力。为解决此问题，北京市文物局与北京市城乡建设委员会合作，在建委之下设立北京市建设工程质量监督总站。1988 年 9 月，文物分站成立，为北京市建设工程质量监督总站的第八个专业质量监督站，业内称为“八分站”。八分站的人员仍为文物局的成员，专门负责文物建筑工程监督。通过两个部门的协作，北京市解决了文物系统无法监管文物建筑修缮工程、无执法依据的体制问题。对于监督站的组建过程，首任站长王效清回忆：

> 文物局是管理文物项目和文物保护单位的，但是管理施工企业有些困难，就在于没有依据。施工单位是北京市建委系统管理，文物局无法管理施工单位的资质等级和队伍，只能提出修缮的要求……管理模式不适合，施工单位做错了怎么办？是不是让他停工？停工了，要不要处罚？没有执法的依据。虽然有法律，但是没有规定文物局有处罚的权力，是由北京市建委系统进行处罚的。所以我们就想在建委下成立质量监督站，把文物保护工程管理起来……20 多年了，我们感觉这步棋走对了。因为监督站属于北京市建委系统，所以对于施工单位的停工、处罚、通报，所有北京市建委管理施工单位的模式都能够完全执行。我这个站长还是北京市建委任命的，文物局协商好了之后，我既任古建处处长，还任监督站站长……我们本身是建委的监督站，是个执法机构，就名正言顺了。这种模式就体现了有法可依。[①]

八分站作为文物保护系统监管体制的一部分，对保证施工单位在施工过程中不改变文物原状，尽最大努力保留文物建筑原有的构件和施工工艺，并按照传统的操作程序使文物仍然具备原有的建筑风格，起到巨大的作用。[②] 同时，作为我国第一个文物保护工程的监督机构，八分站为北京市文物保护工程质量提供了制度上的保证，也为全国相关文物保护工程监管机构的建立提供了蓝本。1992 年，国家文物局要求各地仿效北京市的做法，成立文物保护工程质监部门，以完善我国的文物建筑修缮工程制度。[③]

---

① 根据笔者对北京文物工程质量监督站首任站长王效清的采访记录（未刊稿）。采访时间：2012 年 11 月，采访人：刘瑜、林佳，整理：刘瑜、林佳。

② 王效清．在质量管理监督中如何体现文物保护原则．文物工作，1993（01）．

③ “有条件的地方要像北京市那样，建立质量检查监督机构。从全国来看怎么办，从我们局来讲，在近期内（1993 年），我们将考虑这方面的工作，实际上这项工作是和‘保、抢’紧紧相关的，是保证落实这个方针必要的条件。”张柏．在全国文物建筑保护维修理论研讨会闭幕式上的讲话．文物工作，1993（01）．

4. 国有古建筑施工企业的解体及私营修缮企业的出现

随着经济制度的转型，许多国有企业纷纷向市场化过渡。在建筑工程市场化的浪潮下，计划体制下的古建筑施工企业开始转型。在这次浪潮当中，许多企业实现了成功转型。以北京市为例，北京市园林古建工程公司从原来司职北京市园林系统古建筑修缮任务转变为市场化企业；北京市房修一建筑工程公司也由原来专职中央办公单位的古建筑修缮向市场化转变，依然在保护领域中发挥重要作用。也有部分曾经辉煌一时的企业，在转型过程中，未能把握市场规律，在失去国家按计划分配的工作任务后迅速衰败，其设计和施工部门部分得以直接转为私营施工企业，部分直接解散，手艺高超的工匠作为技术骨干被新兴的私营企业接收。目前我国符合国家文物局相关规定的文物保护工程施工单位，多数为改革开放后原国有古建筑施工企业拆分后成立的施工企业。

二、古建筑保护工作的总结和研究

（一）古建筑保护工作的总结

1. 古建筑保护相关研究情况

中华人民共和国成立后，经过20多年的努力，我国的古建筑保护工作已经有相当程度的发展和积累。“文化大革命”之前，保护界已逐步开始对保护工作本身进行总结和研究，包括保护理念及保护实践等方面。“文化大革命”期间，该项工作被迫中断。改革开放后，文物保护工作进入总结和深化发展时期，古建筑保护事业本身的回顾与研究工作在这时期得到充分的发展。

首先开始的是总结工作，古建筑保护、研究工作的整理和研究成果开始逐步增多。祁英涛总结中华人民共和国成立近30年的保护理论和经验，形成多项研究成果，收录于《祁英涛古建论文集》（图4–4）。该文集收录了古建筑考察断代、修缮理论、修缮做法、工程概算、日常保养维护做法、实际工程报告、古建筑利用及古建筑保护设计等方面，几已囊括古建筑保护修缮及研究中所有涉及技术的方面。杜仙洲主编的《中国古建筑修缮技术》，由具有实践经验的匠师与古建筑专家分别编写，包括了北京官式建筑的木作、瓦作、石作、油漆作、彩画作、搭材作

图 4-4 《祁英涛古建论文集》(资料来源：祁英涛. 祁英涛古建论文集. 北京：华夏出版社，1992)

等工种的操作原则及做法，是对古建筑修缮施工的综合总结。改革开放后，国家政策的倾斜及大量资金投入，促使更多的文物保护团体和组织产生，传统保护机构及高校对古建筑保护倾注的力量与以往相比，已不可同日而语。例如各大高校在 1980 年代就已针对文物保护工作本身开展系列研究，受到包括国家自然科学基金在内的资助。研究主要包括：建筑遗产的价值问题研究、我国非文物建筑遗产的评估、我国历史地段的评估、建筑遗产可利用性的评估、建筑遗产评估方法研究等，同时还有针对历史建筑、历史街区的专项评估研究。

发展至今，仅以出版物为例，常见与建筑文化遗产保护相关的刊物就有《文物》《古建园林技术》《紫禁城学会会刊》《故宫博物院院刊》《世界建筑》《建筑学报》《新建筑》《建筑史论文集》《中国文物科学研究》《文物春秋》《建筑历史与理论》《中国文物报》《文博》《文化遗产》《中国文化遗产》等多种。目前仅在“中国知网”可引用的刊物中，名称带有“文物”二字的就有 56 种，带有“遗产”二字的有 17 种。在大众媒体中，介绍文物保护及传统文化的文章也频繁出现，再次证明了社会开始关注文物保护事业。与之相关的互联网站、博客及微博等新兴媒体中，“文物保护”是热门的关键词，广大国民开始了针对文物保护的讨论，许多集体意见、民意取向更直接影响保护工作的开展。

2000 年之后，对文化遗产保护的研究呈现爆发式增长，各高等院校均设有相关课程，许多院校更开设了相关专业，文物保护和研究已成为热门专业。

2. 全国文物建筑保护维修理论研讨会

1992 年，在西安召开的全国文物工作会议提出提高文物保护经费的问题并最终落实。[①] 保护费用的大幅增加，无疑为文物保护事业带来极大的保障和推动。但另一方面，由于当时尚未对保护理念作系统的总结，文物意识薄弱、管理松散等

① “从 92 年开始，国家文物局的文物保护经费大规模上升。对现在不算什么，但是那个时候很了不起。那时候每年增加六千万。当时全年的保护经费当时也就四五千万的样子。”引自笔者对会议组织者晋宏逵的采访记录（未刊稿）。采访时间：2012 年 9 月 10 日。

各种问题导致各地不规范修缮古建的现象十分普遍，造成许多不可挽回的损失。许多专家忧心忡忡，深恐因无系统、科学保护理念的指导，大幅增加经费将导致大面积的破坏。[①] 为应对即将到来的保护形势，也为总结、整理以往的保护经验，交流最新的保护理念及成果[②]，国家文物局于1992年底邀请来自全国各地文物系统、考古部门、建设部门、大专院校的百余位专家，于北京召开“全国文物建筑保护维修理论研讨会”。会议最重要的内容，就是总结中国古建筑保护维修实践的经验，就目前古建筑抢救维修工作中遇到的问题交换意见，研讨古建筑保护维修的基本理论与方法。

会议涉及古建筑保护管理和修缮工程的各个方面，内容包括总体回顾与展望、保护原则与理念、石窟寺的保护、国外文物保护理论与法规、欧洲文物建筑修复的原则和方法、文物工作的规划问题、文物建筑中的彩画修复问题、文物建筑保护工程的质量管理问题、工程管理问题、文物环境及具体修缮个案等，并就《文物修缮保护工程管理办法》及《文物修缮保护工程勘测设计资格分级标准（讨论稿）》进行了讨论。[③] 其中讨论较为热烈的议题有：罗哲文总结古建筑保护40多年的经验，并系统地提出对日后工作的展望；陈志华、王瑞珠介绍关于国外文物保护的原则、法规及实践的情况。及时出版修缮工程的全程记录及相关资料，是与会专家一致呼吁的问题。

罗哲文在会上的重要发言包括四部分：（1）历程回顾；（2）经验与体会；（3）利用方法；（4）今后的建议。[④] 其中历史经验的总结和今后的建议两部分，是罗哲文基于其40年古建筑保护工作的实践经验而得出的，是我国古建筑保护工作的系统总结和针对未来工作的合理建议。“经验与体会”可以总结为以下11条：

---

① “大家就很担心，以傅熹年为首，认为没钱的时候保护很困难，有钱的时候也足以把这些文物摧毁。就是因为当时有乱修的现象。当时的担心不是没有道理，现在就看得很清楚，各地乱修的很多。现在拿了钱就胡闹，地方也让复建。92年的会就是因为即将有这么一个大规模的发展过程，需要在理论上有所进步，有所澄清。”引自笔者对会议组织者晋宏逵先生的采访记录（未刊稿）。采访时间：2012年9月10日。

② “今年5月在西安召开的全国文物工作会议以来，文物工作在社会上和各级领导同志的心目中从未受到这样的重视，文物工作的条件从未得到这样大幅度、大面积的改善，文物外事工作也取得显著的进展。这样好的形势，给了我们更多的财力、物力，展开建国以来最大规模的文物抢救保护工作；同时也给我们提出了一个尖锐的问题：怎样用好这些钱？按照什么样的原则、什么样的理论、什么样的方法来抢救。保护维修的理论、方法和基本指导原则一直没有取得统一的认识，因而在实践上也就有不同的做法和效果。在钱少的时候，对文物建筑考虑最多的可能是保与不保的问题；在钱多了一些的时候，对文物建筑则要着重考虑怎样保和保什么的问题。不保不修，当然只能毁灭文物；保歪了，修歪了，把文物建筑修成了假古董，复制品，也等于把文物毁灭。所以，我们召开这次理论研讨会，解决这个关系文物建筑存亡续绝的大问题，实在是太迫切了，太及时了。”引自张德勤．在全国文物建筑保护维修理论研讨会开幕式上的讲话（要点）．文物工作，1993（1）．

③ 全国文物建筑保护维修理论研讨会专辑．文物工作，1993（1）．

④ 罗哲文．回顾与展望．文物工作，1993（1）．

（1）文物工作应随着历史的进程、社会变化、生产建设、科学技术的发展提出不同的对策，是确保文物建筑保护工作的重要根本。当前“保护为主、抢救第一”的方针是十分现实的，迫切的。

（2）保证重点、分等分级、分不同情况采取不同措施是文物建筑保护管理的重要经验。

（3）制定法律、法规、规章制度和规范，是进行依法保护和科学管理的首要工作。

（4）落实文物保护单位保管的“四有工作”，是成功的经验。

（5）文物建筑维修工作提出“四保存”（原形制、原结构、原材料、原工艺）的原则，解决了“不改变文物原状”的具体化问题。

（6）大力提倡在文物建筑维修工程中新材料、新技术的使用，新材料的使用不是替换原材料而是为了加固补强，更多更好保存原材料的原则解决了保存文物原状和新材料的使用理论问题。

（7）关于文物建筑维修中新增补强加固构件的隐蔽、线路和修补部分的随色、做旧、对比与协调问题，国际上有不同的看法。我认为我们要走自己的路子，不必夸大对比，也不必有意乱真，而是可识别，有协调。望之不刺眼，仔细能看出即可，符合中国的传统。

（8）借鉴国外经验，吸收融化，成为自己的东西。

（9）继承传统，弘扬发展。

（10）注重人才的培训。

（11）保护和发挥作用两者结合，是做好文物工作的环节。明确“保是前提是目的”、“一保、二用”。用要合理、要适度，不要造成过度利用使文物本身遭受破坏。

今后的建议包括9方面内容：

（1）加强理论研究，建立一个有中国特色的文物建筑保护理论体系与实践相结合的学科。

（2）加强文物建筑保护与维修技术优秀传统的发掘整理、研究与弘扬，办好有中国特色的文物建筑事业。

（3）新的科学技术、新的理论、新的仪器设备的充实与应用。

（4）完善法律、法规、规章制度、技术规范、操作规程。

（5）抢救技术和人才。

（6）加强维修前的科研工作和档案资料留存工作，并且还应该编辑出版。

（7）加强施工中的质量监督和验收。

（8）重视维修工程中发现文物、资料的收集与保存。

（9）重视经常的保养维修工作。

罗哲文还提出建立中国特色的文物监护工作理论体系的问题，认为监护系统要结合中国的实际情况，继承中国的传统，适应中国的情况，并重视利用先进的科学技术和国外的经验。同时，必须兼顾“保”、“管”、“用”三个方面，即：（1）保护方面：明确保护的原因，即明确古建筑的价值和作用；研究保护的手段，重视防止人为的和自然的破坏；提高对保护的认识，重视法制工作。（2）管理方面：要实施科学化管理，重视“四有工作”。（3）利用方面：发挥文物建筑各方面的作用，要采用适当、适度的原则。最后，他认为，对于建立完整的监护理论体系，我国已有基础，只要加以总结便不难形成。

陈志华介绍了古建筑和历史地段保护的9个国际文献，指出这些文件都是欧洲150多年来对保护的科学总结，要理解它们必须先清除四个方面的问题，包括：“一、文物建筑的价值表现在哪些方面？二、应该把哪些建筑列为文物建筑？三、文物建筑保护的指导思想是什么？四、什么是文物建筑保护的基本原则？”[①] 他在谈及上述问题时指出：文物建筑就是那些携带着比较丰富或者比较特殊的历史、文化、科学和情感的信息的建筑物，它们是社会史、经济史、政治史、科技史、建筑史和文化史等一切人类活动领域的历史见证。文物建筑的灵魂是它们的原生性和真实性。因此，文物建筑修缮必须遵循以下几个方面的原则：“（1）最低限度干预原则，即只做为停止或延缓文物破坏、尽量延长它的寿命所必需的工作就够了。（2）可识别性原则或可读性原则，指的是要使文物建筑本身的历史，它的有意义的添加、缺失、改变都清晰地显示出来。（3）可逆性原则，是指一些为了利用、加固或修复而添加于文物建筑上的东西，应该都可以撤销，并且这种撤销不致损害文物建筑。（4）与环境统一的原则，即保护文物建筑，要同时保护一定范围的环境，不要使它脱离历史形成的环境而孤立起来。”[②] 他最后提出，这些原则源自西方古建筑保护实践，因中国建筑与欧洲的有很大差别，运用过程中会产生一定的问题，但解决问题的途径是探索恰当的办法，而不是抛弃这些原则。

王瑞珠主要讲述欧洲古建筑修复的原则和方法，包括：修复、“落架大修”、“归位复原法”、修缮效果必须总体和谐一致及可识别性原则、原工艺和原材料原则、

① 陈志华．国外文物建筑保护理论与法规综述（摘要）．文物工作，1993（1）．
② 陈志华．国外文物建筑保护理论与法规综述（摘要）．文物工作，1993（1）．

古建筑价值的判断原则等方面，并配以详细的修缮案例说明。陈志华、王瑞珠的研究成果反映出，在改革开放的思潮下，我国一些有前瞻意识的学者，已经开始主动学习、引进西方先进的保护理念并希望从更广阔的视野看待中国的保护工作。其发言促使我国保护界较为完整、系统地了解西方保护工作总体情况，了解区别于我国习惯的新理念和做法，引起了与会保护工作者的强烈反响和讨论，使西方的科学保护理念得到进一步的传播，掀起了我国保护界更大范围地积极引进、学习西方科学保护理念的浪潮。

会议最后建议：加强古建筑保护的科研工作和理论建设，尽快建立起具有中国特色的古建保护维修的理论体系；加强各地古建维修的队伍和机构建设；有计划、多渠道、多方式地培养人才，把抢救古建筑与育人结合起来；进一步加强法制建设，把古建筑保护工作纳入法制轨道。[①]作为我国古建筑保护历史上规格最高、规模最大的保护工作和学术会议，全国文物建筑保护维修理论研讨会总结了我国古建筑保护事业开展逾60年的理念与经验，具有深远的意义和影响。

第一，会议总结了我国以往保护工作中的有益经验和教训，包括：制定正确、及时、有针对性的文物政策；使用科学的保护原则；积极拓展新技术的应用；正确对待和加强中外交流；重视人才培养；建立文物保护、使用的规范和制度；加强施工监督机制等。在此基础上，提出构建文物监护工作体系并初步提出体制相关内容。本次会议成果是我国古建筑保护理念与实践经验的一次综合性总结。

第二，会议在总结、完善已有保护理念的同时，提出吸收国外优秀保护理念，加强保护领域的科学研究工作和理论建设等要求。会议中，陈志华、王瑞珠两位专家介绍的国际古建筑保护理念与原则，引起了与会者极大的反响，他们对此既有共鸣也有疑惑。一时间，对于其中概念的思考和讨论成为会议热点。[②]这种情况的出现，一方面反映了保护界对于部分理念的认同，证明了我国已有修缮理念

① 全国文物建筑保护维修理论研讨会专辑．文物工作，1993（1）.

② 对于陈志华发言及会议的情况，朱光亚回忆：“陈志华先生当时从意大利回来，把《威尼斯宪章》一直到关于历史信息、新的理念和概念等在会上讲了讲，引起很大的震动。……下面的反应很强烈。关于历史信息，理论概念都有它的道理，但怎么样具体应用，这个就挺有争论。那次我们在清西陵还是清东陵参观，浙江省的王士伦所长，看了一个碑亭，全部都摊在地上了，是一堆瓦砾。他就说：‘好吧，历史信息你们谁也别动啊！’针对这个情况，我第二天还专门发了个言，我自己的理解，过去我读过信息论，信息和消息的一个差别是，信息是有序的，不是任何一条消息你就认为它是历史信息。它是经过人的选择、过滤，使它变成有序的东西，能够认识它。我就谈了这个观点。”引自笔者对东南大学建筑学院教授朱光亚的采访记录（未刊稿）。采访时间：2012年2月21日。

“它山之石可以攻玉，我们在总结自身的经验的时候，不妨吸收国外同行的成果，让我们了解、实践，也让世界了解我们，在保护人类共同的文化遗产的信念与原则上，国内外的同行在这方面的相互交流，借鉴是非常有益处的。我们觉得这是这次会议第一点非常重要的收获，这是这些年的经验。”张柏．在全国文物建筑保护维修理论研讨会闭幕式上的讲话．文物工作，1993（1）.

的合理性和科学性。但也说明，尽管保护界已有一定理念思考与实践经验的累积，但仍缺少科学的总结、完善及随之而来的理论升华及体系构建。[①] 另一方面，由于改革开放之前，文物界缺乏与西方同行交流的机会，文物保护的历史相比西方也较为短暂，在很多方面考虑不周，因此需要大规模开展与国外保护界的交流。上述两方面的问题形成了《中国文物古迹保护准则》的编写背景和思想铺垫。实际上，《准则》的编写即是在国外保护界同行的帮助下，我国保护界整理自身保护理念与优秀实践经验的过程，因而也是本次会议思想的延续和发展。从这点上看，会议及其成果既是以往优秀理念的一次总结，也是新时代保护体系建设的开始。

会议还对以往保护研究中被忽略的工作给予关注，其中专家们特别是老专家重点关注并呼吁的是修缮工程档案的整理出版。作为文物“四有”工作的一部分，大量文物保护单位档案未得建立。中华人民共和国成立以来众多修缮工程因为重视度不足及经费、时间等原因，未得到及时整理和总结，相关的修缮工程记录或研究报告迟迟未能出版，以致往往无法继续总结其中的经验教训。当时东西方文化交流日益增多，许多国际交流活动中都能见到保护工作人员、学者或相关从业人员的身影。然而基础资料不足、缺少实际案例总结等问题，致使我国学者往往无法拿出足够分量的材料与国外同行进行对等的交流。[②] 由于有了大量资金的支持，许多专家极力呼吁加强工程报告的整理出版工作。会议之后，相关工程报告相继出版，计有：柴泽俊、李正云《朔州崇福寺弥陀殿修缮工程报告》；姜怀英、王明星《西藏布达拉宫修缮工程报告》；姜怀英、刘占俊《青海塔尔寺修缮工程报告》；柴泽俊、李在清《太原晋祠圣母殿修缮工程报告》；李天顺、胡富民《西安长乐门城楼工程报告》；吴锐、王亦平《海南丘濬故居修缮工程报告》；颐和园管理处《颐和园排云殿、佛香阁、长廊大修实录》；辽宁省文物考古研究所等《朝

---

① 事实上，对于保护理念的总结和完善，当时北京古建筑研究所已开始进行古建筑保护原则和做法系统化的课题研究，且意识到我国古建筑保护领域缺乏行业守则一类的文件，并开始着手编写。

② 傅熹年在参观日本的文物保护工作后，指出日本建筑史家对丰富建筑遗产进行了精心的维修保护、大量的研究和广泛的宣传，凡经过修缮的，必撰有修理工事报告书，内有测量数据、实测图、竣工图，并详记修缮过程。在精密测量的基础上，日本学者发表了大量研究论文和专著，分门别类地进行系统深入的研究。为了使日本古代建筑成就为国内外人士共赏，还出版了从普及本到豪华本等不同档次的图录。

“在建筑史的研究上，资料的收集、整理和运用，亦是一重要的环节和不可缺的基础性工作，在这一方面，日本学界做得十分出色，令人赞叹。以遗构研究的基础资料为例，日本先后维修了大量重要的古建筑，其范围主要是列于国宝及重要文化财这二级的遗构（大体类似于我国的全国重点和省级重点文物保护单位）。其遗构维修的最后阶段工作是整理出版一部修理工事报告书。这是一项极有价值的工作。报告书不但追溯了其创立沿革及相关文献史料，更重要的是记录了修理工事的概要及其维修过程上的每一个技术细节，且还收录有修理前后的详细实测图纸及照片以及详尽的实测尺寸数据，为遗构研究提供和保存了最为珍贵、全面的第一手基础资料……可以说，日本古建筑研究之所以能够进行得如此深入和细致，在很大程度上得益于第一手基础资料的充足和完善。”引自张十庆．日本之建筑史研究概观．建筑师，1995（64）．

图 4-5《蓟县独乐寺》书影（资料来源：杨新．蓟县独乐寺．北京：文物出版社，2007）

阳北塔——考古发掘与维修工程报告》；辽宁省文物考古研究所等《辽宁省惠宁寺迁建保护工程报告》；郭万祥《清孝陵大碑楼》；柴泽俊《山西华严寺》；杨新《蓟县独乐寺》（图 4–5），等等。[①]

第三，会议认为要加强法规建设，包括设计施工、施工管理等各方面的法律监控及质量监督。会上同时审议了《文物维修保护工程管理办法》及《文物修缮保护工程勘察设计资格分级标准（讨论稿）》等文件，并接纳了与会专家提出的关于修缮工程定额、施工规范等方面的法规建设需求，标志着我国文物保护工程资质认定制度建设的开端。[②]

第四，会议提出加强队伍、机构建设并有计划、多渠道、多方式地培养人才，主要内容包括在各省、市、自治区成立地方的研究设计队伍。同时提出加强施工监督组织的建立，鼓励有条件的省市学习北京市的经验，成立质量检查监督机构。针对保护专业人员不足、保护队伍中许多人员专业水平不足等现象，要求各省市制定短期和长期的人才培养计划。

1992 年召开的全国文物建筑保护维修理论研讨会，是我国古建筑保护修缮工作领域有史以来举行的规模最大的保护工作会议。会议上总结了中国古建筑保护维修 60 多年的经验，专家、学者就当时古建筑抢救维修工作中遇到的问题交换意见，并研讨了古建筑保护维修的基本理论与方法，为下一步文物保护工作的开展提供了思路。同时，也梳理、澄清了一些关键的保护原则及理念，为解决当时文物中的突出问题，也为当时即将大规模开展的修缮保护工程提供了有力支持。

① 狄雅静．中国建筑遗产记录规范化初探．天津：天津大学，2007.
② 张柏．在全国文物建筑保护维修理论研讨会闭幕式上的讲话．文物工作，1993（1）.

（二）古建筑修缮技艺的总结和深化

1. 传统营造技艺的整理与研究

改革开放之后，我国古建筑保护研究的一个重要方向是对中国传统营造技术和工艺的研究。对传统营造技艺的研究和整理，早在营造学社时期已经开始。中华人民共和国成立后，文整会继承学社传统，通过工匠口述、学者记录整理的方式，出版了匠师路鉴堂的木作营造技术著作——《大木操作程序和规格》。学社成员赵正之曾整理中国古代木结构营造技艺，并撰写有相关书稿（未出版）。北京市第二房屋修建工程公司的木工匠师张海清也曾编撰《古建筑操作规程》，在企业内部使用。

1983年，由文整会（时称“文物保护科学技术研究所”）作为主编单位，与文物保护科学技术研究所、北京市西城区房管局、北京市房修二公司、故宫博物院古建部共同编著、出版了《中国古建筑修缮技术》（以下简称《技术》）（图4-6）。《技术》由杜仙洲主编，主要执笔人都是有高超技艺及丰富工程经验的工匠或专家。内容共7章，分别为：中国古建筑概述、木作、瓦作、石作、油漆作、彩画作、搭材作。其中木作部分由李林执笔，瓦作部分由刘大可执笔，石作部分由杜仙洲、李全庆执笔，油漆作、彩画作部分由方足三执笔，搭材作部分由李全庆、许以林执笔。其时古建筑修缮工程增多，但由于多方面原因，从事古建筑施工的老工人越来越少，修缮技术力量严重不足，修缮人员青黄不接，传统营造技艺有失传、失真的危险。因此，及时总结老一辈工人的技艺和经验，编辑成书，对传承我国营造技艺、培养年轻匠师实有重要的意义。《技术》的出版除整理、保存优秀工匠的技艺之外，另一个主要目的是为当时蓬勃发展的修缮工程提供技术支持，以保证工程质量。因此，《技术》的主要目标读者并不是学术界或保护界全体，而是重点针对修缮工程中的参与人员，具有很强的针对性，这也是《技术》的主要特点。[①]《技术》的另一个重要特点是针对修缮工程提出古建筑保护的原则。当时，许多修缮工匠并未了解文物保护原则的含义，仍以新建方式修缮古代建筑。另一方面，在修缮工程于全国铺开的情况下，跨地区施工的现象极为普遍，以官式做法代替地方做法等现象时有发生，造成了一定的破坏。因此，书中特别声明其做

① “本书的主要读者对象是从事古建筑修缮的工人、工程技术人员和管理人员。因此，在编写过程中着重于总结老一代古建筑修缮工人的实际操作经验，并全面地总结有关古建筑的工程做法，在施工技术方面，以古建筑维修中的传统做法为主要内容。”引自杜仙洲主编．中国古建筑修缮技术．北京：中国建筑工业出版社，1983.

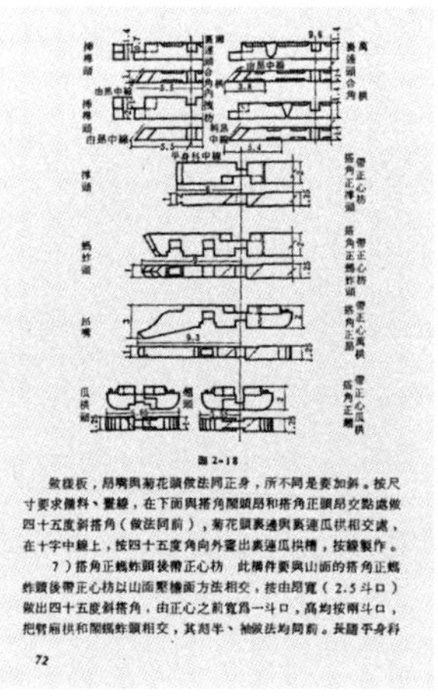
圖 2-18

做樣板，昂嘴與菊花頭做法同正身，所不同是要加斜。按尺寸要求備料、畫線，在下面與搭角閘頭昂和搭角正頭昂交點處做四十五度斜搭角（做法同前），菊花頭裏邊與裏連瓜栱相交處，在十字中線上，按四十五度角向外畫出裏連瓜栱槽，按線製作。

7）搭角正螞蚱頭後帶正心枋　此構件要與山面的搭角正螞蚱頭後帶正心枋以山面聚檐面方法相交，按由昂寬（2.5斗口）做出四十五度斜搭角，由正心之前寬為一斗口，高均按兩斗口，把臂廂栱和閘螞蚱頭相交，其刻半、袖做法均同前。長隨平身科

72

图 4-6 《中国古建筑修缮技术》书影（资料来源：文化部文物保护科研所编 . 中国古建筑修缮技术 . 北京：中国建筑工业出版社，1983）

法为北方一带的做法，并明确修缮需要遵守“不改变文物原状”、遵循地方做法、加强历史研究等原则：

（1）有统一规定的，一定要按统一的规定做，没有统一规定的要按当地常见的做法做；

（2）倘若建筑物没有被修缮过的历史记录，在修缮中应尊重和保持原状，不予改动；

（3）倘建筑物经后人修缮，改变了原有传统做法，重修时要尽可能地予以纠正，以使其符合原制；

（4）不同地区，不同时代的古建筑，都有各自不同的手法和风格。修理时要尊重当地的技术传统和建筑物的时代特色。切忌将晚期建筑手法施用于早期建筑上，破坏了原有的建筑特点；

（5）1961 年，国务院公布的《文物保护管理暂行条例》中明确规定“恢复原状或保存现状”是修缮古建筑必须遵守的原则。我们应该深刻理解这条法令的重要意义，并应在文物保护工作中认真贯彻执行。①

《技术》出版后，对古建筑工程界，尤其是其中有志于整理、传统营造技艺的有志之士来说，无疑是一个重要启发。之后，各作哲匠纷纷出版专著，木作、瓦作、石作、油漆作、彩画作均有论著产生。目前古建技术已正式出版、发表的关于古建技术的著作有：李全庆、刘建业《中国古建筑琉璃技术》、马炳坚《中

① 杜仙洲主编 . 中国古建筑修缮技术 . 北京：中国建筑工业出版社，1983.

图4-7 《中国古建筑木作营造技术》书影（资料来源：马炳坚．中国古建筑木作营造技术．北京：科学出版社，2003）（左）
图4-8 《中国古建筑瓦石营法》书影（资料来源：刘大可．中国古建筑瓦石营法．北京：中国建筑工业出版社，1993）（右）

国古建筑木作营造技术》（图4-7）、刘大可《中国古建筑瓦石营法》（图4-8）、马瑞田《中国古建彩画》、边精一《中国古建筑油漆彩画》、蒋广全《中国清代官式建筑彩画技术》、路化林《中国古建筑油漆作技术》、井庆升《清式大木作操作工艺》、李紫峰《油漆彩画作工艺》、孙永林《大木作工艺》、赵立德、赵梦文《清代古建筑油漆作工艺》等。这些著作的出版，为保存、传承中国传统营造技艺作出了巨大的贡献。

2. 传统营造技艺相关学术刊物的出版

在学术专著之外，文物保护类刊物大量出现，为古代营造技术相关论著的发表提供了很好的平台，如《古建园林技术》《紫禁城学会会刊》《故宫博物院院刊》等，均是集中刊登营造技艺研究成果的重要平台。该类刊物中，较早的有1970年代末创办的《建筑技术》《建筑工人》等期刊。较为典型的、在全国范围内影响较大的有《古建园林技术》杂志。《古建园林技术》由施工企业创办，创刊即以发扬传统营造技艺为主要目标，后来发展成古建筑及其保护的综合性刊物。

1980年代初期，营造技术传承青黄不接，面临失传。其时古建筑修缮企业仍处于计划经济体制下，仍有传承和研究的巨大优势。他们一边招聘年轻工人进行培训，一边开展相关研究，整理老工人的优秀技术。典型如北京市第二房屋修缮工程公司，由于拥有人数众多的优秀匠师，承接修缮工程的数量也远超其他施工企业，其企业内部准则几乎成为行业标准。该公司率先开始古建筑营造技艺的研究，并于1980年代初成立研究机构。由于当时没有专门的古建筑技术类期刊，论著发表困难。对于当时的尴尬情况，《古建园林技术》杂志的主要发起人之一程万里回忆道："怎么做研究呢？首先将熟悉的技术问题写出来，将技术保留……原来我们写文章，要在《建筑技术》发表。但《建筑技术》的办刊方向是新的建筑技术，老让他们发表有关古建筑的技术文章总有点说不过去。所以我在想古建筑应该有很多文章可以写，营造学社也有学刊，全国该有多少人搞古建筑啊，但都没有地方发表。"[①] 对此情况，马炳坚也回忆道："1980年，我所在的北京市第二房屋修建工程公司（北京古代建筑工程公司）成立了古建筑技术研究室……当时，我即是这个研究室的主要成员之一。经过近两年的努力，陆续写出一些东西，但由于当时国内尚无关于古建园林技术方面的专业刊物，搞出的成果无处发表，只能在单位内外流传，发挥不出更大的社会效益。我国这样一个具有丰厚的古建园林遗产的泱泱大国，居然没有一块学术、技术交流阵地，实在是极大的憾事。"[②]

为解决上述问题，古建筑技术研究室同仁创办了以刊登古建筑营造技术为主的专业杂志《古建园林技术》。对于创办理念，其《发刊词》记录：

> 《古建园林技术》期刊，主要刊登古建筑与园林传统技术研究成果和操作经验的文章图说。它的内容还包括古建筑与园林艺术研究、保护维修古建筑与园林方针政策的探讨、古建筑技术的改革与应用、传统形式建筑的设计与施工，以及文物古建筑与园林的实测、复原和重建设想等方面。我们力图把它办成古建筑与园林科技人员、施工管理人员、技术工人和对中国古建筑与园林感兴趣人们的有益读物。[③]

杂志最初针对的读者是"古建筑与园林科技人员、施工管理人员，技术工人和对中国古建筑与园林感兴趣人们"，是以技术传承和工匠为主要对象，传承技术、培养专业人才的刊物。《古建园林技术》集中报道古典园林管理经验，探讨古建园林艺术，分为"古建筑""传统技术""古典园林工程""古建修缮经验""传统建筑与园林的设计施工""古建园林艺术研究""古建历史文献介绍""古建维修保护政策研究""古建文物集锦"等不同栏目。目前，《古

① 根据笔者对前房修二公司副总工程师，《古建园林技术》杂志发起人程万里先生的采访记录（未刊稿）。采访时间2010年2月16日。
② 引自马炳坚．我和《古建园林技术》．古建园林技术，1993（3）．
③《古建园林技术》编辑部．发刊词．古建园林技术，1983（1）．

建园林技术》已成为古建筑保护的综合性刊物，并被多所著名高校及建筑院校定位为建筑科学类核心刊物，成功推广中国古建筑营造技术并引发学术关注及研究。

（三）古建筑人才培养工作的总结与变化

改革开放后，古建筑保护维修工作日益增多，但古建筑保护人才正处于青黄不接的状态，数量远远满足不了保护形势的要求。各省、市、自治区都迫切要求举办短期训练班，培养保护人才。1977 年，国家文物局借正定隆兴寺摩尼殿修缮之机，举办古建筑培训班，与工程同时进行，为河北省培养古建筑专业人才。1980 年，国家文物局在湖北当阳举办第四期古建筑测绘训练班。1981 年，国家文物局委托山西省举办古建维修培训班。文物系统的古建筑培训班，自 1952 年开始，历经 30 年期间，招生方式、教学方式、教学内容、教学目的、实习内容等均随着保护形势的发展而变化，培养体系也不断完善。

总体上看，文物系统的古建筑人才培训基于修缮工程或保护工作而开展，注重实操性，其中大多为救急性质，培训时间相对较短，基本理论知识稍显不足。另一方面，中华人民共和国成立初期保护工程的稀缺，也让高校无该方面人才培养的压力和动力，因此其课程保护实践部分较为欠缺，实际操作经验较为薄弱。事实上，文物系统与高校系统在保护修缮工作上的认识也各有侧重，并不统一。如在高校参与文物保护工程的开始阶段，就有文物系统专家认为高校的测绘图纸偏向于研究方面，较难应用于实际的修缮工程。从文物系统当时采用厘米为制图单位，高校采用毫米为单位的情况也可看出两个系统之间的差异。

这种差异在改革开放后逐渐趋同。1980 年，国家文物局请南京工学院（即现在的东南大学）代为培养古建筑保护人才，并希望建立文博学院，开设古建筑保护专业。国家文物局希望从文物系统中选拔有经验的人员接受理论方面的再培训。他们有丰富的实践经验，可以更快、更深刻地理解理论知识，将理论和实践相结合。事实上，自 1980 年代初至 1990 年代中期，以这种模式培养出来的保护工作者均成为我国保护事业的中坚力量，许多人都在国家或地方文物局担任要职或主持重大保护工程。但在此之后，该类培训班没有延续，而更多是由高校设立的文博专业代替，因而相关人员在工程实践方面的知识仍显不足。在文物保护工程大面积开展的今天，合格的古建筑保护专业人才十分稀缺，越来越多的专家开始注意、担忧保护专业人才的问题。[①] 及时回顾及总结我国古建筑人才培养近 80 年的经验及得失教训，借此指导现时保护人才的培养和相关体制的建设，具有重要的现实意义。

1. 文物系统举办的培训班

（1）文物局第四期古建筑测绘训练班与山西古建培训班

1980 年 9 月，国家文物局委托文整会在湖北当阳举办第四期古建筑测绘训练班，为期三个月，目的是使学员在短时间内掌握专业技术，这便是文物系统“黄埔四期”培训班中的最后一期。[②]

培训班要求学员在完成基础课程后，通过短期培训，初步掌握古建筑测绘和维修的知识、技术，以期为文物保护单位建档及古建筑修缮勘查研究打下基础。训练班以培养技术干部为主，共有来自全国 30 个省、市、自治区文物系统的学员 42 人。其中多数人在学习前已有相关工作经验。他们曾经从事田野考古、建筑历史、地下文物保护、文物管理、工艺美术、建筑设计、摄影、化学加固、绘图、地方史研究、资料管理、施工、行政等方面的工作，背景不一，文化程度不同，对古建筑的了解也有参差。因此，训练班未采用学院式的教学方式，而是从实际出发，以在现场观察实物、边学边做的方式进行教学（图 4–9，图 4–10）。

训练班从 1980 年 9 月 10 日开始，至 12 月 10 日结束。共分两个阶段，第一阶段为理论及基础课集中学习时间，共 24 天，以课堂教学的方式进行。共有 7 门课程，依次是：罗哲文讲授的“文物政策法令”（一讲）、杜仙洲讲授的“古建概论”（四讲）、余鸣谦讲授的“古建构造”（六讲）、祁英涛讲授的“古建维修知识”（四讲）、李竹君讲授的“古建化学加固”（二讲）、祁英涛讲授的“古建工程预算”（二讲）、丁安民讲授的“湖北古建介绍”（二讲）。此阶段主要教学目标为教授古建筑修缮工程所需的基本知识，由于制定修缮设计是保护工程的重点，因此课程多集中于古建筑基本知识、古建筑构造及维修知识等修缮设计最需要的能力培养方面。

① “1988 年，联合国教科文组织派专家组来中国考察申报世界遗产的项目，他们在写的报告里说：中国‘没有真正的专门训练过的保护专家’，因此，‘培训的问题是第一位的’。而且说：‘培训和教育的问题应该在国家总的体制中提出。’……但整整 15 年过去了，我们还没有在高层次上正规地做这件工作，以致连数量并不多的国保单位中，有一些都不是由受过相当训练的专家从事管理和维修的……文物建筑保护专家已经不是工匠也不是建筑师，他们需要有综合的、专门的知识结构。”引自陈志华．文物建筑保护中的价值观问题．世界建筑，2003（07）．
“我始终认为，对于我国不可移动文物保护与修复工作来说，人才培养仍然十分迫切，尤其急需两类人才：一是传统工艺技术的真实传承人，二是‘文物保护师’”。引自晋宏逵．当前不可移动文物保护急需的人才．东南文化，2010（5）．

② 前三期分别于 1952、1954（1956 年选招）、1964 年举办，参见本书第三章。

图 4-9　全国第四届古建筑测绘训练班全体人员合影［资料来源：张家泰、杨宝顺、杨焕成，从北大红楼到曲阜孔庙：1964 年第三届古代建筑测绘训练班记忆 . 中国文化遗产，2010（2）］

图 4-10　全国第四期古建筑测绘训练班结业证书（资料来源：湖北省古建筑保护中心吴晓先生提供）

第二阶段是培训班的重点，安排学员进行测量绘图及古建勘查。这一阶段也是实习阶段，共 66 天，采取课堂教授与现场实习交叉进行的教学模式，分为四个部分：丁安民现场指导武当山古建勘查，共 5 天；李竹君讲授“建筑制图”（四讲）；李竹君现场讲授“测量实习”，共 10 天；李竹君讲授制图作业，共 43 天。

第四期训练班延续了第三期的传统，在考虑修缮工作及四有建档的情况下，以古建筑勘查及测量、绘图作为培训重点。作为修缮工程以及文物保护单位“四有”工作的基础，勘查、测绘及绘图是古建筑保护人员应当掌握的最基本技能。

相对于全国的保护形势，这次培训班的学员数量只是杯水车薪，且学习时间不足，习得知识和技能仍未能达到古建筑保护的所有要求。在古建筑修缮专业工程师的需求日渐增加的情况下，国家文物局考虑增加古建班的开设，改变教学方式与目标，要求高校开设古建筑高级培训课程，以培养文物系统的高端人才。

1981 年 5 月，国家文物局委托山西省文物局在运城解州关帝庙举办古建维修培训班，这是第一个在文物系统内，由地方承办的培训班。这说明，山西作为古建筑大省，在历经多年发展后，其古建筑保护力量已较为完善①，也说明我国地方保护力量逐渐成熟。山西古建维修培训班以培养学员的修缮能力作为目标，除

① “山西那个时候古建筑维修的力量非常强。因为山西的古建筑很多，尤其是通过永乐宫的搬迁，锻炼了一大批人。永乐宫是我们国家最大的一项搬迁工程……山西的力量确实非常强，而且他们维修木构件的经验非常足。柴泽俊是很有事业心的人。他要办培训班，国家文物局委托山西省，其实我们那个证书还是国家文物局盖章的。因为山西省的力量比较强，就找山西省来操作了。”引自笔者对当时山西古建维修培训班学员、文物保护专家黄滋的采访记录（未刊稿）。采访时间：2012 年 2 月 28 日。

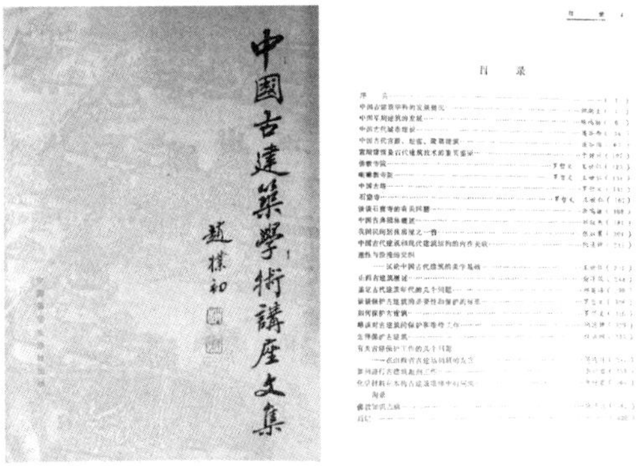

图 4-11　山西古建筑维修培训班结束后整理出版的《中国古建筑学术讲座文集》书影（资料来源：山西省古建筑保护研究所．中国古建筑学术讲座文集．北京：中国展望出版社，1986）

勘查、测量、制图等课程外，重点教授建筑史基础知识和古建筑修缮设计、工程做法。该培训班邀请了我国建筑史学界有相当造诣的专家 16 名，分别进行学术讲座，内容包括各类古代建筑特点及建筑史研究、建筑美学、建筑结构、宗教艺术、保护与维修等[①]，特别对古建筑维修原则做了详细的说明。相较以往以实用及操作为主的培训，这次培训班更有“学术味”（图 4-11）。山西古建维修培训班的举办，代表文物系统古建筑人才培养目标的转变——从侧重基础技能向培养综合能力过渡，国家文物局也开始了跟高校系统的全面合作。这次参与讲座的专家多是梁思成、刘敦桢等宗师的后辈学者，证明当时无论在学术研究或保护领域，已由新一辈全面继承。

（2）摩尼殿修缮培训班

这时期开办的培训班还有一个重要的形式，即在修缮工程中开办培训班，在实践中培养人才。这种培训形式早有雏形，在文整会历次重要修缮工程当中，文物局都有意培养当地人才，如 1955 年的正定转轮藏修缮及 1957 年的永乐宫修缮等，其中永乐宫的修缮更是为山西省培养了大批古建筑保护人才。这一模式在后来日臻完善。

1977 年，正定隆兴寺摩尼殿落架大修，工程由文整会主持，祁英涛负责。为了配合工程，河北省文物管理处招录了一批学员（大约 20 人），在隆兴寺办了一个古建培训班，在实际工程中教学，为地方培养保护人才。作为工程参与者以及学员的刘智敏对此有生动的回忆：

> 培训班就办在摩尼殿工程工地上，授课老师都是来自国家文物局文物保护科学技术研究所的专家，现在的名称是中国文化遗产研究院，有祁英涛先生、杜仙洲先生、余鸣谦先生、李竹君先生，类似国家局的培训班，他们专门编写了油印的教材。祁工讲“怎样鉴别古建筑”、“壁画保护与揭取”；杜工讲“中国古建筑发展概论”、“古代文献查阅”；余工讲“古建筑结构”；李工讲“测量绘图”；梁超老师和孔祥珍老师带画图。
>
> 因为摩尼殿修缮工程的原因，几位老师经常来正定，他们坐火车到正

① 山西省古建筑保护研究所．中国古建筑学术讲座文集．北京：中国展望出版社，1986.

定，我们骑自行车去接站。每周有一两个人讲课，从勘测时就开始教学，在工地现场教，晚上、白天都上课，工程、教学同步进行。没有预设的课程表，哪位先生来了就上哪位先生的课。祁工是工程技术指导，有一个相对固定的住处，其他老师都是搭简易床，还在设计室搭过床。老师和学员、工人一起去食堂排队打饭。没有讲课费，吃饭还要自己掏钱的，那是 1977 年的事了。这个班为河北省文物管理处培养了一批人才。①

作为我国重要的古建筑遗构，摩尼殿的修缮几乎包括修缮工程涉及的所有内容，因此教学内容也十分丰富、完善。古建筑保护理念的落实及操作方法，必须在实践中才能更深刻地理解。事实上，修缮工程的各个环节及实际操作，也非课堂上可以教授，实际保护工程中的教学正好提供了这方面的机会。② 摩尼殿培训班的教学在修缮工程中开展，内容包括勘查、设计、施工、验收等所有修缮程序以及每一步的技术细节、操作方法及保护理念的落实等。每一步的教与学都跟随着大修工程，在实践中完成。学员们面对的是一个真课题，绝非纸上谈兵。与之前文物系统的培训班相似，注重操作和应用，理论与实际相结合，使学员学成之后即能迅速进入工作角色："摩尼殿学员班侧重实际操作。基础知识的学习，开始的时候比较枯燥，但时间长了就开始发挥作用了。摩尼殿学员班针对文物维修，是非常实用的班，讲的内容就是在工程当中应该掌握什么知识、技术，可操作性强。课时安排比较多的是测量、绘图、鉴定古建筑，也是操作最多的部分，这三门课是最实用的，是设计工作中最常用的。"③ 另外，在古建筑保护人才奇缺，工程日渐增多的当时，确是一个很好的解决人才需求的办法。摩尼殿培训班结束后，培养的人才迅速进入保护工作领域，成为河北省古建筑保护力量的开端。④

（3）古建筑培训班教材的出版

改革开放后，国家文物局开始回顾历史，总结以往的经验教训，恢复文物工

① 引自笔者对文物保护专家、河北省文物局文物处处长刘智敏的采访记录（未刊稿）。采访时间：2012 年 8 月 13 日。

② "我在之后的工作当中有很多工作方式、习惯都是跟祁工学的，比如做试验，跟老工匠谈话，他因为主持项目，待的时间比较长，跟每个工种的工人聊天。当时在方丈院里面，找很多工人来，祁工就做记录，还根据他们说的内容，做了很多小的试验块，放在窗台上晒，每天都做记录。这一套工作方式都是跟祁工学的，很细。祁工当时就是这么细，包括问工匠一些老做法，再反过来推，找理论依据。包括开元寺钟楼，侧脚怎么侧，工匠都有口诀习惯，祁工都记下来，后来我们做也是差不多。"引自笔者对文物保护专家、河北省文物局文物处处长刘智敏的采访记录（未刊稿）。采访时间：2012 年 8 月 13 日。

③ 引自笔者对文物保护专家、河北省文物局文物处处长刘智敏的采访记录（未刊稿）。采访时间：2012 年 8 月 13 日。

④ "这个就是文物局为了配合摩尼殿修缮工程给地方培养人才办的班，为河北省文物管理处培养了一批人才，学习结束后，我被分配到设计室……河北省的古建筑力量基本上就是从这次结合摩尼殿修缮的培训班开始有的。原来河北这边叫文物管理处博物馆，业务行政都混在一起，那时搞古建筑的只有一个人。"引自笔者对文物保护专家、河北省文物局文物处处长刘智敏的采访记录（未刊稿）。采访时间：2012 年 8 月 13 日。

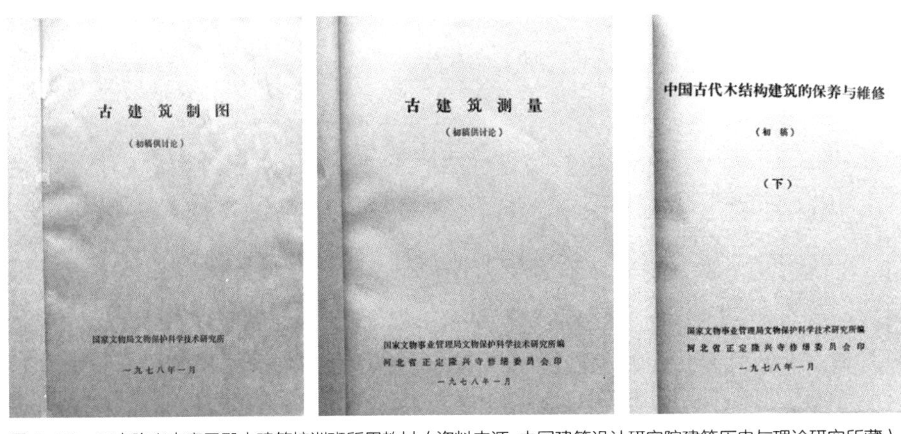

图 4-12　正定隆兴寺摩尼殿古建筑培训班所用教材（资料来源：中国建筑设计研究院建筑历史与理论研究所藏）

作的正常运作。人才培养则是其中一个关键部分。自 1964 年第三届古建筑测绘培训班之后，我国已有一套古建筑培训教材的雏形。1977 年，祁英涛主持正定隆兴寺摩尼殿大修，文物局决定配合此工程，开办古建筑培训班。1978 年，由文整会专家编撰的古建筑培训教材初稿在摩尼殿培训班正式投入使用，分别是：祁英涛的《中国古代木结构建造的保养与维修》、《中国古代壁画的揭取与修复》、杜仙洲的《中国古代建筑概论》、余鸣谦的《中国古代建筑构造》、李竹君的《古建筑测量》、《古建筑制图》（图 4-12）。

1980 年，国家文物局第四届古建筑测绘训练班在湖北当阳举行。出于办班和日后大量培训古建筑专业人才的需要，文整会再次提出编写一套完整的文物系统的古建筑教材，同时形成“古建筑基础知识”编写小组，编写包括“古建筑概论”、“古建筑构造”、“建筑制图”、“古建筑测量”、“古建筑修缮和工程预算”等方面的内容。

不久，出版文物系统系列教材的工作被提上日程。1984 年 7 月 26 日，国家文物局在山东长岛召开文博干部培训教材编辑及制定教学大纲研究会。会议决定出版 8 种文博教材。自 1988 年 7 月起，马承源主编的《中国青铜器》、王宏钧主编的《中国博物馆学基础》、杨仁恺主编的《中国书画》、安金槐主编的《中国考古》、冯先铭主编的《中国陶瓷》相继由上海古籍出版社出版发行。

1990 年，由罗哲文主编，余鸣谦、祁英涛、杜仙洲、李竹君、孔祥珍、张之平编撰的《中国古代建筑》出版（图 4-13）。此书在古建筑培训班教材的基础上，结合教学经验及实际应用情况修改、编辑而成。内容包括古建筑保护和维修概论、中国古代建筑简史、古建筑的结构与构造、古建筑测量、古建筑制图、古建筑维修等部分。这是一套总结文物系统自 1950 年代以来人才培养经验的系统的教材，也是面向各地文物博物馆培训教学或自学使用，或作为大专院校文博专业学生的参考书。[1] 对于本书的出版，其编辑及作者之一张之平回忆：

① 罗哲文 . 中国古代建筑 . 上海：上海古籍出版社，1990.

图 4-13 《中国古代建筑》书影（资料来源：罗哲文等．中国古代建筑．上海：上海古籍出版社，1990）

> 稿子之前就有了，因为办了很多次培训班，讲义什么的都有。当时就开了几次会，要求把自己的稿子修整一下，添点新的东西……书的思路基本上就是延续过去培训班的……其实原来就有稿子，大家就是自己校正自己的稿子，我最后再过一遍。这本书等于是文物系统那么多年古建筑教育、培训的一个总结。①

《中国古代建筑》是我国古建筑人才培养 40 多年的经验总结，其出版标志着文物系统古建筑保护人才培养教学体系的形成。

2. 文物系统与高校的联合培训模式

（1）文物系统与高校合作的初步尝试

南京工学院古建筑培训班

文物系统的培训班着重实际操作，在建筑史理论方面仍有培养的空间。大专院校的建筑史专业则长于理论，实操课程较少。在保护要求日益提高的情况下，高级专业人才的培养迫在眉睫。基于上述情况，国家文物局决定和高校联合办学，以促进优势互补，培养具有建筑史理论水准和实际工程操作能力的专业人才。1980 年，国家文物局和南京工学院（现东南大学，以下简称“南工”）合办古建筑培训班。这也是文物局第一次请高等院校代为培养文物系统的专业人才。由于培养目标是高端保护专才，为保证质量，须限制人数。学员的筛选方式十分严格，要求在文物系统具有一定实践经验，并且对古建筑有相当认识的干部才有资格参加考试，择优录取。②

① 根据笔者对《中国古代建筑》编辑及作者之一，文物保护专家张之平的采访记录（未刊稿）。采访时间：2012 年 11 月 7 日。

② “省文化局组织的选拔考试，内容相当于现在的文综，还要求现场勾画一座古建筑的立面图。根据考试成绩排出名次，将前三名推荐给南京工学院，并附上综合知识考试成绩和现场勾画的建筑立面图，最后由南工录取一名。河北一共两个名额，省文物局一个，另外一个给了承德市文物局，考试也是他们自己组织的。我们这个班一共 6 名学员，河北、山西、北京各两人，6 个人基本上都有古建筑保护的工作经历。我和承德市文物局的王福山，之前都是从事古建筑勘察设计的；山西省的李晓青、常亚平都来自省古建所，都做过古建勘察设计；北京市的王丹江来自市文物局，是我们的班长，另一位梁玉贵是北京市考古所的。”引自笔者对南工班学员、文物保护专家、河北省文物局文物处处长刘智敏的采访记录（未刊稿）。采访时间：2012 年 8 月 13 日。

1980年秋，南京工学院建筑研究所古建筑培训班（下称“南工班”）正式开始。从1980年秋入学到1982年2月毕业,学制为一年半。由于是第一次合作办班，国家文物局和南京工学院对此都相当重视。南工根据古建筑保护需要，专门制定教学大纲，共开设了14门课程，包括中国建筑史、西方建筑史、宋营造法式、清式做法、材料力学、结构力学、砖石结构、木结构、地基基础、建筑制图、测量学、钢笔画、素描、摄影等。[①] 所有教材均由南工编写，并派出了当时最强的师资力量。

文物系统的培训班以短期内出人才为目的，总体课程在3个月内完成，只能教授最基本的内容。南工班学制较长，内容丰富，总体时间超过1年半。南工班强调多方位了解古代建筑，除了以法式为主，还考虑了政治、礼制、文化、审美等多方面因素。课程还包含建筑学科的通识内容，如素描、摄影、钢笔画等美学课程，以加强学员的审美素养和建筑艺术判断力，使之能对古建筑进行科学、正确、全面的价值评估。[②] 为使学员更好地完成修缮设计，课程中也设置了建筑材料、力学、地基基础等工程学的基本内容。[③]

南工班的古建筑课程是全方位的，除了课堂上的理论教学外，还包括大量的实习内容。实习包括古建筑实测及古建筑考察两项。实测内容包括明孝陵、明故宫午门遗址等。古建筑考察有两次，一次是考察南方园林，包括苏州、无锡的古典园林和古代建筑；一次是考察北方古建筑，先到山东、北京、承德、保定、正定、邯郸，然后到晋东南，考察南禅寺、佛光寺之后，再到大同。在考察过程中，由老师结合实例，现场讲解。回校之后，每人就考察内容写出考察体会。

南工班的毕业设计是在实测安徽广德天寿寺大圣塔的基础上做复原设计。大圣塔建于北宋，平面六边形，七层，当时一层副阶和各层塔檐、塔刹都已不存，仅存塔身。课程要求先实测，绘制现状图纸，然后完成复原设计。复原设计要求按宋代塔的形制风格进行设计，每个人根据自己对该时代建筑特点和尺度的理解，

---

① 引自笔者对南工班学员、文物保护专家、河北省文物局文物处处长刘智敏的采访记录（未刊稿）。采访时间：2012年8月13日。

② “当时杨廷宝先生已经是江苏省副省长了，每周到建筑研究所来一次。他曾几次看望我们、鼓励我们。他当时对我们说，虽然是在工科学校办班，但要学综合的学问，研究和保护古建筑需要的是综合知识，比如在现场要看懂碑文，就需要古文知识和文学知识。他还举例说，太和殿如果按照满足力学的要求去设计，柱子的直径不用那么大。做成现在这样的比例，包括了对政治、礼制、文化、审美多方面的考虑。这对我们认识古建筑有很大的启发。毕业之后，对古建筑整体价值的认识加强了，看到一座古代建筑，不会单从技术角度去考虑，会不由自主地从更多的方面考虑它的价值。一般古建筑都会经历若干次维修，针对这种情况，就会综合地分析它的建筑特征，更靠近哪个时代，价值方面是考虑的重点。”引自笔者对南工班学员、文物保护专家、河北省文物局文物处处长刘智敏的采访记录（未刊稿）。采访时间：2012年8月13日。

③ “南工古建班是按照大学的教学方式安排课程的，课程设置跟后来各地办的短期培训不一样，是系统地学习相关知识。我后来参加过国家文物局和联合国教科文组织联合举办的培训班，包括短训班和时间相对较长的学习班，都是讲座的形式，像材料力学、地基基础、结构力学这些基础性课程是没条件开设的。”引自笔者对南工班学员、文物保护专家、河北省文物局文物处处长刘智敏的采访记录（未刊稿）。采访时间：2012年8月13日。

包括对建筑原状、对文物维修原则的理解去权衡、分析，得出复原结果。可以看出，毕业设计既考查学员对中国古代建筑的综合掌握程度，也评判学员对古建筑修缮原则的理解和运用。在当时以“恢复原状”为古建筑最高修复理想的普遍共识下，复原设计既是对学员学习成果的最好检验，也是对其未来将要面对的最大量实际保护工作的一种演练。

南工班是对文物系统和高校结合的培养方式的初次尝试，但取得了非常好的效果。由于学员们已有古建筑知识和实践经验做基础，对教学内容吸收快，较之没有实践的学生，在理解上更深刻。事实上，这批学员毕业之后，都回到原单位，并成为各地方古建筑保护的领导力量，为文物保护事业作出了巨大的贡献。①

清华大学古建筑培训班

1981年，国家文物局希望委托清华大学代为培训古建筑专业人才。恰逢当时清华大学要办古建筑专门化的教育方向，因此决定第一届从国家文物局系统考试选拔10人，然后从清华建筑学第五年本科生中选出10人，合计20人，组成清华大学古建筑培训班（以下简称“清华班”），学制为1年。培训班另设旁听席，有来自文整会、故宫博物院等单位的人员旁听。与南工班类似，清华班也是为了培养高级人才而设置，因此面向文物系统招收学员的门槛较高，对古建筑有相当程度认识的干部方可入选。

清华班的课程包括课堂教学和实地考察两个部分。相对文物系统的培训班，清华班对于古建筑知识的课程设置较为丰富，分为高校系统和文物系统。高校系统课程包括《清式营造则例》及郭黛姮讲授的宋《营造法式》、汪坦讲授的西方建筑史、陈志华讲授的西方文物保护史、楼庆西讲授的建筑摄影，以《营造法式》为主要课程，学时较多。对来自文物系统的学生增加古建园林、阴影透视、建筑阴影画法、美术、建筑素描、写生等建筑学基本知识。文物系统课程由文物专家授课，包括杜仙洲讲授的古代文物保护与古代文献、祁英涛讲授的古代建筑鉴定、杨烈讲授的石窟寺、梁超讲授的古建筑测绘，并由罗哲文致开幕词。

实地考察有南方、北方两次，北方以山西为主，南方以江苏为主。考察以认识古建筑为主要目的，主要工作为撰写工作笔记、记录古建筑并进行写生，并没有进行专门的测绘实习。

① “我们是定向培养，毕业后都回原单位。现在，班长王丹江是北京市文物局副局长；梁玉贵在北京市古建筑研究所工作；李晓青担任山西省古建研究所所长助理；常亚平是山西省古建所工程部主任；王福山曾任承德市文物局设计室主任，目前在做工程技术工作；我回来以后在省古建所从事古建筑勘察、设计和保护工作，1993年调到省文物局文物处，1998年回省古建研究所任副所长，2006年又回到文物局任文物处处长。”引自笔者对南工班学员、文物保护专家、河北省文物局文物处处长刘智敏的采访记录（未刊稿）。采访时间：2012年8月13日。

值得一提的是，在清华班开办的同时，适逢西方文物保护理念进入中国，“清华班”学员是第一批接触这一新理念的。当时由陈志华讲述西方文物保护史课程，同时也直接聘请国际保护界的权威人士如费尔敦等进行授课，使清华班学员直接接触到国际文物保护理念及《威尼斯宪章》精神：

> 清华还办了讲座，费尔敦也过来，做了三次讲座。当时跟国外的交流已经开始了，陈先生（陈志华）去意大利就是用的国家文物局的名额。那个班（即陈往国外参加的文物保护培训班）一直在延续，比如尤嘎都是那个班的老师，他们一直在研究保护的理论，包括起草《威尼斯宪章》的这些人，如英国的费尔敦，尤嘎，波兰的一位专家，他们都给陈老师讲过课。对保护理念一直有争论，《威尼斯宪章》之后就不断有讨论、提升、推广，特别是意大利，一直是挺前卫的。陈老师给我们灌输的都是新的东西。他应该是70年代末80年代初去的。（我国）对于《威尼斯宪章》的介绍比较晚，但是我们当时都从他那里听到了这些理论。①

清华班学员毕业后，部分进入国家文物系统，其他则回到地方文物保护中心，对西方文物保护理论特别是《威尼斯宪章》在国家文物局及各地文物保护系统的传播起到了重要作用。

南工班和清华班均开设了古代建筑史、现代建筑史、外国建筑史、城市规划、古典园林等课程，以及阴影透视、建筑阴影画法、美术、建筑素描、写生等建筑学基本课程，使学员可以从建筑学本身角度去思考、评价古建筑，理解古建筑作为建筑所具有的特性。另一方面，南工班、清华班均注重培养学员在古文、哲学、文化、礼制等中国传统文化方面的素养，为日后全面、准确评估古建筑的价值打下良好基础。而材料力学、结构力学、砖石结构、木结构、地基基础等课程的设置则帮助学员用材料、工程学的原理去分析、判断古建筑的状态以及受损的原因，避免只停留在表面的感性判断。

相较文物系统的培训班，高校古建培训班的教育偏重于古建筑和工程理论知识以及学员文化素质，培养时间较长，在实际操作方面所花时间较短。而文物系统培训班，因为实际工作需要及当时的应急性质，多要求进行实操训练，且时间较短，培训结业后即需要解决现实问题，在基础理论上所花时间则稍显不足。对此，曾经参与两种培训班的学员均有感触：

---

① 根据笔者对清华古建班组织负责人之一、文物保护专家张之平的采访记录（未刊稿）。采访时间：2012年11月7日。

> 比较南工和摩尼殿这两个班，南工古建班侧重基础知识和理论素质的培养，摩尼殿学员班侧重实际操作。对基础知识的学习，开始的时候比较枯燥，但时间长了就开始发挥作用了。摩尼殿学员班针对文物维修，是非常实用的班，讲的就是在工程当中应该掌握什么知识、技术，可操作性强。课时安排比较多的是测量、绘图、鉴定古建筑，也是操作性最强的部分，这三门课是最实用的，是设计工作中最常用的。①

虽然高校的培训班有所侧重，但因学员多是来自文物系统的干部，对古建筑保护修缮有多年实践经验，在这种情况下，理论的教学反而让他们更加容易理解古建筑及其保护工作的本质，可对古建筑价值评估及修缮设计作出更为全面的考虑。因此，由高校代为培训文物系统干部的培养模式，综合了理论与实践两部分内容，实是一种行之有效的人才培养模式。

1980年代初的南京工学院古建筑培训班与清华大学古建筑培训班开辟了古建筑人才培养的新模式，也反映了在文物保护的新时期，国家对文物保护人才的更高要求。文物系统的古建筑培养方式深具实践性，高校教育则更具理论性和系统性，两者相结合正是恰到好处，各展其长。

但相对于高等教育体制，这两次培训班仍可算是短期培训，未达到真正的高等教育的标准。由于其非学历教育的性质，学员毕业后面对学历、待遇、职称等问题，没有令人满意的解决方式，导致工作前景上出现困境，进而引发人才流失的情况。② 出于满足保护事业人才需求、完善古建筑高等教育体系、培养保护综合性人才、解决学员学历及工作待遇晋升问题、加强高校与文物系统合作等多方面原因，国家文物局决定开办古建筑保护学历教育。

（2）东南大学四期古建筑保护干部专修科

1987年开始，东南大学与国家文物局合作，开办名为“古建筑保护干部专修科”（以下简称“专修科”）的古建筑保护大专课程。与南工班、清华班一样，专修科也是面向文物系统的工作人员的，是成人教育。其开办原因是多方面的。

---

① 引自笔者对摩尼殿培训班、南工班学员、文物保护专家刘智敏的采访记录（未刊稿）。采访时间：2012年8月13日。

② “那个班（清华班）不是一个文凭教育，就是培训教育，当时想增加一年，满两年就申请大专文凭。其实当时是可以办到的，到了国家局，请他们跟清华谈一下，但最后没有弄下来，就各回单位工作了。”引自笔者对当时清华古建班学员，现任湖北省古建筑保护中心主任、文物保护专家吴晓先生的采访记录（未刊稿）。采访时间：2012年2月29日。

“那个班也没有很好地延续下去，因为我们这批人在那里读了以后，也没有文凭。没有文凭，只有进修生的身份，回来对于评职称、上台阶都是不行的。”引自笔者对当时山西古建维修培训班、清华班学员，文物保护专家黄滋的采访记录（未刊稿）。采访时间：2012年2月28日。

第一，保护人才稀缺。许多老专家纷纷提出由高校举办古建筑培训课程。在地方文物保护机构中，懂得古建筑保护的人凤毛麟角，往往需要附近的高等院校支援，但在需兼顾教学、科研的情况下，高校专家往往分身无力，因此替地方培养人才就成了最为可行的操作办法。另一方面，国家建设高潮迭起，建筑学人才供不应求，学生毕业后均直接进入设计行业，文物系统无法“分羹”。[①]

第二，随着国家保护体制的进一步发展和完善，行业人才评价、分级体系开始对教育背景和学历有所要求，传统古建筑短期训练班的方式，无法给予学员应有的学位，极大地制约了保护人员在工作单位中的升迁、待遇，致其积极性受挫，对保护事业造成直接影响。因此，专修科一开始就定位为授予学位的高端教育。[②]

第三，其时高校与文物属于两个系统，资料、研究成果等各方面未能实现共享。实际上，两者在各自领域各有优势，又能互相补充，其合作既有利于保护事业的全面发展，也有利于两个系统自身的发展。因此，联合文物系统进行人才培养，使两个系统有机会合作，加强联系，相互借鉴和发展，也是保护事业的需求。

第四，也是最为重要的原因，即以往的文物系统短训班多是为了解决保护工作的燃眉之急，无法系统讲授古建筑保护的相关知识，在保护理念不断加深、保护要求不断提高的前提下，对人才提出了更高的要求。对此，传统培养方式已无法适应。与建筑高校合作、系统培养古建筑保护高端人才、寻求新的培养目标并建立新时期的培养体制以向全国推广，在当时已成为保护事业的迫切需求。

与 1980 年东南大学及 1981 年清华大学所办的培训班一样，专修科的目标也是培养古建筑保护高端人才。专修科是为文物系统培养人才的专科，在招生方面，延续上述两班的策略，以考试方式招收文物系统的有实践经验的优秀干部，进行升级培训，以完成更高级别的保护工作。专修科学制为两年半，课程分为三部分，包括基础课、专业基础课和专业课。其中，基础课有大学语文、中国文化史、建筑制图、建筑基础、中国通史、中国宗教史、中国哲学史、古代汉语；专业基础课有外国建筑史、营造法式、清式则例、中国建筑史、普通测量、建筑结构、古

① “在之前，我在这个领域也接触了不少人，做了一些工作。老同志早就说，培养人才是最大的问题。后来有老专家对我说：‘年轻人，我主要接收年轻人，朱老师你能不能办一个班？’……我们看到各地非常需要人才，我们必须亲身去支援他们，但是分身无力，不如帮他们培养人才……开学和每一届毕业典礼，罗哲文先生都来参加，当时就是觉得非常宝贵吧，因为都知道这个班非常重要，非常需要。本科生的培养代替不了这个班，因为建筑教育出来的本科生是紧缺人才，一出来马上就被抢光了，轮不上国家文物局。所以必须单独来办，而且必须要把有实践经验的人招进来，就是面向成人教育。”根据笔者对东南大学古建筑保护干部专修科创办人及主持教师、东南大学教授朱光亚的采访记录（未刊稿）。采访时间：2012 年 2 月 21 日。

② “在过去，在东南大学办之前，清华大学也办了一个班……他们（学员）在那个地方同样学到了东西，他们唯一不满足的是，没有文凭。学历教育是他们的一个要求，所以我们希望把文物系统有经验的人再深造一下，并且承认他深造的成绩、学历。”根据笔者对东南大学古建筑保护干部专修科创办人及主持教师、东南大学教授朱光亚的采访记录（未刊稿）。采访时间：2012 年 2 月 21 日。

东南大学干部专修科古建筑保护专业 教学计划

（2.5年制专科）

课程类别	序号	课程名称	计划课内学时	按学年及学期安排课内周学时									
				第一学年		第二学年		第三学年		第四学年		第五学年	
				第一学期（16）周	第二学期（16.5）周	第三学期（16）周	第四学期（16.4）周	第五学期（16）周	第六学期（ ）周	第七学期（ ）周	第八学期（ ）周	第九学期（ ）周	第十学期（ ）周
基础课	1	大学语文	48	3				毕业设计或论文16周					
	2	中国文化史	32	2									
	3	建筑制图	64	4									
	4	建筑基础	128	2	2	2	2						
	5	中国通史	48		3								
	6	中国宗教史	32		2								
	7	中国哲学史	32			2							
	8	古代汉语	48			3							
专业基础课	9	外国建筑史	64	4									
	10	营造法式	24	3									
	11	清式则例	24	3									
	12	中国建筑史	64		4								
	13	普通测量	48		3								
	14	建筑结构	176		5	4	2						
	15	古建筑鉴定与分析	32		2								
	16	环境绿化	24			3							
	17	中国城市建设史	24				3						
	18	建筑技术经济学	48				6						
	19	建筑企业管理学	48				6						
	20	建筑工程预算	24				3						
	21	文献学概况	16				2						
	22	主题讲座	32	8小时	8小时	8小时	8小时						
专业课	23	古典亭榭设计	48	3									
	24	古建筑考察与测绘			5周								
	25	古建复原、维修设计	64			2	2						
	26	园林规划与设计	24			3							
	27	古建修缮技术	24				3						
	28	古代彩画	16				2						
	29	博物馆陈列设计	16				2						
	30	古建筑考察					4周						
课内总学时			1272	21	21	16	20						

图 4-14　东南大学干部专修科古建筑保护专业教学计划（资料来源：东南大学朱光亚先生提供）

建筑鉴定与分析、环境绿化、中国城市建设史、建筑技术经济学、建筑企业管理学、监护工程预算、文献学概况、主题讲座；专业课有古亭榭设计、古建筑考察与测绘、古建复原、维修设计、园林规划与设计、古建修缮技术、古代彩画、博物馆陈列设计、古建筑考察等，共 1272 个学时（图 4-14）。① 此外还有实地考察古建筑的实习，要求绘制测绘图，而成绩较好、有一定基础的学生则结合东南大学的科研活动进行更为深入的研究调查。② 专修科也对古建筑保护理念进行系统讲解，对当时刚刚传入我国的西方文物保护理论也有系统讲授，并邀请其他高校或研究机构的专家进行授课。对于专修科的教学目标和开设过程，朱光亚指出：

首先，他（学员）回到原单位，要做的工作主要是古建筑的修缮设计。修缮设计方面，我们上这么几方面的课，包括建筑历史、营造法式和清式营造则例。然后是古建筑的测绘，还有结构课，钢筋混凝土，结构力学，砖石结构等。我们请了一位工程经验非常丰富的老教师来上，他现在回想起这一段，觉得自己一辈子最有意义的就是给古建班上课……最后的教学目标也很清楚，完成一个砖混结构建筑的设计，里面包括砖石、钢筋混凝土板、梁等。例如一根简支梁，我给你一个题目，怎么算呢？查表。告诉你怎么查表。实际上，学员以后也不做这个事情，大部分的结构工程师都比我们强多了，但是这个学习过程使得他对结构的认识大大提高了，他再来研究古建筑，就对

① 引自“东南大学干部专修科古建筑保护专业教学计划”，东南大学朱光亚提供。

② “我们当时的实习分两拨，大部分学员就是做测绘，另一部分是水平比较高的，之前已经测绘过并做过很多设计的，让他们上四川、云南、广西跑一圈，每个人报销 5000 块钱，到今天相当于几万块钱了，这样的学员有几个，后来都是当所长的……他们愿意多跑，在学习阶段总是要多跑跑，另外也需要做相当于面上的考察，不需要画测绘图，但是要画草测图，徒手画的。”根据笔者对东南大学古建筑保护干部专修科创办人及主持教师、东南大学教授朱光亚的采访记录（未刊稿）。采访时间：2012 年 2 月 21 日。

图 4-15 首届专修科毕业班毕业典礼（资料来源：龚恺编辑 . 金色回忆：东南大学古建筑保护干部专修科师生 2005 重聚南京纪念册，东南大学朱光亚先生提供）

结构问题比较敏感。……我们让他们参加一些讨论会，包括陈志华先生讲的一些理念也都接受过来。古建班办的第二年我们就召开了一个东亚建筑中青年学术研讨会。当时台湾的学者来，介绍了台湾地区的情况。另外我们建筑学院经常有外籍的教师来交流，当然他们是作为建筑师，不是作为文物保护师，他们的讲座也会涉及遗产保护的理念。这方面系统的教育应该说就在那个时候，90 年代以前是没有的。①

专修科共举办四期，学员来自 14 个省、市、自治区，约 50 余人（图 4-15）。期间，分别由朱光亚、龚恺担任班主任。随后，因为招生原因及经费问题，专修科停办。②

对于专修科及其与其他几个培训班的差异，曾经参与山西古建筑培训班、清华班及专修科的黄滋提及：

去山西这个班的时候，我们是刚刚入门。这个班比较注重实际操作，以制图、测绘为主，有专门的讲座，有古建筑和建筑历史的各种知识。我个人认为这个班是注重实际的。清华的班花了一年，这个班相对来讲是针对古建筑系统

① 根据笔者对东南大学古建筑保护干部专修科创办人及主持教师、东南大学教授朱光亚的采访记录（未刊稿）。采访时间：2012 年 2 月 21 日。

② “最大的问题是，办到第三届、第四届的时候发现来的学生不是我想要的学生。我要求文物系统把有实践经验的、有志于文物保护的青年招来。但后来出现某些不是文物系统的，某些同志就是要文凭的，甚至出现这种情况。因为考试我们没法控制，有的怎么考过来的我们都不知道，反正他是通过成人教育全国统考进来的，为何可以进来我们无法过问……当年的文物局长在青岛开会的时候，提出人才培养怎么重要，但是最后因为经费不足，所以培养人才没法解决。我去参加这个会议，就是想让古建班办下去，争取资金支持。结果还是没有支持，这样我们就没法招生了，因为学校是不会资助的。教学工作量等于零，资金更等于零。”根据笔者对东南大学古建筑保护干部专修科创办人及主持教师、东南大学教授朱光亚的采访记录（未刊稿）。采访时间：2012 年 2 月 21 日。

的方面，有理论，但还是侧重于古建筑知识的方面。东南大学这个班，比较复合，朱老师是将它作为学科来考量的，既有理论知识，又有实践，还强调设计方法，这个我觉得是很大的不一样，重视设计的方法。尤其是对于文的方面，涉及了比如美学、哲学、大学语文这一类的课程。朱老师认为古建筑是文科和工科交叉的学科，既要往后看，也要往前走。东南的班的整个培养方式、课程设计都是经过研究的，是比较系统的一个专业。培训班注重实际，朱老师想尽可能让我们完成学业出来就能够担当事情。从大学毕业这么一个角度，设置成两年半，因为它是大专，当时大专都是两年，他认为两年是不行的，就设置成两年半……结业方面，山西班就是测绘，画一套图；清华班是做一项复原设计；东南有毕业论文，有毕业设计，都要答辩的，很严格。[①]

曾经参与文物局第四期古建筑培训班、清华班、专修科的吴晓回忆：

到学校就稍微正规一点。到清华之后，一些基本的东西，包括中国建筑史、外国建筑史、园林都学。到了东大就跟本科差不多了。到最后一年，我们也做课题，论文答辩，侧重古建筑保护方面，还有结构力学等方面，都是修学分的。[②]

专修科开创了我国古建筑保护教育的先河。其以培养古建筑高端人才为主要目的，并获得教育部官方认定的学历、学位。其招生、办学、课程设置等一系列工作及制度为文物系统与高校合作培养古建筑保护人才提供了完整的范本及经验支持。事实也证明，拥有丰富工作经验的文物系统干部经过理性、系统的理论学习之后，在实践中发挥的作用远大于科班出身的大专院校学生或只有实践经验的一般技师：

第一届、第二届学生毕业之后，发挥了很重要的作用，他们的水平其实要比本科生的水平高。因为实践经验不是学校里能培养的，而且学校里面学的这点东西没有办法应付古建筑的修缮。所以说，在实践这个领域里，他们是比本科生强的。可以说，比我们现在的研究生都强。虽然在理论、学术潜力、素质方面要差一些，但应对工作的能力却远远高于本科生。[③]

作为文物保护理念与实践的中介，在上述体制下培养出来的优秀人才至今仍是我国古建筑保护领域的中坚力量。包括上述1980年代初期的南京工学院古建

① 引自笔者对浙江省古建筑设计研究院院长、文物保护专家黄滋先生的采访记录（未刊稿）。采访时间：2012年2月28日。
② 引自笔者对文物保护专家吴晓先生的采访记录（未刊稿）。采访时间：2012年2月29日。
③ 根据笔者对东南大学古建筑保护干部专修科创办人及主持教师、东南大学教授朱光亚的采访。采访时间：2012年2月21日。

筑培训班、清华大学古建筑培训班等都是这种教育理念的初步尝试，而专修科则是较为成熟的、具系统性的工作。文物系统多个培训班、南工班、清华班、专修科等古建筑保护人才培养的历史值得我们认真深入研究，并应积极将其成果与经验融入现时的古建筑保护人才培养工作。

3. 小结

1930 年代，出现朱启钤、梁思成、刘敦桢等开山大师，在他们的影响下，古建筑保护人才辈出，形成了古建筑人才培养的第一个高潮。1950 年代，在国家文物局的主持下，通过短期培训的形式培养了一批保护人才，他们既继承、延续了营造学社的传统，也在现实的保护工程中发展前进，形成了人才培养的第二个高潮。这时期的培养虽以救急为目的，也因应情况的不同而变换教学目的，但初步积累了经验，形成了最初的人才培养体系，为此后的工作打下了基础。

“文化大革命”以后，地方人才力量亟待加强，国家文物局也面临古建筑保护力量不足和青黄不接的状态。面对大量古建筑修缮工程的需求，国家文物局制定、开展了大规模的人才培养计划，一边开展培训班，一边总结以往经验，编写教材，出版《中国古代建筑》等系统成果。随着保护事业的发展，文物局认识到，必须提高人才的综合能力，才能应对更高层次的保护需求，从而促使文物系统培养目标和方法发生转变。文物系统培训班由以测绘、制图为目的，转向以指导保护修缮工程为目的。同时，文物局和高校合作，借助高校力量培养更高层次的综合性保护人才。从 1980 年开始直到 1990 年代初，高校系统开办多个古建班。同时，文物局也鼓励高校和施工系统合作，培养儒匠。1970 年代末至 1990 年代中期，各地不断开办相关培训班，大批人才涌现，多个文博学院和保护专业相继成立，形成了我国古建筑人才培养的第三个高潮。自此，文物、高校、施工均形成了自身的古建筑保护人才培养机制，并且相互合作，互补不足，基本确立了我国古建筑人才培养系统。

（四）古建筑保护的公众教育工作

全民保护是保护的根本，对国民的宣传和教育则是落实这一理念的重要途径。民国时期，政府、营造学社已极为重视古建筑保护的公众教育工作并开展了一系列工作。中华人民共和国成立后，文物局积极开展公众教育，发动群众完成文物普查及保护工作，并通过举办大型古建筑展览、建立古代建筑博物馆、出版古建筑方面的专著等手段进行公众教育，取得了良好的效果。中华人民共和国成立初期颁布的诸多保护法规均提出群众教育的政策。1956年《关于在农业生产建设中保护文物的通知》，进一步提出建立群众保护小组制度，直接将群众作为保护力量。另外，当时的文物局局长郑振铎亲自到各部委讲课[①]，自上而下，从官员入手宣传文物保护的重要性以及如何在基本建设过程中保护文物。事实上，针对领导者的宣传教育是文物保护中极有效的手段，"两重两利"的保护方针就是在国家领导人参观文物展览后提出的。长城保护的高潮也是在邓小平同志提出"爱我中华，修我长城"之后出现的。[②]

今天，位于北京先农坛的中国古代建筑博物馆门可罗雀，关于古建筑的大型展览自1980年代后便出现不多，中小学教育中也未有文物保护的相关内容。经济飞速发展的今天，经费的增加使许多古建筑得到了修缮的机会，但古建筑被破坏的情况却有增无减，许多更是在地方领导的默许下发生的。研究、回顾我国文物保护国民教育的历史经验与功绩，对今天的工作具有重要的现实意义。

1. 文物保护法规中的公众教育

兴旺的旅游业及快速的城市化导致的大拆大建，使众多风景名胜区及城市历史风貌被改动等问题逐渐为社会大众所重视，文物保护教育工作也成为我国文物保护工作的重点。该时期有多项针对文物保护公众教育的法规发布。

1991年颁布的《关于充分运用文物进行爱国主义和革命传统教育的通知》[③]，提出利用文物直观、形象、真实、可信的特点，对青少年学生和广大群众进行中国近代史、现代史及国情的教育。

2000年，国家文物局发布《关于加强在假日旅游中做好文物保护宣传工作

---

① 谢辰生："新中国文物保护六十年"，引自谢辰生先生在天津大学的演讲录音整理，演讲时间：2009年5月4日，整理人：林佳。

② 1984年9月20日，邓小平同志题词"爱我中华，修我长城"，经全国各大报纸刊载，极大地鼓舞了广大群众和海外华人热爱祖国、保护长城的热情。全国31个省、自治区、直辖市及港澳地区踊跃赞助，保护修复长城，巴基斯坦政府、希腊、日本、美国、英国、法国、俄罗斯、瑞典等26个国家的团体、友人、侨胞们也纷纷赞助；仅北京八达岭特区就用部分资金修复了2359米长城、敌楼9座。天津、河北等省广泛开展宣传维修长城的活动。随着宣传力度的加大，长城在世界上的知名度也越来越高。长城历史悠久、体量庞大、工程宏伟，是世界上最大的室外文物。1987年，联合国教科文组织把长城列入中国第一批世界文化遗产名录。
参见张骥．纪念邓小平"爱我中华，修我长城"题词20周年中国长城学会将开展各项活动[EB/OL].[2012-09-27]. http://cc.51766.com/detail/news_detail.jsp?info_id=1100123593&cust_id=greatwall.

③ 中共中央宣传部，国家教委，文化部，民政部，共青团中央，国家文物局．关于充分运用文物进行爱国主义和革命传统教育的通知．见：国家文物局．中国文化遗产事业法规文件汇编．北京：文物出版社，2009.

的意见》[①]，提出文物古迹是旅游业的基础，应充分发挥博物馆、纪念馆和其他文物古迹的宣传教育功能，以及提高公众的文物保护意识、弘扬我国传统文化的作用。同时要求各地博物馆、陈列馆、纪念馆在节假日适当延长开放时间，尽量开放平时封闭的保护单位。

2002 年，国家文物局发布《关于进一步加强文物宣传工作管理的通知》[②]，对当时一些新闻媒体为追求轰动效应而过度炒作文物工作热点的问题进行批评，并提出加强文物宣传工作的问题，包括：各级文物管理部门要注重与媒体的联系，重视文物宣传；按照《文物拍摄管理暂行办法》的要求进行拍摄工作；对考古发掘现场的拍摄作出规定；把握《文物保护法》公布的契机，进行普法及公众教育工作，建立全社会共同参与保护的新体制；各级文物部门应注意宣传文物保护政策，营造有利于培养大众保护意识的社会氛围等措施。

2004 年，在苏州举行的第 28 届世界遗产委员会会议上，通过了《世界遗产青少年教育苏州宣言》，提出世界遗产的未来掌握在青年人手中，他们当中有未来政策的制定者和实施者，加强青年人教育对保护世界遗产至关重要。[③]宣言提出：各国应大力支持世界遗产青年教育并提出针对本国的切实措施和目标；鼓励更多的学校将遗产教育列入教学计划；举办国际、国家论坛，利用各种媒体进行教育；对世界遗产青少年教育进行监测和评估，促进其可持续发展；国际社会和各国政府应围绕世界遗产青少年教育开展国际合作；落实世界遗产青少年教育必要的经费等。[④]

2. 古建筑保护公众教育实践

（1）故宫“明清建筑展”

1979 年，中国建筑学会建筑历史与理论学术委员会于安徽芜湖召开全国建筑历史与理论学术研讨会。会议后，专家一致同意建立中国古代建筑博物馆，以宣传、弘扬中国古代建筑文化，促进古建筑的保护和发展。

---

① 国家文物局．关于加强在假日旅游中做好文物保护宣传工作的意见．见：国家文物局．中国文化遗产事业法规文件汇编．北京：文物出版社，2009.

② 国家文物局．关于进一步加强文物宣传工作管理的通知．见：国家文物局．中国文化遗产事业法规文件汇编．北京：文物出版社，2009.

③ 第 28 届世界遗产委员会会议．世界遗产青少年教育苏州宣言．见：国家文物局．中国文化遗产事业法规文件汇编，北京：文物出版社，2009.

④ 第 28 届世界遗产委员会会议．世界遗产青少年教育苏州宣言．见：国家文物局．中国文化遗产事业法规文件汇编．北京：文物出版社，2009.

1979年11月12日，中国建筑学会向国家建工总局、国家文物局、国家城建总局发出《关于联合举办中国建筑史展览会的商议函》（以下简称《商议函》），提出："我国的古代建筑，当前已成为吸引国外旅游者和建筑师、建筑史研究的学者们的重要方面。他们来华后希望能更多地看到代表中国古老文化的古代建筑，中国各民族、各地方民居和中国古典园林，等等。目前作为明清宫殿建筑群的故宫是中、外游人来京必到之处。如果再在故宫内专设一个'中国古代建筑'的陈列馆，展览中国的建筑历史和各地区的古建筑考古实物，将给人们了解中国建筑发展的梗概和得到古代建筑文化的教育。"[①] 有鉴于1951年"伟大祖国建筑展览"的良好效果，《商议函》建议在故宫午门城楼上设立"中国古代建筑"的陈列馆，面积为5000平方米，1980年开始筹备，一年后展出。同时提议展览由国家文物局、故宫博物院、中国建筑学会、国家建工总局和中国建筑科学研究院联合举办，组织各地建筑学会、文管会（文物局）参加。首先从山西、陕西、河南、内蒙古等重点省市开始，后逐步扩大，中国建筑史部分则先以图片展的形式进行。《商议函》同时建议在故宫内设立工作小组，由国家文物局领导，成员由国家文物局、故宫博物院、中国建筑学会和中国建筑科学研究院商定。

1979年11月24日，故宫同意承办展览。时任故宫古建部副主任的于倬云指出，故宫在1977年已经有此想法，并制定了筹备计划。建筑学会的设想与故宫原有计划一致，积极筹办并提出初步设想。[②]1979年11月27日，国家文物局同意办展。

1979年12月20日，中国建筑史展览筹备会议在故宫漱芳斋举行，由单士元主持，来自中国社会科学院研究所、中国建筑学会、中国建筑科学研究院、北京市建筑设计院、北京市文物局、国家文物局、故宫博物院、中国科学院、国家城建总局、轻工部工艺美术公司、清华大学的专家共25人参加。[③] 首先由单士元介绍筹备展览的初步设想，在集体讨论后决定由单士元主持展览会的筹备工作，并初步确定中国建筑史展览筹委会人选及工作委员会名单、展览经费、展出地点等问题。

---

① 中国建筑学会.关于联合举办中国建筑史展览会的商议函，1979-11，故宫博物院档案室藏。

② "1.我们在77年也有这个想法，想在完成5—7年规划以后开始筹备，因而对举办"中国建筑史展览（陈列）"的设想是一致的，应该办。

2.至于具体地点是否在午门，要根据我院房屋规划安排。

3.主办单位是由五个单位联合负责，我院是东道主，要安排一定的力量，并落实到人。（组成筹备小组）

4.1981年开馆，事关陈列美工，保管，电工，保卫，行政处等，拟在80年列入我院工作计划。"

引自联合举办"中国建筑史展览会"的来往信件，1979-11-24，故宫博物院档案室藏。

③ 中国建筑史展览筹备会议记要，1979-12-20，故宫博物院档案室藏。

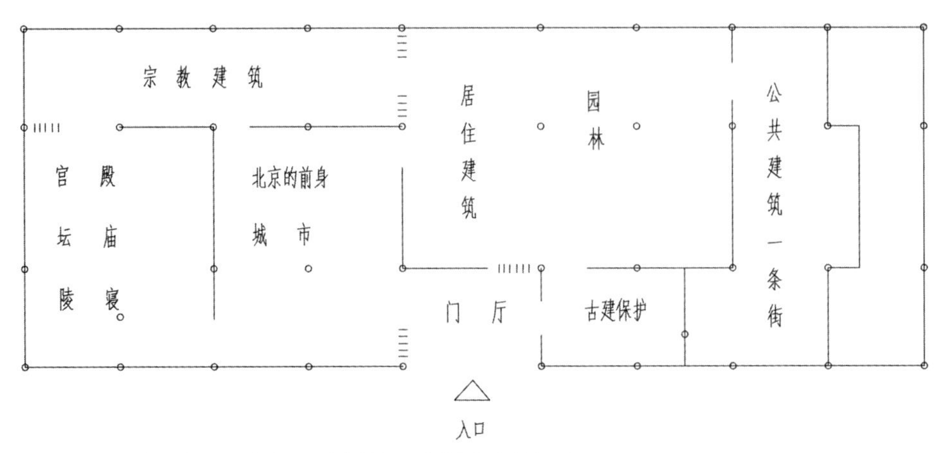

图 4-16 明清北京建筑展场地布局图（资料来源:作者根据资料复原）

1979 年 12 月 30 日，中国建筑学会向国家建委、国家建工总局、国家城建总局、国家文物局、全国科协、故宫博物院发出《关于筹备古建筑展览方案的报告》，明确得到上述单位的同意和支持。其学会下的建筑历史学术委员会建议于 1980 年在北京故宫举办"中国古代建筑"展览。展览规模为 3000 平方米，内容包括：建筑史图片、著名建筑的模型、各地古建筑遗址及出土的实物、古建筑施工技术、材料的图片和实物，以及清朝宫廷样式房的图纸、烫样等。①

1980 年 3 月 24 日，中国建筑学会向故宫博物院发出《关于"中国古代建筑展览"展出方案的报告》，详细阐述古建筑展览的计划，包括展览宗旨、展览内容、工作计划等。其中，展览宗旨包括：(1) 介绍中国古代建筑的辉煌成就；(2) 普及中国建筑历史的知识；(3) 推动古代建筑为"四化"服务；(4) 开展保护古建筑的宣传教育；(5) 促进中外文化交流和旅游事业的发展。

其中"开展保护古建筑的宣传教育"一项提出，当时古建筑保护问题众多，但公众的认识不足是重要原因。此次展览可对古建筑的历史和文化地位、科技成就加以介绍，以提高人们对古建筑的理解和重视，推动古建筑的保护工作。②

报告提出了展览内容及展览表现要求③，要求通过照片、图纸、模型、实物、文字和幻灯等手段加以表现，必要时，拟造成一定的建筑环境，以加强展览气氛（图 4-16）。其具体内容包括：(1) 概说——古代建筑发展简史；(2) 古代城市；(3) 宫廷建筑——宫殿、陵寝、坛庙；(4) 宗教建筑；(5) 民间建筑；(6) 古典园林；(7) 装修、家具、陈设；(8) 建筑技术成就。

① 中国建筑学会. 关于筹备古建筑展览方案的报告，1979-12-30，故宫博物院档案室藏。
② 中国建筑学会. 关于"中国古代建筑展览"展出方案的报告，1980-03-24，故宫博物院档案室藏。
③ "根据科学性、普及性的原则，在严格的科学基础上对展出资料作出适当安排。既要遵循建筑史的主线，作出清晰准确的介绍，又要注意一定的趣味性。展出形式力求生动活泼，深入浅出，便于广大观众接受和理解。
展品和资料要求：对于一般观众能够给以生动鲜明的印象；对于专业人员能够提供详实的资料与启发性课题；对于外国旅游者能够介绍中国古建筑文化的精华和特点。一般在学术上要有定评，在科学技术、建筑艺术上有一定代表性。"出处同上。

图 4-17 “中国古代建筑”（北京明清部分）展览现场 [资料来源：“中国古代建筑展览”北京明清部分）在京开幕 . 建筑学报，1983（12）：57]

其中，建筑技术成就包括了古代建筑研究当中的工匠部分，以展现古代传统营造技艺为主。工匠是古建筑保护修缮工程的主要力量，在这次展览中获得了充分的重视。这部分内容由单士元力主加入，是他长期关注工匠及其营造技艺传承、希望学术界给予重视和关注的思想的体现。

报告最后列出工作计划，认为应从“建筑类型”展览入手，在不断提高后，逐步发展为古代建筑史的展览，并提出以“明清北京建筑”为题，做阶段性展览，在此基础上扩充为“中国古代建筑”展览。展览各部分内容由专业研究机构和大专院校分别承担，展览会筹备工作人员负责总体设计、编辑、联络等工作，同时提出展览场地布局图。

1983 年 10 月 11 日，“中国古代建筑”（北京明清部分）展览在故宫午门城楼上开幕。出席开幕式的有多位学界及政界领导，共 1000 多人（图 4-17）。其后部分展品在各地巡回展出，并于 1991 年移交至先农坛，与来自其他方面的展品一道，共同组成中国古代建筑博物馆永久展览的一部分。

（2）古代建筑博物馆

1991 年 9 月，我国第一座古建筑博物馆——中国古代建筑博物馆正式向公众开放。博物馆位于北京先农坛内，是收藏、保管、研究、展示中国古代建筑史、古建文化、古建技术的专题性博物馆（图 4-18）。

构建中国古建筑博物馆的设想可追溯至 1950 年代，其时刘敦桢、林徽因、郭宝钧等专家提议在故宫设立“古代建筑馆”。随后文物局进行了一系列的调档活动并拟定展览计划。但由于种种原因，当时举办“伟大的祖国建筑展览”之后，展品未能保留下来用于设立博物馆。1988 年，在单士元、罗哲文等专家的提议下，将故宫原有“中国古代建筑”（北京明清部分）展览的展品移师至北京先农坛，作为永久展品保存，并以此为基础建成中国古代建筑博物馆。自 1950 年开始设想，中国古代建筑博物馆终于在 40 年后建成。

图 4-18　北京古代建筑博物馆（资料来源：作者自摄）

北京古代建筑博物馆成立之后，许多地方也开始进行古建筑的展览或展示。到目前为止，已相继成立徐州古建筑专题展馆、武汉李庄古建筑博物馆、福州中国明清古建筑博物馆、杭州江南明清古建筑博物馆等政府或私人成立的古建筑专题博物馆。此外，如山西五台山佛光寺、浙江宁波保国寺等重要古建筑也开设古建筑专题陈列馆，以展示中国古代建筑及其文化为主题，或介绍所属建筑的重要价值，或展示中国古代建筑的相关情况。

三、国际保护思想的传入与保护事业的完善和发展

（一）与国际接轨的文物保护事业

1985 年 3 月，北京大学教授侯仁之联合阳含熙、罗哲文、郑孝燮等，在第六届全国政协会议上提出，中国应加入联合国教科文组织《保护世界文化和自然遗产公约》并参加“世界遗产委员会”的提案，以促进中国重要自然和文化遗产的保护，加强国际交流，提高中国在国际文物保护事业中的地位。同年，中国成为《保护世界文化和自然遗产公约》的缔约国。1987 年，长城、故宫、敦煌莫高窟、秦始皇陵、北京周口店猿人遗址 5 项文化遗产被列入世界文化遗产名录，泰山则被列为世界文化和自然混合遗产。1991 年 10 月，中国在第八届世界遗产委员会会议上当选世界遗产委员会成员，正式加入国际文化遗产保护事业，开始全面引入、学习国际文化遗产保护理念及经验，同时向国际保护界展示我国文化遗产与保护理念、提升我国文化遗产及其保护事业国际影响力的进程。

1993年，中国加入国际古迹遗址理事会（ICOMOS）①，同时成立国际古迹遗址理事会中国委员会（ICOMOS China，即中国古迹遗址保护协会），并与设在罗马的文化财产保护与修复国际研究中心（ICCRON）及各国文化遗产保护机构、学会等广泛建立学术联系与合作。2006年10月，国际古迹遗址理事会西安国际保护中心成立，作为ICOMOS在世界范围内设立的唯一业务中心，为世界各国申报世界文化遗产提供咨询帮助，并积极开展国际文化遗产保护项目的合作和协调工作。此外，许多国际团体也在中国设立长期稳定的合作机构，我国开始在国际保护组织的相关活动中发挥日益重要的作用。

与国际保护界接轨之后，申报世界遗产及相关保护工作成为较为突出的工作内容。至2017年底为止，中国已有52处世界遗产，其中世界文化自然双重遗产4处、世界自然遗产12处、世界文化遗产36处，总数位居全世界第二位。随着大量优秀文物古迹成为世界遗产，对其保护、管理工作的要求大大提高，我国开始以国际保护规范及守则为标准，履行相关保护工作。事实上，当时我国文物管理水平相较发达国家仍有差距。② 为达到世界遗产管理的标准，我国开始了主动接受国际保护理念的进程，其规则、标准、体制、技术开始快速地影响中国。在此过程中，世界遗产保护体系的一系列重要内容得到持续发展和完善，包括保护范围、保护对象的扩展，保护理念和原则的更新和拓展，保护科学技术的引入，遗产管理和监测，管理人才培养制度，等等。

为保障世界遗产和文物古迹保护工作，国家持续出台一系列政策法规，以规范文物古迹的保护工作并及时应对保护工作中出现的各种问题。其中针对世界文化遗产保护的法规或遵守的国际准则就有：中国文化遗产保护与城市发展国际会议《北京共识》（2000年）、《中国文物古迹保护准则》（2000年）、《关

① 国际古迹遗址理事会1965年在波兰华沙成立，是世界遗产委员会的专业咨询机构。它由世界各国文化遗产保护的专业人士组成，是古迹遗址保护和修复领域唯一的国际非政府组织，在审定世界各国提名的世界文化遗产申报名单方面起着重要作用。

② “1987年我国申报将故宫等6处遗产列入《世界遗产名录》时，世界遗产中心并未安排专家考察。考察工作是1988年4月才进行的。专家考察的目的是了解中国世界遗产的保护情况，帮助中国提高世界遗产的保护水平。考察组由B.M.费尔敦、J.尤嘎莱朵和C.甘托马西三位专家组成，在他们的考察报告中对当时我国文化遗产的保护的状况做了整体的分析。他们指出由于中国在当时更多地把文化遗产理解为文物，在保护方式上更接近博物馆的藏品，而不是文化传统的延续，局部的重建时有发生。尽管作为第一次全面接触中国的文物保护和世界遗产保护，不可避免地存在着理解和认识上的偏差，但他们的报告还是十分客观地反映出了我国文物保护，特别是世界遗产保护存在的问题。在他们的报告中涉及的突出的问题是档案资料和保护规划。在谈到关于秦始皇陵的保护时，他们认为，保护规划是最为重要的工作，无论是明确的保护范围的划定，还是环境的控制都需要通过保护规划从不同的管理层面加以确定和控制。在关于北京故宫和敦煌的内容中，他们也都提出了管理规划、游客控制等规划问题。显然处于起步期的我国遗产保护还有许多的空白需要填补，无论是理论体系还是实践手段都有待进一步完善。”引自吕舟.规划与中国的世界遗产.中国文物报，2007-12-8.

于加强和改善世界遗产保护管理工作的意见》(2002年)、《关于检查世界文化遗产地保护管理工作的通知》(2003年)、《关于采取切实措施加强世界文化遗产地保护管理工作的通知》(2003年)、《文化部、建设部、文物局、发展改革委、财政部、国土资源部、林业局、旅游局、宗教局关于加强我国世界文化遗产保护管理工作的意见》(2004年)、《世界遗产青少年教育苏州宣言》(2004年)、国际古迹遗址理事会《西安宣言》(2005年)、《国务院关于加强文化遗产保护的通知》(2005年)、《关于做好大运河保护与申报世界文化遗产工作的通知》(2007年)、东亚地区文物建筑保护理念与实践国际研讨会《北京文件》(2007年)、《关于进一步加强大运河文化遗产及其环境景观保护工作的通知》(2008年)、《关于加强20世纪遗产保护工作的通知》(2008年)、《关于文化线路遗产保护的无锡倡议》(2009年)等。①

以高端遗产为示范,保护管理的高标准逐渐影响到其他重要文物古迹。在世界遗产的光环和压力之下,地方政府开始注重文物古迹的保护工作,开始以更大的决心,投入更多的力量,以达到相关国际准则的要求。在此过程中,地方政府的保护意识得到增强,许多关乎地方利益但影响、破坏保护工作的现象得到清除,旅游经济也在此基础上得以发展,形成良性循环,文物保护逐渐从被动转变为主动。②

在保护和管理体制外,我国当时正在进行的自有文物保护理念的总结与提升也深受国际保护理念的影响。1980年代初,在《威尼斯宪章》的影响下,我国已使用超过50年的古建筑修缮理念得到修改,包括“恢复原状”、“保持现状”的原则,特别是“原状”的定义等关键问题被赋予新的意义和关注角度。1994年的《奈良真实性文献》关于遗产“真实性”、“完整性”以及从尊重文化多样性角度进行价值评估的原则引起我国保护界的热烈讨论,并引起修缮理念与做法的变化。1997年,我国进一步加强与国际保护界的合作,以《威尼斯宪章》、《巴拉宪章》等国际文献为参考,与美国、澳大利亚的专家合作,整理、总结、完善我国优秀的保护理念与实践并编写文物保护行业规范,于2000年完成《中国文物古迹保护准则》,成为中西方保护界交流与合作的里程碑。其后,《中国文物古

① 国家文物局.中国文化遗产事业法规文件汇编.北京:文物出版社,2009.

② “经济的高速发展一方面给文化遗产的保护带来了新的、巨大的压力;一方面世界遗产给遗产地带来的巨大社会和经济的发展使人们把世界遗产当作了解决地方社会和经济建设的一个新的途径。我国各个地方政府对申报世界遗产都倾注了极大的热情。事实上,中国的世界遗产保护向世界有力地证明了通过世界遗产保护解决遗产地贫困问题的可能性,为实现联合国教科文组织促进文化间交流、解决贫困问题和社会不平等问题作出了榜样。”引自吕舟.规划与中国的世界遗产.中国文物报,2007-12-8.

迹保护准则》的观念与做法写入《文物保护法》，形成我国文化遗产保护理念与体制的又一次更新与提高。

理念的交流和影响是双向的。1987年泰山申遗，使国际保护界首次认识到中国普遍存在的人文与自然高度融合的遗产，开始反思自身对遗产的认识方式并增加世界遗产的类型。2005年，在西安召开的第15届国际古迹遗址理事会上通过了《西安宣言》，其中吸收了中国文物保护的理念与经验，强调古迹遗址周边环境的保护工作。2007年东亚地区文物建筑保护理念与实践国际研讨会通过《北京文件》，国际保护界一致认为中国普遍采用的修复方法适合中国木结构建筑保护要求，符合世界遗产保护修复的原则，同意将其作为东亚类似建筑遗产的修缮标准。在开放的国际交流中，中国的优秀遗产、成熟的保护理念与做法也在影响着国际保护界。

（二）国际保护理念影响下的古建筑修缮理念

在诸多国际保护文件中，1964年第二届历史建筑纪念物建筑师及技师国际大会通过的《国际古迹保护与修复宪章》（即《威尼斯宪章》）无疑对我国保护事业影响最为深远。1982年颁布的国家文物保护最高法律《中华人民共和国文物保护法》将1961年《文物保护管理暂行条例》中的古建筑修缮原则“恢复原状”或“保持现状”改为“不改变文物原状”，“原状”定义也由“建筑初建时候的状态”改变为“建筑物最初发现被确定为文物保护对象时的‘现状’”[①]，强调保护古建筑的“历程价值”，即是《威尼斯宪章》核心精神的体现。[②]此外，包括“可识别性”“最小干预”等原则也同时影响我国古建筑修复的具体做法。《威尼斯宪章》的引入，使我国过去以“恢复原状”为主的古建筑的修缮开始呈现全新的面貌。

虽然如此，接受和消化《威尼斯宪章》并非一蹴而就。我国原有做法已较为成熟，且指导实践已有近50年的时间。在新理念的引进中，旧方法与新精神经历了一段较长且相互交错的过程，并在此期间各有减损和退让。此外，由于东方木结构建筑的自身特点，《威尼斯宪章》的部分原则与我国已有做法存在矛盾，

① 根据笔者对《文物保护法》主要执笔人、文物保护专家谢辰生先生的采访记录（未刊稿），采访时间：2009年8月30日。

② “到了82年的《文物保护法》就不一样了，变成了‘不改变文物原状’，这是在《威尼斯宪章》之后提出的，基本就是《威尼斯宪章》的精神，《文物保护管理暂行条例》早于《威尼斯宪章》，现在与之保持一致了。”引自笔者对《文物保护法》主要执笔人、文物保护专家谢辰生的采访记录（未刊稿）。采访时间：2009年8月30日。

如“可识别性”的做法就受到一定质疑。至今，原有做法仍较多被使用，《威尼斯宪章》所倡导的“历程价值”也被各方接受，但关于修缮理念的研究与讨论仍在进行。总体而言，我国保护界理性地根据我国古建筑特点及已有的成熟的保护方法，对新理念进行消化，并未盲目信从。

1.《威尼斯宪章》与古建筑修缮理念的发展完善

1964年，第二届历史建筑纪念物建筑师及技师国际大会通过《国际古迹保护与修复宪章》，即《威尼斯宪章》（以下称《宪章》）。《宪章》是国际古迹修复理念和实践工作逾一个世纪的重要成果，为国际保护界公认，是国际古迹修复的主要准则。《宪章》诞生时未能传入我国。改革开放之后，对外交流开启。1981年至1982年，国家文物局派员前往意大利罗马国际文化财产保护与修复研究中心培训学习，访问了包括《宪章》起草人费尔敦[①]在内的保护专家并将包括《宪章》在内的国际保护理念带回。1986年，《宪章》最早的中文译本发表，《宪章》精神开始为保护工作者知晓。另一方面，1980年初，国家文物系统开始大规模培训人才，国家文物局与清华大学合办的古建筑培训班即讲授包括《宪章》在内的国际保护理念，同时邀请费尔敦亲自授课。培训班除本科学生外，还有中央文物系统如国家文物局、中国文物研究所、故宫博物院及地方文物系统的工作人员及干部等，《宪章》精神得以迅速传播。此外，各大高校也开始与国外相关保护团体的交流。1970年代末至1990年代初，文物系统、高校及研究机构多有与国际保护理念相关的研究成果发表。

以《宪章》为代表的保护理念对我国文物保护事业的影响是巨大的。其中最突出的是，促使我国保护界对原有的修缮理念做出了修正，尤其是对“原状”的定义及修缮原则、做法。1982年，《中华人民共和国文物保护法》颁布实施，其中一个显著的转变，是将1961年《文物保护管理暂行条例》所规定的“恢复原状或者保持现状”的修缮原则，改为“不改变文物原状”，并且将“原状”定义从原来“现存建筑初建时的状态”改为“原状并不是指文物建筑最早营建时的原状，而是指建筑物最初发现被确定为文物保护对象时的‘现状’，因而包括

① 伯纳德·费尔敦爵士（Bernard Feilden，1914.9.11—2008.11.14），文物保护建筑师，英国皇家建筑师学会成员，曾获CBE勋章（大英帝国司令勋章）。1977年担任国际文化财产保护与修复研究中心（ICCROM）主席。1982年出版《历史建筑保护》（Conservation of Historic Buildings）。曾多次来中国交流授课，对国际保护理念在中国的传播起到重要作用。

历史上增加或改动的有价值的部分都要作为‘原状’保护下来”[①]，明显体现了《宪章》的精神。

事实上，1980年7月的全国文物工作会议审议的《中华人民共和国文物保护法》讨论稿仍然将文物保护原则确定为“恢复原状或者保存现状”[②]，延续使用1961年《文物保护管理暂行条例》的原则。1982年《文物保护法》颁布时，已经改为“不改变文物原状”，而1981年至1982年间，正是《宪章》及相关国际保护理念传入中国之时。对此，《文物保护法》的主要起草人谢辰生指出：“到了1982年的《文物保护法》就不一样了，变成了‘不改变文物原状’，这是在《威尼斯宪章》之后的，基本就是《威尼斯宪章》的精神，《文物保护管理暂行条例》早于《威尼斯宪章》，现在与之保持一致了。所谓‘原状’，是指发现它，或者说将之认定为文物时的原状，并非建造时的原状，这点在《威尼斯宪章》里解释得很清楚，因为要保护历史信息。所以说，保持原状就是保持现状，实际指的是现状。”[③]“不改变文物原状”自此成为我国古建筑修缮的最高原则。

《宪章》并未直接提及“原状”问题，其重点阐述了关于文物古迹保护中的保护和修复的原则问题，强调“各个时代为一古迹之建筑物所做的正当贡献必须予以尊重，因为修复的目的不是追求风格的统一”。[④]其强调的是保护文物的“历程价值”，即不管历史时代和风格，所有加于建筑的正确贡献都应该被保护，强调保护建筑的历史信息，而美学、风格的统一等重要性在其之下，不可为了风格的统一而进行复原。这与我国原来普遍接受的“现状”“原状”等着眼于某一时间点的思想有根本的不同。1982年《文物保护法》对“不改变文物原状”原则及“原状”的解释，即体现了上述“历程价值”的精神。可以说，我国保护界仍以本国

---

① 谢辰生，李晓东.《文物保护法》释义.见：彭卿云.谢辰生文博文集.北京：文物出版社，2010.
孙琬钟等.中华人民共和国法律释义全书.北京：中国实言出版社，1996.

② “（第十一条）一切核定为文物保护单位的纪念建筑物、古建筑、石窟寺、石刻、雕塑等（包括建筑物的附属物），在进行修缮保养的时候，必须严格遵守恢复原状或者保存现状的原则。”
引自全国文物工作会议文件之二：《中华人民共和国文物保护法》（讨论稿），1980年7月。

③ 根据笔者对《文物保护法》主要执笔人、文物保护专家谢辰生先生的采访记录（未刊稿）。采访时间：2009年8月30日。
“‘不改变文物原状’的原则在《中华人民共和国法律释义全书》中的规定是：对修缮、保养或者迁移文物保护单位，本条规定必须遵守不改变文物原状的原则。这是文物保护的一项重要原则。合理所指原状并不是指文物建筑最早营建时的原状，而是指建筑物最初发现被确定为文物保护对象时的‘现状’，因而包括历史上增加或改动的有价值的部分都要作为‘原状’保护下来。因为它同样是一种历史的痕迹。保持原状主要是指以下几个方面：一、建筑物的原来形式包括建筑组群的规模和布局及其环境风貌。二、建筑物的原来结构。三、建筑物原来使用的材料。四、建筑物原来营建时使用的工艺。只有这样才能保护建筑物的历史面貌，才能体现出文物的历史、艺术、科学价值。”引自谢辰生、李晓东：《〈文物保护法〉释义》，引自彭卿云主编.谢辰生文博文集.北京：文物出版社，2010.原载孙琬钟等主编.中华人民共和国法律释义全书.北京：中国实言出版社，1996.

④ 《威尼斯宪章》中译本.见：联合国教科文组织世界遗产中心，国际古迹遗址理事会，国际文物保护与修复研究中心，中国国家文物局.国际文化遗产保护文件选编.北京：文物出版社，2007.

传统的“原状”理念为基础，加入《宪章》“历程价值”的观点，使“原状”概念得以进一步深化完善。“不改变文物原状”是在《宪章》精神滋润下，对我国原有修缮理念的升华。此外，包括“可识别性”“最小干预”等修复原则，亦是《宪章》的重要理念与做法，为国际所共识。

《宪章》引入后，保护界开始以《宪章》保护精神对原有保护理念进行研究和完善，其核心即是由《宪章》带来的对“历程价值”的消化与对“原状”的重新理解。相关的讨论在1980年代至1990年代逐渐扩大，其中高校学者及文物系统新一代的保护人才最为活跃。1992年的全国文物建筑保护维修理论研讨会上，对《宪章》及国外保护理念的介绍给全国古建保护界带来了巨大冲击，各方特别是地方文物系统的保护工作者将目光投向新的修缮理念。至1980年代末，对“原状”的定义以及对“保持现状”“恢复原状”的选择已有较大变化，《宪章》精神已有一定的认可度，各方对原修缮理念及“原状”的定义有所修正，其中也包括文物系统的专家。祁英涛在1980年代末已接受《宪章》“历程价值”的精神，并对原来所持“恢复原状”的观点进行完善：“古建筑的保存意义，首先是它的作用……但其中最重要的是它的史证价值。对于此种价值有两种看法：一种是认为恢复古建筑原来的面貌，才能正确地说明它原建时代在建筑工程、建筑艺术方面的水平，从而也才能从一个侧面反映它原来建筑时代政治、经济、文化、习俗等方面的真实情况，所以认为恢复原状是保护维修古建筑的最高原则。另一种意见是不赞成恢复原状，也就是只赞成保存现状的保护维修，认为只有保存现状才可以真正地反映一座建筑物所经历的历史，保留历史变革的面貌，保留历史的可读性。……以上两种意见都是有道理的。如果大家都承认古代建筑物是凝固的历史这一提法的话，那么以上两种意见都能达到这一要求。因为前者强调始建时代的历史，后者体现建筑物在各个历史时期的不同经历。《中华人民共和国文物保护法》中规定，古建筑的维修‘必需遵守不改变文物原状的原则’，这一原则既包括始建时的面貌，也包括现存的面貌。故以上两种意见都是合法的，都是可行的。”①

国外修缮理念和做法被接纳和固化的标志性成果是1997年开始编写的行业准则——《中国文物古迹保护准则》。《准则》是以中国原有修缮理念为基础，整合《宪章》精神而编写的。其中对“原状”的解释十分详细，既支持“恢复原状”的做法，也明确复原部分必须有确凿证据，且去除构件无保留价值，同时明确

① 祁英涛．浅谈古建筑复原工程的科学依据．见：中国文物研究所．祁英涛古建论文集．北京：华夏出版社，1992.

历史上有价值的增改都必须保留。[①]《准则》体现了我国传统做法和《宪章》的理性融合。

尽管《宪章》精神被迅速写入《文物保护法》及修缮工程相关法规文件，并得到持续的研究和大规模讨论，但其真正被保护界接纳乃至运用于修缮实践，经历了相当长的过程。由于其具体的做法不适应我国木结构建筑的特点，开始并不能直接应用。在此期间，原修缮理念和做法是主导修缮工程的准则，在 1982 年《文物保护法》及 1986 年《纪念建筑、古建筑、石窟寺等修缮工程管理办法》颁布之后，重要古建筑修缮工程仍是采取“恢复原状”的做法，体现出原理念和做法的“惯性”。

1983 年至 1991 年，浙江松阳延庆寺塔大修。延庆寺塔建于宋代，修缮前原副阶不存，各层瓦面不存，所剩者为砖砌塔身及各层檐下斗栱。修缮依照塔身现存信息、相同时代地域的相近建筑及《营造法式》，添加两层檐的副阶及各层屋面，恢复宋代风格（图 4–19）。

---

①《关于〈中国文物古迹保护准则〉若干重要问题的阐述》中关于不改变文物原状的解释：

3.1 不改变文物原状是保护文物古迹的法律规定。文物古迹的原状主要有以下几种状态。

3.1.1 实施保护工程以前的状态。

3.1.2 历史上经过修缮、改建、重建后留存的有价值的状态，以及能够体现重要历史因素的残毁状态。

3.1.3 局部坍塌、掩埋、变形、错置、支撑，但仍保留原构件和原有结构形制，经过修整后恢复的状态。

3.1.4 文物古迹价值中所包含的原有环境状态。

3.2 情况复杂的状态，应经过科学鉴别，确定原状的内容。

3.2.1 由于长期无人管理而出现的污渍秽迹，荒芜堆积等，不属于文物古迹原状。

3.2.2 历史上多次进行干预后保留至今的各种状态，应详细鉴别论证，确定各个部位和各个构件价值，以决定原状应包含的全部内容。

3.2.3 一处文物古迹中保存有若干时期不同的构件和手法时，经过价值论证，可以按照不同的价值采取不同的措施，使有保存价值的部分都得到保护。

3.3 不改变文物原状的原则可以包括保存现状和恢复原状两方面内容。

3.3.1 必须保存现状的对象有：

①古遗址，特别是尚留有较多人类活动遗迹的地面遗存；

②文物古迹群体的布局；

③文物古迹群中不同时期有价值的各个单体；

④文物古迹中不同时期有价值的各种构件和工艺手法；

⑤独立的和附属于建筑的艺术品的现存状态；

⑥经过重大自然灾害后遗留下有研究价值的残损状态；

⑦在重大历史事件中被损坏后有纪念价值的残损状态；

⑧没有重大变化的历史环境。

3.3.2 可以恢复原状的对象有：

①坍塌、掩埋、污损、荒芜以前的状态；

②变形、错置、支撑以前的状态；

③有实物遗存足以证明为原状的少量的缺失部分；

④虽无实物遗存，但经过科学考证和同期同类实物比较，可以确认为原状的少量缺失的和改变过的构件。

⑤经鉴别论证，去除后代修缮中无保留价值的部分，恢复到一定历史时期的状态。

⑥能够体现文物古迹价值的历史环境。

3.3.3 保存现状应主要使用日常保养和环境治理的手段，局部可使用防护加固和原状整修手段；恢复原状可以使用重点修复的手段。

引自国际古迹遗址理事会中国国家委员会．关于《中国文物古迹保护准则》若干重要问题的阐述．[EB/OL]. [2012–9–3]. http://www.bjww.gov.cn/2009/4–15/1239727558750.html.

1986年至1989年，福建福州华林寺大殿大修。华林寺大殿是我国长江以南发现的最古的木构建筑，建于北宋初年。原建筑为面阔五开间、进深四开间的单檐歇山大殿，经后世改易为七开间重檐歇山建筑，瓦面与檐口也采用明清福州做法，其风格与始建时大不相同。该次修缮拆除后代所加的下檐，使建筑由重檐变回单檐。另外全面更换瓦面，增加以蓟县独乐寺山门鸱吻为原型复制的鸱吻，并修改戗脊做法，使之从南方起翘较大的曲线变为北方较为平直的造型，并于四角增加套兽。同时修改屋面，换为北方常用的望板加苫背再铺瓦的做法。修复后的大殿呈现辽宋建筑风格（图4-20）。

1989年至1990年，河北正定开元寺钟楼大修。虽无明确纪年，但学界皆公认开元寺钟楼建于唐代。钟楼为两层楼阁式建筑，面阔三间，进深三间，屋顶为歇山式。钟楼下层为唐代遗构，下檐在后世改动时被锯短。上层为清代修缮时修改，整体完全呈现清式风格。总体形成半唐半清的风格特征。大修以恢复唐代风格为原则，将上层的清代构建移除，然后根据下层的结构、形制、用材及加工手法等，对上层大木构件进行研究复原。屋面原为清式，复原中以正定附近唐墓出土的瓦当、滴水为依据，同时参考南禅寺、佛光寺等唐构的做法。下层则以已有唐代建筑及《营造法式》为参考，恢复被锯断的椽子，使下檐恢复唐建应有的深远的出檐。钟楼最终呈现统一的唐代风格（图4-21）。

整个1980年代，对《宪章》而言是逐渐传播并扩大影响的过程。其间，重要的古建筑修缮仍是按旧法“恢复原状”，统一风格。1980年代后期，虽然很多专家在意识上已经接受《宪章》精神，但操作上沿用旧法。事实上，至1990年，作为文物系统培训教材的总结及数十年保护实践工作成果的《中国古代建筑》一书，其核心修缮理念沿用以风格统一为主要目的的“恢复原状”的原则。至1990年代初，《宪章》精神的接受程度已大大提高，尽量“保持现状”、保护“历程价值”成为修缮工程的原则，并开始指导古建筑修缮工程。

1990年至1998年，天津蓟县独乐寺观音阁大修。观音阁总体保留唐、辽风格，后代多有修缮，清代修改较多，集中于屋顶瓦面、门窗、彩绘，屋顶呈现清代蓟县地方风格，与阁身木构的唐辽雄厚之风殊不相称。观音阁大修工程深受《宪章》及相关国际保护理念的影响，“不改变文物原状”、“历史价值”、“历程价值”等已经成为指导工程的关键词，而传统做法中最注重的“风格统一”已不是主要问题，也极少出现。其主要原则在勘察设计之初就已明确：

> 今天我们的维修与传统维修有着本质的不同。我们不仅看重建筑的本体，还看重建筑的历史价值。因为建筑和其建筑的历史才共同构成了该建筑

图 4-19　松阳延庆寺塔修缮前后对比 [资料来源：作者摄于延庆寺展览室（左图）；作者自摄（右图）]

图 4-20　福州华林寺大殿修缮前后对比 [资料来源：孙闯．华林寺大殿大木设计方法探析．北京：清华大学，2010（左图）；作者自摄（右图）]

图 4-21　正定开元寺钟楼修缮前后对比 [资料来源：孟繁兴，陈国莹．古建筑保护与研究．北京：知识产权出版社，2005（左图）；作者自摄（右图）]

的文物价值。

我们不是盲目地追求历史的“原状”，而是依据和领会“原状”对于历史价值的意义。

对建筑价值的保护，永远是维修设计的主题。[①]

为最大限度地保留建筑的历史信息，独乐寺修缮工程与以往相比，有以下的不同：（1）着重整体工作程序，从工程开始之初的勘察、设计论证，乃至最后的竣工验收、档案整理，均严格按照程序进行，其中尤为重视历史信息和修缮工程的记录。工程的每一步骤，包括轻微的修改都有档案记录，并有最后的竣工记录及档案整理，成为保持历史信息的重要文献。（2）修缮设计随修随补。设计虽然在开始阶段已经做出，但不是一成不变，直接按照最初方案施工。而是根据拆开后发现的新问题，以保护新发现价值为目的，及时补充设计。（3）勘察及测绘采用现状测量和法式测量并重的方法。法式测量采用统一尺寸的方法对实测数据进行归纳调整，归整轴网尺寸，对典型建筑构件的尺寸也进行统一处理，同时忽略构件的变形，将建筑在图上“复原”为理想状态，一般并不能反映建筑现状。但此举有利于提炼和发现问题，有利于加深对建筑建造的理解，也有利于绘图，因此传统修缮前的测绘、学术研究、测绘教学均采用此法。独乐寺大修工程中，为最大限度保护历史信息，增加现状测量的方法，采用实测图而不统一尺寸，将观音阁所有变形、构件的制作误差、建筑的不精准对称等问题均一一记录，同时在二维图上增加高度上的标注，以全面了解建筑的现状（图4-22）。（4）采用半落架的修缮策略。独乐寺经历唐山大地震后，内部病害较多，尤其是结构歪闪变形严重，只有落架才能彻底解决病害。采用“恢复原状”策略的修缮，一般都是整体落架。为了尽量减少对建筑的干预，独乐寺工程采用半落架的方式。（5）不因风格的不统一而进行“恢复原状”。不因为屋面为清式做法，与阁身唐辽风格不合而更换屋顶。强调保留各时代修缮所体现的风格特征，保护“历程价值”。（6）保持建筑部分构件的歪闪、离位状态。为尽量保持现状，若某些建筑构件的歪闪、离位状态具有历史价值，则不因其风格或视觉效果问题进行复位。（7）保留修缮痕迹。历次修缮的痕迹反映其时代工艺及工匠对建筑的思考，因此大修对历次修缮留下的痕迹尽量保留。同时也保留本次修缮的做法，将本次修缮作为“历程价值”的一部分展示给后代。

① 杨新. 独乐寺观音阁建筑与维修的思考. 见：杨新. 蓟县独乐寺. 北京：文物出版社，2007.

62. 观音阁明间横剖面残损现状图 -1（天津大学建筑系实测图 20 世纪 90 年代）

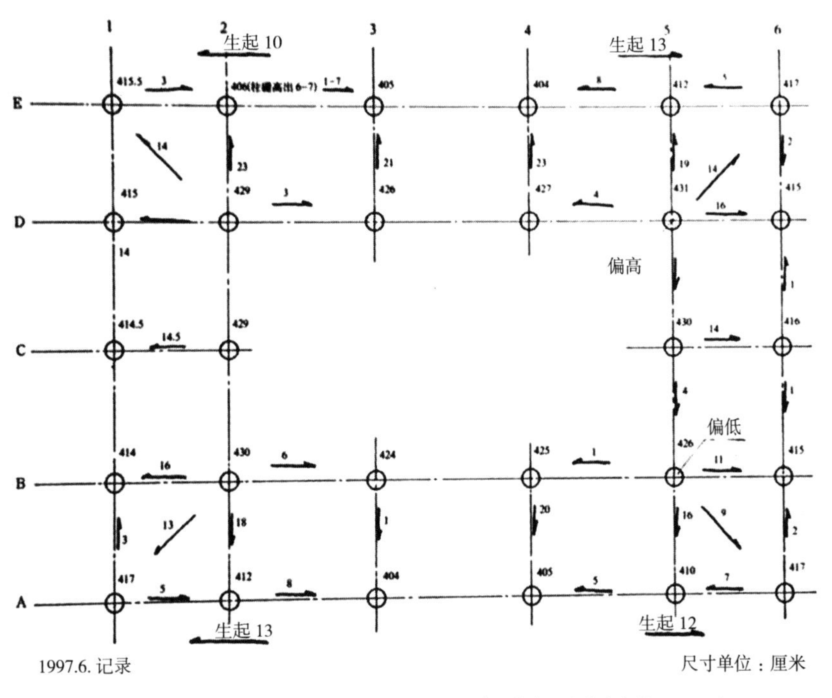

图 4-22　独乐寺观音阁现状测绘图（资料来源：杨新．蓟县独乐寺．北京：文物出版社，2007）

工程结束后，独乐寺在清除病害之余，基本保持现状，其整体依旧保持修缮前各时代混杂的风格（图 4–23）。

1999 年，浙江武义延福寺大殿大修。延福寺大殿与金华天宁寺大殿相似点颇多，两者地域相近，始建年代相近（相差一年），均创于元代，均在后代修缮时增加下檐，从单檐歇山变为重檐歇山。相较 1982 年“恢复原状”的天宁寺大殿修缮，延福寺大殿的修缮则严格按照“不改变原状”的做法，并明确遵照国际修复精神。其原则非常明确：“真实、全面地保存并延续其历史信息；保护现存实物原状，并以现存的有价值的实物为依据；不追求统一，以致冲淡明清修缮的时代特征。”[①] 延福寺大殿修缮采用局部落架做法，尽量保持现状。相对天宁寺大殿去除后加下檐“恢复原状”的做法，延福寺修缮“对明清时期添加或更换的部分，视为大殿修建沿革中重要的历史信息予以保留，不作改动……明代添加的下檐、清代添加的天花等，虽有明显的年代差异，此次修缮不作改动，均按实样对残损部位进行修补。”[②] 本次工程也非绝对不“恢复原状”，对后期不适当的改动造成的问题予以恢复原状，对屋顶瓦面等原状无考但现状既非原物又影响风格并对建筑安全造成影响者，则尽量恢复至始建时代做法。此外，修缮尽可能保留原有构件。对于不得不更换的构件，在隐蔽部位标记年号，在外观做旧，但又与老件有所区别，使其具备可识别性。整个大修均有详细的档案记录，施工中的记录尤为详细，为后人提供翔实可信的材料。上述均是《宪章》的重要精神和做法。大殿修缮后，整体外观对比定为文物保护单位之时，几无变化。

自 1979 年天宁寺大殿修缮到 1999 年延福寺大殿修缮，反映的是我国古建筑修缮理念和实践从以恢复原状为最高目标到以最大限度保留历史信息为出发点的过程，两者均是我国古建筑修缮史不同阶段的重要理念，也反映了我国对古建筑价值认识的变化历程，其本身即是古建筑修缮史的重要“历程价值”（图 4–24）。

从改革开放至 2000 年《中国文物古迹保护准则》颁布的 20 多年间，文物保护事业经历了扩日持久的，对营造学社及中华人民共和国成立 30 年以来古建筑修缮理念和经验的整理、总结、研究的过程，同时也是引进和消化以《威尼斯宪章》为代表的国际修缮理念的过程。我国保护界对《宪章》更多地表现出理性的

① 黄滋 . 元代木构延福寺 . 北京：文物出版社，2013.
② 黄滋 . 元代木构延福寺 . 北京：文物出版社，2013.

图 4-23 蓟县独乐寺 1932 年与 1998 年修缮后对比 [资料来源：梁思成 . 蓟县独乐寺观音阁山门考 . 中国营造学社汇刊 .1932，3（2）（左图）；作者自摄（右图）]

（a） （b） （c） （d）

图 4-24 金华天宁寺大殿、武义延福寺大殿修缮前后对比 [资料来源：（a）陈从周 . 金华天宁寺元代正殿 . 文物参考资料，1953（3）；（b）作者自摄；（c）黄滋．元代木构延福寺．北京：文物出版社，2013；（d）作者自摄]

态度，并不盲目接受，而是在理性分析其精神及做法后，根据我国传统文化及建筑体系的价值和特点，理性地吸收和改造。尽管保护界对我国古建筑修缮理念及《宪章》相关精神的讨论至今仍在继续，但不可否认的是，《宪章》及其精神对我国原有修缮理念改造和升华过程所产生的影响是不可估量的。经过无数的研究、讨论甚至争论，《宪章》及相关精神已经深入到我国古建筑修缮理念的血液当中，为其发展提供新的视角和成熟的做法支持。

2. 中外合作编写的行业守则——《中国文物古迹保护准则》

《准则》的编写背景与过程

我国在积极引进、消化、融合国际保护思想的过程中，最重要的实践成果之一是《中国文物古迹保护准则》(以下简称《准则》) 及其相关辅助文件。《准则》(图 4-25) 出台前，我国文物保护工作总体面临保护理念不明确、保护知识和意识薄弱、保护力量不均衡、管理系统不完善、利用开发过度等多方面的问题。而就保护行业内部而言，保护程序及标准不明确、文物价值评估方法和标准不统一、修缮理念及做法争议较多等问题较为突出。

我国的文物保护工作当时仍处于创建和发展体系的阶段，有较多地方需要完善。第一，当时已有的文物保护法律法规多为禁止性的规定和原则性的条文，提供的是“底线”。但对于保护工作应如何开展，不同类型、性质的保护任务出现后，应如何进入工作程序，则没有明确的规则和标准。第二，文物的价值评估体系尚未树立，大多数文物古迹的价值评估标准不一。对古建筑而言，当时很容易就进入以“年代”、“风格”、“形制”为主的讨论，对价值的探讨不够全面。第三，我国传统保护理念与实践经验虽然丰富，但未及整理总结，在更多地接触来自西方的保护理念后，新理念的消化、取舍，新旧做法的融合等，均有待整理和探讨。诸如“不改变原状”等较复杂、争论较多的关键原则，不仅亟待梳理统一，更需要详细、直观的案例支持。

1992 年，我国决定大幅增加文物保护经费，许多学者担忧，在保护原则、理念、方法还没统一，保护工作无科学、正确、可行操作标准的情况下，更多的经费会带来破坏性的后果。此外，与国际接轨后，国际保护组织也要求成员国以国际保护通用原则为基础，编制属于自己的保护准则。因此，整理、总结保护思想已成为当时保护工作的主要任务。同时，总结以往经验，深入理解、学习国外优秀保护经验，并结合我国传统优秀理念和文化，制定一套指导、规范文物保护事业开

图 4-25 《中国文物古迹保护准则》书影（资料来源：国际古迹遗址理事会中国国家委员会.中国文物古迹保护准则.洛杉矶：盖蒂保护研究所，2002）

展的行业守则，已是我国文物保护事业的客观要求。①

编制行业守则的想法在1990年代初期已经出现。1990年，北京古建筑研究所开始了相关文件的编制工作。② 作为中国第一次编写古建筑保护维修行业守则，此次尝试具有重要的意义，在完成相当数量成果的同时，也为《准则》的编写提供了基础。另一方面，当时国家文物局已和美国盖蒂保护研究所在云冈石窟和敦煌莫高窟的保护合作中取得良好的效果，盖蒂研究所提出中国应该有文物古迹保护相关的行业守则，并提出配合中国编写准则，作为下一步合作的项目。③1997年，中方决定由中国文物研究所（今"中国文化遗产研究院"）与盖蒂保护研究所、澳大利亚国家文化遗产委员会合作，以《威尼斯宪章》《巴拉宪章》④ 为参考文

① "1.1.1 中国近代的文物古迹保护的观念和方法开始于20世纪30年代，在专业建筑师的主持下，整修了一批古建筑。50年代至90年代，保护、整修的项目大量增加，积累了丰富的经验，提出了若干值得探讨的保护理论。目前通过总结经验，建立有中国特色的文物古迹保护理论，在大多数从业人员中取得共识的条件已经成熟。
1.1.2 中国颁布了《中华人民共和国文物保护法》及其《实施细则》，国家和地方还都颁布了一些有关文物古迹管理和保护工程的法规，在实际工作中还需要对相关法规进行专业性阐释，以及相应的行业规则。
1.1.3 在中国实行市场经济为主导的社会环境中，文物古迹的保护及其价值取向，都面临新的课题。拓展保护观念，坚持保护原则，为文物古迹保护事业的可持续发展，制订明确的保护工作准则已势在必行。
1.1.4 第二次世界大战以后，保护文物古迹已成为国际社会共同关注的事业，众多专家组织了各类国际保护组织，很多国家签署了各类国际保护公约，不少国家也制订了符合本国国情的保护规则。中国是联合国《保护世界文化和自然遗产公约》的缔约国，也是国际古迹遗址理事会的成员国，应当为国际保护理论作出贡献。"引自国际古迹遗址理事会中国国家委员会.关于《中国文物古迹保护准则》若干重要问题的阐述.[EB/OL].[2012-9-3]. http://www.bjww.gov.cn/2009/4-15/1239727558750.html.

② "我还在北京市古建所工作的时候，当时王世仁先生就提出来了，中国的古建筑保护缺少这么一个像手册的东西。一项保护工作来了应该怎么执行，应该怎么考虑问题，怎么去修，应该有个手册。王先生就组织了这么一个工作，我、韩扬都参与了。当时到全国组稿，但发现困难很大，因为北京所作为一个地方所，没有号召力，很多案例收集不上来，这事就暂停了。期间我们还找了中国文物研究所，他们也认为很重要，但是要组织起来必须国家文物局牵头，他们要是不发文，没法弄，所以这事就放下了。"引自笔者对《准则》中方编制成员晋宏逵的采访记录（未刊稿）。采访时间：2012年9月10日。

③ "对于准则的编写，不是中国人先提，是美国人先提出来的。美国盖蒂研究所与中方从1989年开始研究合作问题……他们是第一波到中国来的，所以大家都比较重视，……我们当时和盖蒂是合作伙伴，在商议下一期该做什么工作的时候，他们提出要搞准则这么一个东西，应该有这么一个东西。"引自笔者对《准则》中方编制成员晋宏逵的采访记录（未刊稿）。采访时间：2012年9月10日。

④ 1978年澳大利亚国际古迹遗址理事会在《威尼斯宪章》的基础上，根据澳大利亚的国情制定出《保护具有文化意义地方的宪章》，因该宪章是在巴拉制定的，故又名《巴拉宪章》。《巴拉宪章》是以《威尼斯宪章》所具有的普适价值为基础，结合澳大利亚自身文化遗产和保护事业的特点而制定的、集保护理念和操作守则为一体的行业规范，对澳大利亚的遗产保护工作起了重大作用，并成为文化多样性下各国根据自身文化特点阐释、实践《威尼斯宪章》的成功例子。

献，编写《中国文物保护纲要》（即后来的《准则》）。[1] 如何将《威尼斯宪章》中的理念、精神及《巴拉宪章》对保护地方文化遗产的突出作用和示范意义，与适合我国文物保护事业的优秀原则和经验结合，则是《准则》将要回答的问题。

1997 年开始，中、美、澳三方专家开始了历时三年的编写过程，期间各方专家多次赴中、美、澳三地进行实地考察并开展讨论。在反复讨论修改、九易其稿之后，2000 年 10 月 10 日在承德举行的中国古籍遗址保护协会上通过了《中国文物古迹保护准则》。《准则》分为三部分：第一部分是《准则》正文；第二部分是《关于〈中国文物古迹保护准则〉若干重要问题的阐述》,《阐述》是将《准则》中的重点部分摘录出来加以详细说明的文本；第三部分是实例，但没有同期出版。另外，还有根据《准则》规定而修改或编制的《敦煌莫高窟总体规划》《承德避暑山庄及周围寺庙总体保护整体规划》《承德殊像寺评估报告》等示范性实例和文本。2005 年,《中国文物古迹保护准则案例阐释》（征求意见稿）完成，以实例说明的方式逐条阐述《准则》的条文。

《准则》的主要内容

《准则》正文分为总则、保护程序、保护原则、保护工程、附则共 5 章，共 38 条。其中，保护程序、保护原则、保护工程为重点章节。《准则》延续了《文物保护法》《纪念建筑、古建筑、石窟寺等修缮工程管理办法》等法律法规中，诸如“不改变文物原状”、文物调查、保护单位“四有”工作制度、古迹及其相关环境保护、修缮工程分类等优秀思想，体现出对已有优秀保护传统的继承。《准则》对保护工作的原则展开重点论述，对保护程序、价值评估进行重点叙述和框架构建，显示出与国际接轨的一面。《准则》对保护界长期存在争议的重要理念进行了详细规定和说明，减少带有“必须”“不得”等限制性词汇的法律法规行文，更多地使用“应该”“不应”“适用于”等描述条文适用情况的说法，以类似教科书而不是法律法规的方式对保护工作的原则及程序进行说明，以“应该做什么”“可以做什么”的方式引导从业人员开展保护工作，操作性、参考性强，显示出行业守

① 国家文物局最初决定由中国文物研究所与美国盖蒂保护研究所合写《准则》，合作编写的意向既包括了国家文物局的邀请，也含有盖蒂保护研究所的意愿。在长期的合作中，盖蒂保护研究所也了解到中国方面针对国情出台一份用于文物古迹保护工作的指导性文件的需要。盖蒂保护研究所向国家文物局介绍了《巴拉宪章》，并推荐澳大利亚遗产委员会加入编制的工作。参见叶扬 .《中国文物古迹保护准则》研究 . 北京：清华大学，2005.

则的特点。[①]

相较以往的文物保护文件，《准则》最大的特点与进步，是确立了文物价值评估在保护体系中的核心作用并完成保护程序的构建。

《准则》强调价值评估的意义，并以之作为开展保护工作各项程序的基础。其时保护人员对于文物价值的理念不清晰，重视程度不足，多从工程技术、建筑物质层面看待保护工程，保护工作开始便转到风格、年代、修缮效果等方面的讨论。《准则》直指保护核心——文物价值，强调通过研究明确保护对象的价值，以保护其价值作为工作的依据。此举使保护人员对保护目的产生了明确认识，理清了思路，不再一开始就纠缠于各种原则和一些细节性技术的讨论。“文化遗产的保护，不论物质或者非物质，只要是文化遗产保护，首先要评估它的价值，它的文化意义、文化价值，才能决定是不是需要保护，是不是有价值，然后才能决定保什么。这个价值评估的体系在《准则》里头树立起来了。”[②]《准则》进一步提出：“研究应当贯穿在保护工作全过程，所有保护程序都要以研究的成果为依据”[③]，强调研究作为认识文物价值的主要途径应贯穿保护工作始终的思想。《准则》同时明确了根据价值评估来进行保护规划编制、修缮工程设计、修缮工程实施以及宣传计划制定等工作的观点。

《准则》中明确了保护工作必须遵循既定工作程序。当时已有的保护法规或办法没有明确保护流程，使相当一部分保护人员不知道要做什么，先做什么，后做什么，或是前一阶段工作要做到什么程度才可开展下一阶段的工作。《准则》为此提供了一套完整的保护工作程序，共6步：文物调查、评估、确定各级保护单位、制定保护规划、实施保护规划、定期检查规划，为保护工作从普查、登录至保护、管理提供完整的操作指引。可以看出，该程序是以我国已有保护办法为基础的扩充和完善。《准则》进一步指出程序及程序标准订立的重要性：“文物古迹的不可再生性，决定了对它干预的任何一个错误，都是不可挽回的。前一步工作失误，必然给后一步造成损害，直至危害全部保护工作，因此必须分步骤按程

① “《准则》的制定具有行业性，它明确了从业人员的行为规范和保护工作的评价标准，提出了介于法律和技术标准之间的专业要求：即专业人员的工作标准（熟练的保护要求）、技术标准（遗产的原状要求）和道德标准（专业人员的不受其他因素影响的职业要求），使得所有从业人员，包括政府公务员和涉及管理、研究、勘测、设计、施工等工作的一切人员，其专业行为和职业道德均必须受《准则》约束。”引自龚良．学习、遵循、实践《中国文物古迹保护准则》．东南文化，2009（4）．
“《准则》对于文物建筑维修中的最主要程序、重大问题，如勘察、规划、设计、施工等，既规定了原则内容，又一项一项地作了具体规定，具有较强的可操作性，业内人士看后更加容易明白应该怎样执行这个行规。”2005年张柏先生在《中国文物古迹保护准则》论坛中的发言，引自刘世锋．《中国文物古迹保护准则》论坛召开．中国文物报，2005-10-21（1）．

② 引自笔者对《准则》中方编制成员晋宏逵的采访记录（未刊稿）。采访时间：2012年9月10日。

③ 国际古迹遗址理事会中国国家委员会．中国文物古迹保护准则．洛杉矶：盖蒂保护研究所，2002.

序进行工作，使前一步正确的工作结果成为后一步工作的基础。”[①] 事实上，当时许多保护项目既不清楚工作顺序，也不知道工作标准，各阶段工作的失误与缺失往往叠加在一起。对此，《准则》中方编制成员晋宏逵认为："真正的《准则》的最大贡献，第一是提出了文物保护的程序问题。文物保护本身要遵循一定的程序进行，就是说每一个程序不能错乱。第一步工作的成果要成为第二步工作的基础。如果第一步错了，后面的就都错了。”[②]

《准则》的重要贡献还包括：明确“保护是指为保存文物古迹实物遗存及其历史环境进行的全部活动”[③]；指出包括日常维护、管理、建档、利用、展示在内的所有工作均是保护工作的组成部分，保护是上述工作的集合，是不可分割的一个整体。事实上，我国文物的管理、利用、展示工作虽经过多年实践，并产生了文物保护单位制度、“四有”工作、多次古建筑展览及群众宣传等一系列的实践与成果，但强调其作为一个整体协调发展的思路尚不清晰，国内许多保护人员仍将管理和修缮工程看作主要保护手段，对其他的保护工作缺少关注。《准则》强调将保护文物价值作为上述各项保护工作的中心，强调多手段、全方位的保护，使各项工作的从业人员系统了解保护工作的全貌及各个环节的整体关联，从更高的视角看待自己从事的工作在整个保护事业中的作用和意义。

《准则》编写中的文化交流

《准则》由中外合作编写，历时 3 年，共修改 9 次，其注释文件《关于〈中国文物古迹保护准则〉若干重要问题的阐述》也经过了 5 次修改。[④] 在此期间，美国、澳大利亚两国专家还与中方合作，共同修改了《敦煌莫高窟总体规划》，编著了《承德避暑山庄及周围寺庙总体保护整体规划》《承德殊像寺评估报告》等文件。通过多次讨论和中、美、澳三地实地考察，借助共同完成实际保护项目等有利条件，中西方保护界得以开展全方位的交流，如《准则》中强调价值评估及工作程序的缺位等问题即是外方提出的。[⑤] 三方成功克服文化和语言的障碍，充分表达意见，对一些重要而抽象的概念如“保护”“修复”等，进行反复探讨和实地考察，

---

① 国际古迹遗址理事会中国国家委员会．中国文物古迹保护准则．洛杉矶：盖蒂保护研究所，2002.
② 引自笔者对《准则》中方编制成员晋宏逵的采访记录（未刊稿）。采访时间：2012 年 9 月 10 日。
③ 国际古迹遗址理事会中国国家委员会．中国文物古迹保护准则．洛杉矶：盖蒂保护研究所，2002.
④ 叶扬．《中国文物古迹保护准则》研究．北京：清华大学，2005.
⑤ “程序问题，就是从中国人写文件的习惯看，程序上是很少涉及的，当然我说的是逻辑上的程序，不是司法上的程序。这个逻辑程序实际上是美国人、澳大利亚人在讨论当中提出来的。我们学习了这个想法，写入《准则》里面。价值评估体系也是这样。看了外国的实例之后，专家组也自觉了，因为评估、保护对象要明确，之前没有很自觉地把价值这个东西提出来。我们还在讨论是不是原来的历史状态，原来的沧桑感，没有去讨论它的真正价值所在是什么。沧桑感当然是外观上一个重要因素，但它不是核心因素。”引自笔者对《准则》中方编制成员晋宏逵的采访记录（未刊稿）。采访时间：2012 年 9 月 10 日。

使各方更深入地了解他方对此问题的思考和理解，保护理念在此过程中不断完善。通过有效和充分的交流、学习，中方保护专家全面、系统总结我国已有的保护理念和体系，同时参考国外的做法[①]，制定出适合我国文化和遗产特点的行业指导守则，并充分向西方同行展示了自身的优秀保护理论与经验。

《准则》编写期间，在尊重文化多样性的共识下重新评估、看待亚洲各国遗产已是国际保护界研究和交流的焦点。《准则》的编写正是这一理念与思潮的典型案例，也是一次有益的尝试。中外双方在此认识上进行开放、平等的探讨，除中方成功编写《准则》，完善自身保护理念及工作体系之外，外方也在交流中充分了解了东方文物保护的理念与经验，获益匪浅："准则有一个很大的贡献，就是做了一个保护名词中英文的对照表。后来澳大利亚新的《巴拉宪章》，也做了一个对照表，不是中英文对照表，而是关于某个词在什么情况下怎么用的对照表。这套东西实际上是那个时候创作的……同时他们在和中国的合作中也在学习，他们最后说，在一个准则当中，把工程的方面写得这么细，这是中国准则的特色。从他们的角度看，这是中国准则的特色。和他们的《巴拉宪章》或者美国的国家文物管理制度相比，咱们的工程部分写得是最严密的，内容最多，怎么不改变文物原状这十条原则都是他们没有的。因为这是针对中国的最终总结。从外国人看来，这很有特色，但从我们的角度看来，很正常，因为以前已经说得很多了。恰恰是程序和价值评估我们以往没有说过……《准则》的编写绝对就是一个互相学习的过程。"[②]

除制定行业守则的意义外，《准则》的编写过程也是我国文物保护事业发展中一次重要的学术事件和文化交流盛事，对我国今后文化遗产保护国际交流工作的开展实有重要的示范意义："这次的合作非常成功，是一件很有意义的事情。中国国家文物局、澳大利亚遗产委员会是政府的文化管理部门，美国盖蒂保护所是私人基金会。合作三方分别属于亚、北美、澳三大洲。彼此经验、文化背景不同一点也没有妨害合作反而有助于成功。这种多国和多组织的国际合作形式，在未来保护文化遗产方面具有重要的前景。"[③] 因此，对其过程的重现和研究理应作为重要的研究课题，为保护界所重视和学习。

---

① "中方采纳了美、澳两方在文物古迹保护的经验，吸收了《巴拉宪章》文本的内容和制定的成功的经验，写进了《中国文物古迹保护准则》，因此，《中国文物古迹保护准则》不仅是中国半个多世纪文物古迹保护经验的结晶，而且也吸收了国际文物古迹保护的经验，是一部具有先进观念，符合中国实际，对中国文物保护具有重要指导意义的行规。"引自张柏.《中国文物古迹保护准则》的编撰.见：国际古迹遗址理事会中国国家委员会.中国文物古迹保护准则.洛杉矶：盖蒂保护研究所，2002.

② 引自笔者对《准则》中方编制成员晋宏逵的采访记录（未刊稿）。采访时间：2012年9月10日。

③ 引自国际古迹遗址理事会中国国家委员会.中国文物古迹保护准则.洛杉矶：盖蒂保护研究所，2002.

（三）中国文物保护理念对国际保护界的影响

与国际接轨的过程中，中国与国际保护界形成双向交流，为原来以西方保护理念为主的国际遗产保护事业引入中国的理念。中国独特的文化遗产及其所展现的文化、美学、社会、历史、技术等价值，与西方文化遗产有根本的不同。中国的加入大大拓宽了国际遗产界的视野，加深了对遗产的认识，也引起世界遗产评估标准的变化及遗产类型的增加。如1987年泰山申报世界自然遗产时，外方专家第一次了解到泰山高度融合人文与自然景观的特点，主动提出将泰山列为文化、自然双重遗产，并认为以泰山为代表的该类遗产促进了国际遗产观念的更新。再如我国古建筑修缮中的常见做法，“落架大修”与“彩画重绘”等，在交流之初即被外方认为可能损害文物的历史信息，与《威尼斯宪章》精神相悖。而《宪章》中以石质建筑修缮经验总结而得的“可识别性”等做法在我国试行一段时间后，亦因不能完全适合东方木结构建筑的价值与特点而被有选择地使用。为解决上述问题，我方即就中国乃至东方木结构建筑特点及多年的保护经验，与外方展开讨论与交流，清楚阐述上述做法符合我国遗产特点与保护原则的事实，双方取得共识并固化于《北京文件》，使之成为国际上指导木结构建筑修缮的重要指导文件，也更新了国际遗产修缮的观念。

1. 泰山申遗与《西安宣言》

1987年，泰山申请世界自然遗产的身份，同时将其拥有的文化遗产的情况写进申请书内。1987年12月，世界遗产大会将泰山列为世界自然遗产，但相关专家也惊叹泰山拥有的辉煌的文化遗产，认为其除了拥有纯自然的遗产外，还有双重价值的人文景观，其独特性此前未见。其考察专员，时任国家公园和保护区委员会（CNPPA）[①]副主席的卢卡斯（P.H. C. Bing Lucas）[②]评价道（图4-26）：

> 特别欣赏泰山既是自然遗产又是文化遗产，从《泰山遗产》的材料中看到了中国人的审美观，这能促使世界遗产概念的更新。一般来说，列入世

① 国家公园和保护区委员会（CNPPA）是世界自然保护联盟（IUCN·World Conservation Union）的专业委员会之一，其任务为促进全球具有代表性的陆地和海洋保护区的建立和有效管理。其中一个任务为协助IUCN进行世界自然遗产的申报评估工作。

② P.H. C. Bing Lucas（1925年— ），新西兰人，1971年加入国家公园和保护区委员会（CNPPA），1983年至1988年任副主席，1988年至1990年任高级顾问。[EB/OL]. [2017-08-31]. https://www.iucn.org/theme/protected-areas/wcpa/awards/fred-packard-award-outstanding-service/packard-awardees.

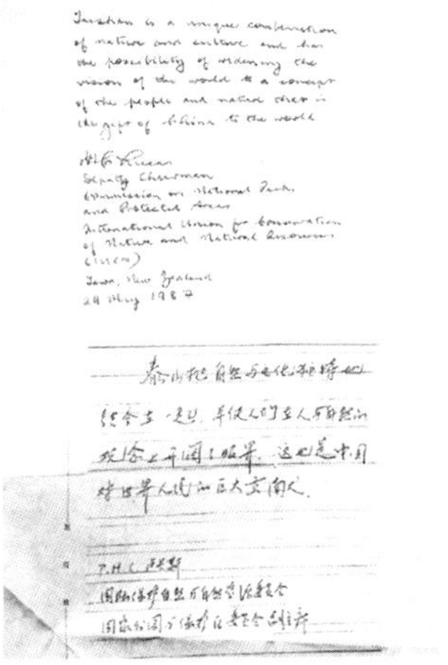

图4-26 卢卡斯题词［资料来源：姜玲，曹健全．泰山“自然与文化双遗产”的点滴事．山东档案，2014（06）］

界遗产清单的，不是自然的就是文化的，很少有双重价值的遗产在同一保护区内……泰山将对世界遗产的评价带来新的标准。

泰山除具有双重价值的景观外，还有纯自然的景观，这是一个很好的特点，这意味着中国贡献了一种特殊的独一无二的遗产。它为我们开拓了一个过去从未做过，也从未想过的新领域。

泰山把自然与文化独特地结合在一起，并在人与自然的概念上开阔了眼界，这是中国对世界人类的巨大贡献。①

有鉴于此，世界遗产委员会决定组织专家再次对泰山进行考察。专家组考察后认为：泰山既是世界自然遗产，也是文化遗产，并为世界综合遗产开了先河，为全人类作出了贡献。② 1988年，泰山被确定为文化遗产，成为文化、自然双重遗产。③

泰山所反映的人与自然的关系是西方保护领域中较为薄弱的部分。由于西方文化中自然与人文相对分离的价值取向，使得世界文化遗产在诞生之初，只分为了文化遗产和自然遗产。其中，自然遗产更强调无人为干预、纯天然的特性。泰山申遗前已入选的拥有文化、自然双重身份的遗产，其文化、自然身份是由不同标准评估而得。但泰山所展现的人文价值源于自然，而其与自然熔为一炉的价值

① 李继生．忆泰山世界遗产申报经过[EB/OL].[2011-05-29]. http://blog.sina.com.cn/s/blog_50af832901008k6w.html.

② 姜玲．曹健全．泰山“自然与文化双遗产”的点滴事．山东档案，2014（12）．

③ 2005年，具有文化、自然双重性质的遗产被称为“混合遗产”，并正式成为世界遗产的新类型。泰山申遗时没有混合遗产的概念，只能文化、自然都列入。事实上，外方专家对泰山的评价，既符合混合遗产，也符合文化景观。中国风景名胜区均具有此类特质。

和美学观念使原来的评估体系无法对其评价，即使泰山被列为“双遗产”，也只是表明其具有两方面的价值，未能准确描述其所具有的人文与自然相融的特点。泰山申遗后，其特有遗产价值给予国际保护界的触动，也促使其重新思考人文与自然的关系，更新世界文化遗产的评价标准和类型，并持续给予中国及亚洲遗产更多的关注。

在这一点上，中国初期的反应未如西方保护界强烈，将上述遗产特点进行研究、推广和展示的意识不足，未迅速将上述特点转变为我国的优势。1987 年泰山申遗成功，1992 年文化景观成为世界遗产新增类别，但直至 2003 年，外方专家仍认为亚洲特别是中国的遗产未得到该有的关注和评价，仍有大量属于文化景观的遗产未被提名，包括泰山在内的多个已登录遗产均有可能成为文化景观，并认为中国是推进亚洲景观遗产发展的希望。①

虽然未及时对外反馈，但我国风景名胜区的保护工作早已开展。1980 年代初旅游业发展，古建筑得到重点关注之余，其周边自然环境却受到一定破坏。在快速城市化中，有相当部分古迹的环境受到影响。对此，保护界开始制定并持续完善风景名胜区保护体系，至今已有丰富的经验。事实上，早在民国初期，山川名胜、古树名木就已通过立法被确定为文物加以保护，但主动引进西方保护观念后，1930 年代时，该类别反而消失，至 1980 年代风景名胜区保护工作复兴，其在法定保护对象中缺席近半个世纪。

我国传统文化下的遗产无不与自然及其建成环境有紧密联系，因此其本身即有保护环境及自然景观的内在需求，保护对象扩展、深化至保护文物古迹周边环境也是自然而然。1960 年代梁思成在《闲话文物建筑的重修与维护》一文中已经提出环境的重要性。1980 年代总结“不改变文物原状”的时候，祁英涛提出“原状”应包括“五原”——原形制、原结构、原工艺、原材料、原环境，明确指出环境作为保护本体的重要性。上述对自然、文物环境保护的思想及相关保护经验的累积，构成了对国际保护界影响较大的《西安宣言》的重要基础。

2005 年 10 月 21 日，国际古迹遗址理事会第十五届全体大会在西安召开，会议以“古迹遗址及其周边环境——在不断变化的城镇和自然景观中的文化遗产

① “费勒教授（Fowler P J.）在 2003 年递交给 WHC 的《世界遗产文化景观（1992—2002）》报告中，对中国的文化景观价值给予了很高评价，认为中国有很多本应被提名的文化景观都未被提名，而且泰山等 10 处已被提名为其他类别的世界遗产都有可能成为文化景观。他认为文化景观的概念最早在中国‘天人合一’的哲学思想中得以体现，中国是亚太地区对文化景观推进的希望。泰勒教授（Taylor K.）也在相关研究报告中，对亚洲的文化景观作出了高度评价，认为亚洲的文化景观可以为世界遗产作出重要贡献，而中国应起到领导作用。”引自邬东璠. 议文化景观遗产及其文化景观的保护. 中国园林，2011（3）.

保护”为主题，集中讨论了文化遗产周边环境的认识和保护问题，大会形成共识并凝固为《西安宣言》。作为古迹遗址及其环境保护意识突出且有深厚实践经验的国家,正是由中国提议了本次主题。而作为会议共识和国际保护通用原则的《西安宣言》(以下简称《宣言》)，其初稿即由我国专家起草，集中体现了我国保护界多年的成熟思考和优秀经验。《宣言》对周边环境最重要的认识之一，即古迹遗址的周边环境不仅包括物质环境，更包括社会、精神、习俗、传统认知等非物质的环境，同时强调了，除古迹遗址实体和视角方面的含义外，周边环境还包括与自然环境之间的相互关系。上述定义实际上即我国遗产的周边环境所具有的普遍特点，而对文物进行价值评估时，除本体价值外，将文物所处环境、与周边的关系、其本身的文化、社会、历史等其他价值一并列入也是我国保护界的习惯做法。《宣言》中提及的环境记录、规划管理、监控变化等原则，我国历史文化名城保护、风景名胜区保护中即有类似做法。事实上，因为我国遗产与自然及周边环境的紧密联系，对其进行保护是自然而然的，也是“不得不”开展的工作。《宣言》虽由中外专家合作制定，但其原则与做法无不与我国相关理念联系紧密，也体现了我国遗产理念对国际保护工作的影响和贡献。

《宣言》强调环境对保护遗产本体的重要性，也大大拓宽了对环境的理解。但相对而言，仍是将环境作为遗产本体的“背景”“衬托”看待。相对我国古代将自然环境或周边环境作为古迹、古建筑创作的主体，人文、建筑从属于自然的观念，仍有所不同。根据上述理解，我国遗产价值评估中，环境价值至少应与古迹本体相当，甚或更高，环境本身就应成为保护对象，成为本体，这也应成为《宣言》继续完善的方向。

2. 木结构建筑的修缮与《北京文件》

国际保护理念的引入，使我国保护工作进一步深化完善，尤其《威尼斯宪章》对我国古建筑修缮工作带来的影响更是巨大的。《宪章》编写自西方文化价值体系，其操作方法也源于石质建筑保护经验，其原则虽具有普适性，但具体操作准则和方法如“可识别性”等，则不能完全指导东方木结构建筑的保护修缮，突出体现在古建筑彩画的保护中，应用此原则甚至会产生新问题。如部分古建筑实施“可识别性”做法后，建筑整体呈现斑驳的外观，其后彩画迅速老化，使文物原有的建筑等级、空间氛围、设计理念等多种非物质价值渐渐失去可感知性，不断进行修缮维护的修缮传统也无以为继。

古建筑彩画的保护是困扰我国保护界多年的问题，一直沿用尽量保持现状、无法保持且有条件时可以重绘的做法。彩画重绘，在1935年开始的文整工程已经出现。由于此前没有现代文物保护的观念，彩画重绘未造成困扰。直至天坛大修，杨廷宝与梁思成才第一次就此问题进行深入的探讨，在平衡各方面问题的情况下，选择了重绘的方式。作为彩画修缮的标准办法，该方法一直指导文整工作及之后的彩画保护。此后，保护界也根据修缮技术的发展对彩画的保护做了多种尝试，但重绘的方式并未消失，并证明是在综合平衡各方面问题后，能最大限度保护文物价值且适合我国古建筑特点的技术方法。虽然如此，重绘仍是操作实践的成果，其理论基础和操作的合理解释问题一直没有得到解决，成为困扰我国保护界多年的问题，并在国际合作和《威尼斯宪章》传入后越发突出。对此，梁思成也存有遗憾。[①] 事实上，在以木结构建筑为主的东亚地区，日本、韩国等国也遇到类似的问题，同样在国际交流中受到西方理念的挑战。落架大修、彩画重绘等也是上述国家的一贯做法。对此问题，不少东亚文物保护工作者，包括一部分中国学者，认为以砖石结构建筑修复经验发展而来的《威尼斯宪章》，其价值评估和干预方式并不完全适用于东亚木结构建筑，甚至有韩国专家撰文“挑战威尼斯宪章”。关于《威尼斯宪章》适用性的争论日渐为保护界所关注。在此背景下，对我国传统修缮方法思想基础及“落架大修”“彩画重绘”等操作的合理性的讨论也渐趋热烈，特别是处在操作实践第一线的保护工程界。2005年，在山东曲阜召开的当代古建学人学术研讨会上，多位文物界及工程界专家[②] 通过《曲阜宣言》,重申我国原有对“不改变原状”“四原”等原则理解的正确性,并对包括落架、解体修复、彩画重绘等传统修复方法给予肯定。相对以往以理念为主的法律法规，甚至国外修缮理论,《曲阜宣言》不但在理念上，且在具体操作上给出了明确的态度及可依循的做法，其理念和操作达到统一。事实上,《曲阜宣言》也是我国传统保护维修做法的总结。

1994年，在东西方保护理念出现争议及国际社会基于文化多样性的认识日益加深的前提下，联合国教科文组织、国际文化财产保护与修复研究中心（ICCROM）、国际古迹遗址理事会（ICOMOS）与日本文化事务部在日本奈良共同举办了“与世界遗产公约相关的奈良真实性会议”并通过《奈良真实性文件》

① 参见梁思成.闲话文物建筑的重修与维护.见：梁思成.梁思成全集（第五卷）.北京：中国建筑工业出版社，2001.
② 签署的专家包括：罗哲文、谢辰生、杜仙洲、郑孝燮、毛昭晰、孙大章、江振鹏、何俊寿、庄裕光、杨焕成、张家泰、张先进、马炳坚、李瑞森、潘德华、高念华、倪吉昌、马旭初、胥蜀辉、王树宝、王其明、陈文锦、张震玉、李亚林、刘大可、朴学林、蒋广全、李永革、郭建桥、丹青、王晓清、张克贵、黄滋。参见关于中国特色的文物古建筑保护维修理论与实践的共识——曲阜宣言（二〇〇五年十月三十日·曲阜）.古建园林杂志，2006（3）.

（下称《奈良文件》）。《奈良文件》代表了东西方保护界的共识，其重点是强调尊重文化多样性及遗产多样性，提出依据文化多样性原则作遗产价值评估，认为："一切有关文化项目价值以及相关信息来源可信度的判断都可能存在文化差异，即使在相同的文化背景内，也可能出现不同。因此不可能给予固定的标准来进行价值性和真实性评判。反之，出于对所有文化的尊重，必须在相关文化背景之下来对遗产项目加以考虑和评判。"[①]《奈良文件》极大地拓展了国际保护事业的思想边界，打破了由西方主导的保护理念和操作框架，使东方文物保护理念及实践方法更多地影响国际保护界，并为之提供新的思想动力。另一方面，在此理念下的"真实性"原则大大拓宽了保护界对文物的认识，使评判标准和保护做法不具有唯一性，而是更多从遗产本身所属文化体系的特点出发来评价其价值，并尊重其传统保护手段，积极从其文化特点中寻求解决方法。该认识对我国乃至东亚文物保护界的意义是巨大的，我国传统的修缮方法可在此找到明确的基础理念支持。

2002年起，我国陆续开始了对故宫、天坛、颐和园等世界文化遗产的大修工作。[②] 2006年，UNESCO世界遗产委员会第30届会议通过关于北京世界遗产地保护状况的决议（图4–27）。决议赞赏了中国对保护包括故宫、天坛、颐和园在内的文化遗产的努力，但也担忧此三处遗产地的保护修缮工程的展开过于仓促、缺少记录证据和明确的保护原则。[③] 实际上，国际保护界并不是第一次对我国的修缮方式表达不同意见，在国际交流之初，上文提及的落架大修、彩画重绘、局部重建等我国传统的修复方式均曾令外方表示担忧。决议还要求我国与其他东亚国家如日本、韩国和越南等，展开一项有关彩画修复以及确保其真实性的合作研究，并与国际古迹遗址理事会和世界遗产中心合作，于2007年或2008年组织一个有关亚洲地区文化遗产地杰出的全球性价值及其真实性、完整性的研讨会，评估国际拟定的保护原则与我国的关联程度。[④] 上述决议要求成为"东亚地区文物建筑保护理念与实践国际研讨会"（以下简称"会议"）召开的直接原因。事实上，会议的召开还有下列原因：

---

① 奈良真实性文件．见：联合国教科文组织世界遗产中心，国际古迹遗址理事会，国际文物保护与修复研究中心，中国国家文物局．国际文化遗产保护文件选编．北京：文物出版社，2007.

② 2002年10月17日，位于故宫西华门的武英殿建筑群的修缮工程开工，拉开了故宫百年大修的序幕。2005年3月，故宫博物院制定的《故宫保护总体规划大纲》得到了国家文物局批复，完整保护和整体维修的故宫大修工程分近、中、远三个时期。故宫保护维修工程遵循中国《文物保护法》关于文物保护维修"不改变文物原状"的总原则，工程实施将持续到2020年结束。
参见故宫大修网站 [EB/OL]. [2012-9-16]. http://gjdx.dpm.org.cn/gjdx-web/mainframe.jsp.

③《第30届世界遗产委员会会议决议》（中文版），故宫博物院晋宏逵提供。

④《第30届世界遗产委员会会议决议》（中文版），故宫博物院晋宏逵提供。

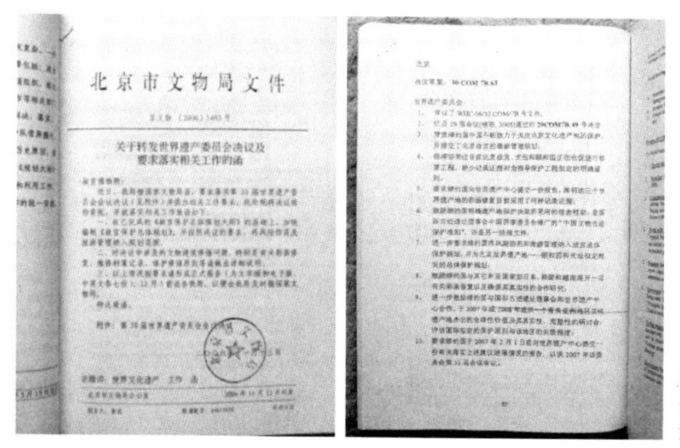
北京市文物局文件

关于转发世界遗产委员会决议及要求落实相关工作的函

北京

决议草案：30 COM 7B.63

世界遗产委员会

图 4-27 第 30 届世界遗产委员会会议决议（资料来源：故宫博物院晋宏逵先生提供）

第一，许多西方保护人员对东方木结构建筑的价值、真实性、完整性以及东亚各国的传统干预方式都缺乏全面的了解。虽然《奈良文件》的出台在一定程度上阐明了在文化多样性观点下理解东亚各国遗产价值的理念，但在实施层面上，国际保护界仍未能深入了解东亚各国现行的保护方式。特别是在彩画重绘、解体修缮等问题上，许多西方专家持有异议。有必要使他们了解我国文物的情况及传统修缮方式的合理性。

第二，国内对文物建筑保护理念的理解尚有争议，在故宫等高端文物的修缮问题上，一些与“不改变原状”原则相背离的认识广泛流传，诸如“再现康乾盛世”，等等。某些领导人更提出，由于这些文物建筑的特殊性，其修缮原则应与其他有所不同，导致许多专家忧心忡忡，担心保护认识的偏差将极大地破坏这些文物的价值。[①] 更甚者，由于高端文物的示范作用，其结果势必影响其他文物的修缮和保护。

2007 年 2 月 14 日，国家文物局组织会议文件的起草小组，由傅熹年、王瑞珠、罗哲文、谢辰生、陈同滨、吕舟、晋宏逵、郭旃等专家组成，单霁翔、童明康、顾玉才、王玉伟等专家全程参与。最后由郭旃执笔，在反复讨论、两次修改之后，于同年 5 月中旬完成会议讨论参考稿。[②] 2007 年 5 月 24 日至 28 日，由中

① “相关的争论遇到重大实践课题，反响必然更激烈。涉及某处高端遗产地的文物保护修缮工程，就是一个极其敏感的重大案例。几年来，所谓‘再现康乾盛世辉煌’的论点在文化遗产保护领域和社会上产生了广泛影响。‘辉煌的盛世’风貌甚至已成为某高端遗产地保护工作的目标之一。有的领导人提出，对某高端遗产地，由于其独特的价值，其保护原则不应与其他文保单位相同，起码对外观的保护原则不应相同。不同之处，在于它重修后应当‘辉煌’。而很多专家则心急如焚地呼吁，越是价值高的文化遗产，无论对其结构还是外观，都更要尽最大可能严格地保存其真实性，只允许接受合理的最小的干预。”引自郭旃．“东亚地区文物建筑保护理念与实践国际研讨会”和《北京文件》. 中国文物报，2007-06-15.

② 晋宏逵 . 出席“东亚地区文物建筑保护理念与实践国际研讨会”的前前后后 . 见：任昉，秦凤京 . 故宫治学之道 . 北京：紫禁城出版社，2010.

国国家文物局组织，在北京召开了“东亚地区文物建筑保护理念与实践国际研讨会”，共有代表20个国家和国际组织的64位专业人员出席。会议集中讨论了亚洲地区文化遗产的突出普遍价值、真实性与完整性，以及国际普适的保护准则在东亚地区的适用性等重大课题。[①] 同时还有关于北京的三个世界遗产地的具体讨论会。会议期间组织了国内外专家考察故宫、天坛、颐和园的保护工程，使他们更直观、准确地认识到此三处世界文化遗产修缮工作的情况。会议通过《关于东亚历史建筑保护与修复的北京文件》（即《北京文件》）及《关于北京世界遗产地保护与修复的评价与建议》等附件。

《奈良文件》[②] 虽然成功确立了基于文化多样性观点评价遗产真实性的理念，但在实际操作层面未做出相应的指引。对此，文件专家组中方成员晋宏逵回忆：“日本ICOMOS的前任主席伊藤延男先生说他最大的遗憾，就是1994年的《奈良真实性文件》，这是他在位的时候起草的。他起草时考虑《奈良真实性文件》针对的就是国际社会在真实性、价值评估上缺少亚洲方面的内容。现在看来最大的遗憾是在维修过程当中同样要有亚洲特色，这一点在《奈良真实性文件》中没有写出来。今天这个会，应该把文化多样性、文化特色的问题延伸到维修领域来。我觉得这是一个核心，老先生说得非常准确。”[③]《北京文件》是《奈良文件》的进一步发展，是基于《奈良文件》、《实施世界遗产公约操作指南》及《世界文化多样性宣言》中关于文化多样性精神的延续和发展。《北京文件》出台前，上述公约所提出的仅是在文化多样性原则下对真实性进行探讨的问题，对如何在这一原则下进行价值评估和实际操作，东西方保护界尚无共识。《北京文件》提出：“考虑到各个遗产地的文化和历史特性，修复工作不能不经过适当的论证和认知，就按照固定的应用方式或标准化的解决方法进行。”[④] 同时关注“各国遗产保护机构自现代保护运动发起以来从各自保护实践中以及从世代相传的文物建筑保护的传统

---

① 郭旃．“东亚地区文物建筑保护理念与实践国际研讨会”和《北京文件》．中国文物报，2007-06-15.

② 1994年，ICOMS（国际古迹遗址理事会）在日本奈良开会，通过了关于遗产真实性的《奈良真实性文件》。《奈良真实性文件》在承认《威尼斯宪章》具有普适价值的保护理念的基础上，以文化多样性的观点进一步对“真实性”进行定义和解释。《威尼斯宪章》中对于保存遗产历史价值等方面的原则是具有普适性的，然而对于价值的判断，对于遗产真实性的评估，则往往由于价值观的不同而出现偏差。《奈良文件》的突破在于将文化多样性观点引入遗产价值评估体系，提出了以文化遗产所在地文化标准评估遗产价值及真实性的观点，而再非以固定不变、放之四海而皆准的标准，《奈良文件》指出：“所有文化财产价值观念的评定和相关信息资源的可信度可能因文化而不同，甚至在同类文化范畴中亦可能产生差异。所以不能以一成不变的标准来判断价值观和真实性。相反，对所有文化的尊重要求必须在其文化背景下考虑和评定遗产特质。”《奈良文件》突破了以往单一由西方价值观对文化遗产价值及真实性认定的思想框架，使各民族、文化以自身价值观判定自身遗产价值并依此进行保护的理念体系得以确立。

③ 引自笔者对《北京文件》中方编写组专家晋宏逵的采访记录（未刊稿）。采访时间：2012年9月10日。

④ 东亚地区文物建筑保护理念与实践国际研讨会《北京文件》（2007）．见：国家文物局．中国文化遗产事业法规文件汇编．北京：文物出版社，2009.

做法中总结的原则和经验”[①]。《北京文件》的进步在于提出了基于东方文化和木结构建筑保护实践所得出的具体操作方法，并和西方的专家学者第一次在实际操作层面上取得共识。《北京文件》与《奈良真实性文件》共同构建起东方木结构建筑保护与修缮的理念和操作框架，成为世界文化遗产保护事业的基石之一。

《北京文件》强调从遗产所在国的文化出发看待评估及干预的理念，其所提出的一系列保护措施及理念，根源于中国乃至东亚的木结构建筑传统。如东亚各国对木结构建筑连续不断修缮的传统，既包含了对文物建筑进行保护的工作的价值，亦包含了世代不断修缮这一属于非物质性文化遗产的价值，会议对此予以了肯定与关注：“在修复过程中必须充分认识到遗产资源的特性，并确保在保护和修复过程中保留其历史的和有形与无形的特征。”其中，对建筑进行日常保养和维护，则充分体现出木结构建筑的保护经验。对于中西方的讨论热点——彩画的重绘，《北京文件》给予了充分的肯定和理解，并在认可重绘作为保护方式的基础上对其作出规定。[②] 值得关注的是，《北京文件》对遗产完整性与重建问题作了单独说明。对于以建筑组群塑造空间气氛见长的东亚建筑体系，完整性这一有针对性的保护理念[③] 将为保护人员对遗产进行科学的价值评估和制定保护规划方案提供理论上的支持。《北京文件》也肯定了《中国文物古迹保护准则》中关于重建的思想并作出更细化的规定。[④] 以上条款均以中国的保护经验为基础，针对的

① 东亚地区文物建筑保护理念与实践国际研讨会《北京文件》(2007). 见：国家文物局. 中国文化遗产事业法规文件汇编. 北京：文物出版社，2009.

② “建筑外表及其面层是古迹外观的重要组成部分，具有历史、审美和工艺价值。建筑表面同时构成文物建筑的保护层，对这些表面最好的保护方法就是定期保养。然而，这些表面易遭风化、磨损，经常需要维修。同时，建筑表面的丰富性是建立在文化表现形式的多样性、审美成就以及从古至今所使用的材料和工艺的多样性的基础之上的。在许多情况下，工艺技术和材料会历经多个世纪保持不变。尽管如此，每个阶段也都有其特殊的文化背景和价值，这些都体现在匠师们的杰作之中。这正是木结构表面油饰彩画的情况。因此，在保护中首先要关注的是应当尽可能多地保留表层材料的真实性，涉及重新油饰彩画的决定应当建立在适当的专业咨询基础之上。对所有的油饰彩画表面应首先通过科学分析的方法进行调查研究，以揭示有关原始材料和工艺、历史上的干预、当前状态以及宏观和微观层面的腐朽机理等方面的信息。”引自东亚地区文物建筑保护理念与实践国际研讨会《北京文件》(2007). 见：国家文物局. 中国文化遗产事业法规文件汇编. 北京：文物出版社，2009.

③ “《中国文物古迹保护准则》明确指出，保护遗产地不得改变其历史原状。这是特别针对历史建筑群，如古代宫殿建筑群的完整性条件而言的。《实施世界遗产公约操作指南》指出，完整性可定义为‘衡量自然和/或文化遗产及其特征的整体性和无缺憾性’。它应考虑到体现遗产重要性和价值所需的一切因素。对一座文物建筑，它的完整性应定义为与其结构、油饰彩画、屋顶、地面等内在要素的关系，及其与人为环境和/或自然环境的关系。”引自东亚地区文物建筑保护理念与实践国际研讨会《北京文件》(2007). 见：国家文物局. 中国文化遗产事业法规文件汇编. 北京：文物出版社，2009.

④ “《中国文物古迹保护准则》规定，不复存在的建筑一般不应重建。只有在特许情况下，才可有选择地对个别建筑在原址上进行重建。这只有在经过具有扎实学问和严谨判断力的专家组和/或相关人士确定后，依据确凿的情况下方可进行。在确定有利于遗址的完整性、保护状况和/或稳定性的情况下，可以考虑进行局部重建。不过，如果遗址本身的现状已具备某种重要性，或档案和实物遗存不能为重建目的提供足够的信息资料，则不应考虑重建。重建不得伪造城市环境和景观，或破坏现存的历史肌理。在任何情况下，重建的决定都应当是与相关社区进行协商后的结果。对与重建相关的所有问题进行补充性讨论将有助于提供进一步的指导。”引自东亚地区文物建筑保护理念与实践国际研讨会《北京文件》(2007). 见：国家文物局. 中国文化遗产事业法规文件汇编. 北京：文物出版社，2009.

是东方木结构建筑。西方保护同行在充分了解中国古建筑修缮理念和操作后对其做出肯定，并认为其对东亚木结构建筑修缮有示范和指导意义。正如时任国家文物局局长单霁翔指出的：

如果说《威尼斯宪章》是国际文化遗产保护的基石，《北京文件》则是在尊重和维护宪章精神的基础上，为东方木结构文物建筑保护修缮确立的相关准则。中国、东亚地区、东方乃至世界在文物建筑保护的一些问题上达成了基本共识，形成《北京文件》，这对中国乃至整个东亚地区木结构文物建筑保护工作的规范开展将起到积极的作用。①

《北京文件》诞生于东西方文化交流及冲突的大背景之下，诸如东方保护界部分专家质疑《威尼斯宪章》在东方文物建筑保护中的适用性、西方保护专家质疑中国三处高端遗产地的修缮方式等事件，均是其具体反映。从维尔纽斯决议中可以看出，西方专家对于中国乃至东方的传统修缮理念及做法仍缺乏全面的了解，"东亚地区文物建筑保护理念与实践国际研讨会"正好为双方的交流提供了最直接的平台，以直接考察正在进行中的保护项目的方式，获得直观的感受，以解答疑惑。事实证明，这种方式是极为有效的：

我在现场给他们介绍情况，介绍太和殿的大吻。当时大吻还没安上去，我们的工作就是把它们拼到一起，太和殿八万多块瓦，一块一块编号，要回到原来的位置上去。我还没讲完这个事，ICOMOS的主席就过来跟我握手，对我说："我祝贺你，我在中国就兵马俑的项目工作了很多年，我知道这些瓷器要拼合起来有多难，这么大的吻，这么重都能拼合起来，你们的工作太了不起了。"这就是人家的评价！②

通过充分的了解，与会专家一致通过名为《关于北京世界遗产地保护与修复的评价与建议》的附件，作为对维尔纽斯决议的回应。从附件内容可以看出，通过对保护工程的实地考察，原有的质疑和问题已经得到解决，外方专家也充分肯定我国的做法：

北京当前在世界遗产保护方面采用的做法，证明了从明清以来几个世纪发展而来的建筑传统，反映了流传至今的遗产的持续性和多样性。我们承认，有关负责部门和遗产地管理者成功地根据保护政策和战略的连贯和共同的基础进行工作。上述单位的许多问题已经得到了适当和应有的关注。③

---

① 赵志国.《北京文件》诞生——木结构文物建筑保护行动纲领确立.中华建筑报，2007-06.
② 引自笔者对《北京文件》中方编写组专家晋宏逵的采访记录（未刊稿）。采访时间：2012年9月10日。
③《北京文件》附件，《关于北京世界遗产地保护与修复的评价与建议》，2007年5月28日于北京。

可以说，“东亚地区文物建筑保护理念与实践国际研讨会”和《北京文件》既是东西方文化冲突的产物，也是双方相互包容、理解、合作的里程碑，更是展示我国优秀古建筑保护理念和做法的绝好平台。

《北京文件》启示并引导我们思考的是：中国传统文物保护理念在东西文化交流的大潮中应持什么样态度？如何正确看待、吸收西方的保护理念以提升自己的水平？正如《奈良文件》所指出的：

> 一切有关文化项目价值以及相关信息来源可信度的判断都可能存在文化差异，即使在相同的文化背景内，也可能出现不同。因此不可能基于固定的标准来进行价值性和真实性评判。反之，出于对所有文化的尊重，必须在相关文化背景之下来对遗产项目加以考虑和评判。①

中国文化遗产的评估和保护工作应该在本国文化背景下开展。换言之，深入研究中国传统文化，以便对遗产价值作出准确、科学的评估与判断是保护工作的重点，也是正确开展保护实践的前提。另一方面，我国现有的保护方法，是在尊重包括《威尼斯宪章》在内的国际理念中具有普适价值原则的基础上，结合自身遗产特点，经过无数次实践得出的，而其最终获得外方专家的支持，原因也在于此。因此，在深入整理、研究自身文化传统以及文化遗产特点的同时，及时回顾我国文物保护事业发展100多年来，前辈先贤们的理念、实践及经验，无疑是十分重要且刻不容缓的任务。事实证明，这些经多年实践总结出来的保护经验和理念，根植于传统文化及我国古建筑特点的优秀理念，并为世界遗产保护界认可与尊重，毫无疑问，值得我们珍视和继承。

① 奈良真实性文件 . 见：联合国教科文组织世界遗产中心，国际古迹遗址理事会，国际文物保护与修复研究中心，中国国家文物局 . 国际文化遗产保护文件选编 . 北京：文物出版社，2007.

参考文献

中文论著

A

[美] 爱德华 .W. 赛义德 . 东方学 [M]. 北京：三联书店，1999.

B

白丽丽 . 卢绳研究 [D]. 天津：天津大学，2005.

白寿彝 . 中国史学史 [M]. 上海：上海人民出版社，1986.

北京文整会工作组 . 山西省古建筑修缮工程检查 [J]. 文物参考资料，1954（11）.

北京文整会工作组 . 勘查山西省古建筑的工作方法 [J]. 文物参考资料，1954（11）.

北京市档案馆编 . 北京档案史料：2002 年第四辑 [M]. 北京：新华出版社，2002.

北京市档案馆编 . 北京档案史料：2004 年第三辑 [M]. 北京：新华出版社，2004.

北京市规划委员会编 . 北京历史文化名城北京皇城保护规划 [M]. 北京：中国建筑工业出版社，2004.

北平特别市市政公报编辑处编 . 旧都文物整理实施事务处第一期工程进程一览表（民国二十四年一月至民国二十五年十一月底）[N]. 北平市市政公报，1935，5-1936，10.

北平市政府工务局编 . 明长陵修缮工程实纪 [M]. 怀英制版局，1936.

C

蔡鸿源主编 . 民国法规集成 [M]. 合肥：黄山书社，1999.

曹风权 . 毕沅及其对陕西文物的保护 [J]. 文博，1989（1）.

常青 . 世纪末的中国建筑史学研究 [J]. 建筑师，1996（69）.

陈春生，张文辉，徐荣编 . 中国古建筑文献指南 1900—1990 [M]. 北京：科学出版社，2000.

陈从周，潘洪萱，路秉杰编 . 中国民居 [M]. 北京：学林出版社，1993.

陈从周 . 苏州园林 [M]. 上海：同济大学建筑系，1956.

陈福康 . 郑振铎年谱 [M]. 太原：三晋出版社，2008.

陈明达 . 陈明达古建筑与雕塑史论 [M]. 北京：文物出版社，1998.

陈明达 . 应县木塔 [M]. 北京：文物出版社，1966.

陈明达 . 营造法式大木作研究 [M]. 北京：文物出版社，1981.

陈明达 . 中国古代木结构建筑技术 [战国—北宋] [M]. 北京：文物出版社，1990.

陈明达 . 古代建筑史研究的基础和发展 [J]. 文物，1981（5）.

陈明达 . 纪念梁思成八十五诞辰 [J]. 建筑学报，1986（6）.

陈明达 . 建国以来所发现的古代建筑 [J]. 文物，1959（10）.

陈明达 . 山西——中国古代建筑的宝库 [J]. 文物参考资料，1954（11）.

陈同滨，吴东主编 . 中国古代建筑大图典 [M]. 北京：今日中国出版社，1997.

陈同滨，吴东主编 . 中国古典建筑室内装饰图集 [M]. 北京：今日中国出版社，1995.

陈薇 . 天籁疑难辨历史谁可分——90 年代中国建筑史研究谈 [J]. 建筑师，1998（69）.

陈薇 . 中国建筑史研究领域中的前导性突破：近年来中国建筑史研究评述 [J]. 华中建筑，1989（4）.

陈星灿 . 中国史前考古学史研究（1895—1949）[M]. 北京：三联书店，1997.

陈星灿 . 中国古代金石学及其向近代考古学的过渡 [J]. 河南师范大学学报（哲学社会科学版），1992（3）.

陈植 . 陈植造园文集 [M]. 北京：中国建筑工业出版社，1988.

陈志华 . 文物建筑保护中的价值观问题 [J]. 世界建筑，2003(07).

程建军 . 风水与建筑 [M]. 南昌：江西科学技术出版社，1992.

成丽 . 宋《营造法式》研究史初探 [D]. 天津：天津大学，2009.

崔勇 . 中国营造学社研究 [M]. 南京：东南大学出版社，2004.

崔勇 . 1935 年天坛修缮纪闻 [J]. 建筑创作，2006（04）.

D

大清光绪新法令（第五版）第二册：第一类·宪政[M]. 北京：商务印书馆，1910.
邓实．史学通论（三）．光绪壬寅政艺丛书[M]. 光绪年版．
董鉴泓主编．中国城市建设史[M]. 北京：中国建筑工业出版社，1989.
段文杰主编．1987年版敦煌石窟研究国际讨论会文集·石窟考古编[M]. 沈阳：辽宁美术出版社，1990.
敦煌研究院编．敦煌研究文集·敦煌石窟考古篇[M]. 兰州：甘肃民族出版社，2000.
狄雅静．中国建筑遗产记录规范化初探[D]. 天津：天津大学，2007.

E

[德]恩斯特·柏石曼．寻访1906—1909西人眼中的晚清建筑．沈弘译[M]. 天津：百花文艺出版社，2005.

F

方可．当代北京旧城更新[M]. 北京：中国建筑工业出版社，2000.
冯建逵，杨令仪．中国建筑设计参考资料图说[M]. 天津：天津大学出版社，2002.
冯钟平编．中国园林建筑[M]. 北京：清华大学出版社，1985.
[美]费慰梅．梁思成与林徽因——一对探索中国建筑史的伴侣．曲莹璞等译[M]. 北京：中国文联出版公司，1997.
付清远．《中国文物古迹保护准则》在文物建筑保护工程中的应用[J]. 东南文化，2009（4）.
傅熹年主编．中国古代建筑史·第二卷（两晋、南北朝、隋唐、五代建筑）[M]. 北京：中国建筑工业出版社，2001.
傅熹年．傅熹年建筑史论文集[M]. 北京：文物出版社，1998.
傅熹年．中国古代城市规划建筑群布局及建筑设计方法研究[M]. 北京：中国建筑工业出版社，2001.

G

高景明，袁玉生．毕沅与陕西文物[J]. 文博，1992（1）.
高裕瑞编辑，刘作霖审定．山东调查局保存古迹统计表，1910.
故宫博物院编．禁城营缮记[M]. 北京：紫禁城出版社，1992.
关晓红．晚清学部与近代文化事业[J]. 中山大学学报（社会科学版），2000（2）.
关晓红．晚清学部研究[D]. 广州：中山大学，1999.
古物保管委员会编．古物保管委员会工作汇报[M]. 北京：大学出版社，1935.
顾潮．顾颉刚年谱[M]. 北京：中华书局，2011.
顾容．山西省进行文物普查试验工作[J]. 文物参考资料，1956（5）.
郭黛姮．营造法式研究回顾与展望[C]. 纪念宋《营造法式》刊行900周年暨宁波保国寺大殿建成990周年国际学术讨论会论文集，浙江宁波，2003.
郭湖生．中国古建筑的调查和研究[J]. 南方建筑，1997（1）.
郭湖生．中国古建筑学科的发展概况[M]. 见：中国古建筑学术讲座文集，北京：中国展望出版社，1986.
郭俊纶．清代园林图录[M]. 上海：上海人民出版社，1993.
国家文物局编．郑振铎文博文集[M]. 北京：文物出版社，1998.
国家文物局编．中华人民共和国文物博物馆事业纪事[M]. 北京：文物出版社，1999.
国家文物局编．中国文化遗产事业法规文件汇编[M]. 北京：文物出版社，2009.
国家文物局教育处编．佛教石窟考古概要[M]. 北京：文物出版社，1993.
国家文物局党史办公室编．中华人民共和国文物博物馆事业纪事[M]. 北京：文物出版社，2002.
国家文物事业管理局主编．中国名胜词典[M]. 上海：上海辞书出版社，1981.

清华大学、中国营造学社合设建筑研究所编．全国重要建筑文物简目 [M]. 1950.

郭旃．“东亚地区文物建筑保护理念与实践国际研讨会”和《北京文件》[N]. 中国文物报，2007-06-15（8）.

H

韩冬青，张彤主编．杨廷宝建筑设计作品选 [M]. 北京：中国建筑工业出版社，2001.

河南省文物考古研究所编．北宋皇陵 [M]. 郑州：中州古籍出版社，1997.

贺业钜．考工记营国制度研究 [M]. 北京：中国建筑工业出版社，1985.

贺业钜．中国古代城市规划史 [M]. 北京：中国建筑工业出版社，1996.

侯幼彬，李婉贞．中国古代建筑历史图说 [M]. 北京：中国建筑工业出版社，2002.

胡汉生．明十三陵 [M]. 北京：中国青年出版社，1993.

黄宝瑜．中国建筑史 [M]. 台北：正中书店，1978.

J

建筑工程部建筑科学研究院建筑历史及理论研究室中国建筑史编辑委员会编．中国建筑简史・第一册・中国古代建筑简史 [M]. 北京：中国工业出版社，1962.

建筑工程部建筑科学研究院建筑理论及历史研究室中国建筑史编辑委员会编．中国建筑简史・第二册・中国近代建筑简史 [M]. 北京：中国工业出版社，1962.

建筑历史与理论研究所．建筑历史研究（第 3 辑）[M]. 北京：中国建筑工业出版社，1992.

建筑科学研究院中国建筑史编辑委员会古代建筑史编辑组编．中国古代建筑史（初稿）[M]. 1959.

晋宏逵．当前不可移动文物保护急需的人才 [J]. 东南文化，2010（5）.

晋宏逵．对不可移动文物保护原则的探讨 [N]. 2005-09-23.

荆其敏编．中国传统民居百题 [M]. 天津：天津科学技术出版社，1985.

井鸿钧．对各地占用名胜古迹地区的一点意见 [J]. 文物参考资料，1955（5）.

K

康有为．欧洲十一国游记 [M]. 北京：社会科学文献出版社，2007.

康有为．康有为遗稿・列国游记 [M]. 上海：上海人民出版社，1995.

《科技史文集》编辑委员会编．科技史文集——建筑史专辑 [M]. 上海：上海科学技术出版社，1992.

L

赖德霖．中国近代建筑史研究 [M]. 北京：清华大学出版社，2007.

乐嘉藻．中国建筑史 [M]. 1933.

李鹏年，朱先华，秦国经，刘子杨，陈锵仪等编著．清代中央国家机构概述 [M]. 哈尔滨：黑龙江人民出版社，1989.

李全庆，刘建业．中国古建筑琉璃技术 [M]. 北京：中国建筑工业出版社，1985.

李晓东．文物保护理论与方法 [M]. 北京：紫禁城出版社，2012.

李裕群．北朝晚期石窟寺研究 [M]. 北京：文物出版社，2003.

李允鉌．华夏意匠——中国古典建筑设计原理分析 [M]. 香港：香港广角镜出版社，1982.

李万万．中国近代博物馆的出现与制度的创建 [J]. 中国美术馆，2012（2）.

凌振荣．张謇博物馆思想的特点 [J]. 博物馆研究，2010（3）.

梁吉生．近代中国第一座国立博物馆—国立历史博物馆 [J]. 中国文化遗产，2005（4）.

梁思成．蓟县独乐寺观音阁山门考 [J]. 中国营造学社汇刊，

1932，3（2）.
梁思成英文原著，费慰梅编，梁从诫译 . 图像中国建筑史 [M]. 天津：百花文艺出版社，2001.
梁思成主编，刘致平编撰 . 中国建筑艺术图集 [M]. 天津：百花文艺出版社，1999.
梁思成 . 梁思成全集 [M]. 北京：中国建筑工业出版社，2001.
梁思成 . 清式营造则例 [M]. 北京：中国建筑工业出版社，1981.
梁思成 . 营造法式注释（上）[M]. 北京：中国建筑工业出版社，1983.
梁思成 . 中国雕塑史 [M]. 天津：百花文艺出版社，1998.
梁思成 . 中国建筑史 [M]. 天津：百花文艺出版社，1998.
梁思成 . 梁思成全集（第三卷）[M]. 北京：中国建筑工业出版社，2001.
梁思成 . 梁思成全集（第四卷）[M]. 北京：中国建筑工业出版社，2001.
梁思成 . 闲话文物建筑的重修与维护 [J]. 文物，1959（10）.
梁思成讲，林徽因整理 . 古建绪论 [J]. 文物参考资料编辑委员会 . 文物参考资料，1953（3）.
林洙 . 叩开鲁班的大门——中国营造学社史略 [M]. 北京：中国建筑工业出版社，2000.
林洙 . 梁思成、林徽因与我 [M]. 北京：清华大学出版社，2004.
林洙 . 梁思成与全国重要文物简目 .《建筑史论文集》第 12 辑 . 北京：清华大学出版社，2000.
刘大可 . 中国古建筑瓦石营法 [M]. 北京：中国建筑工业出版社，1998.
刘敦桢编 . 苏州古典园林 [M]. 北京：中国建筑工业出版社，1980.
刘敦桢等 . 建筑十年 [M]. 南京：东海印刷厂，1959.
刘敦桢主编 . 中国古代建筑史 [M]. 北京：中国建筑工业出版社，1980.
刘敦桢 . 刘敦桢文集 [M]. 北京：中国建筑工业出版社，1982.
刘敦桢 . 中国住宅概说 [M]. 北京：建筑工程出版社，1957.
刘建美 . 1956 年第一次全国文物普查述评 [J]. 党史研究与教学，2011（5）.
刘建美 . 1949—1966 年中国文物保护政策的历史考察 [J]. 当代中国史研究，2008（3）.
刘庆柱 . 古代都城与帝陵考古研究 [M]. 北京：科学出版社，2000.
刘叙杰主编 . 中国古代建筑史·第一卷（原始社会、夏、商、周、秦、汉建筑）[M]. 北京：中国建筑工业出版社，2003.
刘瑜，张凤梧 . 陶本《营造法式》大木作制度图样补图小议 [J]. 建筑学报学术论文专刊，2012 年增刊（1）.
刘瑜 . 清代官式建筑技术的传承与延续 [D]. 天津：天津大学，2013.
刘致平，孙大章等 . 中国古建筑 [M]. 北京：中国建筑工业出版社，1983.
刘致平，王其明增补 . 中国居住建筑简史——城市、住宅、园林 [M]. 北京：中国建筑工业出版社，1990.
刘致平 . 中国建筑类型及结构 [M]. 北京：建筑工程出版社，1957.
刘致平 . 中国伊斯兰教建筑 [M]. 乌鲁木齐：新疆人民出版社，1985.
刘致平 . 赵县安济桥勘查记 [J]. 文物参考资料，1953（3）.
龙庆忠 . 中国建筑与中华民族 [M]. 广州：华南理工大学出版社，1994.
陆元鼎，潘安主编 . 中国传统民居营造与技术 [M]. 广州：华南理工大学出版社，2002.
陆元鼎，魏彦钧编 . 广东民居 [M]. 北京：中国建筑工业出版社，1990.
陆元鼎，杨谷生编 . 中国民居建筑 [M]. 广州：华南理工大学出版社，2003.
路秉杰编 . 天安门 [M]. 上海：同济大学出版社，1999.
罗琨 . 20 世纪中国五大考古发现 [N]. 北京日报，2005-02-17.
罗容 . 谈文物古迹的普查工作 [J]. 文物参考资料，1956（5）.

罗英，唐寰澄．中国石拱桥研究 [M]. 北京：人民交通出版社，1993.
罗哲文，罗杨．中国历代帝王陵寝 [M]. 上海：上海文化出版社，1984.
罗哲文等编．中国名佛教寺庙 [M]. 北京：中国城市出版社，1995.
罗哲文主编，中国古代建筑 [M]. 上海：上海古籍出版社，1990.
罗哲文．中国古园林 [M]. 北京：中国建筑工业出版社，1999.
罗哲文．回顾与展望 [J]. 文物工作，1993（1）.
罗哲文．向新中国献上的一份厚礼——记保护古都北平和《全国重要建筑文物简目》的编写 [J]. 建筑学报，2010（01）.
罗哲文．缅怀周恩来总理对文物古建筑保护事业的关怀与丰功伟绩——纪念周总理诞辰 100 周年和逝世 22 周年 [J]. 古建园林技术，1998（3）.
罗哲文．罗哲文古建筑文集 [M]. 北京：文物出版社，1998.
罗哲文．雁北古建筑的勘查 [J]. 文物参考资料，1953（3）.
罗哲文．北京文物整理委员会与建国初期的古建筑维修 [J]. 中国文化遗产，2005（6）.
罗振玉．京师创设图书馆私议 // 李希泌中国古代藏书与近代图书馆史料 [M]. 北京：中华书局，1982.
吕美颐．论清末管制改革与国家体制近代化 [J]. 河南大学学报，1986（4）.

M

马炳坚编．北京四合院建筑 [M]. 天津：天津大学出版社，1999.
马炳坚．中国古建筑木作营造技术 [M]. 北京：科学出版社，1998.
马炳坚，李永革．我国的文物古建筑保护维修机制需要调整 [J]. 古建园林技术，2010（1）.
马衡．凡将斋金石丛稿（卷一）[M]. 北京：中华书局，1977.
马宗荣．最近中国教育行政四讲（一册）[M]. 北京：商务印书馆，1938.
茅以升主编．中国古桥技术史 [M]. 北京：北京出版社，1986.
孟亚南．中国园林史 [M]. 北京：文津出版社，1993.

N

南京博物院编．四川彭山汉代崖墓 [M]. 北京：文物出版社，1991.
南京博物院编．明孝陵 [M]. 北京：文物出版社，1981.
南京工学院建筑系编．江南园林图录 [M]. 南京：南京工学院建筑系，1979.

P

潘谷西编．中国美术全集建筑艺术编园林建筑 [M]. 北京：中国建筑工业出版社，1988.
潘谷西主编．中国古代建筑史·第四卷（元明建筑）[M]. 北京：中国建筑工业出版社，2001.
潘谷西主编．中国建筑史（第四版）[M]. 北京：中国建筑工业出版社，2001.
彭一刚．中国古典园林分析 [M]. 北京：中国建筑工业出版社，1986.
彭卿云主编．谢辰生文博文集 [M]. 北京：文物出版社，2010.
蒲坚主编．中国法制史 [M]. 北京：光明日报出版社，1987.

Q

齐康记述．杨廷宝谈建筑 [M]. 北京：中国建筑工业出版社，1991.
齐康主编．杨廷宝建筑论述与作品集 [M]. 北京：中国建筑工业出版社，1997.
乔匀．中国园林艺术 [M]. 香港：三联书店，1982.
清华大学建筑系编．颐和园 [M]. 北京：中国建筑工业出版社，2001.
清民政部．保存古迹推广办法．大清宣统新法令，北京：商务印书馆，1909.

清民政部．民政部奏保存古迹推广办法另行酌拟章程．大清宣统新法令（第四版）．北京：商务印书馆．
邱玉兰，于振生．中国伊斯兰教建筑 [M]. 北京：中国建筑工业出版社，1992.
邱玉兰．中国古建筑大系・伊斯兰建筑 [M]. 北京：中国建筑工业出版社，1993.
泉州市建委修志办公室编．泉州市建筑志 [M]. 北京：中国城市出版社，1995.

R

阮仪三，王景慧，王林编．历史文化名城保护理论与规划 [M]. 上海：同济大学出版社，1999.
阮仪三主编．中国历史文化名城保护与规划 [M]. 上海：同济大学出版社，1995.
容庚．甲骨学概论 [J]. 岭南学报，1947，7（2）.

S

桑兵．晚清民国的国学研究 [M]. 上海：上海古籍出版社，2001.
[法] 色伽兰．中国西部考古记．冯承钧译 [M]. 北京：中国书局，1955.
山东省文物考古研究所编．曲阜鲁国故城 [M]. 济南：齐鲁书社，1982.
山东巡抚袁树勋奏东省创设图书馆并附设金石保存所折．中国古代藏书与近代图书馆史料 [M]. 北京：中华书局，1982.
山西古建筑保护研究所主编．中国古建筑学术讲座文集 [M]. 北京：中国展望出版社，1986.
单士元．故宫札记 [M]. 北京：紫禁城出版社，1990.
施兴和，房列曙．乾嘉考据学派对 20 世纪新历史考据学的影响 [J]. 史学史研究，2007（1）.
史勇．中国近代文物事业简史 [M]. 兰州：甘肃人民出版社，2009.
史箴，何蓓洁．高瞻远瞩的开拓，历久弥新的启示——清代样式雷世家及其建筑图档早期研究历程回溯 [J]. 建筑师，2012（02）.
[瑞典] 斯文・赫定．亚洲腹地旅行记．李述礼译 [M]. 上海：上海书店，1984.
[英] 斯坦因．重返和田绿洲．刘文锁译 [M]. 桂林：广西师范大学出版社，2000.
[英] 斯坦因，路经楼兰．肖小勇，巫新华译 [M]. 桂林：广西师范大学出版社，2000.
[英] 斯坦因，沙埋和阗废墟记．殷晴，剧世华，张南，殷小娟译 [M]. 乌鲁木齐：新疆美术摄影出版社，1994.
宿白．中国石窟寺研究 [M]. 北京：文物出版社，1996.
《宿白先生八秩华诞纪念文集》编委会编．宿白先生八秩华诞纪念文集 [M]. 北京：文物出版社，2002.
孙大章，于振生等编．建筑设计资料集（三）（古建筑、民居部分）[M]. 北京：中国建筑工业出版社，1994.
孙大章主编．中国古代建筑史・第五卷 [M]. 北京：中国建筑工业出版社，2003.
孙大章．中国民居研究 [M]. 北京：中国建筑工业出版社，2004.

T

谭其骧主编，中国历史地图编辑组编．中国历史地图集 [M]. 北京：中国地图出版社，1974.
唐寰澄．中国古代桥梁 [M]. 北京：文物出版社，1957.
天津大学建筑工程系编．清代内廷宫苑 [M]. 天津：天津大学出版社，1986.
天津大学建筑系，承德市文物局编．承德古建筑 [M]. 北京：中国建筑工业出版社，1979.
天津大学建筑系，北京市园林局．清代御苑撷英 [M]. 天津：天津大学出版社，1990.
天坛公园管理处．天坛公园志 [M]. 中国林业出版社，2002.
同济大学城市规划教研室编．中国城市建设史 [M]. 北京：中国建筑工业出版社，1982.
童寯．江南园林志 [M]. 北京：中国工业出版社，1963.

童寯．童寯文选 [M]. 南京：东南大学出版社，1993.

W

汪之力主编．中国传统民居建筑 [M]. 济南：山东科技出版社，1994.

汪琳．留学生与近代中国的文物保护 [J]. 徐州师范大学学报（哲学社会科学版），2008（07）.

王璧文．中国建筑 [M]. 国立华北编译馆，1942.

王灿炽．北京史地风物书录 [M]. 北京：北京出版社，1985.

王成祖．中国地理学史 [M]. 北京：商务印书馆，1982.

王纯．中国著名四家藏书楼考略 [J]. 图书馆建设，2001（1）.

王东杰．国学保存会和清季国粹运动 [J]. 四川大学学报（哲学社会科学版），1999（1）.

王东杰．欧风美雨中的国学保存会 [J]. 档案与史学，1999（5）.

王汎森，杜正胜编．傅斯年文物资料选辑 [M]. 台北：傅斯年百龄纪念筹备会印行，1995.

王宏钧主编．中国博物馆学基础 [M]. 上海：上海古籍出版社，1990.

王建国主编．杨廷宝建筑论述与作品选集 [M]. 北京：中国建筑工业出版社，1997.

王剑英．明中都 [M]. 北京：中华书局，1992.

王军．城记 [M]. 北京：三联书店，2003.

王鲁民．中国古代建筑思想史纲 [M]. 武汉：湖北教育出版社，2002.

王璞子．工程做法注释 [M]. 北京：中国建筑工业出版社，1995.

王贵祥．关于建筑史学研究的几点思考 [J]. 建筑师，（69）.

王贵祥．中国建筑史研究仍然有相当广阔的拓展空间 [J]. 建筑学报，2002（6）.

王其亨．深化中国建筑历史研究与教学的思考 [J]. 建筑学报，1995（8）.

王其亨．探骊折札——中国建筑传统及理论研究杂感 [J]. 建筑师，（37）.

王其亨．营造法式材份制的数理涵义和审美观照探析 [J]. 建筑学报，1990（3）.

王其亨主编．中国建筑艺术全集·明代陵墓建筑 [M]. 北京：中国建筑工业出版社，2000.

王其亨主编．中国建筑艺术全集·清代陵墓建筑 [M]. 北京：中国建筑工业出版社，2003.

王其亨主编．风水理论研究 [M]. 天津：天津大学出版社，1992.

王其明．北京四合院 [M]. 北京：中国书店，1999.

王琼．乾嘉学派的成因及其评价 [J]. 图书馆学研究（双月刊），1999（4）.

王世民．中国考古学简史（《中国大百科全书·考古学》卷）[M]. 北京：中国大百科全书出版社，1986.

王世仁．王世仁建筑历史理论文集 [M]. 北京：中国建筑工业出版社，2001.

王炜，阎虹．北京公园开放记 [J]. 北京观察，2006（11）.

王炜．近代北京公园开放与公共空间的拓展 [J]. 北京社会科学，2008（2）

王亚男，赵永革．把古都改建为近代化城市的先驱者——民国朱启钤与北京城 [J]. 现代城市研究，2007（2）.

王艳芝．民初教育部研究 1912—1916[D]. 西安：陕西师范大学，2010.

王毅．园林与中国文化 [M]. 上海：上海人民出版社，1990.

卫聚贤．中国考古学史 [M]. 北京：商务印书馆，1937.

卫聚贤．中国考古学史 [M]. 北京：团结出版社，2005.

魏嘉瓒．苏州历代园林录 [M]. 北京：燕山出版社，1992.

温玉清，王其亨．中国营造学社学术成就与历史贡献述评 [J]. 建筑创作，2007（06）.

温玉清．二十世纪中国建筑史学研究的历史、观念与方法——中国建筑史学史初探 [D]. 天津：天津大学，2006.

文化部文物管理局编．全国各省、自治区、直辖市第一批文物保护单位名单汇编（内部发行）[M]. 北京：文物出版社，1958.

文化部文物保护科研所主编．中国古建筑修缮技术 [M]. 北京：中国建筑工业出版社，1983.
《文物》编辑委员会编．文物考古工作三十年（1949—1979）[M]. 北京：文物出版社，1979.
《文物》编辑委员会编．文物考古工作十年（1979—1989）[M]. 北京：文物出版社，1989.
《文物》编辑部编．文物 500 期总目索引（1950.1—1998.1）（古建筑）[M]. 北京：文物出版社，1998.
吴良镛．关于中国古建筑理论研究的几个问题 [J]. 建筑学报，1999（4）.
吴良镛．发扬光大中国营造学社所开创的中国建筑研究事业 [M]// 朱启钤．营造论．天津：天津大学出版社．
吴庆洲．中国建筑史学近 20 年的发展及今后展望 [J]. 华中建筑，2005（3）.
吴廷燮等纂．北京市志稿 [M]. 北京：燕山出版社，1997.

X

夏昌世编．园林述要 [M]. 广州：华南理工大学出版社，1996.
夏鼐．五四运动与中国近代考古学的兴起 [J]. 考古，1979（3）.
夏鼐主编．中国大百科全书・考古学卷 [M]. 北京：中国大百科全书出版社，1986.
夏铸九．营造学社——梁思成建筑史论述构造之理论分析 [J]. 台湾社会研究．春季号，1990，3（1）.
熊月之．晚清西学东渐史概论 [J]. 上海社会科学院学术季刊，1995（1）.
徐苏斌．日本对中国城市与建筑的研究 [M]. 北京：中国水利水电出版社，1999.
徐苏斌．近代中国建筑学的诞生 [M]. 天津：天津大学出版社，2010.
学部奏筹建京师图书馆折．中国古代藏书与近代图书馆史料 [M]. 北京：中华书局，1982.

Y

雁北文物勘查团编．雁北文物勘查团报告 [M]. 北京：中央人民政府文化部文物局，1951.
杨炳田．朱启钤与公益会开发北戴河海滨 [M]// 朱启钤．营造论．天津：天津大学出版社，2009.
杨永生编．建筑百家回忆录 [M]. 北京：中国建筑工业出版社，2000.
杨永生编．建筑百家回忆录续篇 [M]. 北京：知识产权出版社，中国水利水电出版社，2003.
杨永生编．1955—1957 建筑百家争鸣史料 [M]. 北京：知识产权出版社，中国水利水电出版社，2003.
叶骁军．中国都城发展史 [M]. 西安：陕西人民出版社，1987.
[日] 伊东忠太．中国建筑史．陈清泉译 [M]. 上海：上海书店，1984.
易漫白．中国考古学简史 [M]. 长沙：湖南教育出版社，1985.
于善浦．清东陵大观 [M]. 石家庄：河北人民出版社，1984.
于倬云．中国宫殿建筑论文集 [M]. 北京：紫禁城出版社，2001.
于倬云．紫禁城宫殿 [M]. 香港：商务印书馆，1982.
于倬云主编．紫禁城建筑研究与保护 [M]. 北京：紫禁城出版社，1995.
余立．中国高等教育史 [M]. 上海：华东师范大学出版社，1994.
余健，陈小宁．从中国建筑史研究引文分析的初步结果看其学科的发展趋势 [J]. 建筑师，（37）.
俞进化．清东陵与西陵 [M]. 北京：北京出版社，1981.
喻学才．中国建筑遗产保护传统的研究 [J]. 东南大学学报（哲学社会科学版），2012，14（1）.
袁进．中国博物馆事业先驱者康有为 [J]. 岭南文史，2008（1）.

Z

张镈．我的回忆 [N]. 北京日报・副刊，2005-02-28.

张复合．北京近代建筑史 [M]. 北京：清华大学出版社，2004.
张家骥．中国造园史 [M]. 哈尔滨：黑龙江人民出版社，1986.
张良皋．匠学七说 [M]. 北京：三联书店，2001.
张十庆．日本之建筑史研究概观 [J]. 建筑师，1998（64）.
张松．中国文化遗产保护法制建设史回眸 [J]. 中国名城，2009（3）.
张松编．城市文化遗产保护国际宪章与国内法规选编 [M]. 上海：同济大学出版社，2007.
张驭寰，林北钟等编．内蒙古建筑 [M]. 北京：文物出版社，1959.
张驭寰，孙宗文等编．上党古建筑 [M]. 北京：建筑工程出版社，1963.
张驭寰．古建筑勘查与探究 [M]. 南京：江苏古籍出版社，1988.
张驭寰．中国城池史 [M]. 天津：百花文艺出版社，2002.
张驭寰．中国塔 [M]. 太原：山西人民出版社，2000.
赵振武，丁承朴．普陀山古建筑 [M]. 北京：中国建筑工业出版社，1997.
中国大百科全书・建筑、园林、城市规划 [M]. 北京：中国大百科全书出版社，1988.
中国第二历史档案馆编．中华民国史档案资料汇编（第三辑）・文化 [M]. 南京：江苏古籍出版社，1991.
中国古都研究会．中国古都研究（第二辑）[M]. 杭州：浙江人民出版社，1986.
中国建筑设计研究院编．中国建筑设计研究院成立 50 周年纪念丛书（历程篇）[M]. 北京：清华大学出版社，2002.
中国建筑史编写组编．中国建筑史 [M]. 北京：中国建筑工业出版社，1982.
中国科学院考古所编．新中国的考古收获 [M]. 北京：文物出版社，1961.
中国科学院土木建筑研究所，清华大学建筑系合编，中国建筑 [M]. 北京：文物出版社，1957.
中国科学院自然科学史研究所主编．中国古代建筑技术史 [M]. 北京：科学出版社，1985.
中国社会科学院考古研究所．新中国的考古收获 [M]. 北京：文物出版社，1961.
中国社会科学院考古所编．新中国的考古发现与研究 [M]. 北京：文物出版社，1984.
中国社会科学院考古所编．中国考古学文献目录 [M]. 北京：文物出版社，1980.
中国社会科学院考古研究所．定陵 [M]. 北京：文物出版社，1990.
中国文物研究所编．中国文物研究所 70 年 [M]. 北京：文物出版社，2005.
中国文物研究所编．祁英涛古建论文集 [M]. 北京：华夏出版社，1992.
中国营造学社编．中国营造学社汇刊 [1–7 卷]，1932—1944.
中央古物保管委员会．中央古物保管委员会议事录 [M]. 1935.
周维权．中国古典园林史 [M]. 北京：清华大学出版社，1990.
朱启钤．营造论．天津：天津大学出版社，2009.
紫禁城学会编．清代皇宫陵寝 [M]. 北京：紫禁城出版社，1995.
邹德侬．中国现代建筑史 [M]. 天津：天津科学技术出版社，2001.

外文论著

[日]岸田日出刀. 建筑学者——伊东忠太[M]. 东京：干元社，1945.

[日]崔康勲. 伊東忠太年譜[M]. 东京：三省堂，1982.

[日]村松伸. 忠太の大冒険—伊東忠太とアジア大陸探検.《東方》一五四——八一号[M]. 東方書店，1994—1996.

[日]村田治郎，田中淡編. 中國の古建築[M]. 东京：講談社，1980.

[日]稲垣栄三. 関野貞一八六七——九三五[M]. 东京：東京大学総合研究資料館，1980.

[日]读卖新闻社编. 建築巨人—伊東忠太[M]. 东京：读卖新闻社，1993.

[日]田中淡编. 中国建筑の歴史[M]. 东京：平凡社，1981.

[日]伊東忠太. 伊東忠太建築文献[M]. 龍吟社，1936—1937，1982年原書房重印.

后记

本书是对中国建筑文化遗产保护理念与实践历程的初步回顾和整理。建筑遗产保护问题涉及内容较多较广，且时间跨度大，因此本书只是该方面研究的初步成果，其中的观点和内容难免存在错漏和偏颇。笔者在此不揣浅陋，谨以目前的阶段性成果求教于方家，以期得到各方的教益。另一方面，因本书内容涉及保护相关领域的不同人士，虽然笔者已尽量根据多方史料及观点进行历史的还原，但难免挂一漏万，若书中所涉观点或历史的错漏对当事人或相关人士造成影响，笔者愿承担相应责任。

此外，需要再次说明的是，本书使用的图像及文献参考资料来自不同机构和单位的藏品及研究成果，其中绝大部分的使用已征得相关机构的同意，但仍有小部分无法联系确认。如因此对文献拥有机构或个人产生影响，笔者愿承担相关责任。另一方面，研究过程中对许多当事人进行了采访，因多种原因，许多采访整理稿未及与受访人确认，稿件虽已根据录音尽量还原受访者的意思，但难免会有理解偏差。如本书所载文字内容与受访人原意有出入并造成影响者，笔者愿承担相关责任，在此也特别感谢接受采访的诸位专家前辈。

感谢国家文物局谢辰生先生、罗哲文先生，中国文化遗产研究院余鸣谦先生（以采访先后为序）。谢辰生先生是我国文物保护的泰斗，年逾90还奋斗在保护第一线。谢老先后6次抽出时间接受采访，较为系统地介绍了新中国文物保护法律的发展历程，在此要感谢谢老的关心、爱护和鼓励，以及对本研究的认可。余鸣谦先生前后接受采访共8次。余先生为人谦逊、谈吐优雅，将我国文物建筑保护修缮工作的发展历程娓娓道来，使我们切身感受到前辈大师治学的严谨作风及对工作的认真细致，更感受到他对后学的殷切期望。罗哲文先生也在百忙中抽出时间接受采访。罗老对研究给予充分肯定和支持，并殷切期待成果。可惜只请教了一次，罗老便已仙去，未能进一步请益，中国古建筑保护史也随着罗老的仙去留下了诸多悬案。然而这一次的请教，已使笔者获益良多，在此特别感谢罗老的指导，也表达笔者的怀念。

在此还要感谢对研究进行指导和帮助的专家学者。感谢天津大学吴葱教授、徐苏斌教授、张玉坤教授、王蔚教授、刘彤彤教授、青木信夫教授、曹鹏老师、丁垚老师。感谢东南大学朱光亚教授、刘叙杰教授。感谢华南理工大学陆元鼎教授、吴庆洲教授、冯江老师、肖旻老师。感谢清华大学林洙女士、贾珺教授。

感谢中国文化遗产研究院李竹君先生、张之平女士、王立平先生、杨新女士、温玉清先生、永昕群先生、顾军先生、查群女士。

感谢故宫博物院晋宏逵先生、李永革先生、苏怡女士、吴生茂先生、翁国强先生、翁克良先生、张吉年先生、张德才先生、张志国先生、戴文进先生、王俪颖女士、郑连章先生、茹兢华先生、李润德先生、王仲杰先生、赵鹏先生、郑艳敏女士。

感谢中国建筑设计研究院历史研究所孙大章先生、傅晶女士、韩蕾女士。感谢河北省文物局孟繁兴先生、陈国莹女士、张立方先生、刘智敏女士。感谢浙江省古建筑设计研究院黄滋先生。感谢湖北省古建筑保护中心吴晓先生。

感谢北京市古代建筑设计研究所有限公司马炳坚先生。感谢北京同兴古建公司徐长林先生。感谢《古建园林技术》杂志社于恩生先生。感谢北京房修二公司杨学朴先生、郑彦章先生、刘中元先生、路化林先生、蒋广全先生、边精一先生、杜恒昌先生、刘金海先生、田凤英先生、刘声先生、孙占山先生、孟有信先生、尤贵友先生、徐学勤先生、邢立业先生。感谢北京园林古建工程公司郑晓阳先生、刘大可先生；北京文物工程质量监督站王效清先生。

感谢程万里先生、殷力欣先生、莫涛先生、单嘉筠女士。

2017年8月